乡村振兴书系

"十四五"时期国家重点出版物出版专项规划项目

中国果业

高质量发展战略研究

曹永生　王海波　胡成志　著

中国农业科学技术出版社

图书在版编目（CIP）数据

中国果业高质量发展战略研究/曹永生等著. -- 北京：中国农业科学技术出版社，2022.12

ISBN 978-7-5116-6014-5

Ⅰ.①中… Ⅱ.①曹… Ⅲ.①果树业－农业发展战略－研究－中国 Ⅳ.①F326.13

中国版本图书馆CIP数据核字（2022）第210611号

北京市规划和自然资源委员会审图号GS京（2022）1582号

责任编辑　张国锋
责任校对　马广洋
责任印制　姜义伟　王思文

出 版 者	中国农业科学技术出版社 北京市中关村南大街12号　邮编：100081
电　　话	（010）82106626（编辑室）　（010）82109702（发行部） （010）82109709（读者服务部）
网　　址	https://castp.caas.cn
经 销 者	各地新华书店
印 刷 者	北京地大彩印有限公司
开　　本	185 mm×260 mm　1/16
印　　张	19.5
字　　数	510千字
版　　次	2022年12月第1版　2022年12月第1次印刷
定　　价	298.00元

◆◆◆ 版权所有·侵权必究 ◆◆◆

编委会

主　任　曹永生　王海波　胡成志

副主任　曹玉芬　张彩霞　程存刚　周宗山　王文辉　丛佩华
　　　　　刘凤之　冯学杰

委　员（按姓氏笔画排序）

王　昆	王　斐	王大江	王文辉	王孝娣	王志强
王宝亮	王海波	王祥和	王福成	仇贵生	邓会栋
史祥宾	丛佩华	冯学杰	邢义莹	吕　鑫	华　敏
刘凤之	闫　帅	李　壮	李　鹏	李　静	杨振锋
佟　伟	张志扬	张彩霞	陈　哲	范旭东	范鸿雁
欧春青	罗志文	岳　英	岳　强	周江涛	周泽宇
周宗山	孟照刚	赵　亚	赵德英	胡成志	胡福初
姜淑苓	袁继存	徐国锋	郭利军	曹玉芬	曹永生
董星光	董雅凤	韩　冰	程存刚		

前 言

果业是"面向人民生命健康"的优势产业,在保障食物安全、生态安全、人民健康、农民增收和农业可持续发展中的作用日益凸显,果业的高质量发展能够满足人民日益增长的美好生活需要和优美生态环境需要,对全面推进乡村振兴有着重要意义。

我国是世界果树发源地之一,果树栽培有4 000多年的历史记载,种质资源丰富多彩。上古时期,黄河流域栽培的果树就有"五果"(桃、李、梅、杏、枣)之称,《黄帝内经》所倡导的饮食原则中已有"五果为助"之说。很多古代文献如《诗经》《夏小正》《禹贡》《山海经》《礼记》《尔雅》《上林赋》及《西京杂记》中谈到的果树都是我国原产的。在数千年的果树生产实践中,人们逐渐积累了丰富的栽培种植经验,如秦汉农民便采用了压条("掩")、整形修剪("剥")、灌溉等技术。经对我国3 000余个县级以上行政区地名进行统计,地名中含桃、李、杏、梨、枣、梅、栗等果树的有30多个,其中多数地名的来历与果树有着千丝万缕的联系,如河北省衡水市枣强县、吉林省四平市梨树县、台湾省桃园市等。果树是中华农耕文明史中的重要元素,融于历史,被写入各种史书典籍、文学著作、诗词歌赋之中,这是无数中华劳动人民汗水的凝结,也是古老华夏文明辉煌的印证。

尽管我国果树栽培有着悠久的历史,但是鸦片战争以后,我国的传统果业受到冲击。1949年以前,每年要从国外进口大量的苹果、柑橘和葡萄干等鲜干果品。中华人民共和国成立以来,党和政府十分重视果业的生产和发展,提出了"果树上山下滩,不与粮棉争地"的方针,并采取各种有效的经济和技术措施,先后在丘陵、山地、沙荒地、盐碱地及海涂上建立起苹果、柑橘、葡萄等果园,大力发展果树生产基地。据统计,全国果树产量1949年为120万t,1978年为657万t,增加了4倍多。改革开放以后,我国果业走上复兴之路,经过40多年的迅猛发展,我国已跻身世界果业发展大国行列,柑橘、苹果、梨、桃、葡萄、西甜瓜、猕猴桃、枣、草莓、石榴、樱桃等果树产量早已位居世界第一。2020年我国水果产量达2.87亿t，约占世界水果总产量的1/3。我国现已成为世界果品主要供应基地和加工基地，果业已成为我国农业的重要组成部分，在种植业中种植面积、产量和产值仅次于粮食、蔬菜，排在第3位。2020年水果、坚果年产值分别为1.17万亿元、0.11万亿元，约占农业总产值的17.9%，果业市场规模近2.5万亿元，与芯片行业市场规模相当。果业是全面打赢脱贫攻坚战和全面推进乡村振兴的重要支柱产业之一。

高质量发展是党的十九大提出的新表述，从产业层面理解，高质量发展是指产业布局优化、结构合理，不断实现转型升级，并显著提升产业发展的效益。我国是世界果业大国，但我国不是果业强国，果品质量和效益与发达国家相比还有很大差距。我国果业高质量发展的目标是：由果业大国发展为果业强国，实现四强一富，即科技强（世界一流科研院所）、企业强（世界一流企业）、装备强（世界一流装备）、效益强（世界一流效益）、果农富。目前，我国果树产业尚存在以下问题：果树种质资源保护水平和利用质量有待提高、果树区域布局与结构有待优化、果树种苗繁育体系和市场建设滞后、果树自主知识产权品种占比低、果园生产管理技术水平和果品质量不高、突发性自然灾害与病虫害对果树威胁加大、果业绿色发展难度大、果树生产管理机械化和智能化水平低、果品现代冷链物流建设滞后、果品采后商品化处理和加工能力低、果业产业化和组织化程度低、果业技术推广体系急需完善和创新等，制约了果树产业的高质量发展。

党的十九大报告提出，中国特色社会主义进入新时代，我国社会主要矛盾已经转化为人民日益增长的美好生活需要和不平衡不充分的发展之间的矛盾。不平衡不充分的发展就是发展质量不高的直接表现，高质量发展是适应我国社会主要矛盾变化的必然要求，我们要重视量的发展，但更要解决质的问题。党的二十大报告强调，要加快构建新

发展格局，着力推动高质量发展。为了实现我国果业的高质量发展，做强我国果业，提高果业的国际竞争力，实现产业升级，我们提出了果业5.0，即生产强调感官，在满足优质、营养和功能的基础上，更加重视果品的感官。科技创新重点在感官性状的挖掘和利用，创建果品感官评价技术体系，培育不同人群不同偏好的果树新品种。目前，新西兰、日本、美国等发达国家已进入了果业5.0时代。我国果业大部分还处于果业1.0时代，果业2.0不够大，优质供给严重不足，果业3.0和果业4.0还不多，果业5.0稀缺。为了满足人民日益增长的美好生活需要和优美生态环境需要，加快推进实施果业5.0迫在眉睫。

我国果树研究起步较晚、力量较弱，加上长期以来投入不足，连续性不够，许多问题还缺乏研究。很多经验照搬国外先进生产技术，导致出现一系列水土不服问题。因此，我国果树研究必须适合我国国情，坚持"四个面向"，坚定不移地走中国式现代化道路。我国果业的高质量发展必须坚持以人民为中心的发展思想，践行"创新、协调、绿色、开放、共享"的新发展理念，把高质量发展同满足人民美好生活需要紧密结合起来，以创新为动力，构建现代果业体系，做强果业，实现绿色发展，提高劳动生产率和土地产出率，提高果业质量、效益和国际竞争力，增加果农收入。我们提出"一新"驱动、"两优"先行、"三产"融合、"四品"提升、"五减"支撑、"六化"同步的果业高质量发展路径。

针对我国果业高质量发展的制约因素，深入实施质量兴农和绿色兴农战略，构建与资源环境承载力相匹配、与生产生活生态相协调的果树产业发展格局，把果树产业打造成乡村振兴的希望产业、活力产业和富民产业，实现果树产业高质量发展，提出以下战略性思考与建议：实施创新驱动战略，加快实现果业科技攻关的突破；优化果树区域布局，优化树种与品种结构；推进果业一二三产融合，实现果业产业化开发；规范果树良种苗木繁育体系建设；加强自然灾害和病虫害等突发事件预警，提高防灾减灾与抗风险能力；加快果树科技成果的示范推广与转移转化，提高果业科技贡献率；成立国家果树科技创新联盟，为果业高质量发展提供强有力支撑。

本书比较系统地分析了世界及我国主要果树生产与贸易概况、果树科技发展动态与趋势，并根据世情与国情、农情与果情，提出今后我国果业高质量发展的内涵与路径、战略性思考与建议，以期加快我国果业高质量发展步伐，实现由果业大国向果业强国过渡。本书数据主要基于FAO数据库、联合国商品贸易统计数据库、国家统计局、海关统计数据等网络数据库及各年农业农村统计年鉴和统计资料等，所有数据尽力做到科学严谨。其中，FAO数据库、联合国商品贸易统计数据库包括水果和坚果；国家统计局水果数据包括园林水果和瓜果类（西瓜、甜瓜、草莓等）两类，但不包括核桃、板栗、榛子等坚果；FAO数据库和联合国商品贸易统计数据库中近年数据会不时更新，所以统计结果与实际可能会有差异，仅供参考；FAO和国家统计局数据间可能会有差异，所有数据在不同统计口径下分析，故结果可能稍有差异。另外，国家统计局和海关全国性数据均未包括香港特别行政区、澳门特别行政区和台湾省数据。

本书可为果业相关管理部门制定产业政策提供参考，也可为果树从业人员了解世界及我国果树产业发展现状及趋势提供借鉴。受编者业务知识水平所限，本书难免有诸多不足之处，有待以后进一步补充完善，敬请各位专家读者批评指正。

著 者

2022年10月

目 录

第一章 果业 5.0 的概念及果业高质量发展路径 1

第一节 果树的多元价值与外延 1
一、经济价值 1
二、营养价值 2
三、药用价值 3
四、观赏价值 5
五、文化价值 6
六、社会价值 7
七、生态价值 8
八、战略价值 9
九、果品的外延 10

第二节 果业 5.0 的概念 13
一、果业 5.0 的划分 13
二、推进果业 5.0，实现果业高质量发展 15

第三节 果业高质量发展的内涵与路径 15
一、内涵 16
二、路径 16

第二章 世界主要果树生产与贸易概况 20

第一节 生产现状与动态 20
一、生产概况 20
二、动态与趋势 32
三、区域布局及主产国情况 41
四、贮藏与加工情况 62

第二节 贸易状况与动态 69

一、贸易状况、动态与趋势 ································· 70
　　二、主要进出口国贸易状况 ································· 82

第三章　世界果树科技发展动态与趋势 ·································85

第一节　果树资源保护与利用 ································· 85
　　一、发展动态 ································· 85
　　二、发展趋势 ································· 91

第二节　果树遗传改良与品种选育 ································· 93
　　一、发展动态 ································· 93
　　二、发展趋势 ································· 96

第三节　果树栽培与生产技术 ································· 98
　　一、发展动态 ································· 98
　　二、发展趋势 ································· 115

第四节　果树病虫害防控技术 ································· 117
　　一、发展动态 ································· 117
　　二、发展趋势 ································· 121

第五节　果园机械化、智能化生产技术 ································· 124
　　一、发展动态 ································· 124
　　二、发展趋势 ································· 135

第六节　果品采后处理与加工技术 ································· 136
　　一、采后处理与贮藏 ································· 136
　　二、果品加工 ································· 141

第七节　果品质量安全风险评估与控制技术 ································· 144
　　一、发展动态 ································· 145
　　二、发展趋势 ································· 148

第四章　我国主要果树生产与贸易概况 ·································149

第一节　生产状况与动态 ································· 149
　　一、生产概况、动态与趋势 ································· 149

二、区域布局及主产区情况 ·· 158
　　三、贮藏加工情况 ·· 173
第二节　贸易状况与动态 ·· 180
　　一、贸易状况、动态与趋势 ·· 180
　　二、我国干鲜水果及坚果进出口贸易状况 ···························· 182
　　三、2021 年我国干鲜水果及坚果出口省份分析 ······················· 190
　　四、我国主要水果（坚果）消费状况 ································ 191

第五章　我国果树科技发展动态与趋势 　　193

第一节　我国果树资源保存与利用研究 ·································· 193
　　一、发展动态 ·· 193
　　二、发展趋势 ·· 201

第二节　果树遗传改良与品种选育 ···································· 204
　　一、发展动态 ·· 205
　　二、发展趋势 ·· 210

第三节　果树栽培与生产技术 ·· 211
　　一、发展动态 ·· 211
　　二、发展趋势 ·· 228

第四节　果树病虫害防控技术 ·· 233
　　一、发展动态 ·· 233
　　二、发展趋势 ·· 240

第五节　果园机械化、智能化生产技术 ································ 243
　　一、发展现状 ·· 243
　　二、发展趋势 ·· 253

第六节　果品采后处理与加工技术 ···································· 255
　　一、采后处理与贮藏 ·· 255
　　二、果品加工 ·· 258

第七节　果品质量安全风险评估与控制技术 ···························· 262
　　一、发展动态 ·· 262

二、发展趋势 ………………………………………………………………………………… 263

第六章　我国果业高质量发展战略 　265

第一节　我国果业高质量发展的制约因素 　265

一、果树种质资源保护水平和利用质量有待提高 ………………………………………… 265

二、果树区域布局与结构有待优化 ………………………………………………………… 266

三、果树种苗繁育体系和市场建设滞后 …………………………………………………… 268

四、果树自主知识产权品种占比低 ………………………………………………………… 269

五、果园生产管理技术水平和果品质量不高 ……………………………………………… 270

六、突发性自然灾害与病虫害对果树威胁加大 …………………………………………… 270

七、果业绿色发展难度大 …………………………………………………………………… 271

八、果树生产管理机械化和智能化水平低 ………………………………………………… 272

九、果品现代冷链物流建设滞后 …………………………………………………………… 273

十、果品采后商品化处理和加工能力低 …………………………………………………… 275

十一、果业产业化和组织化程度低 ………………………………………………………… 275

十二、果业技术推广体系急需完善和创新 ………………………………………………… 276

第二节　我国果业高质量发展的战略思考与建议 　276

一、实施创新驱动战略，加快实现果业科技攻关的突破 ………………………………… 277

二、优化果树区域布局，优化树种与品种结构 …………………………………………… 285

三、推进果业一二三产融合，实现果业产业化开发 ……………………………………… 288

四、规范果树良种苗木繁育体系建设 ……………………………………………………… 290

五、加强自然灾害和病虫害等突发事件预警，提高防灾减灾与抗风险能力 …………… 293

六、加快果树科技成果的示范推广与转移转化，提高果业科技贡献率 ………………… 294

七、成立国家果树科技创新联盟，为果业高质量发展提供强有力支撑 ………………… 295

第一章

果业 5.0 的概念及果业高质量发展路径

第一节 果树的多元价值与外延

果树兼具经济价值、营养价值、药用价值、观赏价值、文化价值、社会价值、生态价值及重要的战略价值。传统果树产业链条短,并没有发挥出果业应有的多元价值。近些年来,果树产业的价值逐渐拓展出"优质果品、药食同源、文化传承、休闲娱乐、农事体验、观光游览"等新形态果业,呈现出果树产业与二三产业深入融合的发展态势。因此,应深入挖掘果树的多元价值及果品外延,不断延伸产业链条,充分发挥出果业在全面推进乡村振兴中的特殊作用。三产融合是果树多元价值体现的助推器,更是实现产业兴旺、乡村振兴的重要抓手。随着国家乡村振兴战略的全面推进,果业发展应以市场需求为导向、特色果业为突破口,结合自身的多元价值优势,实现果业三产融合协同发展,带动农民增收和乡村繁荣。

一、经济价值

中华人民共和国成立以来,特别是在改革开放以后,我国果树产业发展取得巨大成就。随着果树生产的高速发展,果树产业在我国农业经济中的重要性日益增加。目前,我国已成为世界果树产业第一大国,果树种植面积和产量早已位居世界首位。2020 年水果、坚果产值 1.28 万亿元,占农业总产值的 17.9%(表 1-1)。果业市场规模近 2.5 万亿元,与芯片行业市场规模相当(曹永生,2021)。果品贸易在世界果品市场上占有重要地位,尤其是对促进山区经济发展以及生态环境保持具有特别的意义。当前,我国果树种植面积和产量居前 6 位的树种分别是柑橘、苹果、梨、桃、葡萄和香蕉,果业已成为我国农业的重要组成部分,在种植业中产值仅次于粮食、蔬菜,排在第 3 位。

表 1-1 2020 年农业部分分项产值

指标	绝对值(亿元)
农业产值	71 748.2
(一)谷物及其他作物	25 542.4
(二)蔬菜园艺作物	27 496.3
(三)水果、坚果、茶、饮料和香料	15 097.5
水果	11 683.3
坚果	1 116.9

注:数据来源于《2021 中国农村统计年鉴》。

2018 年以来，我国柑橘产量超过苹果，位居我国园林水果产量首位，但苹果依然是产值最高的果树。据《2021 中国农村统计年鉴》统计，2020 年苹果产值达 1 986.3 亿元；柑橘次之，产值为 1 690.3 亿元；梨产值为 623.8 亿元。2020 年，水果、坚果等产值超过 1 000 亿元的省份有陕西、山东、广东、河南和四川，产值分别为 1 294.8 亿、1 281.7 亿、1 194.5 亿、1 189.7 亿、1 065.4 亿元。陕西省苹果产值最高，达 660.0 亿元，其次为山东、河南、甘肃、山西；四川省柑橘产值最高，达 303.7 亿元，其次为江西、广西、广东、湖北；河北省梨产值最高，达 90.3 亿元，其他依次为河南、新疆、四川、陕西。

另外，很多水果及坚果可加工成果干、蜜饯、罐头、果汁、果酱、果酒、食用油等产品，个别树种木材可供工业使用，部分提取物如芳香油、香精、果胶、果酸、单宁等有医用和化工价值，还有些果品及附属物具有工艺价值，如文玩核桃、桃木工艺品等。所有这些产品都具有直接或间接的经济价值，很多产品发展潜力巨大。

二、营养价值

水果是人类膳食中不可缺少的食物，含果糖、有机酸、维生素、膳食纤维、多种矿物质和天然抗氧化剂等，果实色彩丰富，酸甜可口，给人以感官享受的同时，还具有提高人体免疫力的功效，有益于身体健康。因此，果业是"面向人民生命健康"的优势产业。世界卫生组织（WHO）和联合国粮农组织（FAO）已经证实，水果和蔬菜的摄入与人体健康之间呈正相关。《中国居民膳食指南》明确了果品是人体必需维生素、矿物质、膳食纤维和植物化合物的重要来源，并将"多吃蔬果"列为国人平衡膳食的重要原则之一（中国营养学会，2022）。据中国营养学会发布的《中国居民膳食指南（2022）》，普通人每日应摄入 200～350 g 新鲜水果。美国《美国居民膳食指南（2020—2025）》建议年龄在 31～59 岁的人群，女性推荐每日水果摄入量 340～454 g，男性则为 454～567 g。2020 年 12 月，联合国粮农组织启动了"2021 国际果蔬年"，旨在突出水果和蔬菜在人类营养、食品安全、可持续生产中的重要作用。联合国粮农组织和世界卫生组织推荐，成年人每天摄入至少 400 g 果蔬，可以预防癌症、糖尿病、心脏疾病和肥胖症等慢性疾病，还能防止微量营养素缺乏。

远在原始农业诞生以前，人们就长期利用野生果实作为食物，正如古书《淮南子》所记载的："古者，民茹草饮水，采树木之实……"。我国果树栽培历史已有 4 000 多年，果树资源丰富多彩（孙云蔚，1983）。中医典籍《黄帝内经·素问》中就有"五谷为养，五果为助，五畜为益，五菜为充，气味合而服之，以补精益气"及"谷肉果菜，食养尽之，无使过之，伤其正也"的记载。其中所谓的"五果"（一般指桃、李、杏、栗、枣，也包括其他水果，实际是果类的总称）有"为助"之功，正如李时珍提出的五果"辅助粒食，以养民生"之说，是指食用水果、干果等果品，可有助于消谷化积、补充营养素、提高抵抗力，表明五果类食物具有辅助滋养的作用（王婧萤等，2021）。因此，在各种果实中，橘、柚等常被当作贡品，如皇妃贡柑、黄岩蜜橘；枣、栗等常被用来作为馈赠、宴会或祭祀的果品，其他则一般当作大众普通食品。古典文学作品《红楼梦》中描写贾宝玉过生日时摆出来的 40 只果盘，盛放了酥核桃、杏肉、荔枝干、鲜柳橙、潮州柑、沙田柚、甜黄皮、蜜饯桃脯、酸青梅等几十种果品。

现代科学研究结果表明，水果含有碳水化合物、蛋白质、氨基酸、脂肪、无机盐、维生素、有机酸、各种色素物质及酶等人体必需的营养，经常食用水果使人精力充沛，皮肤细嫩，可预防多种疾病的发生，故水果被誉为"长寿食品""健康食品""护肤食品""美容食品"。随着人们生活水平的逐渐提高和科技的不断进步，人类的食物结构发生了明显变化，水果在食品组成中的比重越来越大，已经成为人类食谱的重要组成部分。《中国食物与营养发展纲要（2021—2035年）》食物消费量目标中，水果年消费量（可食部分）定为60 kg。

新鲜水果含有大量水分，一般含水量为70%～90%。蛋白质含量以核果类、柑橘类含量较多，如扁桃、核桃、银杏、龙眼、榛等，仁果类和浆果类含量较少。脂肪含量较多的有核桃、椰子、扁桃、榛、杏仁、香榧、银杏等，绝大多数含量在1%以下。碳水化合物主要为果糖、葡萄糖、蔗糖、淀粉、纤维素、果胶等。仁果类如苹果、梨以果糖为主，葡萄糖和蔗糖次之；核果类桃、李、杏等以蔗糖为主，葡萄糖和果糖次之；浆果类葡萄、草莓、猕猴桃等以葡萄糖为主，果糖、蔗糖较少；柑橘类则以蔗糖为主。各种水果的含糖量为10%～20%，含糖量超过20%的有枣、椰子、香蕉等。淀粉以板栗、香蕉、无花果、龙眼、银杏、苹果等含量较多。纤维素和果胶都是水果的骨架物质，是细胞壁的主要成分，有促进肠道蠕动和通便的作用，柑橘、柠檬、柚子等果皮是果胶最丰富的来源，山楂、苹果、番石榴等也含有较多的果胶素；纤维素含量较多的有柑橘皮、柿、梅、无花果等。新鲜水果富含维生素C，以猕猴桃、鲜枣、刺梨、余甘子、柑橘类、山楂、草莓等含量较多。另外，水果独具的芳香和鲜艳的色彩可增进食欲，稳定情绪；柠檬酸、酒石酸、苹果酸等有机酸可促进人体消化和吸收。

果实色泽与其所含有的化学物质（叶绿素、类胡萝卜素、类黄酮素、花青素等）有关，其五颜六色的外表显现出不同的功效。中医自古也有"五色入五脏"的理论。一般来讲，绿色水果中含有叶黄素或玉米黄质，如青苹果、青枣、猕猴桃、部分葡萄等；红色水果中含有类胡萝卜素，如红苹果、无花果、草莓、樱桃、石榴等；橘色水果中含有天然抗氧化剂β胡萝卜素、维生素C和叶酸等，如柠檬、芒果、橙子、木瓜、柿、菠萝等；白（黄）色水果中含有黄酮素，如梨、柚子、香蕉等；黑色（紫色）水果中含有花青素、钾、镁、钙等，如黑莓、黑樱桃、葡萄、蓝莓和李等水果（夏国京，2017）。

三、药用价值

果品"丰俭可以济时，疾苦可以备药"，中医认为经常食用水果对延年益寿有不可低估的作用，水果滋养又治病早已成为人们的共识。《黄帝内经·素问》曾经提到："肾宜桃，心宜李，肺宜杏，脾宜栗，肝宜枣。"说明早在2 000多年前，人们就认识到水果的药用功能。汉代《神农本草经》共记载了365种草药，专列有果部，其中大枣被列为上品，当作是可以长期服用的滋补药品。有关水果保健的民谚有很多，如"一天一苹果，疾病远离我""一天吃数枣，终生不显老""一天吃仁杏，到老不得病"等，充分说明了水果的药用价值早已广为流传。如梨具有清热、止咳喘、化痰等功效，在秋冬交替之际，适量吃梨能有效缓解烦渴、咳嗽咽痛、失音等"上火"症状；枣能补中益气、滋脾胃、润心肺、通九窍、和百药；柿乃血分之果，其味甘气平，性涩而能收，故有健脾、润肠、止咳、止血之功效；樱桃"甘为舌上露，暖作腹中香"；山楂可调胃增食欲，其降脂之功更是众人皆知。消化不良、高血压者可多吃山楂、桃、橘等，腹泻者可多吃石榴、柿等，失眠多梦者可多吃桂圆、荔枝、胡桃、大枣等，柿和柿叶所含的有效成分对预防心血管硬化有一定的作用。从山楂、银杏、番木瓜、番石榴等水果中提取的有效物质，正在成为重要的医药原料。

（一）《本草纲目》中提及的药用果名目

在《新型冠状病毒感染的肺炎诊疗方案》几个版本中，出现了枳实、陈皮、化橘红、杏仁、苦杏仁、槟榔、焦槟榔等"药果"，这些"药果"在新冠肺炎疫情防治过程中发挥了特殊的重要作用，充分彰显了果树的药用价值。我国明代伟大的医学家李时珍穷尽毕生精力编著的《本草纲目》中详细记录了50余种"果"的功效及作用，其中就包括这些"药果"：李（李实、嘉庆子、山李子、嘉应子）、杏（杏子、杏仁、杏核仁、杏梅仁、木落子、北杏仁、山杏仁）、巴旦杏（八担杏、忽鹿麻、扁桃）、梅（青梅、梅子、酸梅、梅实、杏梅、熏梅、合汉梅、干枝梅）、榔梅、桃（桃枭、桃奴、枭景、神桃、肺果、桃实）、栗、梨（快果、果宗、玉乳、蜜父）、木瓜（茂、铁脚梨、皱皮木瓜、贴梗海棠）、枣、山楂（赤瓜子、鼠楂、猴楂、茅楂、羊还球、棠球子、山里果）、庵罗果（芒果、闷果、蜜望、面果、庵波罗果）、柰（频婆、苹果）、柿（朱果、猴枣）、榅柏（榅桲）、橘（黄橘、橘子）、柑（木奴）、橙（金毬、鹄壳、柳橙、黄果、金环、柳丁）、柚（条、壶柑、自橙、朱栾、香栾、胡柑、臭橙等）、金橘（金柑、卢橘、夏橘、山橘、给客橙、金枣、金弹、金丹等）、枸橼（香橼、佛手柑）、枳（蜜止矩、蜜屈律、木蜜、木饧、木珊瑚、鸡距子、鸡爪子等）、安石榴（石榴、若榴、丹若、金罂）、枇杷（卢橘、金丸、卢枝）、杨梅（朹子、树梅、珠红）、樱桃（莺桃、含桃、荆桃、中国樱桃）、胡桃（羌桃、核桃）、榛子、阿月浑子（胡榛子、无名子）、荔枝（离枝、丹荔、荔支）、龙眼（龙目、圆眼、益智、荔枝奴、骊珠、燕卵、蜜脾、鲛泪、川弹子）、橄榄（青果、忠果、谏果）、五敛子（五棱子、阳桃、杨桃）、银杏（白果、鸭脚子）、榧实（赤果、玉榧、玉山果、香榧、野杉子）、海松子（新罗松籽、松籽、红果松）、椰子（越王头、胥余）、波罗蜜（菠萝蜜、婆那娑、囊伽结、优珠昙、木菠萝、树菠萝、牛肚子果）、无花果（映日果、优昙钵、阿驵、蜜果、明目果）、槟榔（宾门、仁频、洗瘴丹）、马槟榔（马金囊、马金南、紫槟榔）、甜瓜（甘瓜、果瓜、香瓜）、西瓜（寒瓜、夏瓜）、葡萄（蒲桃、草龙珠）、猕猴桃（猕猴梨、藤梨、阳桃、木子）、蘡薁（婴奥、燕奥、婴舌、山葡萄、野葡萄）、桑葚（桑葚、葚、桑实、乌葚、文武实、黑葚、桑枣、桑藘）、香蕉（弓蕉、香牙蕉、甘蕉）等。

（二）药食同源中药名单

我国自古就有药食同源的传统和历史记载，唐朝时期的《黄帝内经太素》一书中写道："空腹食之为食物，患者食之为药物"，反映出"药食同源"的思想。中医学自古以来就有"药食同源"（又称为"医食同源"）理论，这一理论认为：许多食物既是食物也是药物，食物和药物一样能够防治疾病。随着现代养生观念的流行，既可食用又有药效、保健作用的水（干）果愈发受到人们的信赖和追捧。国家卫生健康委员会发布的药食同源中药名单中涉及水果干果类及其制品如下。既是食品又是药品名单：山楂、乌梅、木瓜、白果、龙眼肉（桂圆）、余甘子、佛手、杏仁、沙棘、枣（大枣、黑枣、酸枣）、郁李仁、青果（橄榄）、栀子、枸杞子、香橼、桃仁、桑葚、橘红、榧子、酸枣仁、橘皮、覆盆子；可用于保健的中药名单：人参果、越橘、酸角、金樱子、枳实、枳壳。

四、观赏价值

乡村振兴战略的提出,对建设乡风文明、生态宜居、生活富裕、产业兴旺的新农村提出了新要求。我国是水果生产大国,在长期的农业生产中,人们往往只重视果树的生产功能,而对果树的观赏价值关注较少。随着经济的发展和人民生活水平的提高,人们对果业精神层面上的观赏需求已提到新的高度,果树的观赏价值逐渐在园林绿化、庭院种植、休闲农业等领域发挥着越来越重要的作用(朱彬彬等,2020)。

果树的观赏性兼具观花、赏叶、品果、看形,春季观花、夏季观叶、秋季观果、冬季观枝,季相变化是果树观赏价值的重要体现。每年春暖花开之际,我国从南到北、从东到西的很多地方伴随着桃花、梨花的开放,纷纷举办形式多样的桃花节、梨花节。如北京平谷桃花节、山东蒙阴桃花节、山东莱阳梨花节、河北魏县梨花节等,这些活动在为市民提供享受大自然、赏花闻香盛宴的同时,也为当地农民增加了收益。在全面推进乡村振兴背景下,利用果树的观赏价值大力发展果旅融合,建设一批特色主题果园,加快发展生态旅游等绿色产业,是实现乡村振兴的有效措施。如中国农业科学院郑州果树研究所培育的观赏桃花品种在北京的"桃花草莓园"、上海天翼"神州桃花源"等地美丽绽放,给春游的人们带来了好心情,也给当地带来了好收益。

利用果树的观赏价值美化城市的道路、广场等空间是果树的重要应用。银杏是重要的行道树,在城市道路两旁或林间小道种植能营造出独特的意境(图1-1);海棠新春叶色为红色,当花朵渐次开放时叶色五彩斑斓,秋季更是绚烂缤纷(图1-2)。可根据栽培场所的不同有选择性地设计和配置树种或品种来发挥果树的观赏价值。随着人民生活水平的提高,果树观赏栽培的用途日益广泛,市场前景广阔,观赏果树栽培已进入寻常百姓的家庭院落。以别墅为主的小区,可种植杏、桃、梨、苹果、山定子、葡萄等一些大冠幅的观赏果树;以住宅楼为主的小区可以种植李、柿、樱桃、枣、山楂、山桃等一些冠幅小的果树;单位庭院较大、干支路较多,则可种植一些高大的观赏果树,使绿化、赏花、观果和遮阴融为一体。近年来,既可观果、观形又观桩的具有奇异树形的果树受到盆景爱好者的青睐,被广泛装饰于阳台、楼顶乃至室内(图1-3)。在全面推进乡村振兴背景下,发挥果树的观赏利用价值日益成为农民增收的重要增长点,可有效带动农业产业结构调整,拓宽农业产业链,对促进传统果业向新型观光果业转型同样具有重要意义。

图1-1 银杏

图1-2 海棠

五、文化价值

《周易·系辞》记载,"庖牺氏没,神农氏作,斫木为耜,揉木为耒,耒耜之利,以教天下",意思是说伏羲氏去世,神农氏开始制作工具,教导天下百姓耕作,之后我国农耕文化便逐渐形成。农耕文化是人类在长期的农业生产实践中形成的一种习俗文化,包括历史文化背景下所产生的民间与农业有关的物质文化、精神文化。各地不同的民俗民风和生活习惯造就了不同的生活环境,形成了具有独特风土人情的农村生活场景,具有强烈的中国印记和民族特色。果树文化是农耕文化的重要组成,果树的文化价值是由人们的情感需要而赋予果树某种

图 1-3 盆景

文化功能,往往以最原始、最广泛的形态具体而深刻地反映人们的生活方式、物质生产水平、思想意识、精神状况等(卓德雄,2019)。目前,在已公布的139处中国重要农业文化遗产中,果树文化遗产占了38处,将近1/3,充分说明了果树在我国农业历史文化传承中具有举足轻重的地位。

在长期的果业生产中,桃、梨、枣、荔枝、枇杷、柑橘等果品及其果树栽培积淀了浓厚的文化底蕴,是中华农耕文明史中的重要元素。在民俗文化中,柑橘指代"大吉大利",石榴指代"多子",桃指代"多寿",杏林指代"医学界",杏坛指代"教育界"等。此外,我国婚俗中有将栗子与红枣、花生一起撒在床上的习俗,其中栗子、红枣和花生作为一种意象便是人们祈望早生贵子的心愿寄托。我国果树文化历史悠久,果元素被写入各种史书典籍、文学著作、诗词歌赋之中,无数文人骚客在诗词歌赋中描绘并赞美果树或果品,为果树增添了更多的文化内涵。从屈原的《橘颂》中可以看到柑橘坚强不屈的品格,奠定了柑橘文化的文学之基石;桃的诗词典故在我国文艺作品中出现的频率相当高,其内涵与意蕴也相当丰富,如"桃之夭夭,灼灼其华""人面不知何处去,桃花依旧笑春风""人间四月芳菲尽,山寺桃花始盛开"等,数不胜数。成语是我国传统文化的一大特色,让梨推枣、囫囵吞枣、李代桃僵、望梅止渴、南橘北枳等均是历史的"微电影"。

从秦汉、隋唐至明清时期,果树广泛应用于园林造景及民俗文化中,其中,果树盆景是重要组成。盆景果树有苹果、梨、桃、葡萄、石榴、杏等,随着经济社会的发展,果树盆景文化在休闲农业、果旅融合及都市农业中发挥着重要的作用,产业化前景非常广阔。

我国是传统农业大国,在农耕文化领域,关于果树的文化价值利用不多,尤其是发掘其文化价值用于旅游开发更是少见。在新时代全面推进乡村振兴背景下,依托现有的果树栽培体系,把文化价值融入果业生产,结合乡村旅游的开发,对促进我国果业的多功能融合和产业结构优化具有重要的实践意义。当前,果树文化正以新的载体出现在人们视野中,其中果树特色小镇和水果主题节庆等新颖的旅游形式充分地将果树文化融入乡村建设中,并逐渐发展为地域文化的重要组成部分。如江苏无锡阳山的桃文化博物馆,通过收藏与桃有关的文献书籍、诗词歌赋、绘画书法、音乐、电影等,开辟了桃民俗文化、图腾文化、宗教文化等主题专栏,为大众更深入地了解桃文化提供了窗口。2016年以来,各地争先开展特色小镇发展

规划，其中涌现出一批果树特色小镇，如云南华坪芒果小镇、滨海新区茶淀葡香小镇、四川成都龙泉的桃花故里、湖北当阳蓝莓小镇等（张圆圆，2020），果树的文化价值与旅游功能融合，为延伸农业功能、丰富旅游活动内容、完善旅游产品体系，以及满足旅游者多元化的休闲需求创造了条件。

六、社会价值

党的二十大报告指出，共同富裕是中国特色社会主义的本质要求，也是一个长期的历史过程。果业是发展乡村特色产业、实现共同富裕的重要抓手，是全面打赢脱贫攻坚战和全面推进乡村振兴的重要支柱产业，是实实在在的致富果。2022年10月26日下午，习近平总书记来到延安市安塞区高桥镇南沟村，走进果园和苹果洗选车间考察，指出陕北大力发展苹果种植业可谓天时地利人和，这是最好的、最合适的产业，大有前途。未来，在全面推进乡村振兴、建设宜居宜业和美乡村的过程中，应进一步延长果业产业链，提升价值链，全力推进三产融合，在果业高质量发展中促进共同富裕，最终实现中国式现代化道路上的"共富果"。

随着果树产业规模的不断增加，果品采摘、加工、流通和销售、观光、旅游等可以带动第二产业、第三产业发展。首先，果业发展将吸纳更多的劳动力，为农民创造大量的就业机会，在一定程度上提高并维持着乡村的社会稳定；同时，果业发展也为乡村和城市周边创造了一个自然优美的环境，提供了更优越的投资环境，进一步提高了劳动就业率。其次，果业的三产融合发展还可以与医药保健、数字农业、房产和城市建设等高利润产业形成产业链，融合发展，互相增值。

结合不同地理人文所形成的旅游观光果园，或由高科技搭建的现代有机果园，均需要科技的支撑、果业人才的培养、工业化的运作和管理，以及国际上的交流与合作。观光采摘果园为市民提供了踏青、科普、观赏、游乐的场地，将观赏果树应用到城市中会带给人们一种"复得返自然"的感受，成为人们与自然和谐相处的一条纽带，启发人们走进自然、了解自然，进而保护自然。尤其对从小生长在城市中的青少年，更是集趣味性、科普性于一体，让人们感受到大自然的独特魅力，激发人们爱护自然、爱美的自然本性，使得人们去观赏、采摘、品尝，从而感悟生活的美好和丰收的喜悦。

中小学生研学旅行是由教育部门和学校有计划地组织安排，通过集体旅行、集中食宿方式开展的研究性学习和旅行体验相结合的校外教育活动，是学校教育和校外教育衔接的创新形式，是综合实践育人的有效途径。近些年，国内外果园与研学旅行的结合已经悄然兴起，果园研学旅行是研学旅行的一种，让学生亲近自然，感悟果树生命科学，激发和培养学生对果树知识浓厚的兴趣；通过亲手栽植果树和与科研人员交流，使学生收获知识、收获劳动的快乐。因此，果园研学旅行的教育价值，就在于以提升实践能力为抓手、以培育核心素养为指向，依托果园这类特殊的农业生产地域，为中小学生未来发展奠定良好基础、提供有力支持（图1-4）。此外，中国农业科学院已连续举办四届农科开放日活动，果树研究所通过科研人员现场讲解、操作示范，果品实物展示、公众品鉴、参观展现果树所奋斗历程的荣誉展室和试验基地、电子屏幕滚动播放科研团队创新成果和科普教育宣传片等形式，为社会公众更多了解果树所、学习果树科技知识提供了科普实践体验机会。

图 1-4 研学旅行

七、生态价值

很多木本果树具有很强的生命力，既能生产果品，还可长期发挥其优越的生态价值。在《中国农村统计年鉴》中，国家统计局将核桃、板栗、榛子等坚果类树种归为林业，可见果树林木与生态林木具有同样的生态价值。果树具有很好地吸收二氧化碳、降噪、防尘、吸收有害气体等功能，在提高林木覆盖率、保护水土流失、调节微气候、改善区域环境等方面发挥了重要作用。因此无论是在防止风沙、退耕还林的经济林建设中，还是在城市绿化或旅游观光果园，果树的生态价值都应该得到充分的认识和利用。在生态景观园林的规划中，果树可以让人们在休闲旅游的同时，体验到大自然的馈赠。

经济林是以生产果品、食用油料、饮料、调料、工业原料和药材等为主要目的的林种，鉴于"果树上山下滩，不与棉粮争地""积极引导新发展林果业上山上坡，鼓励利用'四荒'（荒山、荒沟、荒丘、荒滩）资源，不与粮争地"的果业发展原则，我国已建果园和未来新建果园多数分布在山区，是经济林的重要组成部分。成片的果园具有强大的生态功能，对涵养水源、保持水土、净化空气、调节气候、固碳释氧等作用显著。据研究，果园光合效率与碳汇效益远大于一般林木，果园复合生态系统试验示范区每公顷年固碳 6.0 t 以上，苹果园土壤有机碳储量较撂荒地可提高 18.56%。据报道，果园为北京市森林覆盖贡献率增加了 8.2 个百分点，为北京市生态涵养区森林覆盖贡献率增加了 9.6 个百分点。据《北京市经济林生态系统服务功能（2017 年度）报告》，在评估 7 类 21 项指标后显示，经济林单位面积的生态价值约为森林的 85%。评估结果显示，北京市经济林各项生态系统服务功能按价值量大小排序为：涵养水源 > 固碳释氧 > 净化大气环境 > 游憩 > 生物多样性 > 保育土壤 > 林木积累营养物质。

在全面推进乡村振兴背景下，果树不仅是各地农业可持续发展的重要经济来源，而且是生态环境保护的重要屏障，更是美丽乡村建设的重要支柱产业，对推进果树产业和美丽乡村建设融合发展具有重要的现实意义和广阔的发展前景。值得注意的是，如何把山区的生态环境优势转化为旅游经济优势，践行"绿水青山就是金山银山"的发展理念（图 1-5），实现生态与经济互促共进、协同发展才是硬道理，不能牺牲环境、破坏生态盲目发展山地果业（李建才，2022）。

图1-5 绿水青山就是金山银山

八、战略价值

2016年中央一号文件首次提出大食物观概念,提出要面向整个国土资源,全方位、多途径开发食物资源,满足日益多元化的食物消费需求。2022年3月6日,习近平总书记在看望参加全国政协十三届五次会议的农业界、社会福利和社会保障界委员时强调,要树立大食物观,从更好满足人民美好生活需要出发,掌握人民群众食物结构变化趋势,在确保粮食供给的同时,保障肉类、蔬菜、水果、水产品等各类食物有效供给,缺了哪样也不行。要在保护好生态环境的前提下,从耕地资源向整个国土资源拓展,宜粮则粮、宜经则经、宜牧则牧、宜渔则渔、宜林则林,形成同市场需求相适应、同资源环境承载力相匹配的现代农业生产结构和区域布局。要向森林要食物,向江河湖海要食物,向设施农业要食物,同时要从传统农作物和畜禽资源向更丰富的生物资源拓展,发展生物科技、生物产业,向植物动物微生物要热量、要蛋白。2021年,我国人均GDP为12 551美元,正处于从中高收入迈向高收入的阶段,借鉴发达国家食物消费规律,该阶段食物消费的突出特征是口粮消费下降,蔬菜、水果、动物产品消费持续增加。

树立大食物观,就要转变传统观念,跳出粮棉油肉蛋奶固有思维模式,拓展食物领域。我国是世界最大的水果生产国,果树在经济林建设和设施农业领域同样占有一席之地,在大食物观背景下具有重要的战略价值。发展设施果树是实现我国果业高质量发展的重要途径,可扩大优良品种的栽培区域,延长鲜果供应期、实现周年供应,有利于预防自然灾害和控制病虫害,生产安全、优质、高档果品,提高生产效率和劳动者素质,增加果树产业的经济效益、社会效益等。此外,我国果业发展要转型,要特别关注和研究盐碱地、荒漠化等非传统土地果树高效栽植关键技术及适应的品种。

果品作为重要食物在我国早有记载,枣素有"木本粮食""铁杆庄稼"等称号,《战国策》列举燕地资源时指出:"北有枣、栗之利,民虽不由田作,枣、栗之实足食于民矣"。目前,个别淀粉含量高的水果及坚果已用作主粮或有开发利用的潜力。如香蕉与大蕉都属于芭蕉科芭蕉属,但作为食物的大蕉则有着更高的淀粉含量,是西非、中非、加勒比、中美洲和南美洲的主要作物;面包树原产于马来群岛、新几内亚、印度南部、加勒比等热带地区,终年都可结果，果实个大，且产量丰富，富含淀粉，吃法与土豆类似。未来，要树立大食物观，积极推进农业供给侧结构性改革，全方位、多途径开发果品资源，选育丰富多样的果树品种，更好地满足人民群众日益多元化的食物消费需求。

九、果品的外延

狭义的果品是指水果和干果的总称，广义的果品是指果树和瓜类产品的总称。果树产业的多元价值属性赋予了果品更多的外延，为了提高我国果树科研的深度和广度，满足人民日益增长的美好生活需要和优美生态环境需要，保障国家食物安全、食品安全和生态安全，促进人民健康、增加农民收入，提高我国果树产业的国际竞争力，果品的外延必须拓展。基于果品广义内涵，果品外延分为11大类36小类，简称36品。

（一）特殊品种

仙品：《西游记》中蟠桃盛会上的蟠桃、亚当夏娃偷吃的苹果就是传说中的仙果和圣果，伊甸园中种植的果树就是苹果树，这些果品随着神话故事流传至今，深受世人喜爱，在特殊的环境里，就需要这些特殊的品种。要加强桃、苹果等仙果概念和故事的挖掘、整理、宣传，培育水果中的极品。

贡品：水果中的贡品较多，如贡柑、椪李、荔枝等。要进一步挖掘水果贡品种类、历史、文化、民俗，研究贡品产地环境与品质的关系，收集保存贡品果树种质资源，开展杂交育种。

礼品：培育礼品水果专用品种，研究礼品水果保鲜贮运技术，开展礼品水果包装设计，研发礼品水果保鲜贮运产品。

（二）特殊用途

吉品：苹果、柑橘、柿等是吉祥品，寓意平安、大吉大利、事事顺利。要挖掘、打造类似的吉祥品。

寿品：中国的长寿之乡生态环境都非常好，种植果树可有效改善生态环境，山东莱州（主要种植苹果）、新疆和田地区于田县的拉依苏村等长寿之乡就是典型案例。要研究长寿之乡与果品的相关性，研究果品与长寿相关的活性成分及作用机理。

祭品：苹果是最常用的祭品。要研究祭祀果品的种类、历史、民俗、寓意，剖析水果祭品的生态、环保意义。

（三）加工用途

食品：凸显瓜果对保障国家食物安全的贡献和作用，培育加工专用果树新品种，强化野生果树资源利用，研发果品加工技术，开发果干、果粉、果脯、果饼、果糕、果派、果冻、果膏、果糖、果酱、果仁、果片、果泥、果丹皮、蜜饯、水果冰激凌、水果罐头、速冻水果、水果菜肴、炒水果、烤水果、炸果圈、膨化水果、盐水水果、醉果、调味品等多样性食品，加强成果转化应用。

饮品：培育饮品加工专用果树新品种，研发饮品加工技术，研发果酒、果醋、果汁、果茶、果露、水果酵素等饮品，增加瓜果饮品人均消费量。

药品：水果具有生津止渴、润肺除烦、健脾益胃、养心益气、润肠、止泻、解暑、醒酒等功效，是最天然的药品。研究药食同源果品及特性，培育专用药品原料品种，研制活性成分提取技术，研发瓜果药品。

饰品：利用果品形状或材料等开发饰品。开发家庭用、办公室用、节庆用、穿戴用饰品。开发"水果首饰"等果品创意产品，把水果变成"宝石"。

（四）优质程度

优品：培育优质果树新品种，研发优质栽培技术体系，开发优质果品。
名品：开展果品分级研究，加强品牌建设，把优质果品打造成为名品。
珍品：优中选优，限量生产，限制产量，做到稀缺，把优质果品打造成为珍品。
极品：把果树品种、技术、品质、产品做到极致，生产"令人难忘"的水果极品。

（五）稀缺程度

消费品：培育优质、广适新品种，成为大众消费的主打品种。
稀缺品：收集珍稀果树种质资源，拓宽遗传多样性，培育多样性优质果树新品种，培育和生产中高端果树新品种，成为市场的稀缺果品。
奢侈品：水果奢侈品应具有独特、稀缺、珍奇等特点。选育优质的品种，建设成功的品牌，集成设计理念、历史积淀和文化传承，打造水果奢侈品牌。

（六）营养健康

营养品：培养优质、营养全面的水果新品种，研发相应的栽培技术，明确果树品种的有效营养成分，开发富硒水果等。
健康品：阐明果品对健康的作用和机理，研发特殊人群消费的果品，推广健康水果，为"健康中国"提供科技支撑。
保健品：研究不同人群最适合的果品种类与搭配，研发富硒水果、酵素等保健品，开发心果宝等特殊产品。
养生品：研究果品的养生功能，开发养生果品。

（七）特殊成分

化妆品：水果中维生素种类多，抗氧化，富含对人体有益的铁、锌、锰、钙等微量元素，水果中还不乏天然的排毒剂，经常食用可起到帮助消化、养颜润肤的独特作用，因此越来越多的人吃水果美容。要研究果品的美容养颜效果，研制相应的化妆品。
减肥品：研究果品减肥的效果、机理和作用，研发减肥水果，如苹果、蓝莓、树莓、草莓、杏、哈密瓜等。
聪明品：苹果是聪明果。研究苹果、樱桃、黑莓、蓝莓等果品的健脑功能和作用。

（八）文化艺术

观赏品：收集保存观赏果树种质资源，选育观赏品种，发掘叶、花、果、枝的观赏价值，研究延长观赏期技术，研发观赏果树栽培模式，开发盆栽观赏果树，发展庭院瓜果，建立果树观赏带、区。

文化品：挖掘有关果树的神话、传说、诗词、民间故事、文化符号、文化精神等，阐释瓜果文化，开发核桃等文玩品，研发水果宴等。

艺术品：研发盆栽果树艺术品和老果树景观艺术品，开发书画艺术品，开发果树根、茎、叶、花、果、籽艺术品。

（九）民俗宗教

民俗品：如世界上有3个著名的"苹果"，一个诱惑了夏娃，一个砸中了牛顿，还有一个握在了乔布斯手中。应大力开展果树民族植物学研究，挖掘瓜果的民俗符号，开发相应的民俗品。

宗教品：挖掘整理有关果品的宗教故事，研发祭祀专用果品。

（十）休闲旅游

采摘品：加强采摘专用果树品种培育，构建多树种、多品种果园，做到品种适合采摘、全年可以采摘、采摘品种多样。

观光品：研究基于观光用途的果树，花、果品种搭配，研发基于观光用途的栽培模式，设计果树盆景，开展果园园林设计和建设。

休闲品：开发休闲果品、休闲果园、体验果园等。

旅游品：开发多种以果品、果园为基础的旅游产品。包括花、果、树，食品、饮品、药品、饰品、礼品、吉品、营养品、保健品、化妆品、减肥品、观赏品、文化品、艺术品等。

（十一）绿色生态

绿色品：研究制定绿色果品标准，构建绿色果品全程质量控制技术体系。

有机品：研发生物农药，研究建立有机果品生产技术体系，建立有机果园示范基地。

生态品：构建生态果园建设综合技术，建立生态果园示范基地，开展以苹果等果树为核心的田园综合体试点，加强果树生态学研究，保护果树种质资源，凸显果业在生态文明建设中的地位和作用，为"美丽中国"建设提供科技支撑。

果品是绿色品和生态品，可以支撑美丽中国建设；果品是营养品和健康品，可以支撑健康中国建设；果品经济价值高，深受消费者欢迎，可以支撑全面推进乡村振兴工作。因此，要以果品外延拓展为契机，拓宽产业链，强化全产业链科技创新、技术集成和产业引领，推进一二三产业深度融合，建设绿色、生态果园，打造田园风光、世外桃源和人间仙境，实现果业强、果农富、果乡美，共同缔造和美乡村。

第二节 果业 5.0 的概念

2013 年，德国正式提出了工业 4.0 的概念（陈志文，2014），即利用物联信息系统将生产中的供应、制造、销售信息数据化、智慧化，最后达到快速、有效、个人化的产品供应。所谓工业 4.0，是基于工业发展的不同阶段作出的划分。按照目前的共识，工业 1.0 是蒸汽机时代，工业 2.0 是电气化时代，工业 3.0 是信息化时代，工业 4.0 则是利用信息化技术促进产业变革的时代，也就是智能化时代。2015 年 5 月，国务院正式印发《中国制造 2025》，部署全面推进实施制造强国战略。德国制造业具有强大的技术基础，所以它直接实施工业 4.0，而我国是在工业 2.0、工业 3.0 和工业 4.0 同时推动的情况下，既要实现我们传统产业的转型升级，还要实现在高端领域的跨越式发展。

工业 4.0 打破了传统的行业界限，带来跨行业的重组和融合，而农业是为工业生产原材料提供行业和工业制成品的使用行业，也必将融入这场时代的变革中。现代农业的发展，一方面来自农业科技和农业经济的自身创新，一方面来自工业技术在农业领域的应用。农业 4.0 概念是在工业 4.0 之后延伸出来的一个新概念（邱爽，2015），是以物联网、大数据、移动互联网、云计算技术为支撑和手段的一种现代农业形态。按照目前的共识，农业 1.0 是以体力劳动为主的小农经济时代，农业 2.0 是机械化生产为主、适度经营的种植大户时代，农业 3.0 是以现代科学技术为主要特征的农业时代，农业 4.0 是融合互联网的高度智能化的种植管理时代。目前，国内农业 1.0、农业 2.0、农业 3.0 同时并存，农业 4.0 还很遥远，改造发展空间巨大。

目前，我国果业的现代化程度与大田农业相比尚存在较大差距：我国果树生产基本上是以家庭为单位，规模小，投入不足，农户年龄偏大，受教育程度较低，缺乏组织性，小生产与大市场矛盾突出，生产模式和经营方式落后，现代化程度低；缺少系统配套、先进实用的果品生产技术标准体系，技术集成应用差；栽培管理技术水平总体不高，栽培模式落后，大多数产区仍以传统栽培模式为主，果园机械化水平和智能化管理水平低，生产成本高。由于生产标准化程度低，果品质量的均一性不高，市场竞争力差。为了保证米面糖油的产量，我国的果树种植基本都上山了，因此我国果业发展大大落后于农业生产。就果业而言，农业 1.0 是主要阶段，农业 2.0 刚刚起步，农业 3.0 和农业 4.0 很少，我国果业高质量发展之路任重而道远。为了实现我国果业的高质量发展，做强我国果业，提高果业的国际竞争力，实现产业升级，在分析果业发展不同阶段的基础上，我们提出了"果业 5.0"的概念（曹永生，2021）。

一、果业 5.0 的划分

果业 5.0 是基于果业发展的不同阶段做出的划分。果业 1.0 是吃不饱时代，果业 2.0 是吃饱时代，果业 3.0 是吃好时代，果业 4.0 是吃健康时代，果业 5.0 是吃美好时代。

（一）果业 1.0 时代

生产强调高产，果树种植面积逐步扩大，有效供给不断增加。科技创新重点在高产性状的挖掘和利用，培育了一批高产品种，研发了一批高产栽培技术。1949 年，我国园林水果产量仅 120 万 t，人均占有量仅 2.2 kg，水果供应远远不能满足人民需要，1950 年号召果树上山，因地制宜。发展果树生产基地，1951 年提倡果品包装出口、商品化生产技术，广泛推广优良品种。当时以追求产量为目的的发展思路和劳动力成本较低的基本国情决定了这一时期的果树生产以扩大规模实现总量增加为主。

（二）果业 2.0 时代

生产强调优质，果树结构不断调整，优质供给不断增加。科技创新重点在优质性状的挖掘和利用，培育了一批高产优质品种，研发了一批高产优质高效栽培技术。改革开放以后，我国农业结构不断变化，农产品供求关系已经从过去的卖方市场转变为买方市场，农业结构调整以市场需求为导向，农产品生产由注重数量向质量、数量并重转变。

（三）果业 3.0 时代

生产强调营养，在满足优质的基础上，更加重视果品的营养价值，产业链延长。这时的优质从满足标准转向满足需要，优质的核心是风味好。科技创新重点在营养性状的挖掘和利用，研发营养果品和营养产品。自 1993 年国务院颁布《九十年代中国食物结构改革与发展纲要》后，中国食物生产与消费迅速发展。为了进一步改善居民的食物与营养状况，由农业部牵头，卫生部、教育部、财政部、国家经贸委、国家计委、科技部等部委于 2001 年 11 月 6 日颁布了《中国食物与营养发展纲要（2001—2010 年）》，通过不断出台的营养政策和开展的行动计划，使广大居民对营养的重要性有了充分的认识，推动了全民的营养意识提高，使得越来越多的人开始关心营养，合理营养，果品的营养价值愈发受到重视。

（四）果业 4.0 时代

生产强调功能，在满足优质和营养的基础上，更加重视果品的功能，产业链不断延长。科技创新重点在功能因子的挖掘和利用，要充分利用我国丰富的果树种质资源，研发功能果品和功能产品。果品功能开发一方面源于果品自身所具备的保健价值，如开发培育适合鲜食的蓝莓、蓝靛果等富含花青素的小浆果；另一方面，源于水果被赋予的保健调节功能，即通过现代高新技术，生产出富含天然保健功能的水果，如富 SOD 苹果，富钙、富锌、富硒水果等；再者就是开发功能性饮品和保健品，如苹果醋、梨膏、刺梨口服液等。

（五）果业 5.0 时代

生产强调感官，在满足优质、营养和功能的基础上，更加重视果品的感官。科技创新重点在感官性状的挖掘和利用，创建果品感官评价技术体系，培育不同人群不同偏好的果树新品种。咬上一口，那种好吃的滋味，让人忍不住想要流泪，水果中弥漫着活在这个世界上的喜悦之情。

二、推进果业 5.0，实现果业高质量发展

目前，新西兰、日本、美国等发达国家已进入了果业 5.0 时代。我国果业大部分还处于果业 1.0 时代，果业 2.0 不够大，优质供给严重不足，果业 3.0 和果业 4.0 还不多，果业 5.0 稀缺。为了满足人民日益增长的美好生活需要和优美生态环境需要，加快推进实施果业 5.0 迫在眉睫。

推进实施果业 5.0，必须创新驱动，必须自立自强，要充分发挥国家果树战略科技力量的作用，发挥新型举国体制的优势，面向世界科技前沿、面向国家重大需求、面向现代农业建设主战场、面向人民生命健康，加大科技投入，加强协同攻关，强化科技创新，开展果树新思想、新理论、新方法、新基因、新种质、新品种、新技术、新模式、新产品和新服务研究，攻克"卡脖子"技术，重点加强优质、营养、功能和感官性状基因的挖掘和种质创新，加快构建果品感官评价技术体系，实现自主基因、自主品种、自主技术和自主产品。

推进实施果业 5.0，必须加快成果转化，加快推广实施"科研单位＋地方政府＋龙头企业＋基层农户＋国外专家"五位一体协同转化科技成果模式，科研单位提供新品种、新技术、新模式、新产品和新服务等科技支撑，地方政府重视果业发展，加强组织协调和条件保障，龙头企业开展示范带动和市场开拓，基层农户应用科技实现增收致富，国外专家积极参与，引进国外智力和技术，扩大合作交流，推动形成五方协同、五方共赢的利益共同体。

推进实施果业 5.0，必须用心强创新、优结构、提质量、降成本、增效益，创建转化果业减水、减肥、减药、减人和减树等"五减"技术体系，生产出好吃、好看、好种、好卖和好想等"五好"水果，实现科研产出率、土地产出率、劳动生产率、资本回报率和政府回报率等"五个"提高，推动我国果业高质量发展，实现果业兴旺，助力乡村振兴。

第三节　果业高质量发展的内涵与路径

高质量发展是党的十九大提出的新表述，其内涵为高效率增长、有效供给性增长、中高端结构增长、绿色增长、可持续增长和和谐增长。从产业层面理解，高质量发展是指产业布局优化、结构合理，不断实现转型升级，并显著提升产业发展的效益。

二十大报告着重提出了"中国式现代化"这一重要论断，农业高质量发展是中国式现代化的重要内容。农业是立国之本，农业高质量发展不仅是经济高质量发展的基础，也是经济高质量发展的关键。"十四五"规划中明确提到，要优先发展农业农村，全面推进乡村振兴，提升农民的幸福感。通俗来说，就是要努力做到农业更绿色，要素更活跃，产业更发达，农村更宜居，农民生活更美好。目前，我国农业已驶入高质量发展的"新赛道"，供给优质、高效生产、创新融合、绿色可持续发展等成为农业发展转型的大方向和主旋律。现阶段我国果树产业正处于一个转型发展期，高质量发展的目标是由果业大国发展为果业强国，实现四强一富，即科技强（世界一流科研院所）、企业强（世界一流企业）、装备强（世界一流装备）、效益强（世界一流效益）、果农富。要以全面推进乡村振兴为总抓手，坚持绿色高质量发展理念，以构建现代水果产业生产体系和经营服务体系为目标，以布局优化、品质提升、

产业融合为重点，畅通国内销售市场，统筹推进果品国内外进出口贸易 2 个市场；实施创新驱动，依靠科技进步，研发新品种、新技术、新产品，推广绿色轻简优质高效生产技术，确保节本、安全、高效。

为了实现我国果业的高质量发展，做强我国果业，提高国际竞争力，实现产业升级，我们界定了果业高质量发展的内涵，提出了"一新"驱动、"两优"先行、"三产"融合、"四品"提升、"五减"支撑、"六化"同步的果业高质量发展路径。

一、内涵

正确认识和理解果业高质量发展的内涵，对于推动我国果业高质量发展具有十分重要的意义。

果业高质量发展的内涵是指"一新两优三产四品五减六化"，就是要以创新为动力，构建现代果业体系，做强果业，实现绿色发展，提高劳动生产率和土地产出率，提高果业质量、效益和国际竞争力，增加果农收入。

果业走高质量发展之路，就是要坚持以人民为中心的发展思想，把高质量发展同满足人民美好生活需要紧密结合起来。

二、路径

（一）"一新"驱动

"一新"即创新。创新是引领果业高质量发展的第一动力，是建设现代果业的战略支撑。目前，我国果业创新能力还不适应果业高质量发展要求，产业体系存在短板和弱项，高质量的创新型科研、管理和经营人才短缺。2020 年我国研发投入强度为 2.4%，农业研发投入强度仅为 0.83%，果业研发投入强度更低，不到农业研发投入的一半，仅为我国研发投入强度的 1/6，差距巨大。因此，需要大幅度提高果业科技投入，充分发挥科技创新的关键变量作用和支撑引领作用，创新驱动果业转型升级，满足人民日益增长的美好生活需要和优美生态环境需要。

（二）"两优"先行

"两优"即优化产业布局和优化种植结构，是果业发展的前提和基础。"两优"先行，可以显著提升果业发展的效益。

进一步优化果业布局，果业发展向优生区聚集，充分发挥产业的规模、优势、竞争力和效益，在城市郊区适当发展不耐贮鲜果和设施果树，错位发展。

优化树种结构、品种结构和树形结构，适当减少和稳定柑橘、苹果、梨等主要果树的种植面积，发展小水果，充分利用野生资源、特色资源和传统老味道品种，推行果树宽行密株、矮化密植和定向栽培模式，构建级次简单、新梢控制方便的树形，推广苹果、梨高纺锤形等现代果园树形。

(三)"三产"融合

"三产"即一产、二产和三产。延长果树产业链,由一产发展到二产、三产,做到一产上水平、二产上规模、三产大发展。"三产"融合发展,可以显著增加果业附加值。

利用我国丰富的果树资源,重点开发食品、饮品、药品和饰品,研发营养品、保健品、化妆品、减肥品等特色产品,做大二产。

建设以果树为核心的田园综合体、特色小镇和美丽乡村等,创作观赏品、文化品和艺术品等,开发休闲食品,构建休闲果园和体验果园,建设绿色、生态果园,打造田园风光、世外桃源和人间仙境,大力发展采摘、观光、休闲、文化和旅游等产业。

兼顾生产、生活、生态,进一步挖掘果业的多种功能,使果业分工更优化、业态更多元,推进生产、加工、流通、营销产业链全面升级,促进"三产"深度融合、"三产"协同发展。

(四)"四品"提升

"四品"即品种、品质、品位和品牌。"四品"提升,可以显著增强果业国际竞争力。

1. 培育果树品种

重点聚焦色泽、形状、大小、生育期、砧木和采后品质等重要性状,加快培育优质多样的具有自主知识产权的果树新品种,解决果业"卡脖子"问题。

2. 提高果品品质

建立果品感官评价技术体系,推行果品感官评价,果品品质从满足标准转向满足需求,生产更多口感更好、风味更浓、品质更优、营养更全、功能更多、特色更鲜明的果品。

3. 提升果品品位

开发果品中的贡品、吉品、珍品、极品、稀缺品和奢侈品,设计简约大气的包装,改变水果度量衡,推行水果按个卖,丰富果品的文化内涵,提高果品的科技含量,不断推动果业向价值链的中高端迈进。

4. 提升果业品牌

顺应消费个性化、多样化发展趋势,增加高品质商品和服务供给,提升果业品牌,形成具有全球影响力的知名品牌,打造高品质、有口碑的果业"金字招牌"。

(五)"五减"支撑

"五减"即减水、减肥、减药、减人和减树。综合运用"五减"技术进行科技支撑,对症施治,可以显著提升果业技术水平、降低生产成本。

果业"减水、减肥、减药",就是要减少化肥、农药和水等投入品的消耗量,建立各种果树的精准施肥配方,构建果树病虫害绿色防控技术体系,研发化肥、农药、水减施技术和设备,并开展集成示范和应用,提高化肥、农药和水的利用效率。在北方干旱地区,特别要减少水的消耗量,做到极致减水、极限减水。"减人"就是要减少人工的使用,"人工工时费"是目前果业成本中最大的一块,要加快农艺农机结合,应用肥水一体化,研发不疏果、不套袋、不手摘的"三不"品种、技术和装备,提高果业机械化、智能化水平。所谓"减树",就是在非果树优生区的地方,要减少果树种植面积。在优生区,如山东栖霞、河南灵宝，也不全是种植苹果的好地方，所以，要在最好的优生区种植果树。

（六）"六化"同步

"六化"即绿色化、优质化、特色化、标准化、品牌化和工业化。同步推进果业的"六化"，显著提高我国果业发展的质量和效益。

1. 绿色化

坚持绿色发展理念，以绿色发展引领果业高质量发展，培育抗病虫、抗逆、营养高效等绿色果树新品种，推广果园生草，使用绿色投入品，推进果业投入品减量化、生产清洁化、废弃物资源化、产业模式生态化，发展资源节约型、环境友好型、生态保育型果业，促进果业发展与生态环境保护协调统一。

2. 优质化

随着人民对美好生活的向往和品味的提高，优质化果品需求强劲，优质供给严重不足。果品优质的核心是风味好，重点加强风味好的优质果树新品种的培育，推行果品优质化生产，生产出好吃、好看、好种、好卖和好想的"五好"水果，加大优质化品种、果品、商品、信息和服务的供给。

3. 特色化

深入开展特色果树种质资源保护，培育符合不同人群口味的特色品种，发展传统老味道品种，如河北承德国光苹果、西藏林芝黑钻苹果、浙江奉化水蜜桃等，做大做强优势特色产业。挖掘特色果树文化价值，打造一批彰显地域特色、体现乡村气息、承载乡村价值、适应现代需要的特色果业。

4. 标准化

非标准化生产决定果品品质的不稳定性，严重影响我国果业发展。建立与果业高质量发展相适应的果业标准及技术规范，加快国内外果业标准全面接轨，构建覆盖果业生产、经营各环节的标准体系，建设标准化果园，促进产地环境、生产过程、产品质量、包装标识等全流程标准化。

5. 品牌化

建设果业区域公用品牌、企业品牌和农产品品牌，围绕果树优生区塑强一批区域公用品牌，加强科产、科企合作，培育具有国际竞争力的大果商和果业企业集团，推进果业企业与果树优生区紧密结合，打造叫得响、过得硬、有影响力、具竞争力的企业品牌。深入挖掘果品品牌文化内涵，讲好果业品牌故事。

6. 工业化

以工业化思维发展果业，利用现代工业的经营理念和组织方式、现代化的工业技术手段和设备来生产、加工和经营果品。研发果业简单化、傻瓜化技术，推行果业流程化，推动果业生产、加工和经营全程机械化。果业与互联网、物联网、大数据、人工智能深度融合，用现代信息技术改造果业。

综上所述，只有走"一新"驱动、"两优"先行、"三产"融合、"四品"提升、"五减"支撑、"六化"同步的果业高质量发展之路，才能构建完善的现代果业体系，不断推动果业发展质量变革、效率变革、动力变革，显著提升果业质量和效益，建设果业强国，早日实现果业5.0。

参考文献

曹永生, 2021. 推进果业 5.0, 实现果业高质量发展 [J]. 中国果树 (2):1-2.

曹永生, 2021. 果业高质量发展的内涵和路径 [J]. 中国果树 (4):1-3.

陈志文, 2014."工业 4.0"在德国：从概念走向现实 [J]. 世界科学 (5):6,13.

李建才, 2022. 果树上山上坡的几点思考 [J]. 中国果树 (7):76-78.

邱爽, 2015-09-15."现代农业 4.0"概念下的供销社力量 [N]. 中华合作时报 (A05).

孙云蔚, 1983. 中国果树史与果树资源 [M]. 上海：上海科学技术出版社.

王婧萤, 黄滋淳, 许梦晨, 等, 2021. 从《内经》"五果为助"释义果品养生 [J]. 中国果树 (7):84-90.

夏国京, 2017. 水果营养与健康 [M]. 北京：化学工业出版社.

张圆圆, 翟美珠, 段玲玲, 2020. 果树的文化价值与其应用前景 [J]. 中国果树 (6):134-137.

中国营养学会, 2016. 中国居民膳食指南 2016[M]. 北京：人民卫生出版社.

朱彬彬, 陶良如, 孔德政, 2020. 果树的观赏利用价值及其应用分析 [J]. 中国果树 (2):117-121.

卓德雄, 2019. 让优秀农耕文化融入乡村治理 [J]. 人民论坛 (14):56-57.

第二章

世界主要果树生产与贸易概况

第一节 生产现状与动态

联合国粮农组织统计数据库（FAOSTAT）记录的水果包括苹果、杏、鳄梨、香蕉、蓝莓、腰果梨、甜樱桃、酸樱桃、蔓越橘、醋栗、椰枣、无花果、葡萄柚（含柚子）、柠檬及酸橙、甜橙、宽皮柑橘、葡萄、猕猴桃、芒果（含山竹、番石榴）、甜瓜、番木瓜、桃、梨、柿、菠萝、大蕉、李、榅桲、树莓、草莓、西瓜等，坚果包括扁桃、巴西果、腰果、板栗、开心果、核桃、榛子等，明确统计的水果、坚果种类约有40个。西瓜、甜瓜、草莓虽不属于果树，但属于瓜果类水果，在统计数据时将其列入果树范畴。

一、生产概况

（一）树种构成

2020年世界主要果树面积、产量分布情况如图2-1所示。从面积来看，2020年世界排名前20位的果树分别为香（大）蕉、柑橘、腰果（带壳）、葡萄、芒果（含山竹、番石榴）、苹果、西瓜、李、扁桃（带壳，又名巴旦木）、桃、梨、椰枣、菠萝、甜瓜、核桃（带壳）、榛子（带壳）、柿、开心果、鳄梨、板栗，面积分别为1 172.04万、1 007.22万、710.20万、695.09万、552.29万、462.24万、305.33万、263.73万、216.23万、149.18万、129.27万、123.56万、107.79万、106.82万、102.14万、101.52万、100.55万、83.08万、80.75万、58.25万hm²，占比分别为14.93%、12.83%、9.05%、8.86%、7.04%、5.89%、3.89%、3.36%、2.76%、1.90%、1.65%、1.57%、1.37%、1.36%、1.30%、1.29%、1.28%、1.06%、1.03%、0.74%。

从产量来看，2020年世界排名前20位的果树分别为香（大）蕉、柑橘、西瓜、苹果、葡萄、芒果（含山竹、番石榴）、甜瓜、菠萝、桃、梨、番木瓜、李、椰枣、草莓、鳄梨、猕猴桃、柿、腰果（带壳）、扁桃、杏，产量分别为16 295.03万、15 849.10万、10 162.04万、8 644.27万、7 803.43万、5 483.11万、2 846.79万、2 781.64万、2 456.97万、2 310.92万、1 389.47万、1 222.51万、945.42万、886.14万、805.94万、440.74万、424.14万、418.10万、414.00万、372.00万t，占比分别为18.02%、17.53%、11.24%、9.56%、8.63%、6.06%、3.15%、3.08%、2.72%、2.56%、1.54%、1.35%、1.05%、0.98%、0.89%、0.49%、0.47%、0.46%、0.46%、0.41%。

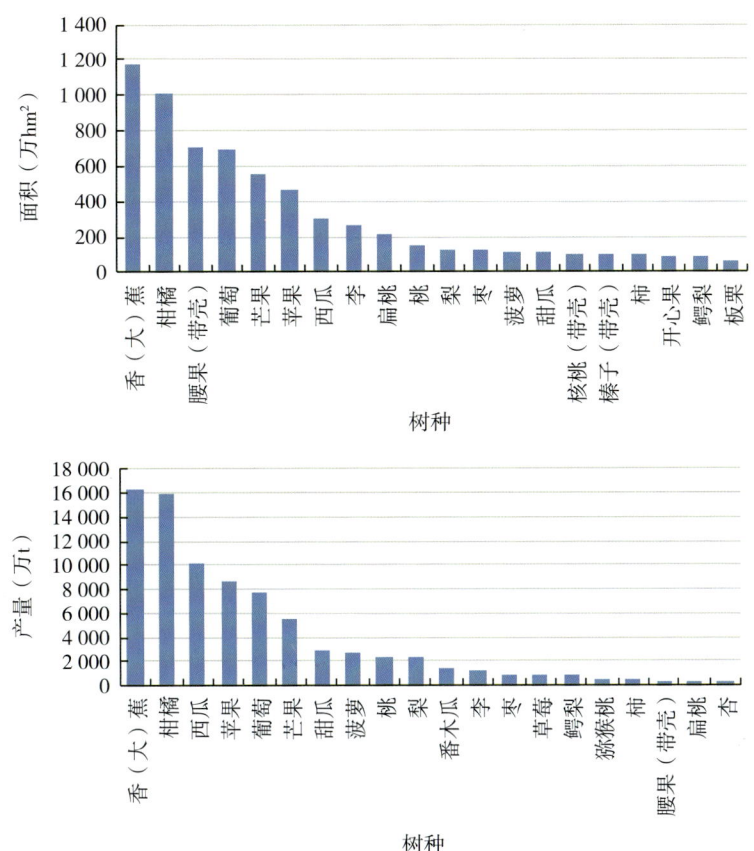

图 2-1　世界主要果树面积、产量分布情况

注：数据来源于 FAO 统计数据库。统计数据时将香蕉和大蕉归类为香（大）蕉，将葡萄柚（含柚子）、柠檬及酸橙、甜橙、宽皮柑橘等归类为柑橘，芒果数据含山竹、番石榴。下同。

从平均单产来看，2020 年世界水（坚）果排名从高到低依次为：西瓜 33.28 t/hm²、番木瓜 29.64 t/hm²、葡萄柚（含柚子）27.16 t/hm²、甜瓜 26.65 t/hm²、菠萝 25.81 t/hm²、草莓 23.04 t/hm²、香蕉 23.03 t/hm²、甜橙 19.43 t/hm²、苹果 18.70 t/hm²、梨 17.88 t/hm²、桃 16.47 t/hm²、猕猴桃 16.30 t/hm²、柠檬及酸橙 16.05 t/hm²、蔓越橘 15.52 t/hm²、宽皮柑橘 12.67 t/hm²、葡萄 11.23 t/hm²、鳄梨 9.98 t/hm²、芒果（含山竹、番石榴）9.93 t/hm²、槟榔 9.04 t/hm²、树莓 7.99 t/hm²、椰枣 7.65 t/hm²、酸樱桃 6.79 t/hm²、蓝莓 6.75 t/hm²、大蕉 6.62 t/hm²、杏 6.61 t/hm²、巴西果 6.03 t/hm²、甜樱桃 5.86 t/hm²、醋栗 5.24 t/hm²、李 4.64 t/hm²、无花果 4.49 t/hm²、柿 4.22 t/hm²、板栗 3.99 t/hm²、核桃 3.25 t/hm²、腰果梨 2.74 t/hm²、扁桃 1.91 t/hm²、开心果 1.35 t/hm²、榛子 1.06 t/hm²、腰果 0.59 t/hm²。

（二）主要果树地域分布

1. 香（大）蕉

世界上有 120 多个国家和地区生产香（大）蕉，30 个国家和地区年产量超过 100 万 t，香（大）蕉是全球第一大果树。2020年世界香（大）蕉面积、产量、单产排名如表2-1所示。

2020年世界香（大）蕉总面积为1 172.04万 hm^2，其中香蕉面积520.35万 hm^2、大蕉面积651.68万 hm^2；2020年世界香（大）蕉总产量为16 295.03万 t，其中香蕉产量11 983.37万 t，大蕉产量4 311.66万 t。香（大）蕉面积、产量、单产排名前10位的国家和地区如表2-1所示。印度香蕉面积和产量均最高，世界占比分别为16.87%、26.29%；中国香蕉面积排名第3位，世界占比为6.51%，产量排名第2位，世界占比9.61%。大蕉主要产于非洲，乌干达大蕉面积和产量均最高，占比分别为27.19%、17.17%。

2020年世界香蕉单产最高的国家是土耳其，为65.28 t/hm^2，中国香蕉单产为34.00 t/hm^2，排名第26位。大蕉单产最高的是圣文森特，为37.89 t/hm^2。

表2-1　2020年世界香（大）蕉面积、产量、单产排名（前10位）

香蕉						大蕉					
国家和地区	面积（万 hm^2）	国家和地区	产量（万 t）	国家和地区	单产（t/hm^2）	国家和地区	面积（万 hm^2）	国家和地区	产量（万 t）	国家和地区	单产（t/hm^2）
印度	87.80	印度	3150.40	土耳其	65.28	乌干达	177.20	乌干达	740.16	圣文森特	37.89
巴西	45.50	中国	1151.30	南非	61.81	刚果（金）	110.56	刚果（金）	489.20	圭亚那	32.75
中国	33.86	印度尼西亚	818.28	尼加拉瓜	56.27	科特迪瓦	50.17	加纳	466.80	苏里南	32.27
坦桑尼亚	32.34	巴西	663.73	洪都拉斯	52.58	尼日利亚	49.28	喀麦隆	452.61	斐济	32.07
刚果（金）	22.61	厄瓜多尔	602.34	印度尼西亚	51.74	加纳	41.84	菲律宾	310.08	波多黎各	22.07
菲律宾	18.76	菲律宾	595.53	以色列	50.30	喀麦隆	31.41	尼日利亚	307.72	危地马拉	21.75
卢旺达	16.61	危地马拉	447.67	波多黎各	49.44	坦桑尼亚	30.33	哥伦比亚	247.56	多米尼加	21.31
布隆迪	16.36	安哥拉	411.50	希腊	47.90	哥伦比亚	28.39	科特迪瓦	188.28	萨尔瓦多	20.38
秘鲁	16.07	坦桑尼亚	341.94	危地马拉	47.85	菲律宾	26.36	缅甸	136.14	圣卢西亚	19.89
厄瓜多尔	16.06	哥斯达黎加	252.87	约旦	47.24	厄瓜多尔	12.79	多米尼加	105.31	斯里兰卡	19.41

注：中国数据均未包括香港、澳门特别行政区和台湾省数据。下同。

2. 柑橘

世界上有130多个国家和地区生产柑橘，23个国家和地区年产量超过100万 t，柑橘总产量与香蕉相当。2020年世界柑橘面积、产量、单产排名情况如图2-2所示。

2020年世界柑橘总面积为1 007.22万 hm^2，排名前10位的国家和地区面积分别为中国297.43万 hm^2、印度105.40万 hm^2、尼日利亚84.08万 hm^2、巴西69.11万 hm^2、墨西哥64.62万 hm^2、西班牙29.80万 hm^2、美国27.02万 hm^2、巴基斯坦19.90万 hm^2、埃及18.45万 hm^2、土耳其15.81万 hm^2，占比分别为29.53%、10.46%、8.35%、6.86%、6.42%、2.96%、2.68%、1.98%、1.83%、1.57%。

2020年世界柑橘总产量为15 849.10万t，排名前10位的国家和地区产量分别为中国4 412.50万t、巴西1 940.16万t、印度1 397.90万t、墨西哥888.27万t、美国714.88万t、西班牙669.64万t、埃及445.23万t、土耳其434.87万t、伊朗400.53万t、尼日利亚398.17万t，占比分别为27.84%、12.24%、8.82%、5.60%、4.51%、4.23%、2.81%、2.74%、2.53%、2.51%。

2020年世界柑橘平均单产排名前10位的国家和地区分别为印度尼西亚38.13 t/hm²、南非32.23 t/hm²、韩国30.99 t/hm²、巴拉圭29.77 t/hm²、加纳29.60 t/hm²、伊朗29.38 t/hm²、巴西28.07 t/hm²、巴勒斯坦27.80 t/hm²、洪都拉斯27.51 t/hm²、土耳其27.51 t/hm²。中国柑橘平均单产为14.84 t/hm²，排名世界第49位。

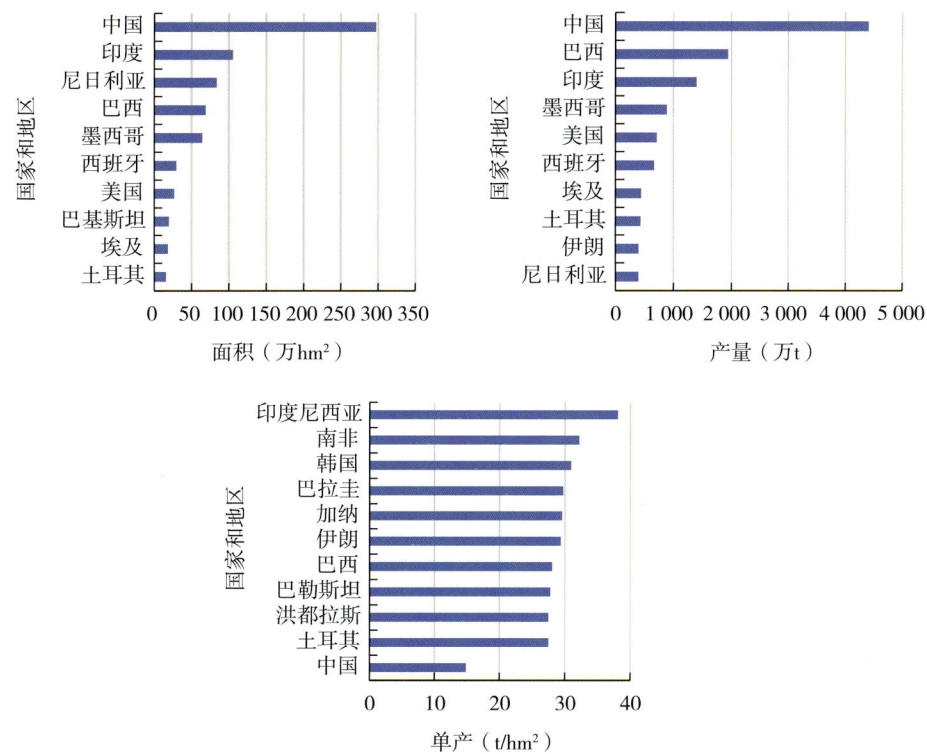

图2-2　2020年世界柑橘面积、产量、单产排名（前10位）

3. 西瓜

世界上有100多个国家和地区生产西瓜，15个国家和地区年产量超过100万t。2020年世界西瓜面积、产量、单产排名情况如图2-3所示。

2020年世界西瓜总面积为462.24万hm²，排名前10位的国家和地区面积分别为中国139.77万hm²、印度11.00万hm²、伊朗10.07万hm²、俄罗斯10.01万hm²、巴西9.82万hm²、塞内加尔8.66万hm²、土耳其7.82万hm²、阿富汗6.62万hm²、越南6.17万hm²、阿尔及利亚6.10万hm²，占比分别为45.78%、3.60%、3.30%、3.28%、3.22%、2.84%、2.56%、2.17%、2.02%、2.00%。

2020年世界西瓜总产量为10 162.04万t，排名前10位的国家和地区产量分别为中国

6 008.34万t、土耳其349.16万t、印度278.70万t、伊朗273.63万t、阿尔及利亚228.68万t、巴西218.49万t、美国174.16万t、塞内加尔167.75万t、俄罗斯158.43万t、埃及149.11万t，占比分别为59.13%、3.44%、2.74%、2.69%、2.25%、2.15%、1.71%、1.65%、1.56%、1.47%。

2020年世界西瓜平均单产排名前10位的国家和地区分别为博茨瓦纳119.78 t/hm²、圭亚那108.49 t/hm²、突尼斯84.44 t/hm²、洪都拉斯61.21 t/hm²、西班牙57.12 t/hm²、巴勒斯坦56.68 t/hm²、巴林55.75 t/hm²、约旦52.40 t/hm²、加拿大50.85 t/hm²、斯洛伐克49.44 t/hm²。中国西瓜平均单产为42.99 t/hm²，排名世界第18位。

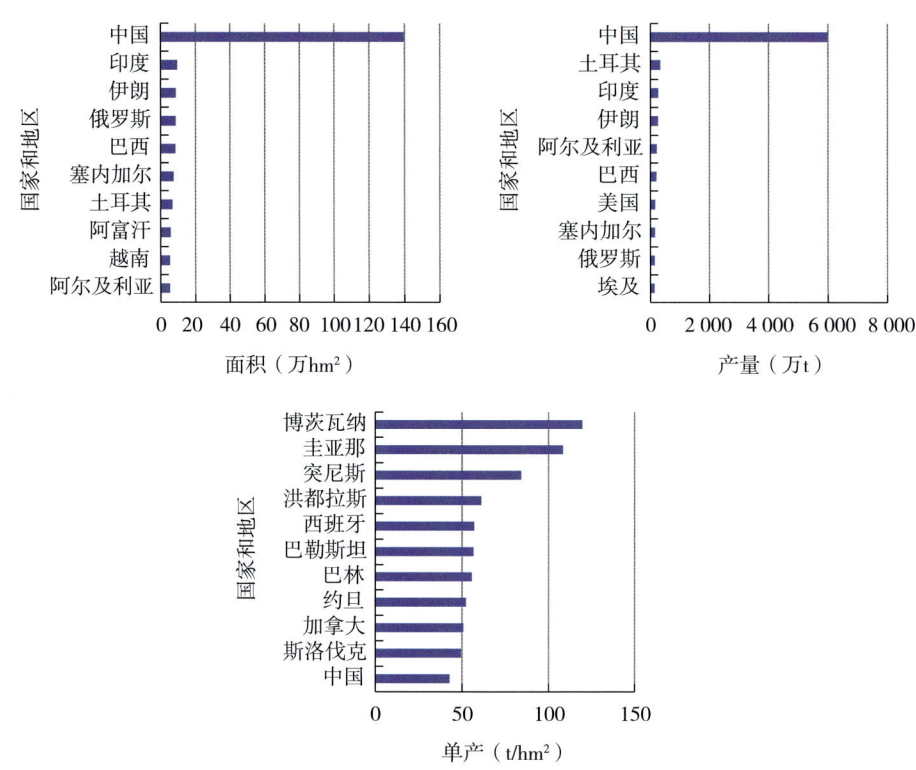

图2-3　2020年世界西瓜面积、产量、单产排名（前10位）

4. 苹果

世界上有90多个国家和地区生产苹果，13个国家和地区年产量超过100万t。2020年世界苹果面积、产量、单产排名情况如图2-4所示。

2020年世界苹果总面积为472.80万hm²，排名前10位的国家和地区面积分别为中国191.17万hm²、印度30.80万hm²、俄罗斯21.53万hm²、土耳其17.09万hm²、波兰15.20万hm²、美国11.95万hm²、伊朗11.23万hm²、乌兹别克斯坦10.98万hm²、阿富汗10.56万hm²、乌克兰8.50万hm²，占比分别为40.43%、6.51%、4.55%、3.61%、3.21%、2.53%、2.37%、2.32%、2.23%、1.80%。

2020年世界苹果总产量为8 644.27万t，排名前10位的国家和地区产量分别为中国4 050.00万t、美国465.07万t、土耳其430.05万t、波兰355.43万t、印度273.40万t、意大利 246.24 万 t、伊朗 220.67 万 t、俄罗斯 204.07 万 t、法国 161.99 万 t、智利 161.96 万 t，占比分别为 46.85%、5.38%、4.97%、4.11%、3.16%、2.85%、2.55%、2.36%、1.87%、1.87%。

2020 年世界苹果平均单产排名前 10 位的国家和地区分别为新西兰 57.42 t/hm²、瑞士 52.62 t/hm²、智利 50.12 t/hm²、意大利 44.85 t/hm²、利比亚 40.86 t/hm²、南非 40.77 t/hm²、奥地利 40.16 t/hm²、美国 38.92 t/hm²、以色列 38.66 t/hm²、荷兰 35.48 t/hm²。中国苹果平均单产仅为 21.19 t/hm²，排名世界第 27 位。

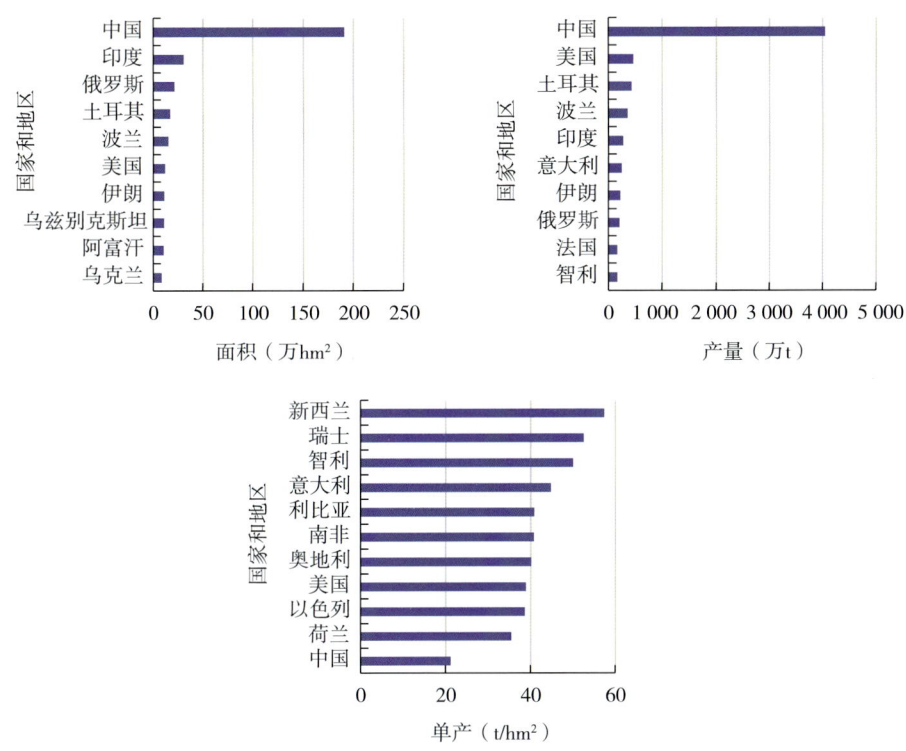

图 2-4　2020 年世界苹果面积、产量、单产排名（前 10 位）

5. 葡萄

世界上有 90 多个国家和地区生产葡萄，16 个国家和地区年产量超过 100 万 t。2020 年世界葡萄面积、产量、单产排名情况如图 2-5 所示。

2020 年世界葡萄总面积为 695.09 万 hm²，排名前 10 位的国家和地区面积分别为西班牙 93.16 万 hm²、中国 76.50 万 hm²、法国 75.91 万 hm²、意大利 70.39 万 hm²、土耳其 40.10 万 hm²、美国 37.23 万 hm²、阿根廷 21.48 万 hm²、智利 20.09 万 hm²、葡萄牙 17.57 万 hm²、罗马尼亚 17.56 万 hm²，占比分别为 13.40%、11.01%、10.92%、10.13%、5.77%、5.36%、3.09%、2.89%、2.53%、2.53%。

2020 年世界葡萄总产量为 7 803.43 万 t，排名前 10 位的国家和地区产量分别为中国 1 476.91 万 t、意大利 822.24 万 t、西班牙 681.78 万 t、法国 588.42 万 t、美国 538.87 万 t、土耳其 420.89 万 t、印度 312.50 万 t、智利 277.26 万 t、阿根廷 205.57 万 t、南非 202.82 万 t，占比分别为 18.93%、10.54%、8.74%、7.54%、6.91%、5.39%、4.00%、3.55%、2.63%、2.60%。

2020年世界葡萄平均单产排名前10位的国家和地区分别为中国台湾29.90 t/hm²、越南22.87 t/hm²、印度22.32 t/hm²、埃及22.07 t/hm²、秘鲁20.87 t/hm²、巴西19.47 t/hm²、中国19.31 t/hm²、伊拉克19.14 t/hm²、阿尔巴尼亚19.04 t/hm²、亚美尼亚18.94 t/hm²。

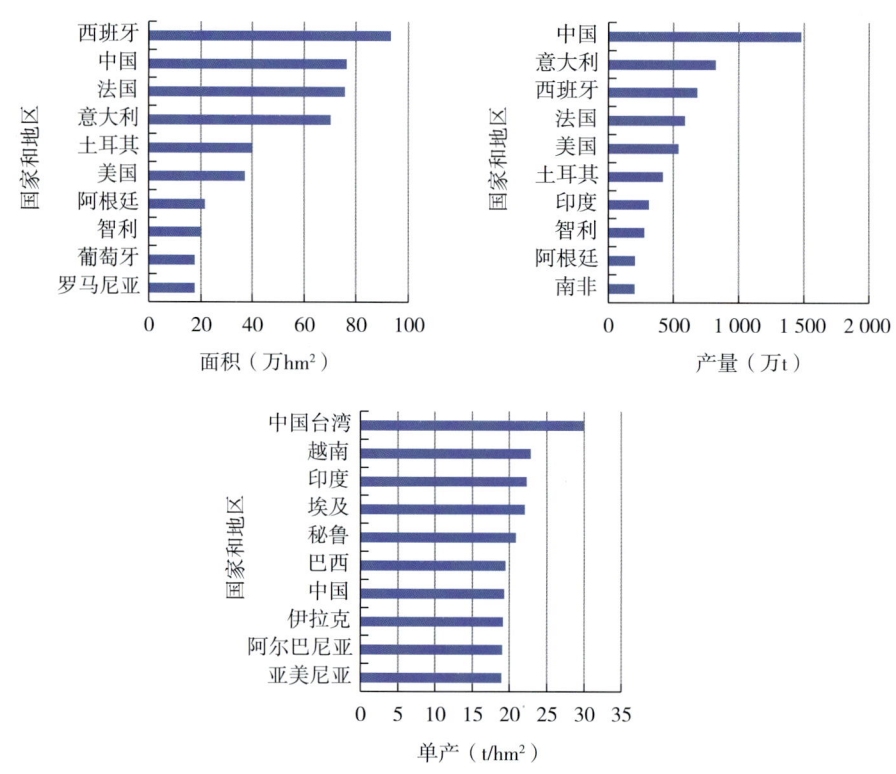

图2-5 2020年世界葡萄面积、产量、单产排名（前10位）

6. 芒果（含山竹、番石榴）

世界上有90多个国家和地区生产芒果，11个国家和地区年产量超过100万t。2020年世界芒果面积、产量、单产排名情况如图2-6所示。

2020年世界芒果总面积为552.29万hm²，排名前10位的国家和地区面积分别为印度257.80万hm²、印度尼西亚27.59万hm²、巴基斯坦21.44万hm²、墨西哥21.36万hm²、泰国21.13万hm²、菲律宾19.51万hm²、中国17.47万hm²、科特迪瓦16.99万hm²、尼日利亚13.24万hm²、埃及12.83万hm²，占比分别为46.68%、5.00%、3.88%、3.87%、3.83%、3.53%、3.16%、3.08%、2.40%、2.32%。

2020年世界芒果总产量为5 483.11万t，排名前10位的国家和地区产量分别为印度2 474.80万t、印度尼西亚361.73万t、墨西哥237.31万t、中国236.82万t、巴基斯坦234.46万t、巴西213.53万t、马拉维193.81万t、泰国165.76万t、孟加拉国144.84万t、埃及139.52万t，占比分别为45.13%、6.60%、4.33%、4.32%、4.28%、3.89%、3.53%、3.02%、2.64%、2.54%。

2020年世界芒果平均单产排名前10位的国家和地区分别为圭亚那40.75 t/hm²、萨摩亚35.41 t/hm²、马拉维28.15 t/hm²、南非23.86 t/hm²、巴西22.79 t/hm²、阿联酋21.13 t/hm²、苏丹 20.93 t/hm²、美国 20.51 t/hm²、圣文森特 19.81 t/hm²、巴哈马群岛 17.89 t/hm²。中国芒果平均单产为 13.56 t/hm²，排名世界第 18 位。

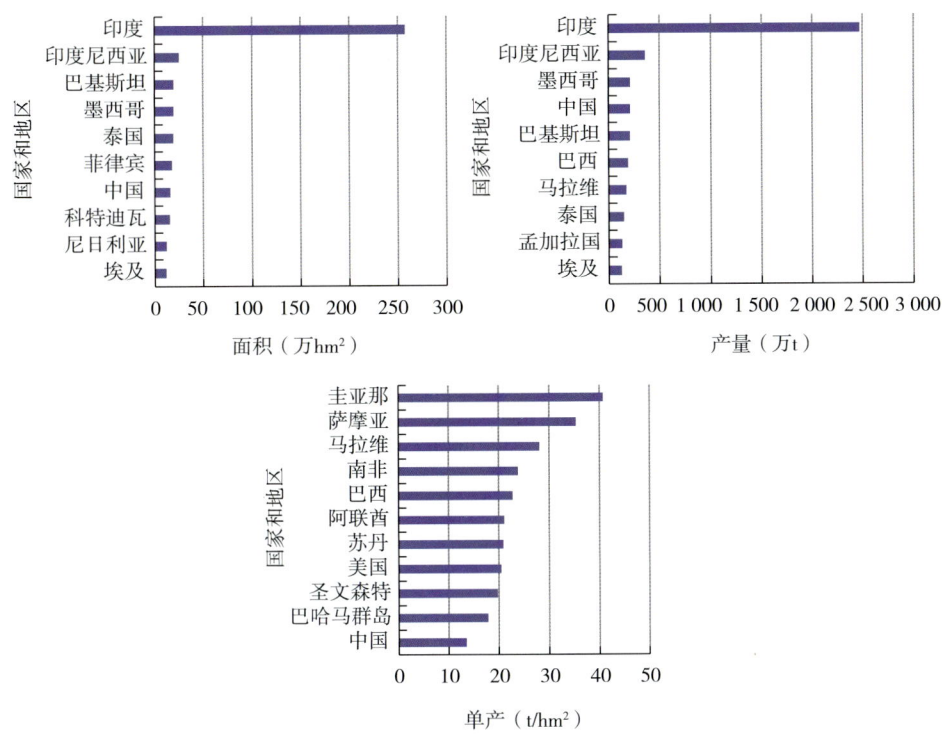

图 2-6 2020 年世界芒果面积、产量、单产排名（前 10 位）

7. 甜瓜

世界上有 80 多个国家和地区生产甜瓜，5 个国家和地区年产量超过 100 万 t。2020 年世界甜瓜面积、产量、单产排名情况如图 2-7 所示。

2020 年世界甜瓜总面积为 106.82 万 hm²，排名前 10 位的国家和地区面积分别为中国 38.58 万 hm²、土耳其 7.61 万 hm²、印度 5.90 万 hm²、阿富汗 5.89 万 hm²、伊朗 5.85 万 hm²、哈萨克斯坦 5.13 万 hm²、危地马拉 2.84 万 hm²、巴西 2.38 万 hm²、意大利 2.38 万 hm²、美国 1.95 万 hm²，占比分别为 36.11%、7.13%、5.52%、5.52%、5.48%、4.80%、2.66%、2.23%、2.22%、1.83%。

2020 年世界甜瓜总产量为 2 846.79 万 t，排名前 10 位的国家和地区产量分别为中国 1 383.82 万 t、土耳其 172.49 万 t、印度 133.00 万 t、伊朗 128.37 万 t、哈萨克斯坦 116.54 万 t、阿富汗 79.35 万 t、美国 69.61 万 t、危地马拉 65.57 万 t、巴西 61.39 万 t、墨西哥 61.29 万 t，占比分别为 48.61%、6.06%、4.67%、4.51%、4.09%、2.79%、2.45%、2.30%、2.16%、2.15%。

2020 年世界甜瓜平均单产排名前 10 位的国家和地区分别为塞浦路斯 61.29 t/hm²、洪都拉斯 55.32 t/hm²、巴林 48.65 t/hm²、科威特 47.60 t/hm²、约旦 46.21 t/hm²、韩国 41.40 t/hm²、巴勒斯坦 40.05 t/hm²、阿联酋 37.63 t/hm²、中国 35.87 t/hm²、美国 35.69 t/hm²。

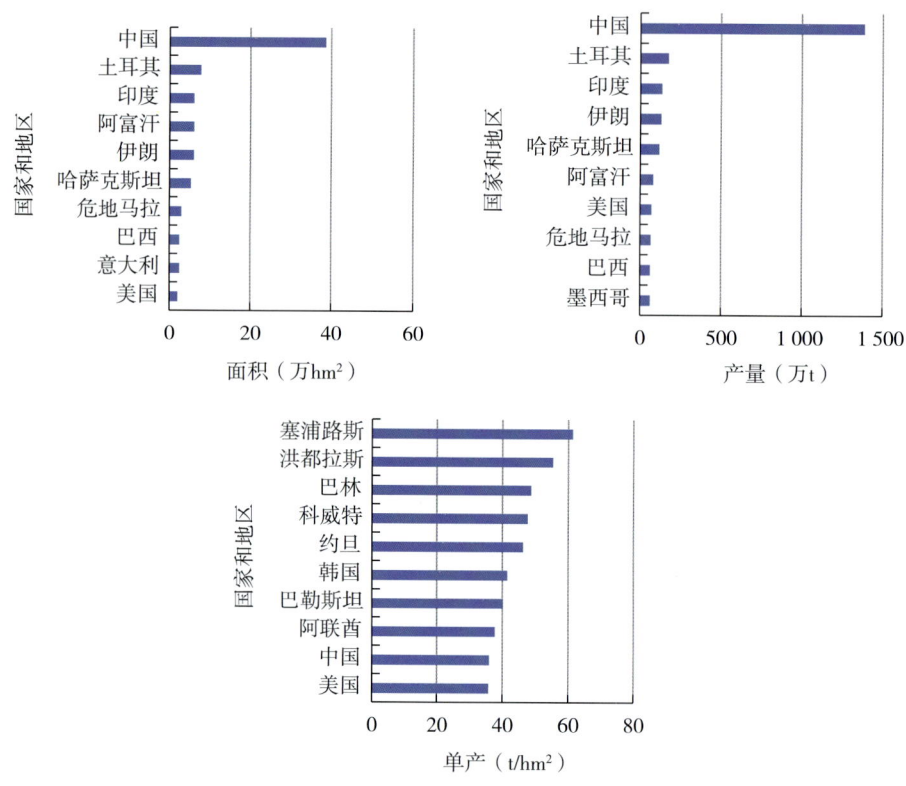

图 2-7　2020 年世界甜瓜面积、产量、单产排名（前 10 位）

8. 菠萝

世界上有 80 多个国家和地区生产菠萝，9 个国家和地区年产量超过 100 万 t。2020 年世界菠萝面积、产量、单产排名情况如图 2-8 所示。

2020 年世界菠萝总面积为 107.79 万 hm^2，排名前 10 位的国家和地区面积分别为尼日利亚 18.48 万 hm^2、印度 10.70 万 hm^2、中国 9.17 万 hm^2、泰国 6.87 万 hm^2、菲律宾 6.69 万 hm^2、巴西 6.48 万 hm^2、安哥拉 4.74 万 hm^2、哥斯达黎加 4.00 万 hm^2、越南 3.86 万 hm^2、几内亚 3.12 万 hm^2，占比分别为 17.15%、9.93%、8.51%、6.37%、6.20%、6.01%、4.39%、3.71%、3.58%、2.90%。

2020 年世界菠萝总产量为 2 781.64 万 t，排名前 10 位的国家和地区产量分别为菲律宾 270.26 万 t、哥斯达黎加 262.41 万 t、巴西 245.57 万 t、印度尼西亚 244.72 万 t、中国 222.03 万 t、印度 179.90 万 t、泰国 153.25 万 t、尼日利亚 150.82 万 t、墨西哥 120.82 万 t、哥伦比亚 88.26 万 t，占比分别为 9.72%、9.43%、8.83%、8.80%、7.98%、6.47%、5.51%、5.42%、4.34%、3.17%。

2020 年世界菠萝平均单产排名前 10 位的国家和地区分别为印度尼西亚 127.29 t/hm^2、哥斯达黎加 65.60 t/hm^2、科特迪瓦 63.62 t/hm^2、加纳 63.14 t/hm^2、贝宁 59.59 t/hm^2、多米尼加 53.28 t/hm^2、中国台湾 53.20 t/hm^2、洪都拉斯 49.05 t/hm^2、墨西哥 47.44 t/hm^2、巴拿马 44.81 t/hm^2。中国菠萝平均单产仅为 24.20 t/hm^2，排名世界第 31 位。

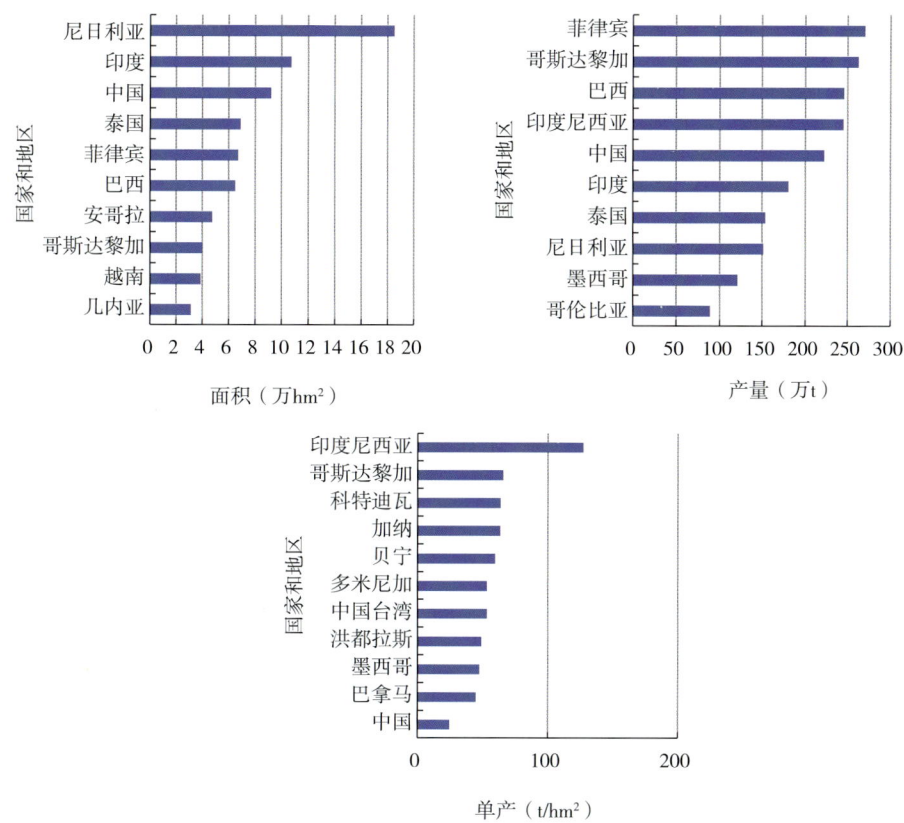

图 2-8　2020 年世界菠萝面积、产量、单产排名（前 10 位）

9. 桃

世界上有 80 多个国家和地区生产桃，3 个国家和地区年产量超过 100 万 t。2020 年世界桃面积、产量、单产排名情况如图 2-9 所示。

2020 年世界桃总面积为 149.18 万 hm²，排名前 10 位的国家和地区面积分别为中国 77.79 万 hm²、西班牙 7.21 万 hm²、意大利 5.87 万 hm²、土耳其 4.69 万 hm²、希腊 4.54 万 hm²、伊朗 3.86 万 hm²、印度 3.78 万 hm²、美国 2.95 万 hm²、墨西哥 2.61 万 hm²、朝鲜 2.34 万 hm²，占比分别为 52.14%、4.84%、3.93%、3.15%、3.04%、2.59%、2.53%、1.98%、1.75%、1.57%。

2020 年世界桃总产量为 2 456.97 万 t，排名前 10 位的国家和地区产量分别为中国 1 500.00 万 t、西班牙 130.60 万 t、意大利 101.54 万 t、土耳其 89.20 万 t、希腊 89.06 万 t、伊朗 66.36 万 t、美国 56.04 万 t、埃及 33.79 万 t、智利 30.78 万 t、印度 26.57 万 t，占比分别为 61.05%、5.32%、4.13%、3.63%、3.62%、2.70%、2.28%、1.38%、1.25%、1.08%。

2020 年世界桃平均单产排名前 10 位的国家和地区分别为约旦 23.14 t/hm²、委内瑞拉 21.43 t/hm²、智利 21.30 t/hm²、埃及 20.83 t/hm²、瑞士 20.33 t/hm²、希腊 19.61 t/hm²、法国 19.46 t/hm²、中国 19.28 t/hm²、土耳其 19.01 t/hm²、美国 18.97 t/hm²。

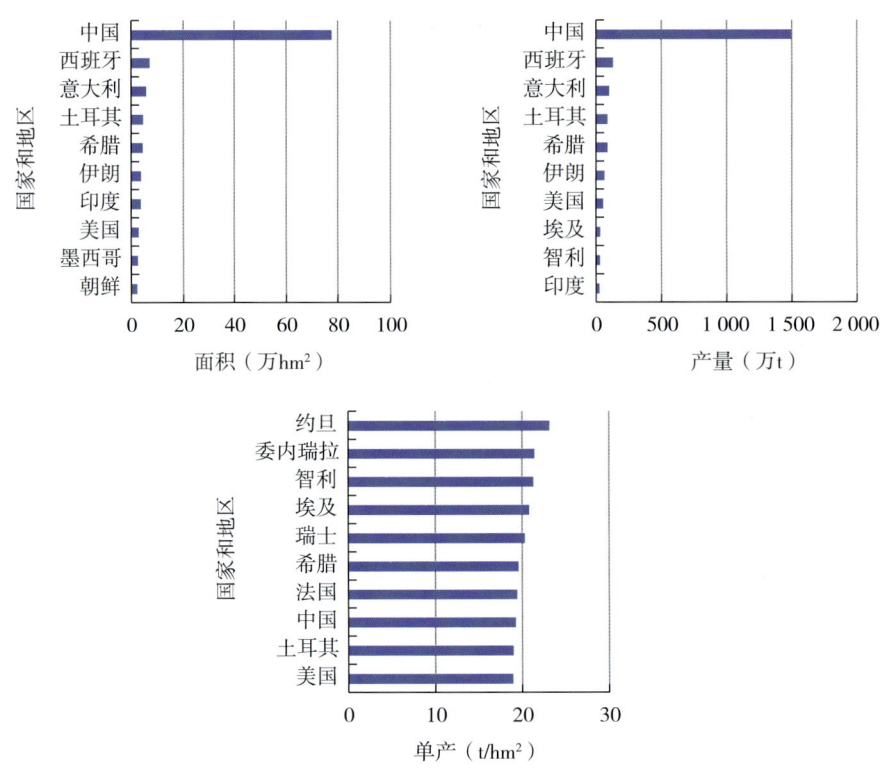

图 2-9 2020 年世界桃面积、产量、单产排名（前 10 位）

10. 梨

世界上有 80 多个国家和地区生产梨，5 个国家和地区年产量超过 50 万 t。2020 年世界梨面积、产量、单产排名情况如图 2-10 所示。

2020 年世界梨总面积为 129.27 万 hm^2，排名前 10 位的国家和地区面积分别为中国 86.49 万 hm^2、印度 4.20 万 hm^2、意大利 2.66 万 hm^2、土耳其 2.61 万 hm^2、阿根廷 2.57 万 hm^2、西班牙 2.02 万 hm^2、阿尔及利亚 2.00 万 hm^2、美国 1.76 万 hm^2、朝鲜 1.43 万 hm^2、波黑 1.32 万 hm^2，占比分别为 66.91%、3.25%、2.06%、2.02%、1.99%、1.56%、1.55%、1.36%、1.11%、1.02%。

2020 年世界梨总产量为 2 310.92 万 t，排名前 10 位的国家和地区产量分别为中国 1 600.00 万 t、意大利 61.95 万 t、美国 60.96 万 t、阿根廷 60.00 万 t、土耳其 54.56 万 t、南非 43.10 万 t、荷兰 40.00 万 t、比利时 39.26 万 t、西班牙 32.37 万 t、印度 30.60 万 t，占比分别为 69.24%、2.68%、2.64%、2.60%、2.36%、1.87%、1.73%、1.70%、1.40%、1.32%。

2020 年世界梨平均单产排名前 10 位的国家和地区分别为奥地利 131.20 t/hm^2、黑山 84.42 t/hm^2、新西兰 52.55 t/hm^2、瑞士 50.38 t/hm^2、荷兰 40.00 t/hm^2、比利时 36.83 t/hm^2、南非 36.12 t/hm^2、智利 34.69 t/hm^2、美国 34.63 t/hm^2、卢森堡 27.00 t/hm^2。中国梨平均单产为 18.50 t/hm^2，排名世界第 19 位。

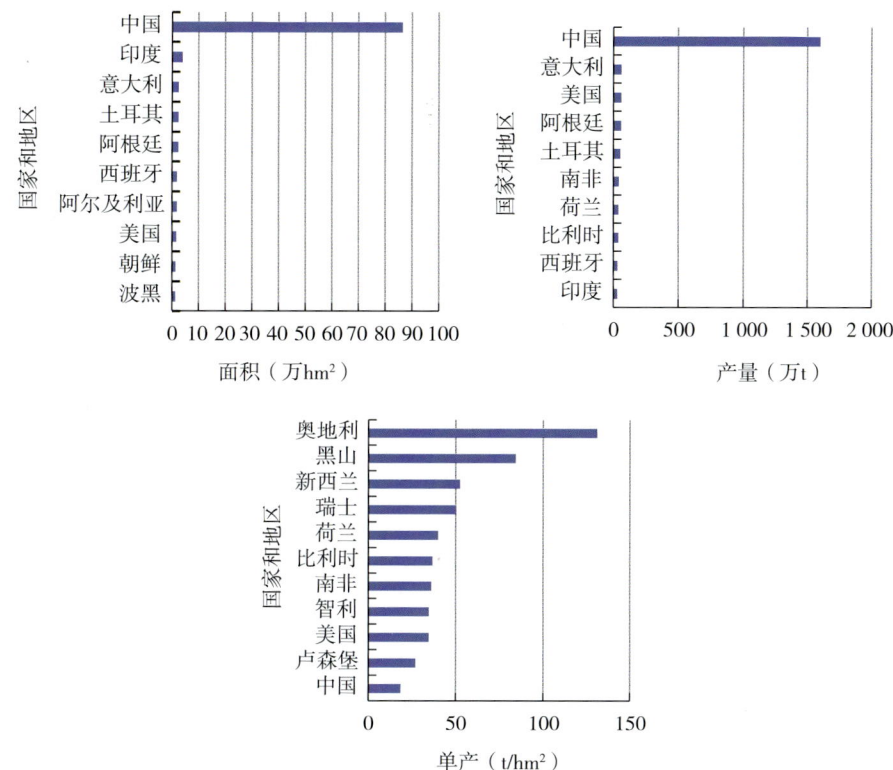

图 2-10　2020 年世界梨面积、产量、单产排名（前 10 位）

11. 草莓

世界上有 70 多个国家和地区生产草莓，2 个国家和地区年产量超过 100 万 t。2020 年世界草莓面积、产量、单产排名情况如图 2-11 所示。

2020 年世界草莓总面积为 38.47 万 hm^2，排名前 10 位的国家和地区面积分别为中国 12.66 万 hm^2、波兰 3.32 万 hm^2、俄罗斯 3.24 万 hm^2、土耳其 1.80 万 hm^2、美国 1.74 万 hm^2、埃及 1.53 万 hm^2、墨西哥 1.29 万 hm^2、德国 1.29 万 hm^2、白俄罗斯 0.92 万 hm^2、乌克兰 0.81 万 hm^2，占比分别为 32.92%、8.63%、8.42%、4.67%、4.52%、3.99%、3.36%、3.34%、2.40%、2.11%。

2020 年世界草莓总产量为 886.14 万 t，排名前 10 位的国家和地区产量分别为中国 332.68 万 t、美国 105.60 万 t、埃及 59.70 万 t、墨西哥 55.75 万 t、土耳其 54.65 万 t、西班牙 27.26 万 t、巴西 21.89 万 t、俄罗斯 21.84 万 t、波兰 16.73 万 t、摩洛哥 16.70 万 t，占比分别为 37.54%、11.92%、6.74%、6.29%、6.17%、3.08%、2.47%、2.46%、1.89%、1.88%。

2020 年世界草莓平均单产排名前 10 位的国家和地区分别为美国 60.69 t/hm^2、荷兰 51.03 t/hm^2、摩洛哥 50.92 t/hm^2、希腊 48.97 t/hm^2、以色列 46.43 t/hm^2、阿尔巴尼亚 45.01 t/hm^2、科威特 44.17 t/hm^2、墨西哥 43.17 t/hm^2、巴西 41.46 t/hm^2、埃及 38.91 t/hm^2。中国草莓平均单产为 26.27 t/hm^2，排名世界第 26 位。

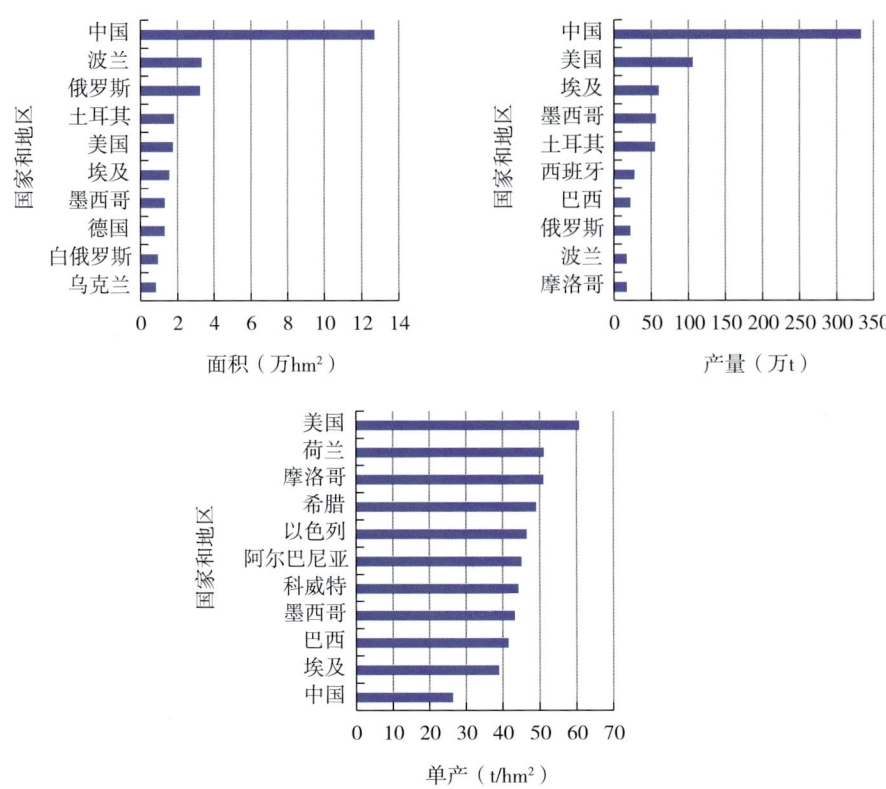

图 2-11 2020 年世界草莓面积、产量、单产排名（前 10 位）

二、动态与趋势

（一）1961—2020 年世界果树面积、产量、单产变化趋势

从面积来看，1961—2020 年，世界果树总面积由 2 910.33 万 hm^2 增加到 7 848.30 万 hm^2（图 2-12），增加了 1.7 倍，平均年增长率 2.83%。其中水果总面积由 2 720.77 万 hm^2 增加到 6 485.93 万 hm^2，增加了 1.38 倍，平均年增长率 2.31%；坚果总面积由 189.56 万 hm^2 增加到 1 362.37 万 hm^2，增加了 6.19 倍，平均年增长率 10.31%。1961—1990 年 30 年间，世界果树总面积平均每 10 年增加约 670 万 hm^2，平均年增长率 1.94%；1991—2010 年 20 年间，发展速度明显加快，平均每 10 年增加 1 200 万 hm^2，平均年增长率 2.70%；2011—2020 年 10 年间增速放缓，增加约 670 万 hm^2，平均年增长率 0.94%，其中坚果面积增加了近 300 万 hm^2。1961—1990 年 30 年间坚果面积增加了 221 万 hm^2；1991—2020 年 30 年间，坚果面积迅速增加，平均每 10 年增加近 300 万 hm^2。

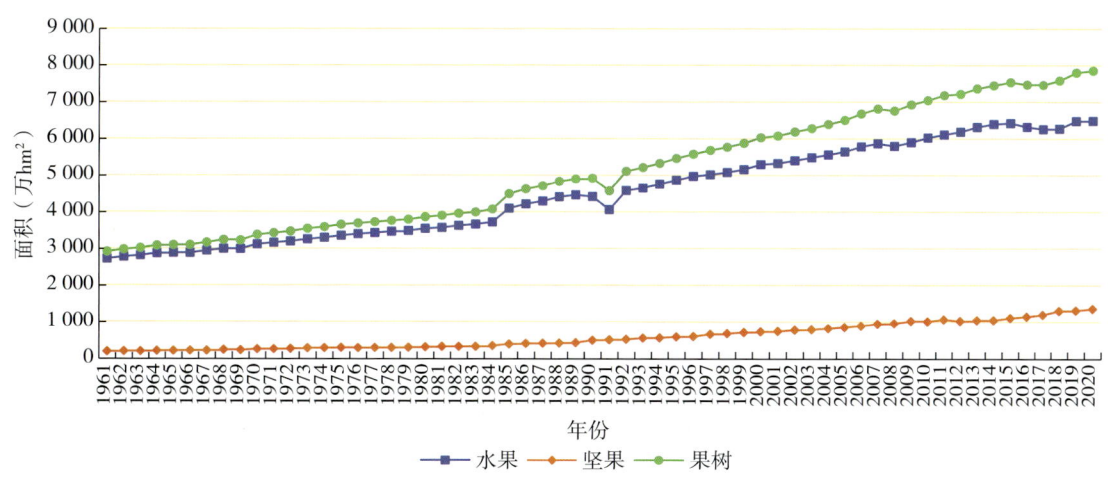

图 2-12　1961—2020 年世界果树面积变化趋势

从产量来看，1961—2020 年，世界果树总产量由 20 245.29 万 t 增加到 90 427.16 万 t（图 2-13），增加了 3.47 倍，平均年增长率 5.78%。其中水果总产量由 19 983.77 万 t 增加到 88 702.74 万 t，增加了 3.44 倍，平均年增长率 5.73%；坚果总产量由 261.52 万 t 增加到 1 724.42 万 t，增加了 5.59 倍，平均年增长率 9.32%。1961—1990 年 30 年间，世界果树总产量平均每 10 年增加约 6 800 万 t，平均年增长率 3.36%；1991—2010 年 20 年间，发展速度明显加快，平均每 10 年增加 19 000 万 t，平均年增长率 4.74%；2011—2020 年 10 年间增速放缓，增加约 13 000 万 t，平均年增长率仅 1.72%。1961—1990 年 30 年间坚果产量增加了 221 万 t，1991—2020 年 30 年间，坚果产量迅速增加，平均每 10 年增加 400 万 t。

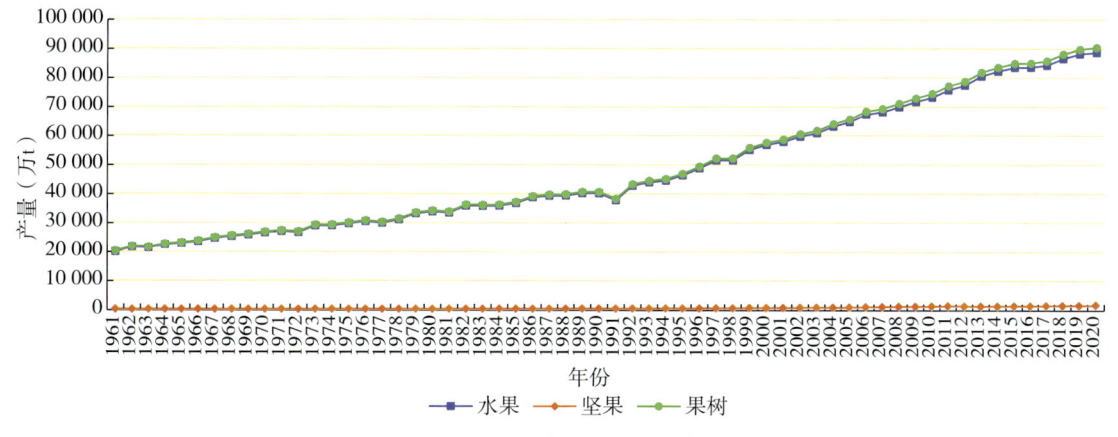

图 2-13　1961—2020 年世界果树产量变化趋势

从单产来看，1961—2020 年，世界果树平均单产由 4.36 t/hm² 增加到 7.47 t/hm²，其中水果单产由 7.34 t/hm² 增加到 13.68 t/hm²，坚果单产 60 年间变化不大，始终保持在 1.20 t/hm² 左右（图 2-14）。1961—1990 年 30 年间，世界果树平均单产呈稳定上升趋势，增长 15.37%；1991—2020 年 30 年间，单产提升速度加快，增长 48.51%。

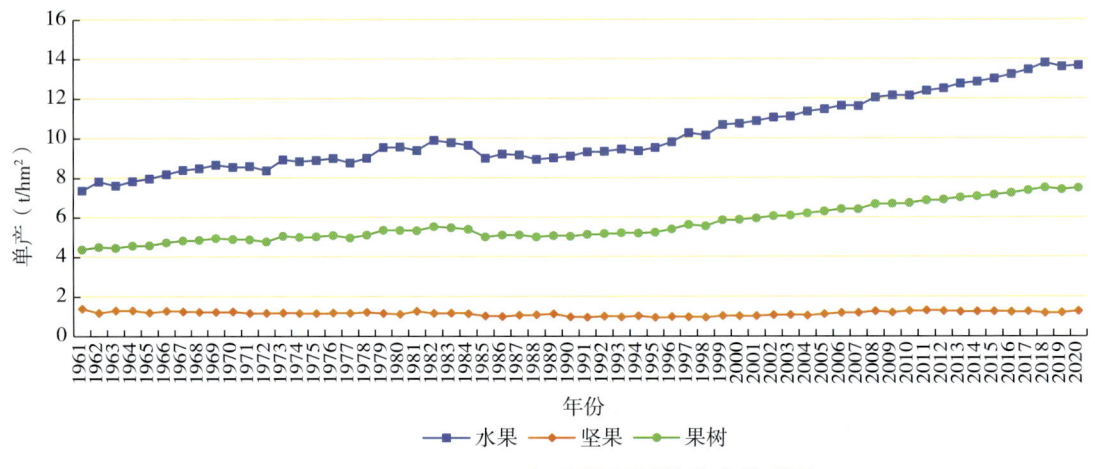

图 2-14 1961—2020 年世界果树单产变化趋势

整体来看，60 年来世界果树发展呈增长趋势，1961—1990 年即前 30 年增长较慢，1991—2020 年即近 30 年增长较快，面积稳步增加，单产水平持续提高，产量不断增长。从树种层面来看，近 10 年来，除葡萄、梨等水果产量基本未增长外，大多数水果、坚果产量均有较大幅度增长。从国家和地区层面来看，美国、日本、意大利、法国、德国等经济发达国家果树生产整体表现为下降趋势，但很多发展中国家的果树生产发展较快，产量骤增，尤其是中国、印度、巴西、厄瓜多尔、墨西哥等国，近 30 年来果树生产及贸易发展迅猛；另外，很多果品出口型国家和地区果树生产发展较快，如新西兰、智利等国。从品种更新速度和技术革新层面看，果树品种更新速度加快，矮化密植、肥水管理、苗木脱毒等技术不断应用并升级，促使单产水平不断提升。从营养健康层面来看，随着经济的发展和社会的进步，人们愈加关注食物营养与健康，因此对水（坚）果的营养需求会继续提升，果树生产仍有较大的发展空间。

（二）1961—2020 年世界主要果树面积、产量、单产变化趋势

1. 香（大）蕉

60 年来世界香（大）蕉发展呈持续增长趋势（图 2-15）。近 10 年来，从总产量来看，香（大）蕉已居各类水果的首位。

1961—2020 年，世界香（大）蕉总面积由 444.11 万 hm^2 增加到 1 172.04 万 hm^2，增加了 1.64 倍，平均年增长率 2.73%。其中香蕉面积由 200.75 万 hm^2 增加到 520.35 万 hm^2，增加了 1.59 倍，平均年增长率 2.65%；大蕉面积由 243.37 hm^2 增加到 651.68 万 hm^2，增加了 1.68 倍，平均年增长率 2.80%。

1961—2020 年，世界香（大）蕉总产量由 3 415.99 万 t 增加到 16 295.03 万 t，增加了 3.77 倍，平均年增长率 6.28%。其中香蕉产量由 2 143.81 万 t 增加到 11 983.37 万 t，增加了 4.59 倍，平均年增长率 7.65%；大蕉产量由 1 272.18 万 t 增加到 4 311.66 万 t，增加了 2.39 倍，平均年增长率 3.98%。

1961—2020 年，香蕉单产水平持续提高，由 10.68 t/hm^2 增加到 23.03 t/hm^2，增加了 1.16 倍，尤其是近 20 年增加幅度较大；大蕉单产由 5.23 t/hm^2 增加到 6.62 t/hm^2，增长幅度不大。

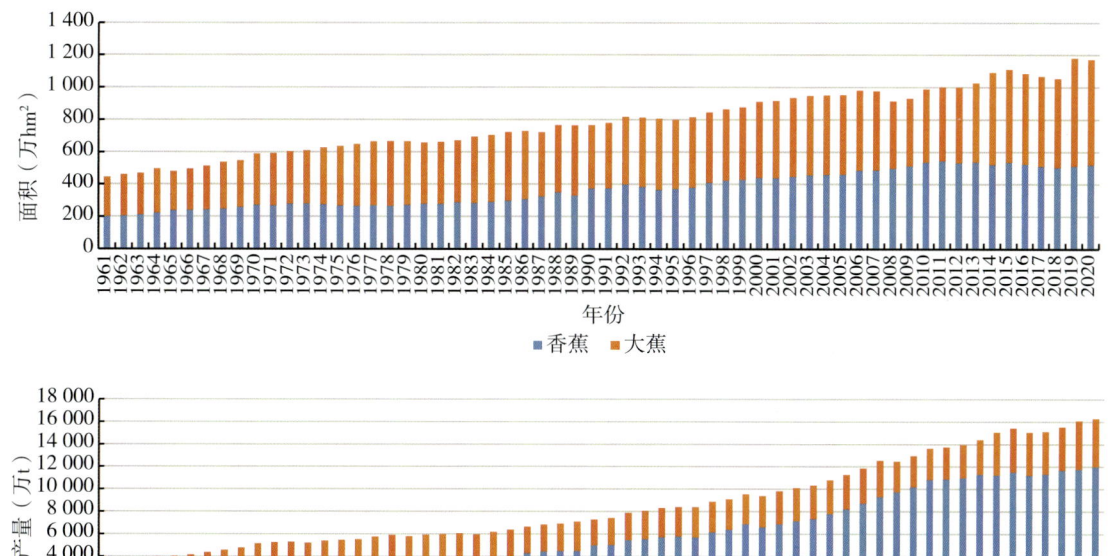

图 2-15 1961—2020 年世界香（大）蕉面积、产量变化趋势

2. 柑橘

60 年来世界柑橘发展呈持续增长趋势（图 2-16）。无论从发展速度还是近 10 年总产量来看，柑橘与香（大）蕉相当，居各类水果的第 2 位。

1961—2020 年，世界柑橘总面积由 228.61 万 hm² 增加到 1 007.22 万 hm²，增加了 3.41 倍，平均年增长率 5.68%。其中甜橙面积由 126.14 万 hm² 增加到 388.46 万 hm²，增加了 2.08 倍；宽皮柑橘面积由 34.33 万 hm² 增加到 304.79 万 hm²，增加了 7.88 倍；柠檬及酸橙面积由 20.55 万 hm² 增加到 133.06 万 hm²，增加了 5.74 倍；葡萄柚（含柚子）面积由 10.13 万 hm² 增加到 34.40 万 hm²，增加了 2.40 倍；其他类面积由 37.45 万 hm² 增加到 146.52 万 hm²，增加了 2.91 倍。

1961—2020 年，世界柑橘总产量由 3 415.99 万 t 增加到 16 295.03 万 t，增加了 3.77 倍，平均年增长率 6.28%。其中甜橙产量由 1 597.65 万 t 增加到 7 545.86 万 t，增加了 3.72 倍；宽皮柑橘产量由 283.53 万 t 增加到 3 860.09 万 t，增加了 12.61 倍；柠檬及酸橙产量由 261.98 万 t 增加到 2 135.35 万 t，增加了 7.15 倍；葡萄柚（含柚子）产量由 216.37 万 t 增加到 934.26 万 t，增加了 3.32 倍；其他类产量由 147.06 万 t 增加到 1 373.54 万 t，增加了 8.34 倍。

1961—2020 年，甜橙单产由 12.67 t/hm² 增加到 19.43 t/hm²，宽皮柑橘单产由 8.26 t/hm² 增加到 12.67 t/hm²，柠檬及酸橙单产由 12.75 t/hm² 增加到 16.05 t/hm²，葡萄柚（含柚子）单产由 21.35 t/hm² 增加到 27.16 t/hm²，其他类单产由 3.93 t/hm² 增加到 9.37 t/hm²。

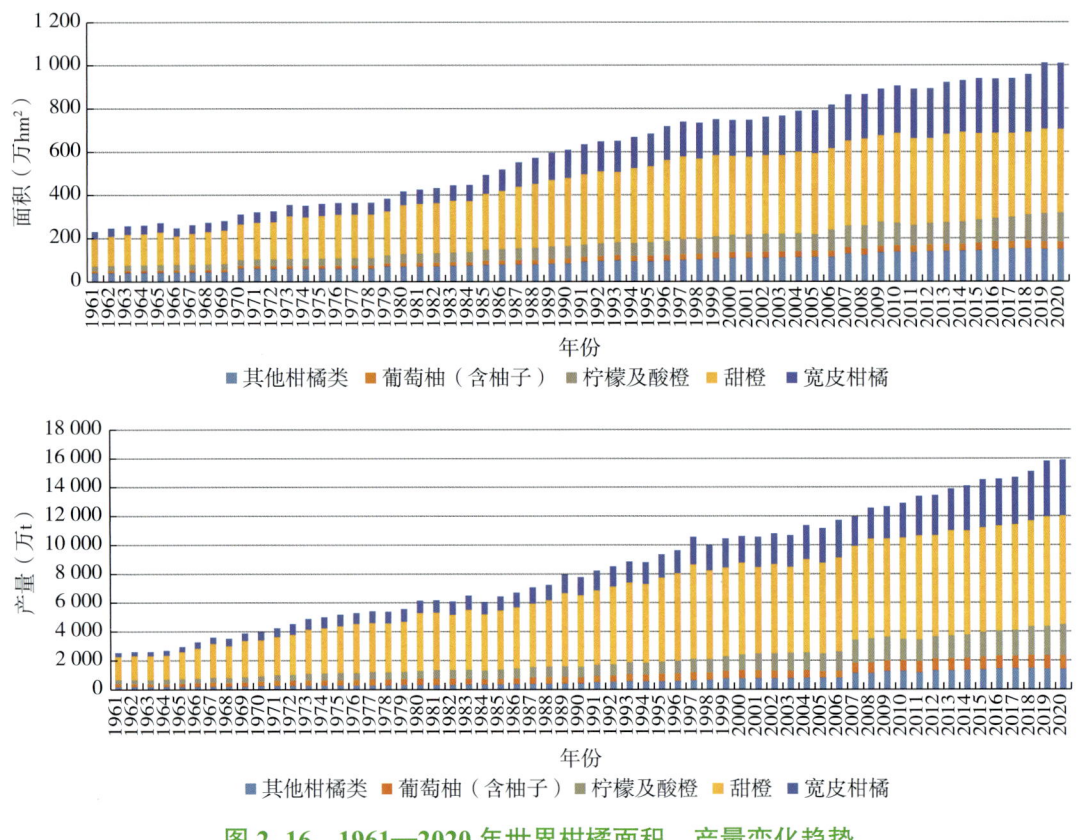

图 2-16 1961—2020 年世界柑橘面积、产量变化趋势

3. 西瓜、甜瓜

60 年来世界西甜瓜发展总体呈增长趋势（图 2-17）。近 20 年来，面积基本保持稳定，产量呈上升趋势。从近 10 年总产量来看，西瓜位列各类水果的第 3 位。

1961—2020 年，世界西甜瓜总面积由 258.29 万 hm² 增加到 412.15 万 hm²，平均年增长率 1% 左右。其中西瓜面积由 195.55 万 hm² 增加到 305.33 万 hm²，甜瓜面积由 62.74 万 hm² 增加到 106.82 万 hm²。

1961—2020 年，世界西甜瓜总产量由 2 484.04 万 t 猛增到 13 008.83 万 t，增加了 4.24 倍，平均年增长率 7.06%，特别是 1991—2000 年 10 年间，平均年增长率 12.05%（西瓜平均年增长率达 15.82%）。其中，西瓜产量由 1 784.74 万 t 增加到 10 162.04 万 t，增加了 4.69 倍，平均年增长率 7.82%；甜瓜产量由 699.30 万 t 增加到 2 846.79 万 t，增加了 3.07 倍，平均年增长率 5.12%。

1961—2020 年，西甜瓜单产呈持续增长趋势，西瓜单产由 9.13 t/hm² 增加到 33.28 t/hm²，增加了 2.65 倍；甜瓜单产由 11.15 t/hm² 增加到 26.65 t/hm²，增加了 1.39 倍。

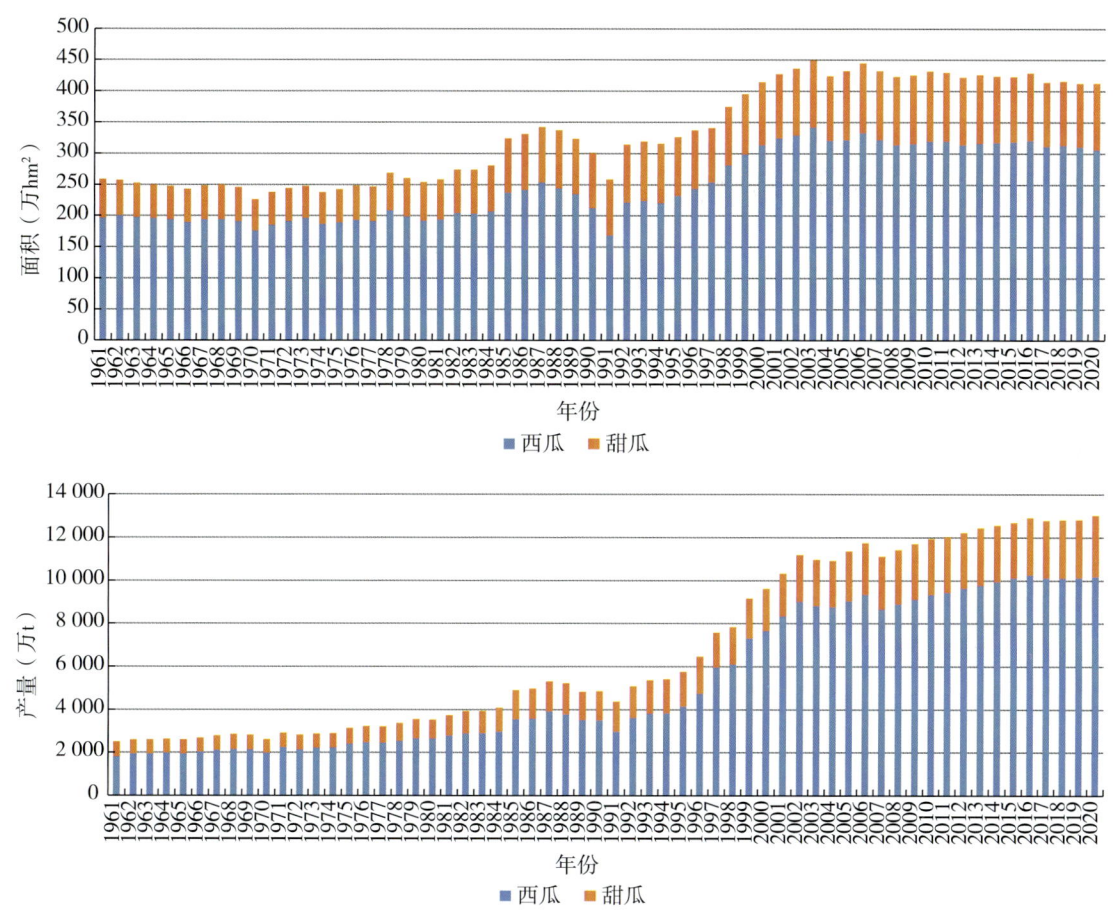

图 2-17　1961—2020 年世界西甜瓜面积、产量变化趋势

4. 苹果

60 年来世界苹果发展总体呈增长趋势，近 20 年来面积呈下降趋势，产量则稳中有升（图 2-18）。从近 10 年总产量来看，苹果位列各类水果的第 4 位。

1961—2020 年，世界苹果总面积由 172.16 万 hm² 增加到 462.24 万 hm²，平均年增长率 2.81%。1961—1995 年，面积呈增长趋势；1995 年以后受中国苹果面积缩减影响，世界苹果总面积逐年下降；至 2004 年面积保持平稳发展并有所增长，近 5 年稍有下降。

1961—2020 年，世界苹果总产量由 1 705.37 万 t 猛增到 8 644.27 万 t，平均年增长率 6.78%，特别是从 1995 年开始面积不断减少的情况下，因单产水平持续提高产量稳步提升。

1961—2020 年，苹果单产呈持续增长趋势，由 9.91 t/hm² 增加到 18.70 t/hm²。

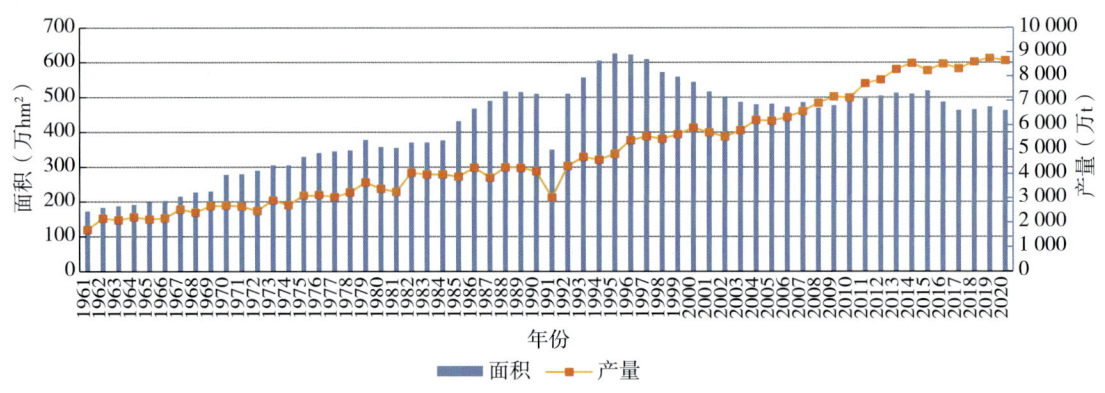

图 2-18 1961—2020 年世界苹果面积、产量变化趋势

5. 葡萄

60 年来世界葡萄面积呈下降趋势，单产持续提高，产量稳步增长（图 2-19）。从近 10 年总产量来看，葡萄位列各类水果的第 5 位。

1961—2010 年，世界葡萄总面积由 933.32 万 hm² 下降到 697.11 万 hm²，其中 1981—1998 年下降幅度较大。2011—2020 年发展趋于平缓，2020 年面积与 2010 年相近，约为 695 万 hm²。

1961—2020 年，世界葡萄总产量呈波动式增长趋势，由 4 298.80 万 t 增加到 7 803.43 万 t，总体呈先升高再下降再升高的趋势，近 10 年保持较快增长。

1961—2020 年，葡萄单产呈持续增长趋势，由 4.61 t/hm² 增加到 11.23 t/hm²。

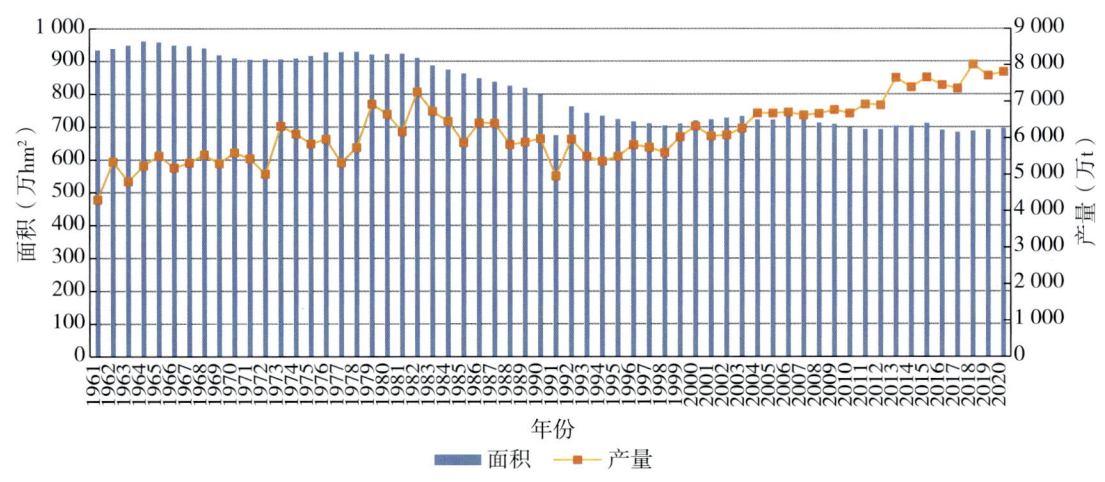

图 2-19 1961—2020 年世界葡萄面积、产量变化趋势

6. 芒果（含山竹、番石榴）

60 年来世界芒果总体呈增长趋势（图 2-20）。1961—2020 年，世界芒果总面积由 128.06 万 hm² 增加到 552.29 万 hm²，增加了 3.31 倍，平均年增长率 5.52%。1961—1990 年增长缓慢，1991 年以后快速增长，近几年面积稍有下降，稳定在 550 万 hm² 左右。1961—2020 年，世界芒果总产量由 1 089.94 万 t 增加到 5 483.11 万 t，增加了 3.76 倍，平均年增长率 6.26%。

1961—1990 年增长缓慢，1991 年以后快速增长。1961—2020 年，芒果单产由 8.51 t/hm² 增加到 9.93 t/hm²，总体增长幅度不大。

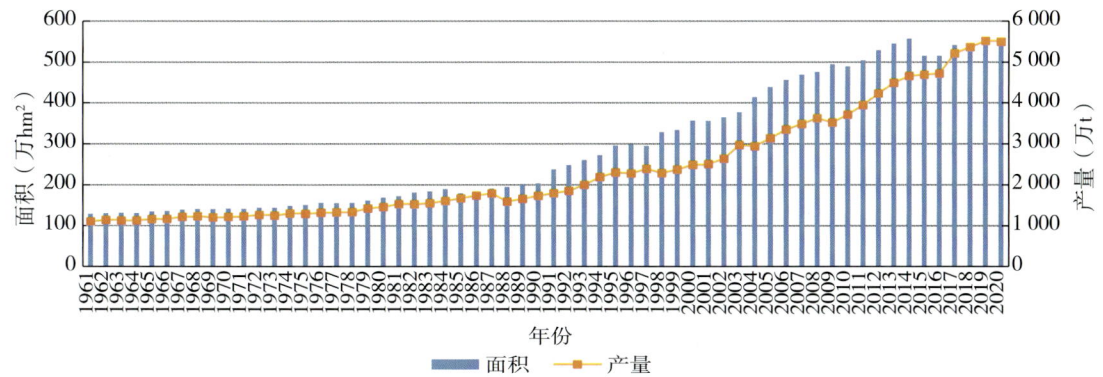

图 2-20　1961—2020 年世界芒果面积、产量变化趋势

7. 菠萝

60 年来世界菠萝总体呈稳步增长趋势，近 2 年面积和产量均有所下降（图 2-21）。1961—2020 年，世界菠萝总面积由 36.93 万 hm² 增加到 107.79 万 hm²，增加了 1.92 倍，平均年增长率 3.20%。1961—1998 年总体发展缓慢，近 20 年增长较快。1961—2020 年，世界菠萝总产量由 383.12 万 t 持续增加到 2 781.64 万 t，增加了 6.26 倍，平均年增长率 10.43%。1961—2020 年，菠萝单产持续提升，由 10.37 t/hm² 增加到 25.81 t/hm²。

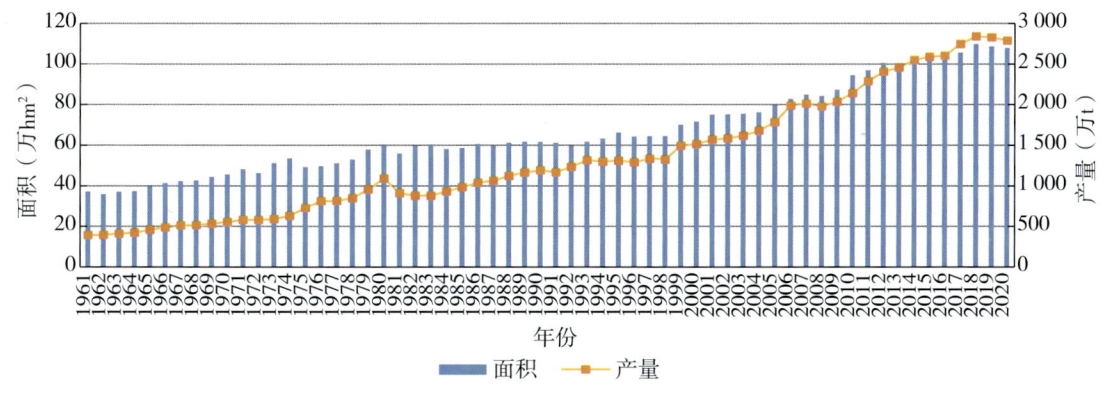

图 2-21　1961—2020 年世界菠萝面积、产量变化趋势

8. 桃

60 年来世界桃总体呈增长趋势，近几年趋于稳定（图 2-22）。1961—2020 年，世界桃总面积由 54.83 万 hm² 增加到 149.18 万 hm²，增加了 1.72 倍，平均年增长率 2.87%。1961—1984 年发展缓慢，1985—1989 年为快速发展阶段，近 5 年面积稍有下降趋势。1961—2020 年，世界桃总产量由 516.73 万 t 增加到 2 456.97 万 t，增加了 3.17 倍，平均年增长率 5.29%。1961—1990 年发展缓慢，1991 年以后产量增长较快，近几年相对稳定。1961—2000 年，桃单产在 10 t/hm² 上下波动；2000—2020 年单产持续提升，由 10.45 t/hm² 增加到 16.47 t/hm²。

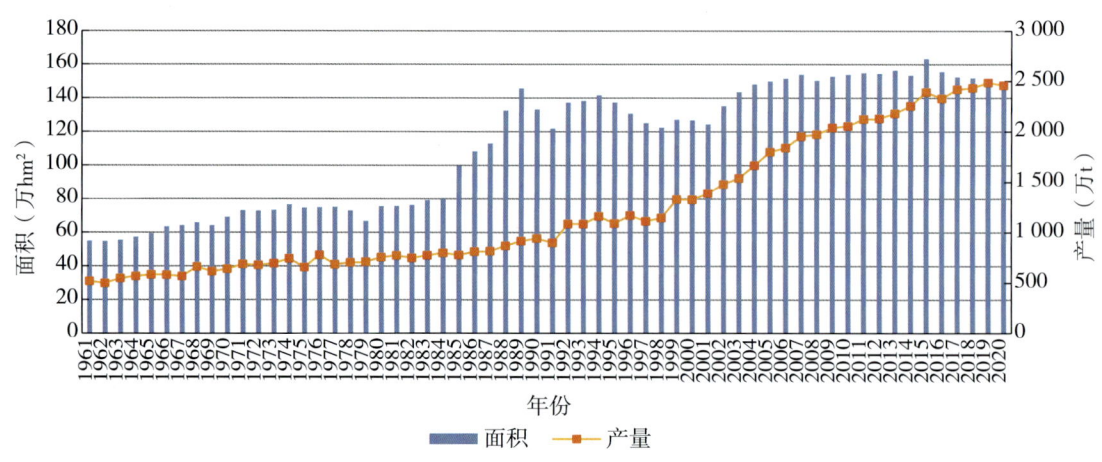

图 2-22　1961—2020 年世界桃面积、产量变化趋势

9. 梨

60 年来世界梨总体呈先增长后平稳下降的趋势（图 2-23）。1961—1997 年，世界梨总面积由 49.86 万 hm² 增加到 185.52 万 hm²，1998 年面积猛降至 142.85 万 hm²，后基本保持平稳，近 10 年呈下降趋势。1961—2020 年，世界梨总产量由 520.23 万 t 增加到 2 310.92 万 t，增加了 3.44 倍，平均年增长率 5.74%；1961—1991 年增长缓慢，1991—2013 年产量保持较快增长，2013 年后产量呈下降趋势。1961—2000 年，梨单产在 10 t/hm² 上下波动；2001—2020 年单产持续提升，由 10.69 t/hm² 增加到 17.88 t/hm²。

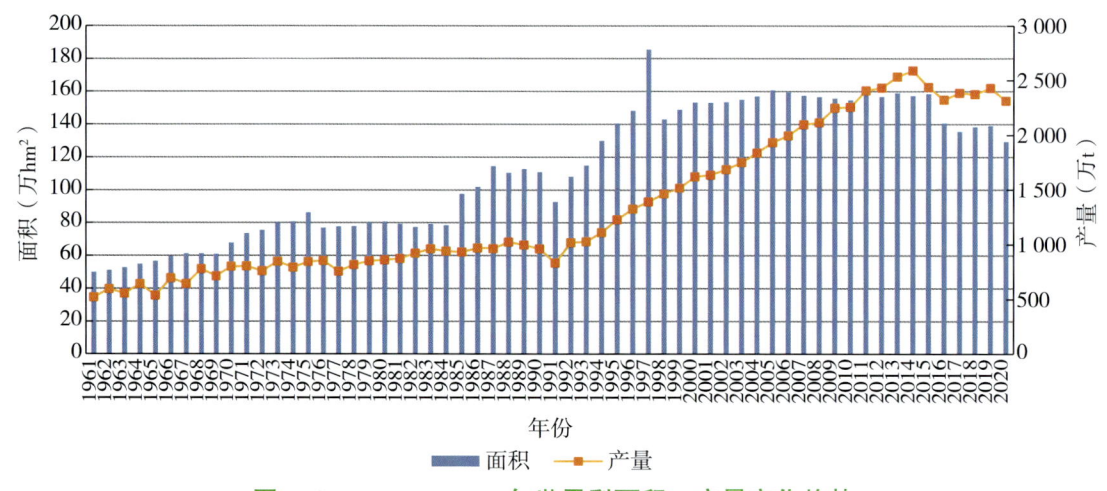

图 2-23　1961—2020 年世界梨面积、产量变化趋势

10. 草莓

60 年来世界草莓总体呈增长趋势（图 2-24）。1961—2020 年，世界草莓总面积由 9.41 万 hm² 增加到 38.47 万 hm²，增加了 3.09 倍，平均年增长率 5.14%。1961—2020 年，世界草莓总产量由 75.45 万 t 增加到 886.14 万 t，增加了 10.74 倍，平均年增长率 17.91%。1961—1991 年增长缓慢，1991 年以后产量保持较快增长，2020 年产量稍有下降。1961—2020 年，草莓单产持续提升，由 8.02 t/hm² 增加到 23.04 t/hm²。

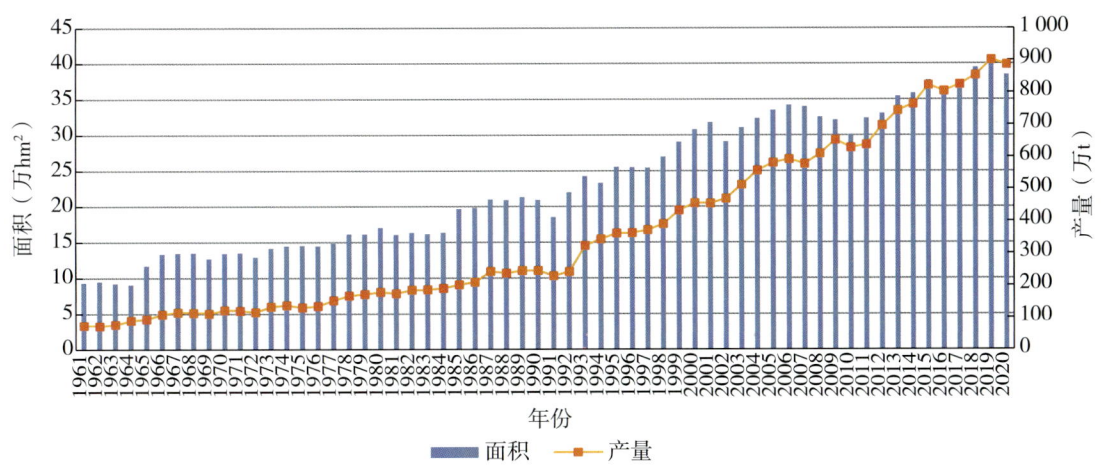

图 2-24　1961—2020 年世界草莓面积、产量变化趋势

11. 其他

60 年来，还有很多水果及坚果呈快速增长趋势。如番木瓜，1961—2020 年总产量由 132.29 万 t 增加到 1 389.47 万 t；椰枣，1961—2020 年总产量由 185.26 万 t 增加到 945.42 万 t；猕猴桃，1970—2020 年总产量由 0.2 万 t 增加到 440.74 万 t；鳄梨，1961—2020 年总产量由 71.64 万 t 增加到 805.94 万 t；腰果，1961—2020 年总产量由 28.75 万 t 增加到 418.10 万 t；柿子，1961—2020 年总产量由 99.01 万 t 增加到 424.14 万 t 等。

三、区域布局及主产国情况

（一）各大洲果树面积、产量分布

2020 年世界各大洲果树面积和产量分布情况如图 2-25 所示。从 2020 年世界各大洲水果面积来看：亚洲 3 452.44 万 hm^2，占比 53.23%；非洲 1 343.96 万 hm^2，占比 20.72%；其他依次为欧洲、南美洲、北美洲和大洋洲，面积分别为 718.65 万 hm^2、509.54 万 hm^2、400.85 万、60.48 万 hm^2。从 2020 年世界各大洲坚果面积来看：非洲 533.09 万 hm^2，占比 39.13%；亚洲 495.35 万 hm^2，占比 36.36%；其他依次为欧洲、北美洲、南美洲和大洋洲，面积分别为 145.10 万 hm^2、120.31 万 hm^2、60.09 万 hm^2、8.43 万 hm^2。

从 2020 年世界各大洲水果产量来看，亚洲 51 577.02 万 t，占比 58.15%；非洲 11 988.39 万 t，占比 13.52%；其他依次为南美洲、欧洲、北美洲、大洋洲，产量分别为 8 620.51 万 t、8 285.38 万 t、7 433.28 万 t、798.15 万 t。从 2020 年世界各大洲坚果产量来看，亚洲 781.82 万 t，占比 45.34%；北美洲 409.89 万 t，占比 23.77%；其他依次为非洲、欧洲、南美洲、大洋洲，产量分别为 300.31 万 t、147.95 万 t、56.68 万 t、27.77 万 t。

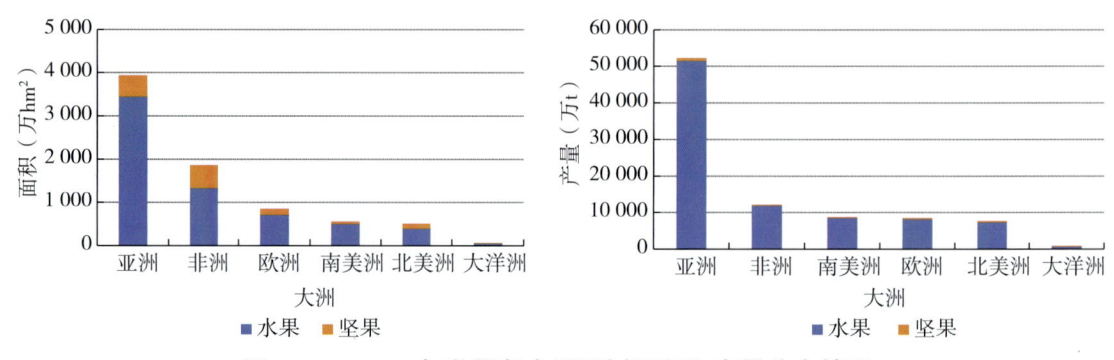

图 2-25　2020 年世界各大洲果树面积和产量分布情况

（二）各大洲主要果树分布情况

1. 亚洲

柑橘是亚洲面积最大的果树，为 533.89 万 hm²，占比 13.52%；其次为芒果、苹果、香（大）蕉、西瓜等，占比分别为 10.20%、7.94%、6.11%、5.60%。西瓜是亚洲产量最大的水果，为 8 038.16 万 t，占比 15.35%；其次为柑橘、香（大）蕉、苹果、芒果等，占比分别为 15.29%、13.43%、10.64%、7.59%（图 2-26）。

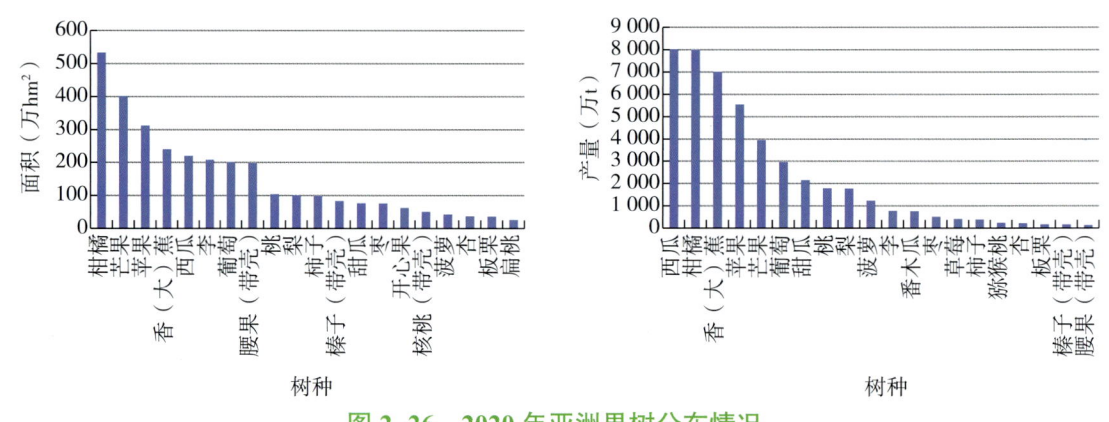

图 2-26　2020 年亚洲果树分布情况

2. 非洲

香（大）蕉是非洲面积最大的果树，为 708.35 万 hm²，占比 37.74%；其次为腰果、柑橘、芒果、扁桃等，占比分别为 24.86%、9.91%、5.15%、2.57%。香（大）蕉也是非洲产量最大的果树，为 5 116.584 万 t，占比 41.64%；其次为柑橘、芒果、西瓜、菠萝等，占比分别为 12.39%、7.02%、6.68%、4.29%（图 2-27）。

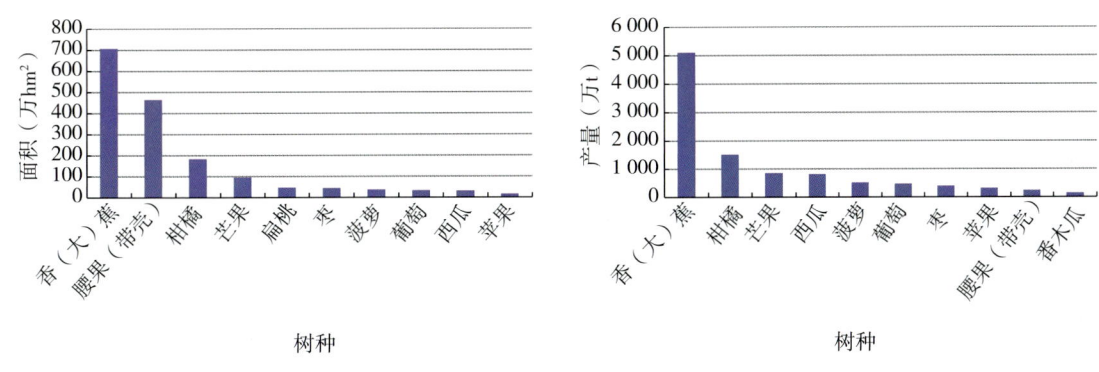

图 2-27 2020 年非洲果树分布情况

3. 欧洲

葡萄是欧洲面积最大的果树，为 345.71 万 hm^2，占比 40.02%；其次为苹果、扁桃、柑橘、李等，占比分别为 11.40%、9.86%、6.02%、4.78%。葡萄也是欧洲产量最大的果树，为 2 827.75 万 t，占比 33.53%；其次为苹果、柑橘、西瓜、桃等，占比分别为 20.79%、13.53%、6.69%、4.34%（图 2-28）。

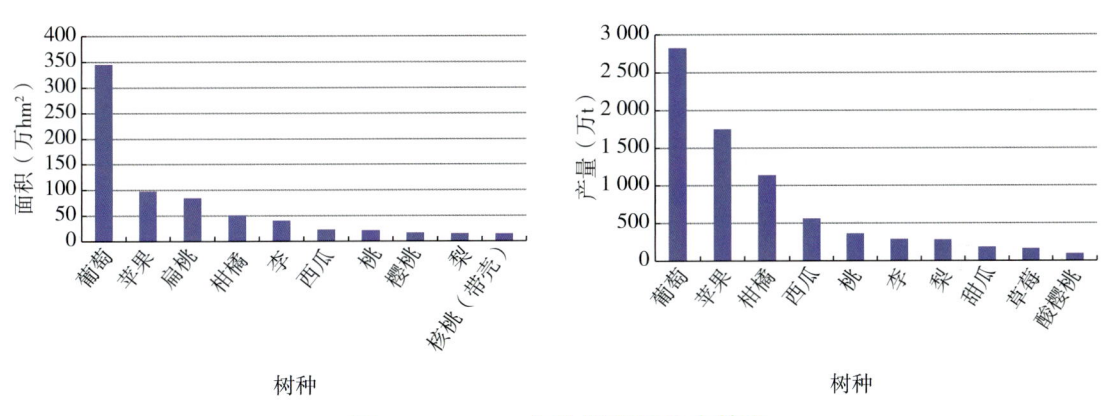

图 2-28 2020 年欧洲果树分布情况

4. 南美洲

香（大）蕉是南美洲面积最大的果树，为 148.44 万 hm^2，占比 26.06%；其次为柑橘、葡萄、腰果、腰果梨等，占比分别为 20.98%、9.47%、7.53%、7.48%。柑橘是南美洲产量最大的果树，为 2 812.64 万 t，占比 32.41%%；其次为香（大）蕉、葡萄、菠萝、苹果等，占比分别为 27.03%、8.31%、5.44%、3.84%（图 2-29）。

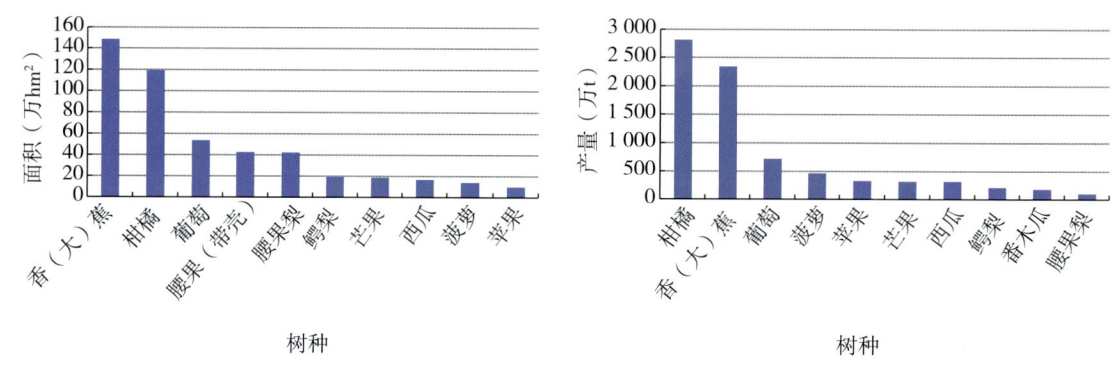

图 2-29　2020 年南美洲果树分布情况

5. 北美洲

柑橘是北美洲面积最大的果树，为 220.80 万 hm²，占比 21.64%；其次为香蕉、葡萄、扁桃、鳄梨等，占比分别为 17.67%、9.43%、5.05%、4.54%。柑橘也是北美洲产量最大的果树，为 4 548.41 万 t，占比 29.20%；其次为香（大）蕉、葡萄、菠萝、苹果等，占比分别为 22.49%、8.46%、6.00%、5.87%（图 2-30）。

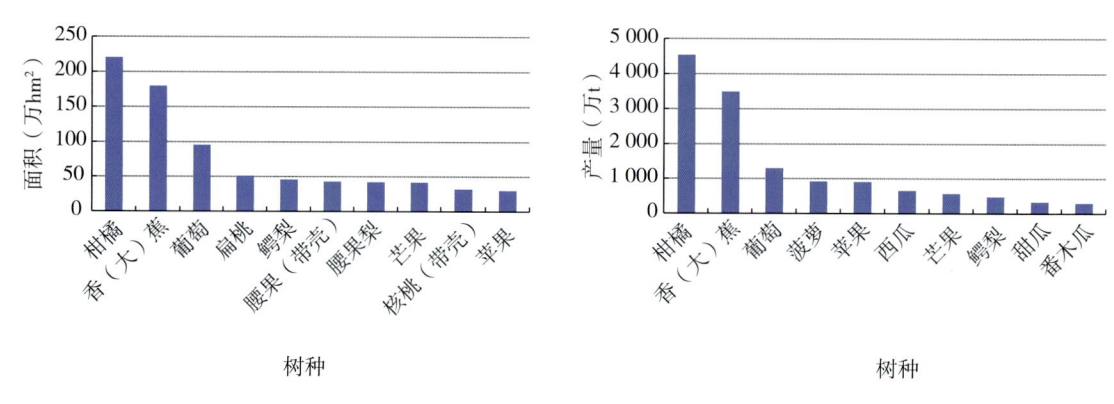

图 2-30　2020 年北美洲果树分布情况

6. 大洋洲

葡萄是大洋洲面积最大的果树，为 16.56 万 hm²，占比 24.03%；其次为香（大）蕉、扁桃、柑橘、苹果等，占比分别为 14.56%、5.70%、4.64%、3.82%。葡萄也是大洋洲产量最大的果树，为 193.19 万 t，占比 23.39%；其次为香（大）蕉、苹果、猕猴桃、柑橘等，占比分别为 20.65%、9.99%、7.60%、7.06%（图 2-31）。

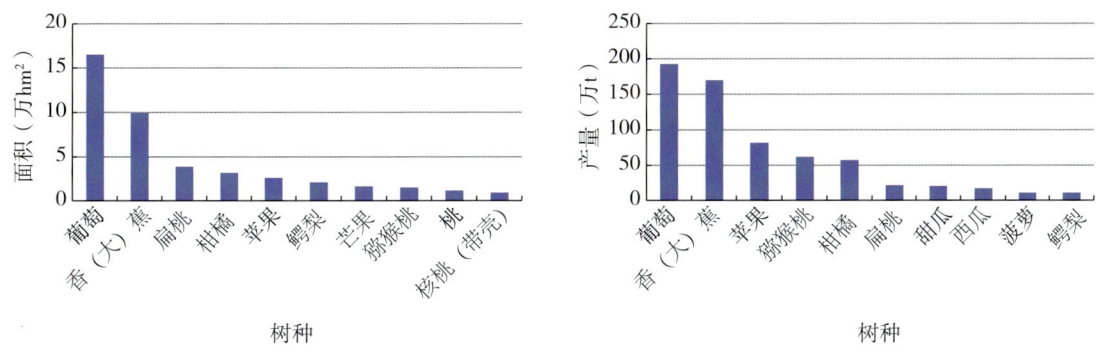

图 2-31 2020 年大洋洲果树分布情况

（三）果树主产国情况

1. 果树主产国分布

2020 年不同国家和地区果树面积、产量分布情况如图 2-32 所示。2020 年世界果树面积排名前 20 位的国家和地区分别为中国、印度、科特迪瓦、土耳其、巴西、西班牙、美国、尼日利亚、乌干达、墨西哥、印度尼西亚、坦桑尼亚、伊朗、刚果（金）、菲律宾、意大利、越南、泰国、巴基斯坦、法国，面积分别为 1 548.99 万 hm²、834.61 万 hm²、279.69 万 hm²、267.38 万 hm²、251.60 万 hm²、237.94 万 hm²、206.80 万 hm²、206.76 万 hm²、178.04 万 hm²、174.19 万 hm²、163.92 万 hm²、161.77 万 hm²、149.87 万 hm²、140.15 万 hm²、135.42 万 hm²、130.96 万 hm²、102.65 万 hm²、101.43 万 hm²、97.81 万 hm²、94.67 万 hm²，占比分别为 19.74%、10.63%、3.56%、3.41%、3.21%、3.03%、2.64%、2.63%、2.27%、2.22%、2.09%、2.06%、1.91%、1.79%、1.73%、1.67%、1.31%、1.29%、1.25%、1.21%。

2020 年世界果树产量排名前 20 位的国家和地区分别为中国、印度、巴西、美国、土耳其、墨西哥、印度尼西亚、西班牙、伊朗、意大利、菲律宾、埃及、尼日利亚、越南、哥伦比亚、泰国、巴基斯坦、法国、厄瓜多尔、南非，产量分别为 24 592.65 万 t、10 674.39 万 t、3 993.90 万 t、2 752.03 万 t、2 563.92 万 t、2 412.65 万 t、2 298.30 万 t、2 011.36 万 t、1 969.21 万 t、1 811.80 万 t、1 674.57 万 t、1 476.12 万 t、1 163.65 万 t、1 097.08 万 t、1 052.71 万 t、1 013.72 万 t、986.37 万 t、894.26 万 t、763.04 万 t、751.53 万 t，占比分别为 27.20%、11.80%、4.42%、3.04%、2.84%、2.67%、2.54%、2.22%、2.18%、2.00%、1.85%、1.63%、1.29%、1.21%、1.16%、1.12%、1.09%、0.99%、0.84%、0.83%。

其中，科特迪瓦坚果（主要生产腰果）面积 204.51 万 hm²，占本国果树总面积的 73.12%，其产量仅占本国果树总产量的 22.89%；土耳其坚果（主要生产榛子、开心果、核桃等）面积 132.52 万 hm²，占本国果树总面积的 49.56%，其产量仅占本国果树总产量的 5.80%。

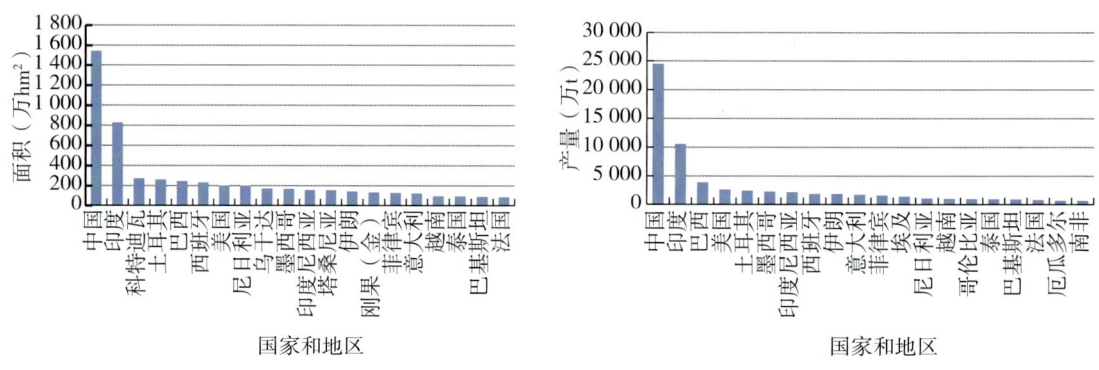

图 2-32 不同国家和地区果树面积、产量分布情况

2. 果树主产国面积、产量变化趋势及树种分布

（1）中国。中国是世界第一大果树生产国，60年来果树发展呈持续增长趋势（图2-33）。1961—2020年，面积由137.45万hm²增长到1 563.44万hm²，增加了10.37倍；产量由1 229.55万t增长到24 858.54万t，增加了19.22倍。1961—1978年近20年里增长缓慢，1978年以后，中国果树生产得到空前发展，规模迅速增加，自1985年开始，面积超过苏联、产量超过印度，成为世界最大的果树生产国；1991—2010年呈快速上升趋势，产量每10年增加约8 000万t，近10年发展速度有所减缓，但仍呈上升趋势。

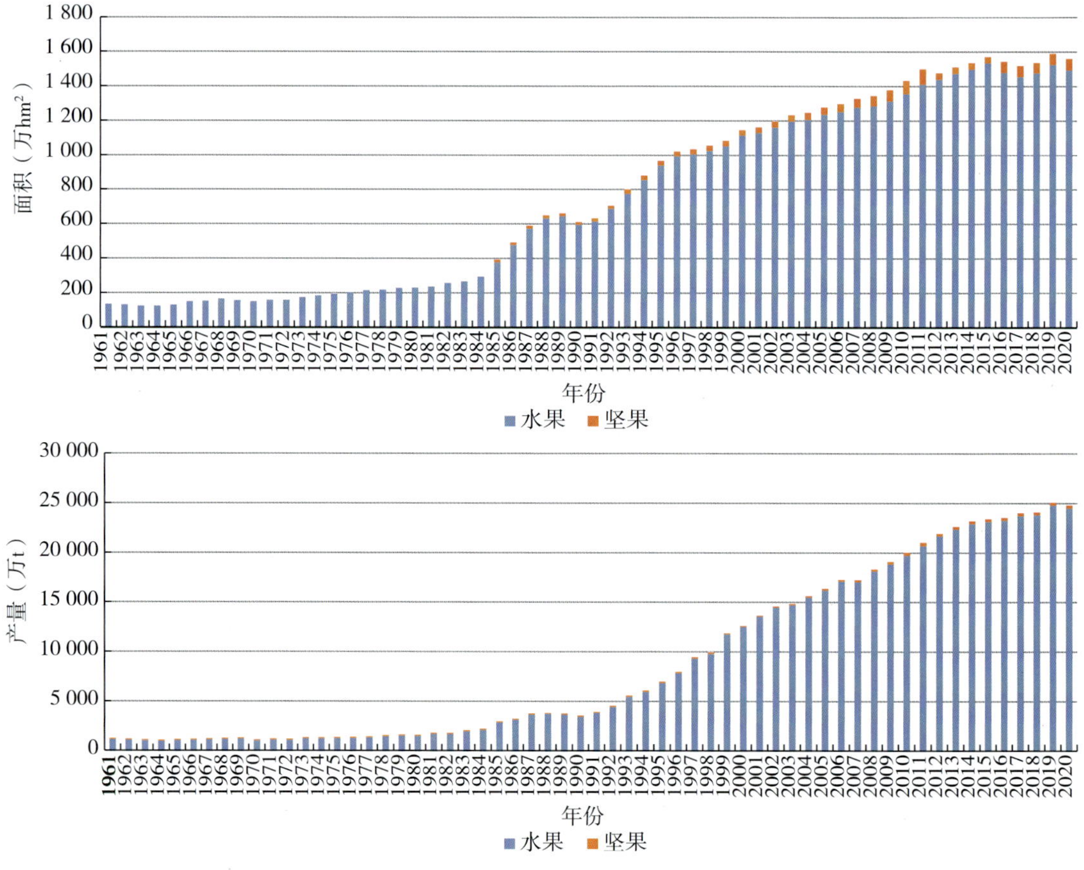

图 2-33 1961—2020年中国果树面积、产量变化情况

从面积来看，2020年中国排名前10位的果树分别为柑橘、李、苹果、西瓜、柿、梨、桃、葡萄、甜瓜、香蕉，面积分别为299.91万hm²、194.55万hm²、191.18万hm²、140.59万hm²、93.73万hm²、87.00万hm²、77.99万hm²、76.75万hm²、38.78万hm²、35.35万hm²，占比分别为19.18%、12.44%、12.23%、8.99%、6.00%、5.56%、4.99%、4.91%、2.48%、2.26%。从产量来看，2020年中国排名前10位的果树分别为西瓜、柑橘、苹果、梨、桃、葡萄、甜瓜、香蕉、李、柿子，产量分别为6 024.69万t、4 463.24万t、4 050.10万t、1 610.15万t、1 501.61万t、1 484.31万t、1 386.54万t、1 187.26万t、647.57万t、334.21万t，占比分别为24.24%、17.95%、16.29%、6.48%、6.04%、5.97%、5.58%、4.78%、2.61%、1.34%（图2-34）。

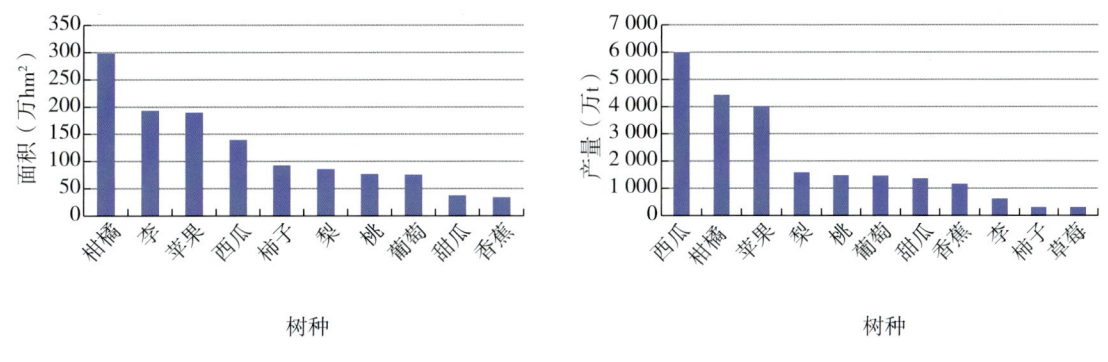

图2-34　2020年中国主要果树面积、产量分布

（2）印度。印度是世界第二大果树生产国，60年来果树发展呈持续增长趋势（图2-35）。从面积来看，1961—2020年，印度果树总面积由177.93万hm²增加到834.61万hm²，增加了3.69倍，其中水果面积由156.53万hm²增加到723.06万hm²，坚果面积由21.40万hm²增加到111.54万hm²。从产量来看，1961—2020年，印度果树总产量由1 367.05万t增加到10 674.39万t，增加了6.81倍，其中水果总产量由1 357.35万t增加到10 597.11万t，坚果总产量由9.70万t增加到77.28万t。1961—1990年30年间，印度果树总面积和总产量发展速度平缓，1991—2020年30年间快速发展。

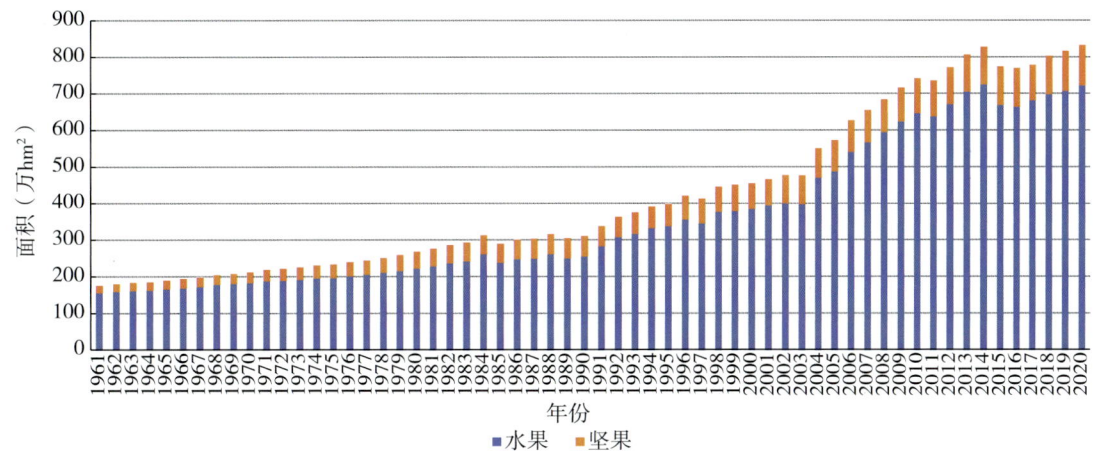

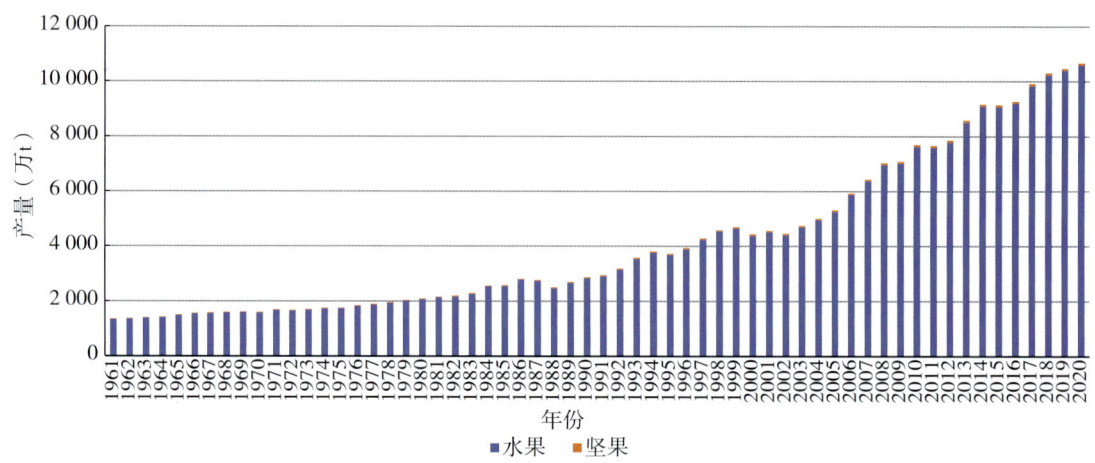

图 2-35 1961—2020 年印度果树面积、产量变化情况

从面积来看，2020 年印度排名前 10 位的果树分别为芒果、腰果、柑橘、香蕉、苹果、番木瓜、葡萄、西瓜、菠萝和甜瓜，面积分别为 257.80 万 hm²、111.54 万 hm²、105.40 万 hm²、87.80 万 hm²、30.80 万 hm²、14.20 万 hm²、14.00 万 hm²、11.00 万 hm²、10.70 万 hm²、5.90 万 hm²，占比分别为 30.89%、13.36%、12.63%、10.52%、3.69%、1.70%、1.68%、1.32%、1.28%、0.71%。从产量来看，2020 年印度排名前 10 位的果树分别为香蕉、芒果、柑橘、番木瓜、葡萄、西瓜、苹果、菠萝、甜瓜、腰果，产量分别为 3 150.40 万 t、2 474.80 万 t、1 397.90 万 t、601.10 万 t、312.50 万 t、278.70 万 t、273.40 万 t、179.90 万 t、133.00 万 t、77.28 万 t，占比分别为 29.51%、23.18%、13.10%、5.63%、2.93%、2.61%、2.56%、1.69%、1.25%、0.72%（图 2-36）。

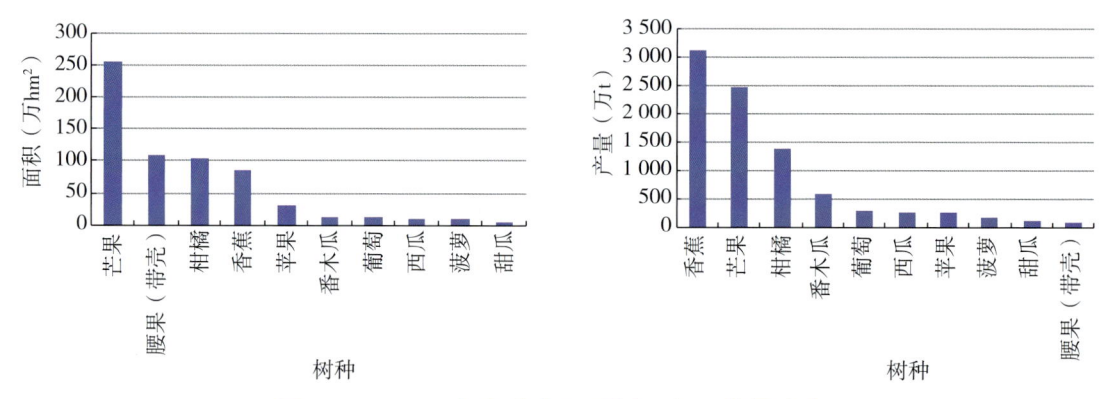

图 2-36 2020 年印度主要果树面积、产量分布

（3）巴西。60 年来巴西果树发展呈先增长后平稳再缓慢下降的趋势（图 2-37）。从面积来看，1961—2011 年，巴西果树总面积由 67.61 万 hm² 增加到 349.78 万 hm²，2011 年以后面积呈逐渐下降趋势；1990 年开始，坚果面积平稳发展，近 10 年来面积有下降趋势。从产量来看，1961—2011 年，巴西果树总产量由 719.78 万 t 增加到 4 444.40 万 t，2011 年以后产量呈逐渐下降趋势，2020 年产量为 3 993.90 万 t。目前巴西是世界第三大果树生产国。

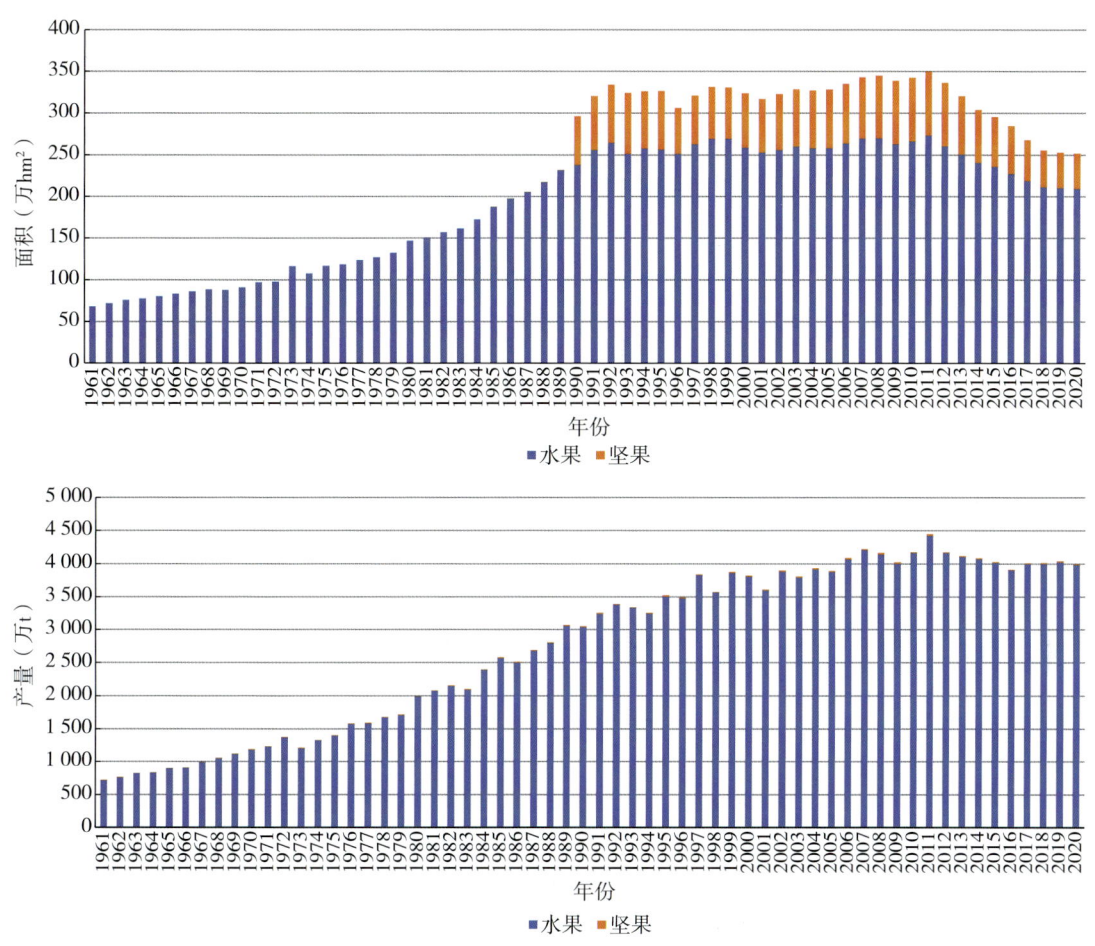

图 2-37 1961—2020 年巴西果树面积、产量变化情况

从面积来看，2020 年巴西排名前 10 位的果树分别为柑橘、香蕉、腰果、腰果梨、西瓜、芒果、葡萄、菠萝、苹果和番木瓜，面积分别为 69.11 万 hm²、45.50 万 hm²、42.61 万 hm²、42.61 万 hm²、9.82 万 hm²、9.37 万 hm²、7.37 万 hm²、6.48 万 hm²、3.25 万 hm²、2.85 万 hm²，占比分别为 27.47%、18.08%、16.94%、16.94%、3.90%、3.72%、2.93%、2.58%、1.29%、1.13%。从产量来看，2020 年巴西排名前 10 位的果树分别为柑橘、香蕉、菠萝、西瓜、芒果、葡萄、番木瓜、腰果梨、苹果和甜瓜，产量分别为 1 940.16 万 t、663.73 万 t、245.57 万 t、218.49 万 t、213.53 万 t、143.56 万 t、123.50 万 t、110.41 万 t、98.32 万 t、61.39 万 t，占比分别为 48.58%、16.62%、6.15%、5.47%、5.35%、3.59%、3.09%、2.76%、2.46%、1.54%（图 2-38）。

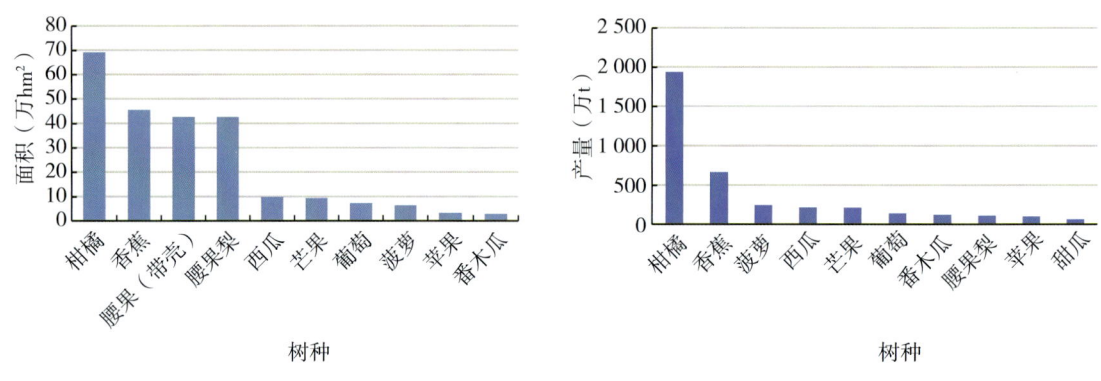

图 2-38　2020 年巴西主要果树面积、产量分布

（4）美国。60 年来美国果树发展呈先增长后缓慢下降的趋势（图 2-39）。从面积来看，1961—2020 年，美国果树总面积由 138.68 万 hm² 增加到 206.80 万 hm²。1961—2000 年 40 年间，水果面积呈平稳发展态势，坚果面积快速增长；2001—2020 年近 20 年水果面积呈逐年下降趋势，坚果面积继续快速增长。从产量来看，1961—2000 年，美国果树总产量由 1 914.57 万 t 增加到 3 671.18 万 t，2001 年以后产量呈下降趋势，但坚果产量呈上升趋势。

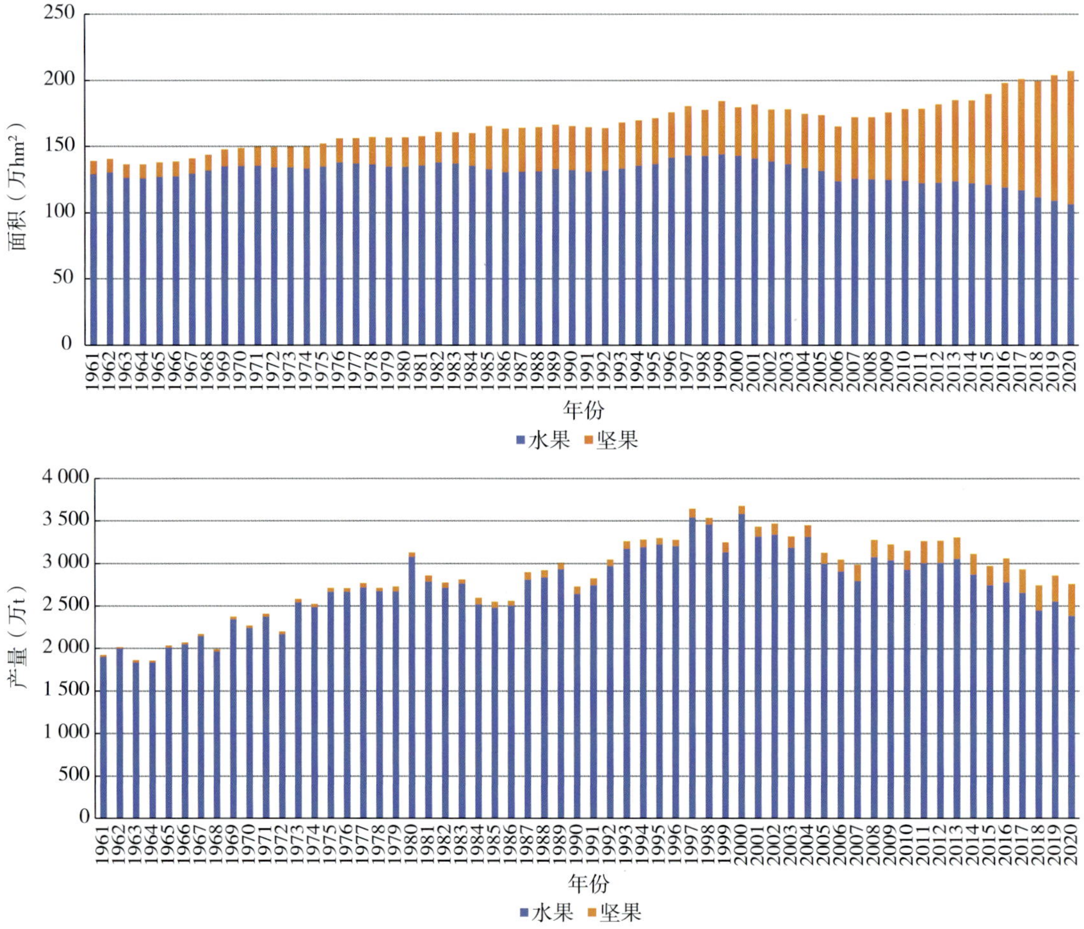

图 2-39　1961—2020 年美国果树面积、产量变化情况

从面积来看，2020 年美国排名前 10 位的果树分别为扁桃、葡萄、柑橘、核桃、开心果、苹果、西瓜、蓝莓、甜樱桃和桃，面积分别为 50.59 万 hm²、37.23 万 hm²、27.02 万 hm²、15.38 万 hm²、15.05 万 hm²、11.95 万 hm²、3.91 万 hm²、3.70 万 hm²、3.44 万 hm²、2.95 万 hm²，占比分别为 24.46%、18.00%、13.06%、7.44%、7.28%、5.78%、1.89%、1.79%、1.66%、1.43%。从产量来看，2020 年美国排名前 10 位的果树分别为柑橘、葡萄、苹果、扁桃、西瓜、草莓、核桃、甜瓜、梨、桃，产量分别为 714.88 万 t、538.87 万 t、465.07 万 t、237.00 万 t、174.16 万 t、105.60 万 t、70.76 万 t、69.61 万 t、60.96 万 t、56.04 万 t，占比分别为 25.98%、19.58%、16.90%、8.61%、6.33%、3.84%、2.57%、2.53%、2.22%、2.04%（图 2–40）。

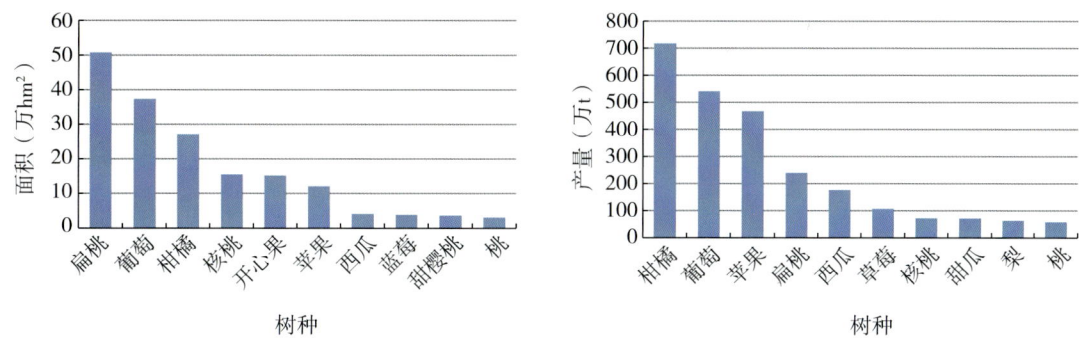

图 2-40　2020 年美国主要果树面积、产量分布

（5）土耳其。60 年来土耳其果树发展呈平稳增长的趋势。从面积来看，1961—2020 年，土耳其果树总面积由 160.80 万 hm² 增加到 267.38 万 hm²，60 年间水果面积基本保持稳定，坚果面积稳步增长，尤其是近年快速增长。从产量来看，1961—2000 年，土耳其果树总产量由 773.57 万 t 增加到 2 563.92 万 t，总体呈上升趋势，水果、坚果产量均呈上升趋势（图 2–41）。

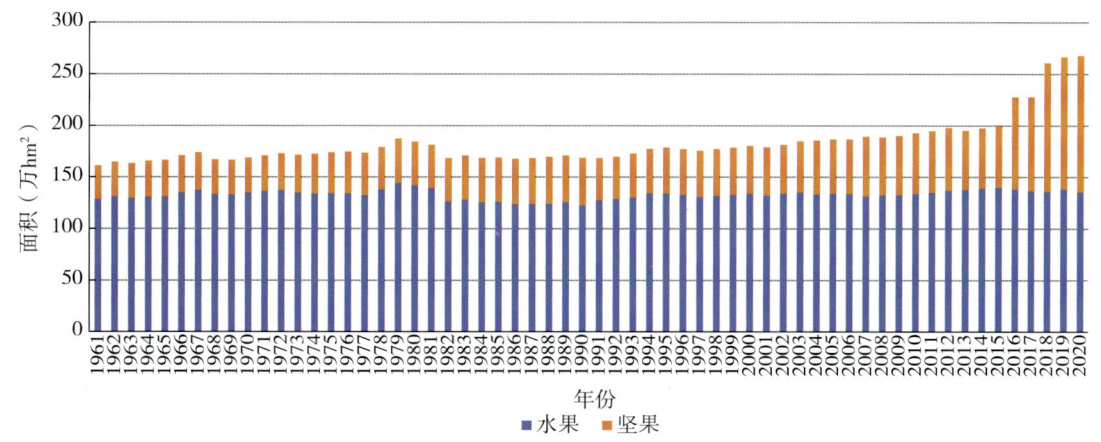

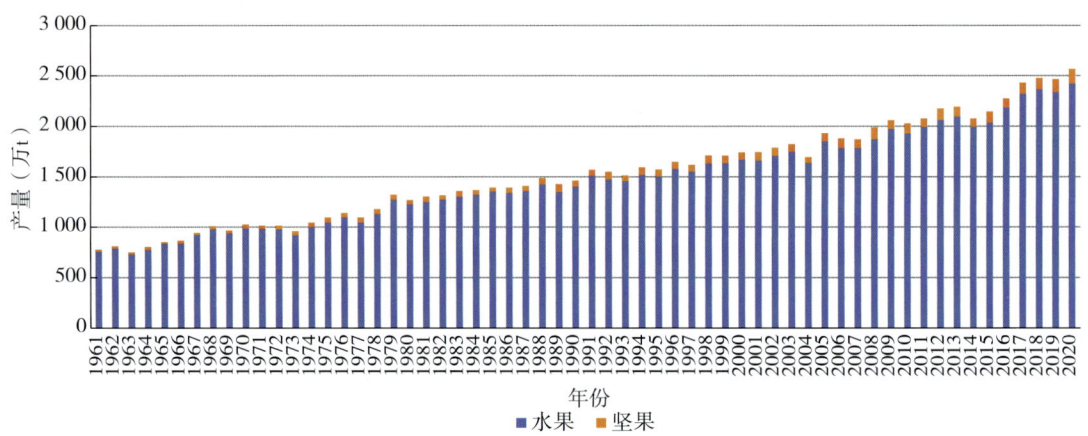

图 2-41　1961—2020 年土耳其果树面积、产量变化情况

从面积来看，2020 年土耳其排名前 10 位的果树分别为榛子、葡萄、开心果、苹果、柑橘、核桃、杏、甜樱桃、西瓜、甜瓜，面积分别为 73.45 万 hm²、40.10 万 hm²、38.18 万 hm²、17.09 万 hm²、15.81 万 hm²、14.18 万 hm²、13.27 万 hm²、8.27 万 hm²、7.82 万 hm²、7.61 万 hm²，占比分别为 27.47%、15.00%、14.28%、6.39%、5.30%、4.96%、3.09%、2.92%、2.85%、2.01%。从产量来看，2020 年土耳其排名前 10 位的果树分别为柑橘、苹果、葡萄、西瓜、甜瓜、桃、杏、香蕉、甜樱桃、榛子，产量分别为 434.87 万 t、430.05 万 t、420.89 万 t、349.16 万 t、172.49 万 t、89.20 万 t、83.34 万 t、72.81 万 t、72.49 万 t、66.50 万 t，占比分别为 16.96%、16.77%、16.42%、13.62%、6.73%、3.48%、3.25%、2.84%、2.83%、2.59%（图 2-42）。

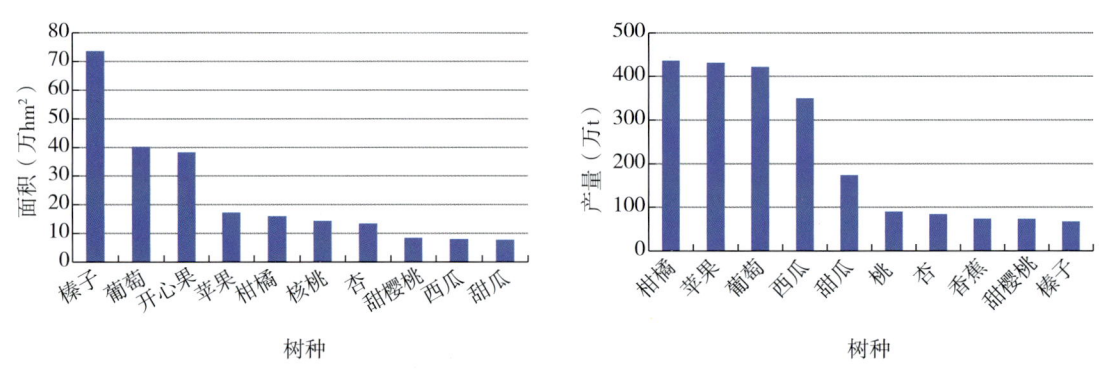

图 2-42　2020 年土耳其主要果树面积、产量分布

（6）墨西哥。60 年来墨西哥果树发展呈平稳增长的趋势（图 2-43）。从面积来看，1961—2020 年，墨西哥果树总面积由 28.06 万 hm² 增加到 174.19 万 hm²，水果、坚果面积均保持快速增长。从产量来看，1961—2000 年，墨西哥果树总产量由 293.16 万 t 增加到 2 412.65 万 t，增加了 7.23 倍。

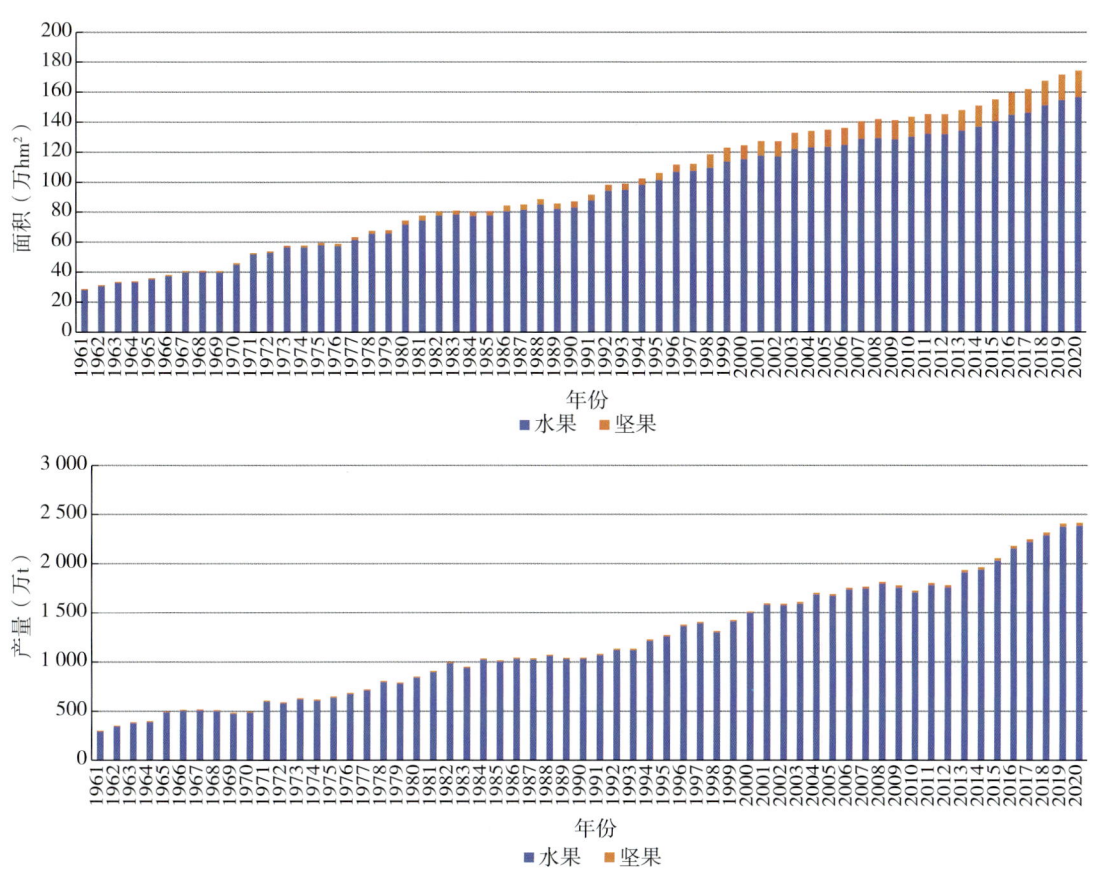

图 2-43　1961—2020 年墨西哥果树面积、产量变化情况

从面积来看，2020 年墨西哥排名前 10 位的果树分别为柑橘、鳄梨、芒果、核桃、香蕉、苹果、西瓜、葡萄、桃、菠萝，面积分别为 64.62 万 hm^2、22.44 万 hm^2、21.36 万 hm^2、10.88 万 hm^2、7.97 万 hm^2、5.67 万 hm^2、3.91 万 hm^2、3.55 万 hm^2、2.61 万 hm^2、2.55 万 hm^2，占比分别为 37.10%、12.88%、12.26%、6.24%、4.58%、3.26%、2.25%、2.04%、1.50%、1.46%。从产量来看，2020 年墨西哥排名前 10 位的果树分别为柑橘、香蕉、鳄梨、芒果、西瓜、菠萝、番木瓜、苹果、甜瓜、草莓，产量分别为 888.27 万 t、246.42 万 t、239.38 万 t、237.31 万 t、136.24 万 t、120.82 万 t、111.74 万 t、71.42 万 t、61.29 万 t、55.75 万 t，占比分别为 36.82%、10.21%、9.92%、9.84%、5.65%、5.01%、4.63%、2.96%、2.54%、2.31%（图 2-44）。

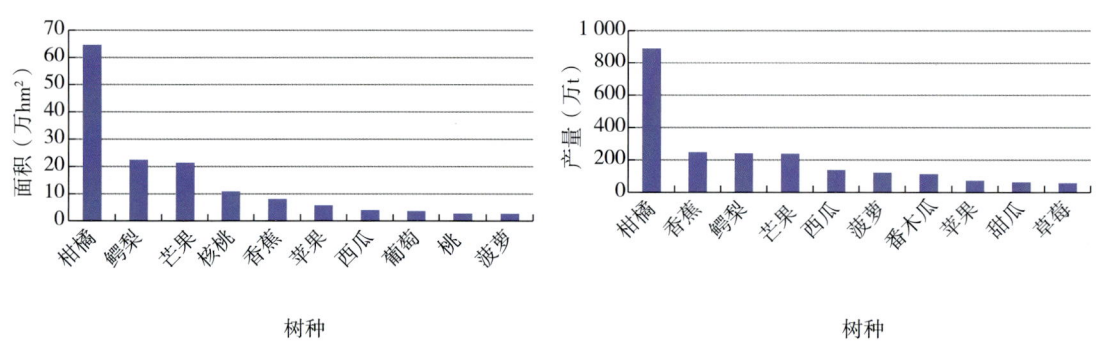

图 2-44 2020 年墨西哥主要果树面积、产量分布

（7）印度尼西亚。60 年来印度尼西亚果树发展整体呈波段式增长的趋势（图 2-45）。从面积来看，1961—2020 年，印度尼西亚果树总面积由 39.15 万 hm² 增加到 163.92 万 hm²，其中水果面积增幅不大，坚果面积增幅较大。从产量来看，1961—2020 年，印度尼西亚果树总产量呈增长趋势，由 229.20 万 t 增加到 2 298.30 万 t，增加了 9.03 倍。

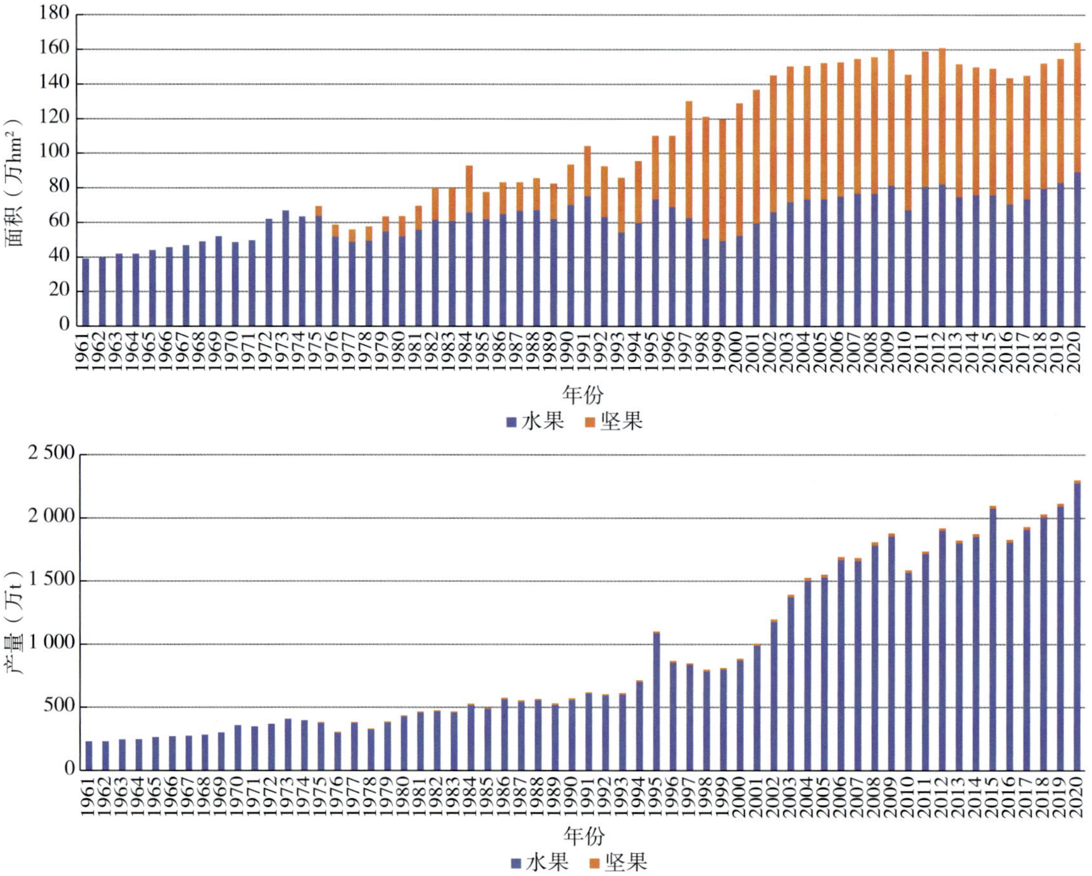

图 2-45 1961—2020 年印度尼西亚果树面积、产量变化情况

从面积来看，2020年印度尼西亚果树按排名高低分别为腰果、芒果、香蕉、柑橘、鳄梨、西瓜、菠萝、番木瓜、甜瓜，面积分别为52.60万hm²、27.59万hm²、15.81万hm²、7.14万hm²、4.64万hm²、3.34万hm²、1.92万hm²、1.14万hm²、0.82万hm²，占比分别为32.09%、16.83%、9.65%、4.36%、2.83%、2.04%、1.17%、0.70%、0.50%。从产量来看，2020年印度尼西亚果树按排名高低分别为香蕉、芒果、柑橘、菠萝、番木瓜、鳄梨、西瓜、甜瓜、腰果，产量分别为818.28万t、361.73万t、272.30万t、244.72万t、101.64万t、60.90万t、56.03万t、13.82万t、13.19万t，占比分别为35.60%、15.74%、11.85%、10.65%、4.42%、2.65%、2.44%、0.60%、0.57%（图2-46）。

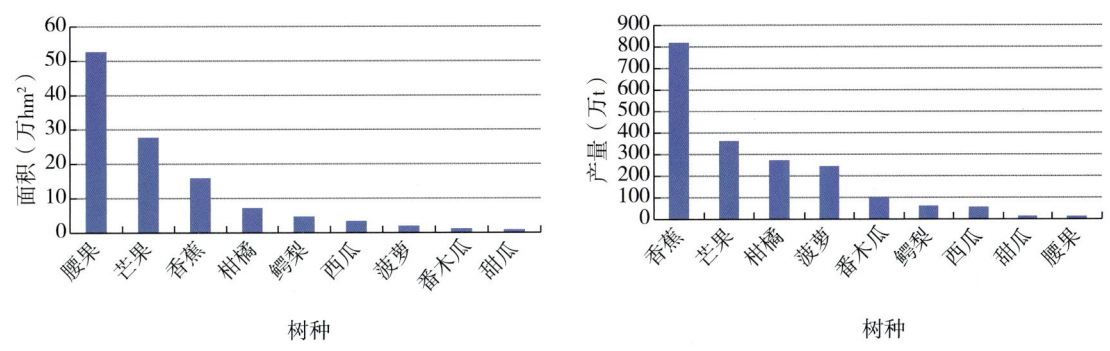

图2-46　2020年印度尼西亚主要果树面积、产量分布

（8）西班牙。从面积来看，1961—2020年，西班牙果树总面积变化幅度不大，其中水果面积近40年来呈下降趋势（图2-47），坚果面积先上升后趋于稳定，目前果树总面积为237.94万hm²，其中坚果面积约占1/3。从产量来看，1961—2000年，西班牙果树总产量由839.34万t增加到2 011.36万t，呈波段式上升的趋势。

从面积来看，2020年西班牙排名前10位的果树分别为葡萄、扁桃、柑橘、桃、板栗、苹果、甜樱桃、西瓜、梨、杏，面积分别为93.16万hm²、71.85万hm²、29.80万hm²、7.21万hm²、3.78万hm²、2.95万hm²、2.78万hm²、2.16万hm²、2.02万hm²、1.98万hm²，占比分别为39.15%、30.20%、12.52%、3.03%、1.59%、1.24%、1.17%、0.91%、0.85%、0.83%。从产量来看，2020年西班牙排名前10位的果树分别为葡萄、柑橘、桃、西瓜、甜瓜、苹果、香蕉、扁桃、梨、草莓，产量分别为681.78万t、669.64万t、130.60万t、123.49万t、61.10万t、52.21万t、42.01万t、41.70万t、32.37万t、27.26万t，占比分别为33.90%、33.29%、6.49%、6.14%、3.04%、2.60%、2.09%、2.07%、1.61%、1.36%（图2-48）。

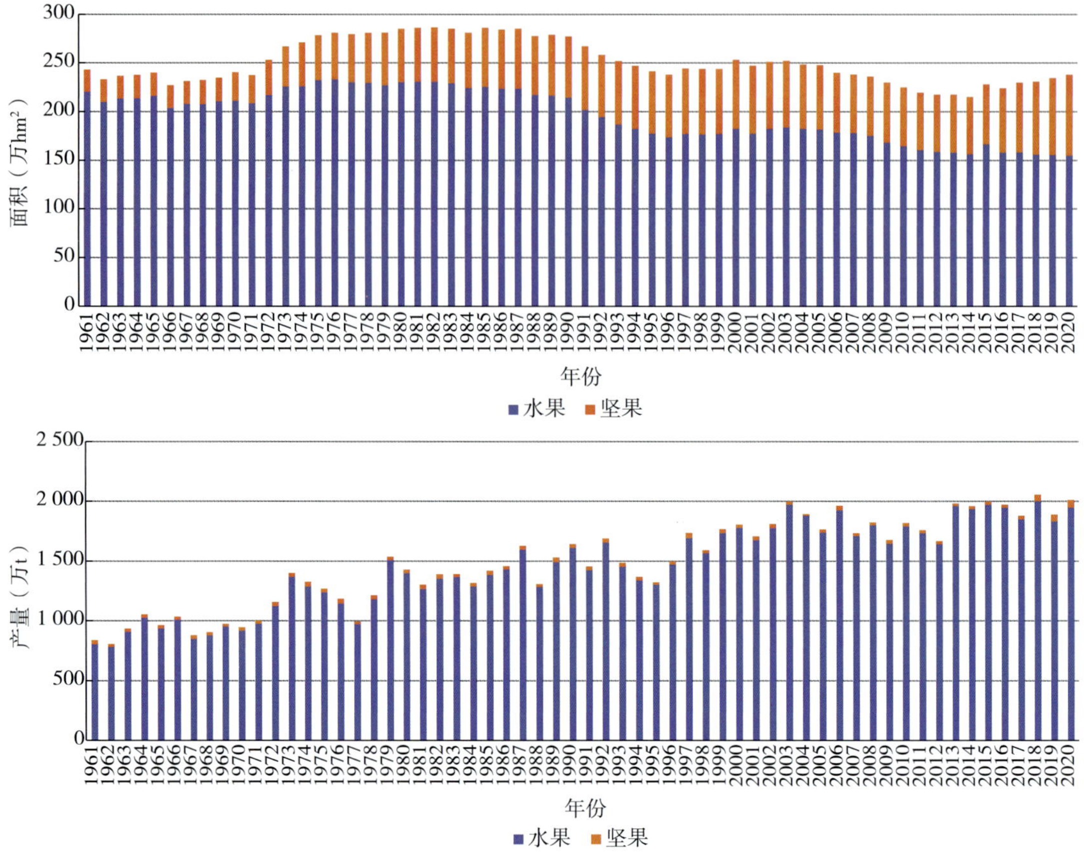

图 2-47 1961—2020 年西班牙果树面积、产量变化情况

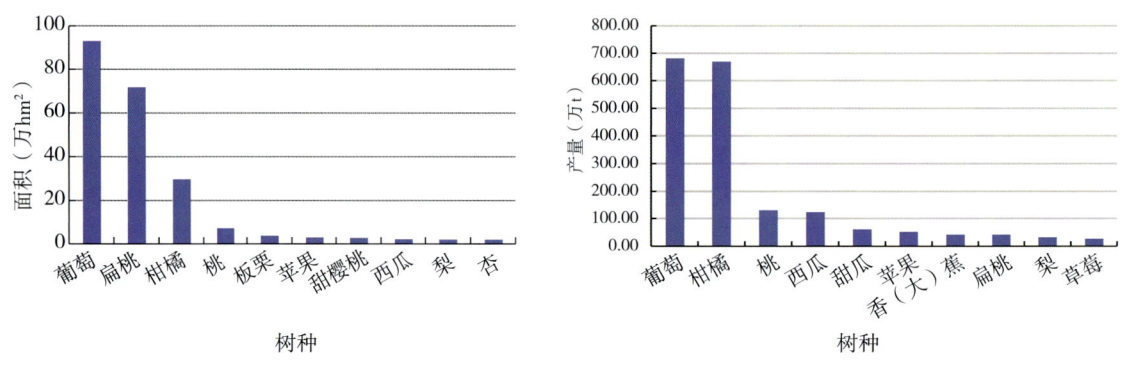

图 2-48 2020 年西班牙主要果树面积、产量分布

（9）伊朗。从面积来看，1961—2005 年，伊朗果树总面积由 43.15 万 hm² 增加到 224.42 万 hm²，呈持续增长趋势，坚果面积快速增长（图 2-49）；2005—2013 年平稳发展，2014 年呈下降趋势。从产量来看，变化趋势与面积一致，但近几年产量有上升趋势。

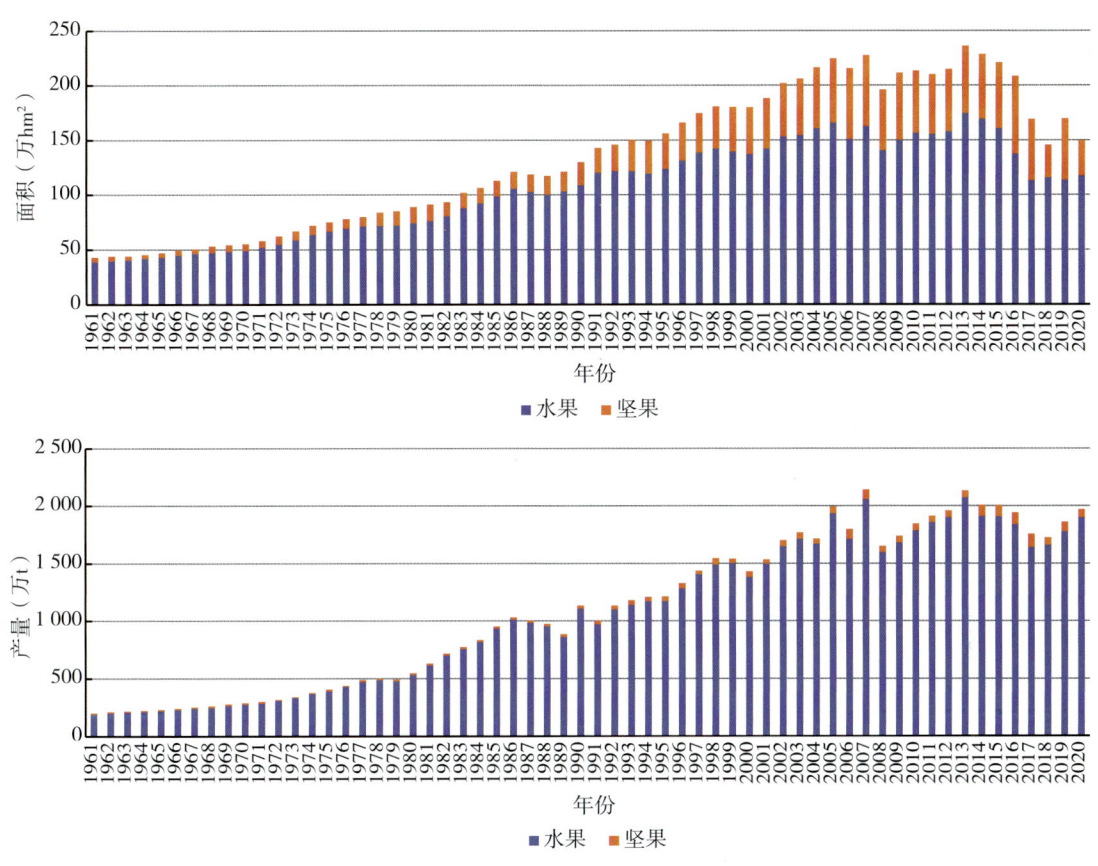

图 2-49 1961—2020 年伊朗果树面积、产量变化情况

从面积来看，2020 年伊朗排名前 10 位的果树分别为开心果、葡萄、椰枣、柑橘、苹果、西瓜、扁桃、核桃、甜瓜、杏，面积分别为 16.30 万 hm²、15.85 万 hm²、15.41 万 hm²、13.63 万 hm²、11.23 万 hm²、10.07 万 hm²、7.64 万 hm²、5.99 万 hm²、5.85 万 hm²、5.85 万 hm²，占比分别为 10.87%、10.57%、10.29%、9.09%、7.49%、6.72%、5.10%、4.00%、3.90%、3.90%。从产量来看，2020 年伊朗排名前 10 位的果树分别为柑橘、西瓜、苹果、葡萄、甜瓜、椰枣、桃、李、核桃、杏，产量分别为 400.53 万 t、273.63 万 t、220.67 万 t、199.09 万 t、128.37 万 t、128.35 万 t、66.36 万 t、37.59 万 t、35.67 万 t、33.44 万 t，占比分别为 20.34%、13.90%、11.21%、10.11%、6.52%、6.52%、3.37%、1.91%、1.81%、1.70%（图 2-50）。

（10）意大利。从面积来看，1961—2020 年，意大利果树总面积整体呈持续下降的趋势，由 264.96 万 hm² 下降至 130.96 万 hm²（图 2-51）。从产量来看，1961—2020 年，意大利果树总产量由 1 637.12 万 t 增加到 1 811.80 万 t，总体变化不大，整体呈平稳发展的趋势。

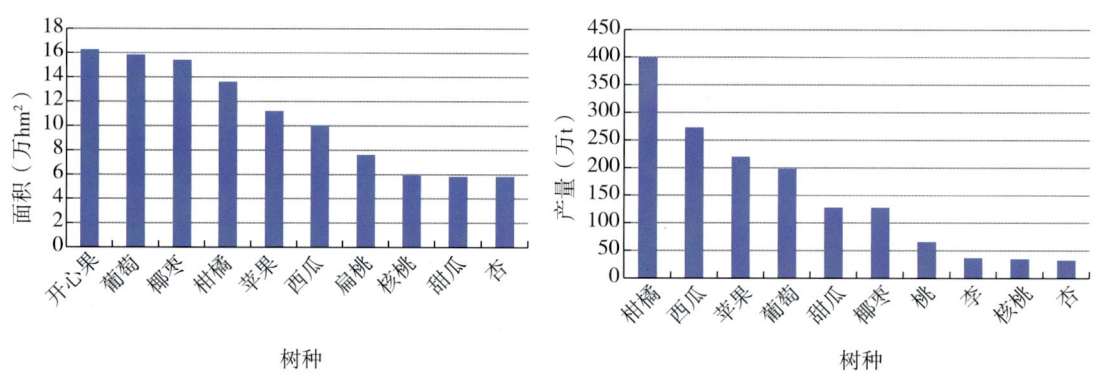

图 2-50　2020 年伊朗主要果树面积、产量分布

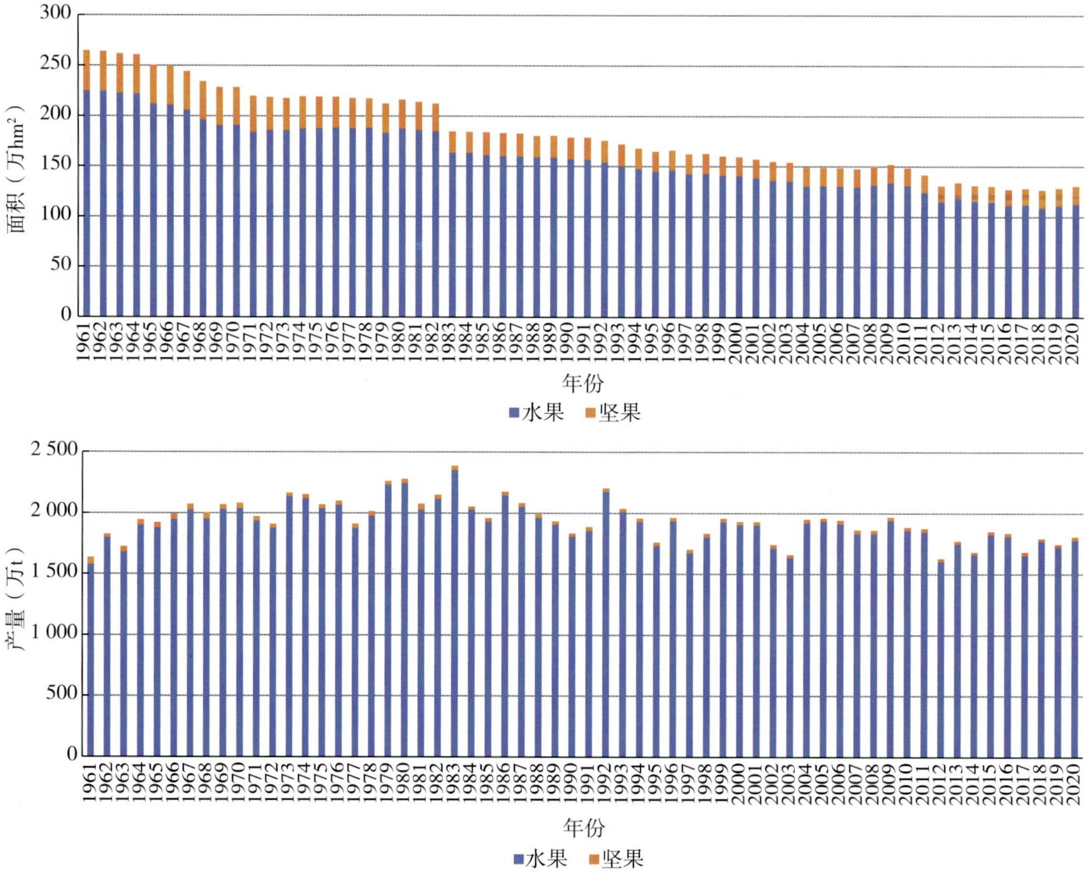

图 2-51　1961—2020 年意大利果树面积、产量变化情况

从面积来看，2020 年意大利排名前 10 位的果树分别为葡萄、柑橘、榛子、桃、苹果、扁桃、板栗、甜樱桃、梨、猕猴桃，面积分别为 70.39 万 hm²、14.51 万 hm²、8.03 万 hm²、5.87 万 hm²、5.49 万 hm²、5.27 万 hm²、3.64 万 hm²、2.90 万 hm²、2.66 万 hm²、2.49 万 hm²，占比分别为 53.75%、11.08%、6.13%、4.48%、4.19%、4.02%、2.78%、2.22%、2.03%、1.90%。

从产量来看，2020年意大利排名前10位的果树分别为葡萄、柑橘、苹果、桃、西瓜、梨、甜瓜、猕猴桃、杏、李，产量分别为822.24万t、294.01万t、246.24万t、101.54万t、65.19万t、61.95万t、59.34万t、52.15万t、17.34万t、15.63万t，占比分别为45.38%、16.23%、13.59%、5.60%、3.60%、3.42%、3.28%、2.88%、0.96%、0.86%（图2-52）。

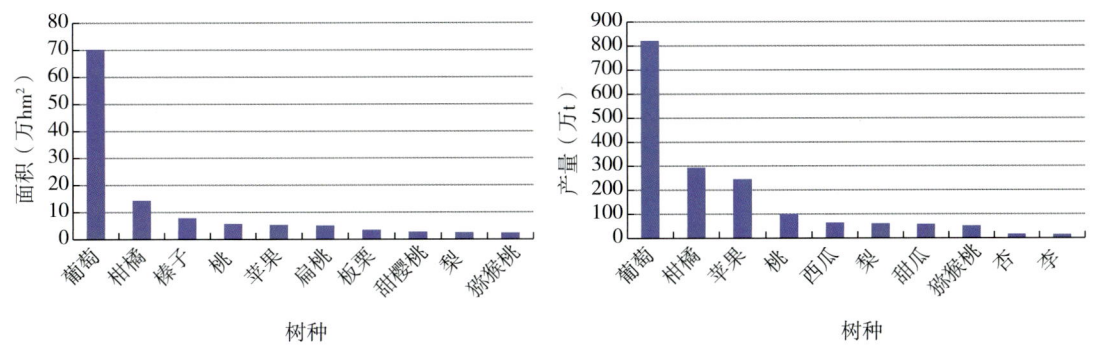

图2-52 2020年意大利主要果树面积、产量分布

（11）菲律宾。60年来菲律宾果树发展呈持续上升的趋势（图2-53）。从面积来看，1961—2020年，菲律宾果树总面积由51.04万hm²增加到135.42万hm²；1961—1990年30年间，水果面积呈缓慢增长趋势，近30年水果面积增长较快。从产量来看，1961—2020年菲律宾果树总产量由305.37万t增加到1 674.57万t，整体呈波段式上升趋势。

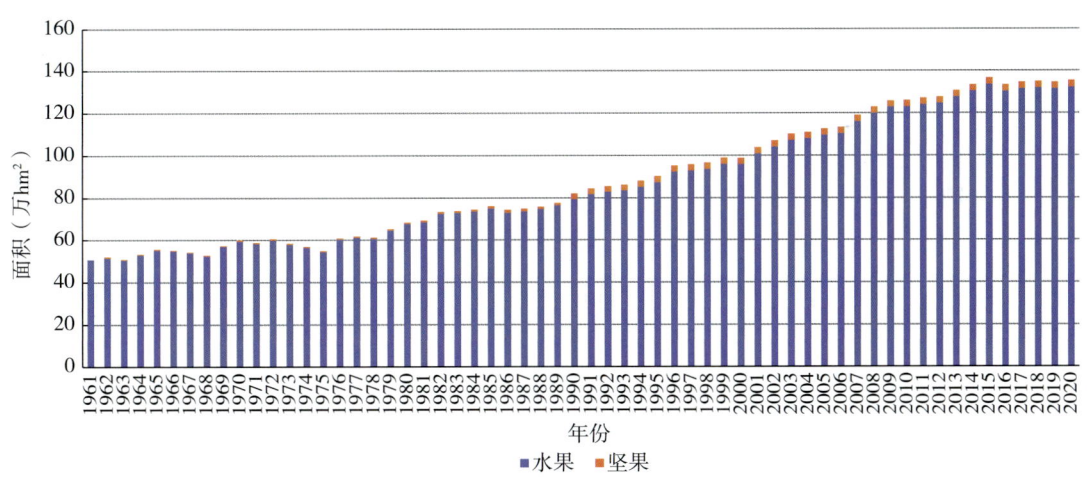

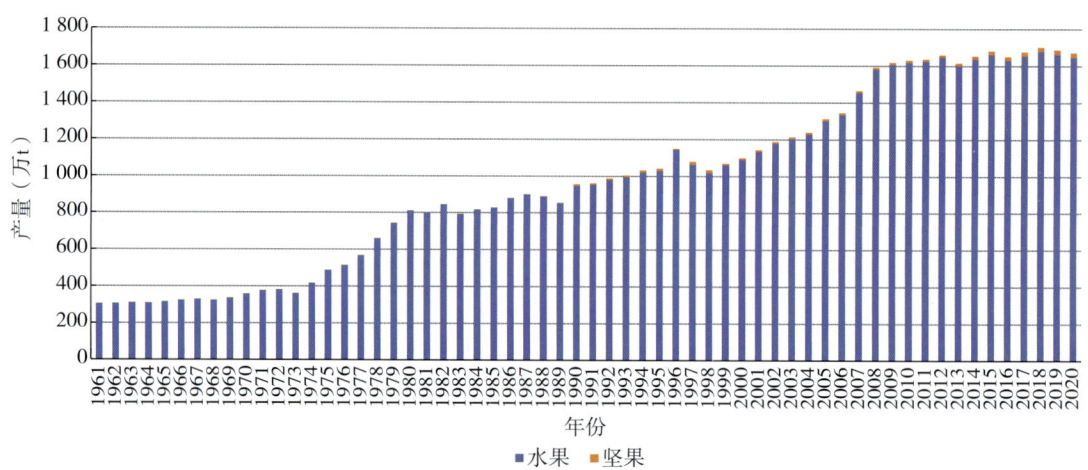

图 2-53　1961—2020 年菲律宾果树面积、产量变化情况

从面积来看，菲律宾排名前 5 位的果树分别是香（大）蕉、芒果、菠萝、柑橘、腰果，面积分别为 45.12 万 hm²、19.51 万 hm²、6.69 万 hm²、3.53 万 hm²、2.97 万 hm²，占比分别为 33.32%、14.41%、4.94%、2.61%、2.19%；从产量来看，菲律宾排名前 5 位的果树分别是香（大）蕉、菠萝、芒果、腰果、番木瓜，产量分别为 905.62 万 t、270.26 万 t、75.31 万 t、25.59 万 t、16.33 万 t，占比分别为 54.08%、16.14%、4.50%、1.53%、0.98%。

（12）日本。60 年来日本果树发展呈先增长后持续下降的趋势，20 世纪 70 年代达到发展高峰，后一直呈下降趋势（图 2-54）。1961 年日本果树总面积在 30 万 hm² 以上、产量 400 万 t 以上，2020 年面积降至 20 万 hm² 以下，产量不足 300 万 t。

从面积来看，2020 年日本排名前 10 位的果树分别为柑橘、苹果、柿、板栗、葡萄、杏、梨、西瓜、桃、甜瓜，面积分别为 4.12 万 hm²、3.51 万 hm²、1.85 万 hm²、1.74 万 hm²、1.65 万 hm²、1.41 万 hm²、1.21 万 hm²、0.94 万 hm²、0.93 万 hm²、0.64 万 hm²，占比分别为 20.96%、17.85%、9.40%、8.84%、8.39%、7.17%、6.15%、4.80%、4.72%、3.24%；从产量来看，2020 年日本排名前 10 位的果树分别为柑橘、苹果、西瓜、梨、柿、草莓、葡萄、甜瓜、桃、杏，产量分别为 77.80 万 t、72.04 万 t、30.94 万 t、19.82 万 t、19.32 万 t、16.37 万 t、16.34 万 t、14.92 万 t、9.89 万 t、7.11 万 t，占比分别为 26.40%、24.45%、10.50%、6.73%、6.56%、5.56%、5.55%、5.07%、3.36%、2.41%（图 2-55）。

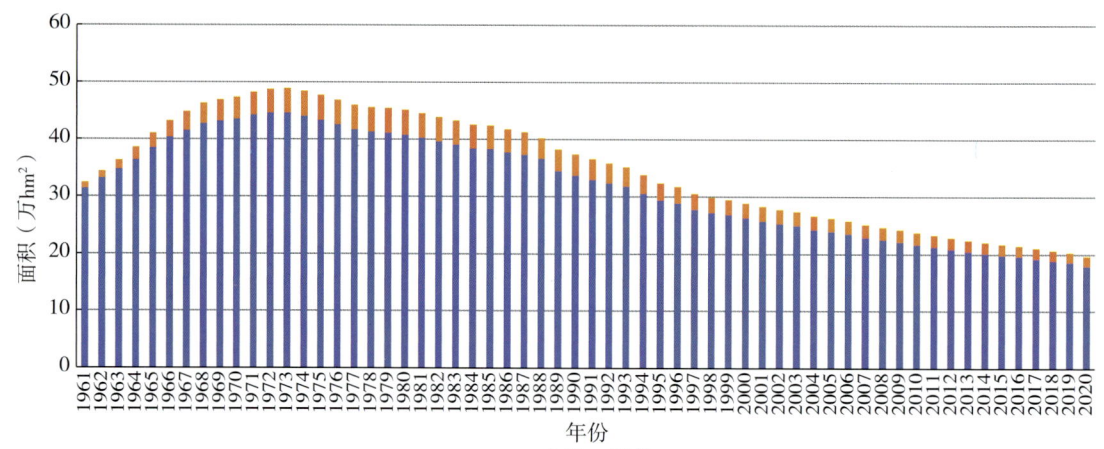

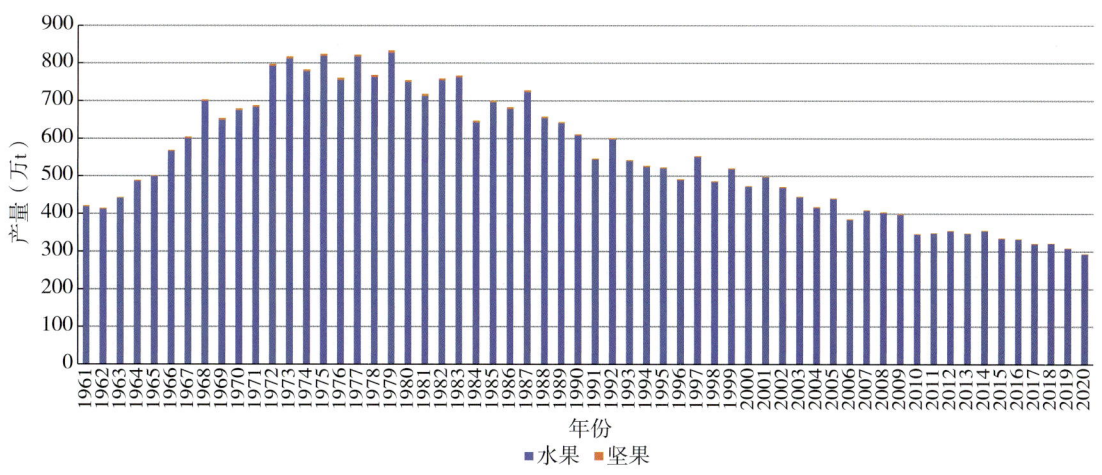

图 2-54　1961—2020 年日本果树面积、产量变化情况

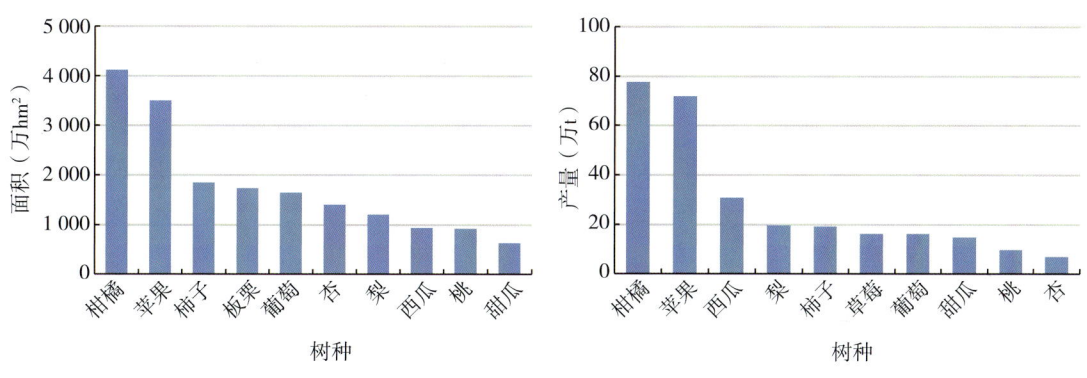

图 2-55　2020 年日本主要果树面积、产量分布

（13）新西兰。60 年来新西兰果树发展呈持续增长趋势（图 2-56）。1961—2020 年，新西兰果树总面积由 0.74 万 hm^2 增加到 7.60 万 hm^2，总产量由 12.37 万 t 增加到 178.03 万 t。新西兰成功培育出了几个在世界上广泛推广栽培的水果品种，是世界上著名的水果生产国，猕猴桃、苹果、梨等水果生产和出口在世界上有较大的影响力。

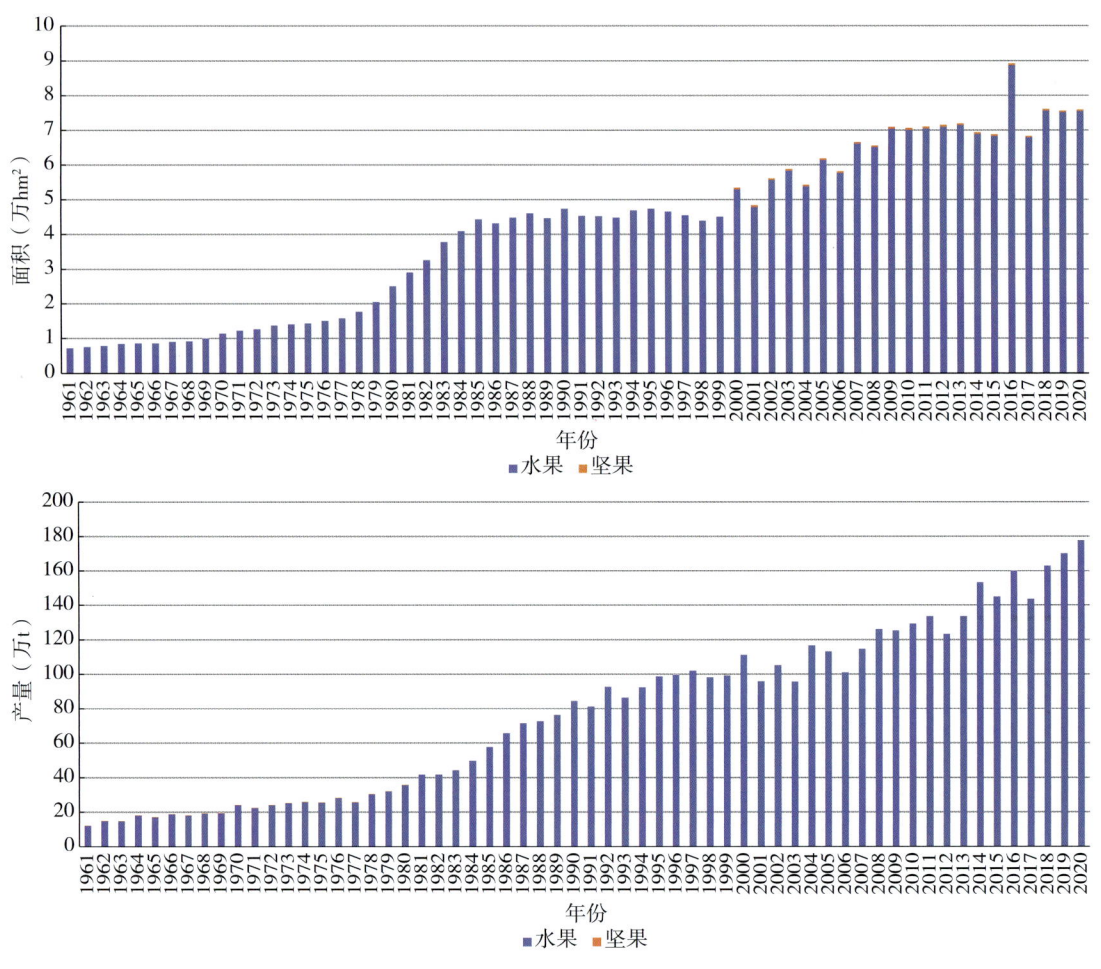

图 2-56 1961—2020 年新西兰果树面积、产量变化情况

从面积来看，新西兰排名前 3 位的果树分别是葡萄、猕猴桃、鳄梨，面积分别为 3.56 万 hm^2、1.55 万 hm^2、0.49 万 hm^2，占比分别为 53.71%、23.44%、7.35%；从产量来看，新西兰排名前 3 位的果树分别是猕猴桃、苹果、葡萄，产量分别为 62.49 万 t、56.21 万 t、45.70 万 t，占比分别为 35.10%、31.57%、25.67%。

四、贮藏与加工情况

水果是富含水分的易腐农产品，其生产受气候、季节因素影响较大，地域性强，要满足空间与时间的市场供应需求，贮藏与物流运输保鲜是必须的一环。

（一）采后商品化处理与贮运

1. 采后商品化处理

果品分等分级等商品化处理是实现果业高质量发展的必须环节，美国农业总投入的 70% 用于产后，意大利、荷兰农产品保鲜产业化率为 60%，而日本则大于 70%。商品化处理直接推动果业发展和效益提升，一方面是通过满足市场对果品质量的多元化需求、促进果品流通，实现果品市场化；另一方面是通过果品市场的等级价格信息反过来引导农业生产要素的投入和配置，提高果业生产现代化水平。采后贮藏与物流保鲜方面，果树生产发达国家基本实现了机械分级、低温贮藏、冷链运输，采后损耗大幅降低。

（1）水果采后分等分级与规范化包装是市场经济下入市交易的前提。果树生产发达国家普遍重视采后商品化处理，采后环节国外企业一般称"水果包装厂"（我国通常叫冷藏库或气调库），采后分选包装占有较大面积。采后商品化处理，是为了保持或改进水果产品质量并使其从农产品转化为商品所采取的一系列措施的总称。具体地说，就是产品通过一定质量标准转变为商品的过程。水果采后分等分级是产品变为商品的前提，是采前生产的继续，是农业再生产过程中的"二产经济"，是实现水果优质优价和产业高质高效发展的基础。果树生产发达国家均把产后分等分级、包装等商品化处理放在农业的首要位置，自20世纪70年代开始，逐步实现了水果分级的机械化、自动化和智能化。20世纪70年代开始研发应用水果机械分级机，早期的设备是通过大小各异的孔或间隙进行分级的尺寸分级机，随后又出现了通过光束进行非接触式检测果径大小的光线式分级机，分选精确度有了提高。20世纪80年代，研制开发出电子秤式重量分级机和图像式尺寸大小分级机。20世纪80年代后期，提出果实糖度、成熟度内部品质分选技术。20世纪90年代，利用光电技术和计算机图像识别技术对水果品质进行分等分级，品质检测指标由糖酸度扩展到诸如霉心、褐变、瑕疵等更广泛的范围。与之相比，我国水果采后分等分级等商品化处理尚处于初始阶段。

（2）国际组织与果树生产发达国家水果采后标准体系完善，标准规定简约实用。果品质量标准是水果品牌化的基石。果树生产发达国家对果品质量标准非常重视，一些国家在20世纪50年代就已开始水果商品化分级标准的制定，比如美国1955年就发布了《美国夏梨和秋梨分级标准》和《美国冬梨分级标准》。国际经济合作与发展组织于2009年颁布了《水果和蔬菜国际标准　梨》等质量要求和分级标准。国际标准化组织（ISO）、食品法典委员会（CAC）、联合国欧洲经济委员会（UN/ECE）、国际经济合作与发展组织（OECD）、美国等果品标准大多已形成体系。国际组织与果树生产发达国家的果品标准简洁明了，多会辅以照片进行说明或描述，某一种（类）产品往往只有 1~2 项标准，比如 EU、UN/ECE、OECD 涉及苹果和梨果品标准各 1 项，美国梨产品标准 2 项、苹果产品标准 1 项。另外，欧盟、联合国欧洲经济委员会、联合国经济合作与发展组织及美国果品分级标准均以分等分级为主要立足点，只涉及感官指标，一般不包括理化指标（如果实硬度、可溶性固形物含量和总酸含量）及卫生指标的相关内容，但企业都有自己的标准。

（3）果树生产发达国家水果采后分选均采用机械自动分级，实现了外观与内质的均一，有些水果种类实现了重量+颜色+表皮瑕疵+内部品质检测的 4.0 智能分选。水果分选涉及两大要素：一是外观品质，包括大小（直径或重量）、颜色、形状、瑕疵等；二是内在品质，包括果实成熟度、糖酸度、褐变、霉变等。自动分选是指在上料、卸料、分选、装箱、包装、码垛等整个分选过程中全面实现自动化，智能分选就是通过电子称重、图像识别、近红外光谱分析等现代化技术，将参差不齐的果实按照两大要素自由组合有序排列。智能分选设备运用了大量智能 IT 和现代快速无损检测技术，实现了果实外观和内质的分选分级，同时，还大大简化了机械结构，自动化、智能化程度显著提高，是分选技术的一次划时代革新。智能分选主要包括图像处理和近红外光谱分析两大技术。图像处理主要用于颜色、形状、瑕疵等外部品质分析判别，近红外光谱分析主要检测成熟度、糖酸度、褐变、霉变等内在品质。近年，随着亚洲市场对高质量水果的需求增加，发达国家在水果分选与包装新技术研发方面取得升级或突破，如：日本自由托盘智能分选系统，对亚洲梨等薄皮易损水果的分选基本实现了零损伤率，糖度检测精度 ±0.5°Brix；意大利的小果型分选系统，尤其是樱桃预冷与分选系统等。果树生产发达国家现代果园实现了规模化生产、标准化管理，尤其是宽行密植矮化生产，果实糖酸等内在品质基本一致，实际上只要控制采收标准，不用果实内在品质分级，也能满足多数市场消费需求。

（4）采后标准化助力水果物流国际大循环。目前世界水果生产格局正在发生变化，北半球欧美发达国家水果面积产量逐渐下降，南半球的南非、智利、新西兰、阿根廷等及亚洲的中国、东南亚国家、南亚国家水果面积产量快速上升，高端市场需求尤其是我国市场需求拉动采后分选装备的需求及装备技术水平的升级换代。水果国际贸易逐年增长，采后分选包装助力水果物流国际大循环。比如近年我国进口樱桃的快速增长，带动了智利樱桃产业的快速发展。

2. 冷藏与冷链保鲜

（1）世界冷藏与冷链发展简史。水果贮藏保鲜经历了依靠大自然冷源到环境温度可控的人工机械制冷保鲜，在人工控温（冷藏）的基础上进一步控制环境 O_2、CO_2 等气体浓度，研发出现代气调冷藏（简称 CA）技术，由静态的冷藏到动态的冷链流通，逐步实现了水果的周年供应和全球流通。人工机械制冷是世界工业化的产物，率先出现在西方发达国家。欧美一些国家冷链行业历史已有 150 余年。19 世纪中期澳大利亚发明了制冷压缩机，同世纪下半期苹果和梨人工机械冷藏库诞生，这标志着水果贮运保鲜进入了现代贮藏保鲜的时代。1928年英国在冷藏库的基础上建立了第一座苹果气调冷藏库，开创了水果气调冷藏保鲜时代。第二次世界大战之后，气调冷藏技术迅速进入应用发展阶段。20 世纪 60—70 年代欧美、日本等发达国家水果冷藏保鲜深入水果企业、生产流通和家庭生活。目前，多种水果如苹果、西洋梨、猕猴桃等的中长期贮藏主要采用气调贮藏。如今，欧美、日本等发达国家冷链行业全球领先，完善的冷链物流体系加之先进的冷链技术应用，使得欧美、日本等发达国家冷链行业的每个环节都能得到精准控制。

（2）世界冷藏与冷链物流现状。果树生产发达国家都把产后贮藏与物流保鲜放在果业的首要位置，冷链物流意识强。发达国家已经建立了"从田间到餐桌"的一体化冷链物流体系，不仅确保了果品质量，而且提高了果业效益。冷库和冷藏车是冷链物流的基础和核心，冷库总容量、人均冷藏仓储容量和冷藏车拥有量基本代表了一个国家冷链发展水平。根据全球冷链联盟（GCCA）《2020 年全球冷库容量报告》，2020 年全球冷藏仓库的总容量为 7.19 亿 m^3，比 2018 年增加了 16.7%。其中美国为 1.56 亿 m^3，其次是印度 1.5 亿 m^3，中国 1.31 亿 m^3（《我国"十四五"冷链物流发展规划》中冷库库容近 1.8 亿 m^3）。加拿大、美国、巴西和荷兰的平均仓库规模均超过 10 万 m^3。2020 年世界各国人均冷藏仓储容量从不足 0.1 m^3 到 0.9 m^3 不等，平均为 0.15 m³。2018 年，荷兰人均冷藏仓储容量为 0.96 m³，美国为 0.49 m³、德国为 0.40 m³、日本为 0.32 m³，中国为 0.13 m³。发展中国家的市场需求、中产阶级和高收入消费群体支撑了对冷藏和冷冻食品的需求，最终推动了冷藏仓储服务业的发展。

据国际冷藏仓库协会（IARW）2020 年统计，全球最大的 25 家冷藏仓储和物流企业（依据企业温度控制空间的总容量排名）占世界总容量的 20%，主要分布在欧洲、美国、日本等一些发达国家，以及墨西哥、中国、巴西等发展中国家。全球冷链物流企业前六名为：Lineage Logistics 5 066.2 万 m³、Americold Logistics 3 142.7 万 m³、United States Cold Storage 1 059.0 万 m³、AGRO Merchants Group，LLC 685.5 万 m³、NewCold Advanced Cold Logistics 551.0 万 m³、日本 Nichirei 518.6 万 m³。我国万纬冷链物流（VX Cold Chain Logistics）作为唯一上榜的中国企业，以 274.7 万 m³ 的冷库总容量位居榜单第 11 位。

冷链物流是利用控温、控气、控湿等保鲜技术工艺和冷库、冷藏车、冷藏箱等设施设备，确保冷链产品在初加工、贮存、运输、流通、销售、配送等全过程始终处于规定温度环境下的专业物流。据统计，2018 年美国冷藏车保有量约 58 万辆、日本约 25 万辆，中国约 22 万辆，千人保有量美国 1.76 辆、日本 2 辆、中国 0.15 辆。2020 年我国冷藏车保有量 28.7 万辆，与发达国家的差距在不断缩小。从冷链流通率来看，发达国家的农产品冷链流通率为 70% 左右，易腐食品综合冷链流通率在 85% 以上，美国、日本等发达国家水果冷链流通率在 95% 以上。20 世纪 60 年代的经济发展和 1990 年前后对生鲜农产品需求提升，带来了日本两次冷链市场需求爆发，大幅推进了日本鲜活农产品冷链的建设。如今，日本果蔬冷链流通率达 98%，果蔬损失率控制在 5% 以下。美国的水果低温物流更为典型，产品从田间收获到消费者的冰箱一直处于低温状态，水果采后贮运环节的损耗率小于 2%。据商务部统计，我国果蔬冷链流通率不到 20%，与发达国家相比仍有较大的成长空间。

（3）冷链助力全球果品大流通大循环。近年来，世界各国对高端水果的需求在不断增长。冷链运输体系、保鲜新技术及包装水平的完善与提升，促进了果业高质量发展，实现了全球果品大流通大循环。世界果品贸易无论是数量还是品类大幅提升。近 60 年来全球主要水果出口量呈不断上升状态，尤其是不耐贮运的核果类、浆果类及热带亚热带水果，国际贸易量快速增长。据统计，世界主要水果 2011—2020 年出口量较 2001—2010 年增长了 36%。

（二）果品加工

1. 世界主要加工水果

在世界范围内主要用于加工的水果有柑橘类、苹果、葡萄、菠萝、桃和梨等，用于加工的量约占其总产量的 11%。加工产品有罐头、果汁、果酒、果醋、果干、果脯、鲜切水果、冷冻水果和功能成分提取产品等。

（1）柑橘类水果。柑橘类水果产量居水果第 2 位，2019/2020 年甜橙、宽皮柑橘、柠檬和葡萄柚全球加工量分别为 1 694 万 t、140.3 万 t、239 万 t、50 万 t，合计 2 123.3 万 t（表 2-2），占柑橘类水果总产量的 13%。柑橘类水果主要加工种类有罐头、果汁等。巴西的加工量最大，美国次之，巴西大约有 80% 的甜橙用于加工，生产冷冻浓缩橙汁占世界总产量的 50%。

表 2-2　2019/2020 年世界柑橘加工概况

甜橙		柠檬		葡萄柚		宽皮柑橘	
国家和地区、国际组织	加工量（万 t）	国家和地区、国际组织	加工量（万 t）	国家和地区、国际组织	加工量（万 t）	国家和地区、国际组织	加工量（万 t）
巴西	1 015.9	阿根廷	106.6	美国	21.5	中国	62.0
美国	302.4	墨西哥	50.7	墨西哥	9.5	欧盟	23.0
墨西哥	90.0	欧盟	23.2	南非	9.5	美国	19.8
欧盟	105.2	美国	30.8	以色列	7.8	阿根廷	7.7
中国	40.0	南非	17.8	欧盟	1.4	韩国	7.7
埃及	33.5	土耳其	5.0	其他	0.3	日本	8.0
南非	28.2	日本	4.0			南非	7.7
阿根廷	19.4	其他	0.9			其他	4.4
澳大利亚	20.5						
哥斯达黎加	21.5						
其他	17.4						

注：数据来源于美国农业部海外农业服务局。

（2）苹果。2019/2020 年全球苹果加工量为 851.7 万 t，约占苹果总产量的 10%，按从高到低排序分别为欧盟 360.1 万 t、中国 200 万 t、美国 136.1 万 t、俄罗斯 46 万 t、智利 25.6 万 t、南非 13 万 t、加拿大 16.4 万 t、其他国家 54.5 万 t（韩振海，2022）。苹果加工主要产品有果汁、果酒、果酱、脆片和罐头等，其中苹果汁是主要的加工产品，加工量为 337 万 t，约占世界苹果加工总量的 40%。在欧洲苹果酒消费量仅次于葡萄酒，其中爱尔兰、英国、芬兰、法国都是苹果酒消费大国。世界每年还有 120 万～150 万 t 的苹果用于生产果酱、脆片和罐头，其中欧美、大洋洲等发达国家以果酱为主，亚洲以消费苹果罐头和脆片为主。

（3）葡萄。全球加工用葡萄约占葡萄总产量的 2/3，主要加工产品为葡萄酒和葡萄干。2019/2020 年全球葡萄酒产量为 2 600 万 t，消费量为 2 340 万 t。根据葡萄与葡萄酒组织（OIV）公布的数据，2019—2020 年受天气影响，葡萄酒产量低于近 10 年的平均值（268.4 亿 L）。欧洲仍然是世界最大的葡萄酒生产区域，法国、意大利、西班牙 3 个国家葡萄酒总产量接近全球葡萄酒产量的一半。2020 年 OIV 公布了全球葡萄酒产量位居前几位的国家：意大利（49.1 亿 L）、法国（46.6 亿 L）、西班牙（40.7 亿 L）、美国（22.8 亿 L），阿根廷、澳大利亚、南非和智利四国产量超过 10 亿 L，德国 8.4 亿 L，中国 6.6 亿 L。2019/2020 年全球葡萄干产量为 125.3 万 t，主要集中在土耳其、美国、中国、伊朗、南非、乌兹别克斯坦、智利、阿根廷等国家和地区。

（4）菠萝。2019/2020 年世界菠萝加工量约为 278 万 t，占菠萝总产量的 10% 左右。全球菠萝的主要加工产品为菠萝罐头、菠萝汁、菠萝干和冷冻菠萝。其中菠萝罐头 78.1 万 t，菠萝汁 64.8 万 t。菠萝加工主要集中在泰国、菲律宾、印度尼西亚、越南、巴西、南非、美国和中国等。

（5）桃。2018/2019 年全球加工桃 360.1 万 t，其中中国 220 万 t、欧盟 71.1 万 t、美国

32.1万t。桃加工产品有罐头、桃汁、桃脯、桃酱、桃干、桃酒、桃醋等。

（6）梨。2019/2020年全球加工用梨为253.5万t，约占全球梨总产量的11%，其中，中国160万t、欧盟25万t、美国23万t、阿根廷19万t、南非12.7万t、俄罗斯7万t、智利4.4万t、土耳其1万t、韩国0.6万t、墨西哥0.4万t、其他国家0.3万t。主要加工产品有梨罐头、梨汁、梨膏、梨酒、梨醋、梨干、梨脯等。

综上所述，世界水果产量前10位的水果中，除了香蕉、西瓜和芒果外，其他水果加工产品均在国际贸易中占有重要地位。香蕉、西瓜和芒果主要用于鲜食，全年都有鲜果供应，鲜果贸易要好于加工产品，所以加工产品相对较少，但香蕉、西瓜和芒果的鲜果采后损耗量高达30%，近几年一些国家也开始生产果片、果粉和原果酱等产品，但出口占比很少。另外，随着全球粮食供应短缺，水果种植面积有可能减少，因此水果加工产品也可能减少。

2. 水果加工产品现状及贸易

（1）水果罐头。罐头是水果主要加工和贸易产品，水果罐头品类主要有柑橘、桃、梨、苹果、杏、菠萝、樱桃、荔枝、龙眼、草莓等。根据联合国商品贸易数据库（表2-3）统计，世界各国水果罐头出口贸易中，桃罐头数量居第一，其次是柑橘罐头、梨罐头、樱桃罐头和菠萝罐头，进口量最大的是菠萝罐头，其次是桃罐头、柑橘罐头、梨罐头和樱桃罐头。从进出口贸易情况看出，菠萝罐头出口量最少，而进口量最大，说明各国对菠萝罐头的需求比较大。阿根廷、巴西、智利、中国、美国、西班牙、荷兰、希腊、南非、德国、法国、泰国、墨西哥等国是世界水果罐头生产和进出口大国；2020年美国桃罐头、柑橘罐头、梨罐头、菠萝罐头进口量均最高。

表2-3　2020年世界主要水果罐头进出口情况

品种	出口量（万t）	出口额（亿美元）	进口量（万t）	进口额（亿美元）
柑橘罐头	4.9	7.2	52.3	7.9
梨罐头	13.3	1.6	14.4	1.8
桃罐头	70.1	7.8	62.2	7.8
菠萝罐头	3.4	4.2	78.1	10.8
樱桃罐头	11.9	2.7	12.0	2.8

注：数据来源于联合国商品贸易数据库（UN Comtrade）。

（2）果汁。果汁贸易主要集中在美国、巴西、波兰、德国、法国、英国、西班牙、智利、新西兰、意大利、加拿大、中国和日本等国。果汁种类有苹果汁、橙汁、菠萝汁、葡萄汁、西番莲汁、芒果汁、柠檬汁、梨汁、葡萄柚汁和番石榴汁等。橙汁的贸易量最高，其次是苹果汁（表2-4）。橙汁主要进口市场是美国和欧盟，浓缩苹果汁的主要出口国是中国和波兰，主要进口国是美国、德国等（单杨，2016）。近几年随着加工技术的快速发展，非热杀菌技术得到广泛应用，其中100%果汁产品受到世界各国人民的喜爱，在国际贸易中浓缩果汁的进出口贸易逐渐萎缩，鲜果汁贸易不断增加。

表2-4 2020年世界主要果汁进出口情况

品种	出口量（万t）	出口额（亿美元）	进口量（万t）	进口额（亿美元）
橙汁（冷冻橙汁、非浓缩冷冻橙汁、其他橙汁）	417.0	37.3	423.9	43.8
苹果汁（非浓缩苹果汁、其他苹果汁）	218.8	20.6	337.0	21.3
菠萝汁（非浓缩菠萝汁、其他菠萝汁）	64.0	6.1	64.8	5.7
柠檬汁（非浓缩柠檬汁、其他柠檬汁）	52.9	8.9	72.5	9.9
葡萄汁（非浓缩葡萄汁、其他葡萄汁）	64.2	6.9	72.2	7.2
葡萄柚（包括柚）汁（非浓缩葡萄柚和柚汁、其他葡萄柚和柚汁）	15.7	2.4	16.9	2.3

注：数据来源于联合国商品贸易数据库（UN Comtrade）。

（3）果酒。果酒贸易种类有葡萄酒、苹果酒、梨酒、蓝莓酒、李子酒、梅子酒等（表2-5）。葡萄酒依然是世界果酒的龙头，2020年葡萄酒的出口贸易额占到果酒总出口量的89%，金额占95%。葡萄酒进口贸易数量占到果酒进口总量的89%，进口额占95%。

表2-5 2020年世界果酒进出口贸易情况

品种	出口量（亿L）	出口额（亿美元）	进口量（亿L）	进口额（亿美元）
葡萄酒	103.0	339.5	95.8	346.5
苹果酒、梨酒及蜂蜜酒	12.2	18.0	12.0	17.1
合计	115.2	357.5	107.8	363.6

注：数据来源于联合国商品贸易数据库（UN Comtrade）。

2018年西欧苹果酒、梨酒和蜂蜜酒的市场销售额为1 387万美元，进口量较大的国家有丹麦、比利时和芬兰等；东欧苹果酒、梨酒和蜂蜜酒的产业收益为29.2亿美元，主要生产苹果酒和梨酒的国家有俄罗斯、立陶宛、摩尔多瓦等，主要出口比利时、丹麦、芬兰等国；美国是北美地区主要果酒生产国和消费国，苹果酒、梨酒和蜂蜜酒产业收益达到7.7亿美元；加拿大苹果酒、梨酒和蜂蜜酒产业收益为2.1亿美元；拉丁美洲生产果酒的国家有墨西哥、巴西、秘鲁、智利等国，巴西苹果酒、梨酒和蜂蜜酒产业收益为6.8亿美元；中东和非洲生产果酒的国家有南非、埃及、尼日利亚、坦桑尼亚等国，埃及是该区域最大的苹果酒和梨酒交易市场；亚太地区生产果酒的国家有中国、日本、新西兰和澳大利亚等国，苹果酒、梨酒和蜂蜜酒业务收入达316.8亿美元（李华，2018）。

（4）水果脱水干制品。全球生产水果脱水干制品有葡萄干、苹果干、梨干、梅干、杏干、椰子干等，其中生产和贸易量最大的是葡萄干。近10年来世界葡萄干产量基本稳定在120万t以上（亓桂梅，2018）。葡萄干生产国有土耳其、美国、中国、伊朗、印度、南非、智利、阿根廷以及澳大利亚等国。欧盟是世界第一大消费市场，其次是美国和中国，土耳其是世界第一大葡萄干出口国，其次是伊朗和美国。中国是世界最大的葡萄干进口国。2020年全球水果干进出口贸易中葡萄干的贸易量最大，其次是其他水果干（草莓干、龙眼干、红枣干、蓝莓干、荔枝干、榴莲干、芒果干、蔓越莓干等）（表2-6）。近几年随着真空冷冻干燥技术的应用，一些浆果类冻干水果干营养丰富、风味好，很受人们欢迎。

表 2-6　2020 世界主要水果干制品进出口贸易情况

品种	出口量（万 t）	出口额（亿美元）	进口量（万 t）	进口额（亿美元）
葡萄干	70.0	14.3	77.9	16.2
苹果干	5.1	1.3	8.5	1.9
杏干	19.7	5.0	17.2	4.7
梅干和李子干	14.8	3.5	12.2	3.5
其他水果干	46.6	10.6	31.7	8.7

注：数据来源于联合国商品贸易数据库（UN Comtrade）。

（5）鲜切水果。鲜切果蔬 20 世纪 50 年代起源于美国，最初以马铃薯为原料，主要供应快餐业，2011—2015 年，美国鲜切水果的年增长率为 8%，2015 年鲜切果蔬产品的年销售额达 76 亿美元（Cook，2016）。20 世纪 80—90 年代，鲜切水果在日本和欧洲迅速发展。2008 年，欧洲果蔬市场中鲜切果蔬的销售额约为 34 亿欧元（Rabobank，2009）。日本和韩国的鲜切食品在 2005 年和 2006 年的销售额分别约为 26 亿、11 亿美元，鲜切水果的消费量一直在快速增长。尽管鲜切果蔬给人们带来快捷、方便、营养等诸多好处，但食品安全是阻碍鲜切果蔬发展的重要瓶颈问题。据美国 CDC 数据报告，1996—2006 年，仅在美国就有 72 例与新鲜果蔬消费相关的食源性疾病暴发，这些事件中有 25% 与食用鲜切沙拉有关。世界各国出台了相关标准和法律。根据美国、法国等生产鲜切产品的有关法律，新鲜包装的产品加工后必须立即贮于 4℃ 下，在配送到消费者手中之前，一直保持在 0～4℃（吴际洋，2015）。随着对鲜切水果研究的不断深入，通过物理方法、化学方法、生物方法以及完整的加工链及严格的行业标准，可以避免鲜切水果安全问题。

随着劳动力成本的不断上升，水果罐头等劳动密集型企业逐渐向发展中国家转移。如美国水果罐头企业 1972 年有 17 家，2018 年仅剩 2 家（中国罐头协会，2018 世界水果大会）。果汁、果酒和功能性食品的加工大型企业，由于机械化、自动化程度高，发达国家市场占有率较高。除了上述水果加工产品外，其他加工产品还有很多，如果酱、冷冻水果、水果脆片、干坚果、果粉固体饮料、水果功能提取物、水果功能饮料、水果蒸馏酒等，这些食品都是人们日常餐饮必不可少的调味品和休闲食品。随着经济的快速发展，水果加工产品种类也在不断更新，不管食品怎么发展，人们对食品的营养、安全、品质和快捷程度是尤为看重的。

第二节　贸易状况与动态

依据联合国国际贸易分类标准（HS），编码 08 为食用水果及坚果，柑橘属水果或甜瓜的果皮。界定范围编码为 0801～0814（大类），其代表含义如下表所示。世界进出口的小类干鲜水果及坚果有 70 多种（项），具体到树种有 30 多个，包括柑橘类水果、栗、扁桃、杏、葡萄、鲜西瓜、菠萝、苹果、香（大）蕉、鲜梨、鳄梨、芒果、山竹、番石榴、鲜甜瓜、鲜桃、鲜猕猴桃、腰果、鲜草莓、核桃、椰枣、鲜李、甜樱桃、鲜蓝莓、鲜柿、开心果、鲜番木瓜、榛子、鲜榴莲、无花果、夏威夷果、酸樱桃、巴西果、鲜槟榔、醋栗等（表 2-7）。本节食用水果及坚果也包含鲜或干的椰子。

表 2-7　国际贸易分类标准 0801～0814 编码代表含义

编码	代表含义
0801	鲜或干的椰子、巴西果及腰果，不论是否去壳或去皮
0802	鲜或干的其他坚果，不论是否去壳或去皮
0803	鲜或干的香蕉，包括大蕉
0804	鲜或干的椰枣、无花果、菠萝、鳄梨、番石榴、芒果及山竹果
0805	鲜或干的柑橘属水果
0806	鲜或干的葡萄
0807	鲜的甜瓜（包括西瓜）及番木瓜
0808	鲜的苹果、梨及榅桲
0809	鲜的杏、樱桃、桃（包括油桃）、李及黑刺李
0810	其他鲜果
0811	冷冻水果及坚果，不论是否蒸煮、加糖或其他甜物质
0812	暂时保藏（例如，使用二氧化硫气体、盐水、亚硫酸水或其他防腐液）的水果及坚果
0813	0801～0806 以外的干果；本章的什锦坚果或干果
0814	柑橘属水果或甜瓜（包括西瓜）的果皮，鲜、冻、干或用盐水、亚硫酸水或其他防腐液暂时保藏的

一、贸易状况、动态与趋势

（一）进出口水果总体趋势

根据联合国商品贸易数据库（UN Comtrade）数据统计得出，20 世纪 80 年代以前，世界水果及坚果贸易发展水平较低，年进、出口量均不足 2 000 万 t；随着世界经济的快速发展，20 世纪 90 年代以后世界水果及坚果进、出口量迅速提高，2014 年增长到 8 000 万 t 以上；近几年发展较稳定，2020 年受全球新冠肺炎疫情影响稍有下降。近 30 年来，世界水果及坚果进、出口额始终保持增长趋势（图 2-57）。

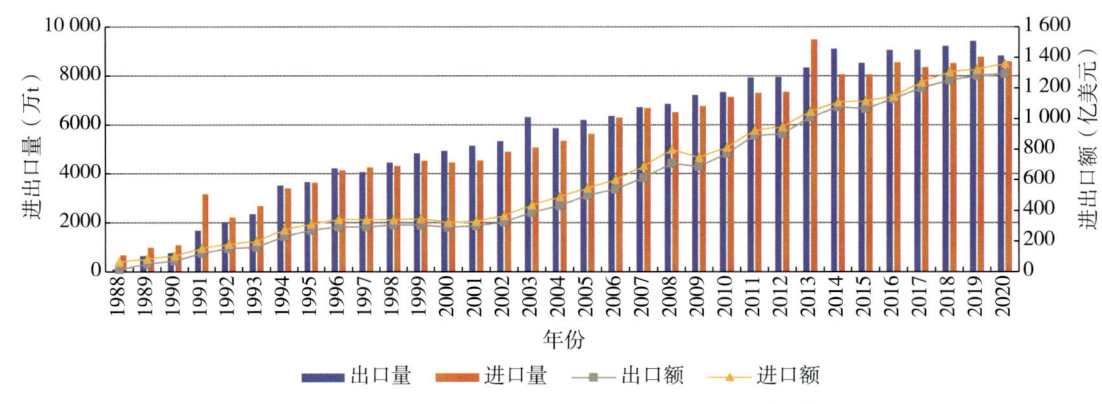

图 2-57　1988—2020 年世界水果及坚果贸易情况

注：本节数据查询截至日期为 2022 年 2 月，由于近年数据会不时更新，统计结果与实际可能稍有差异。下同。

近30年来，随着世界果树产量的逐年提高，水果及坚果贸易量迅速攀升，且用于国际贸易的比率也在不断上升，近几年稳定在10%左右（图2-58）。

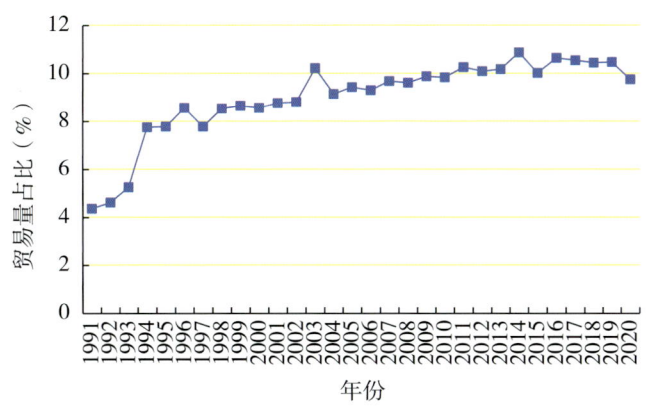

图2-58　1991—2020年世界水果及坚果贸易量占总产量的比率

依据联合国国际贸易分类标准（HS），用于出口贸易的果汁包括柑橘属果汁（橙汁、葡萄柚汁、柠檬汁及其他）、菠萝汁、葡萄汁、苹果汁、蔓越橘汁、芒果汁、西番莲汁、番石榴汁、梨汁等。20世纪80年代以前，世界果汁年进、出口量均不足200万t。随着世界经济的快速发展，20世纪90年代以后进、出口量迅速提高，2011年增长到1 200万t以上，近几年发展较稳定。进、出口额的变化随着进、出口量的变化而改变，但个别年份随着市场行情而变化，近10余年出口额在150亿美元左右，进口额在250亿美元以上（图2-59）。

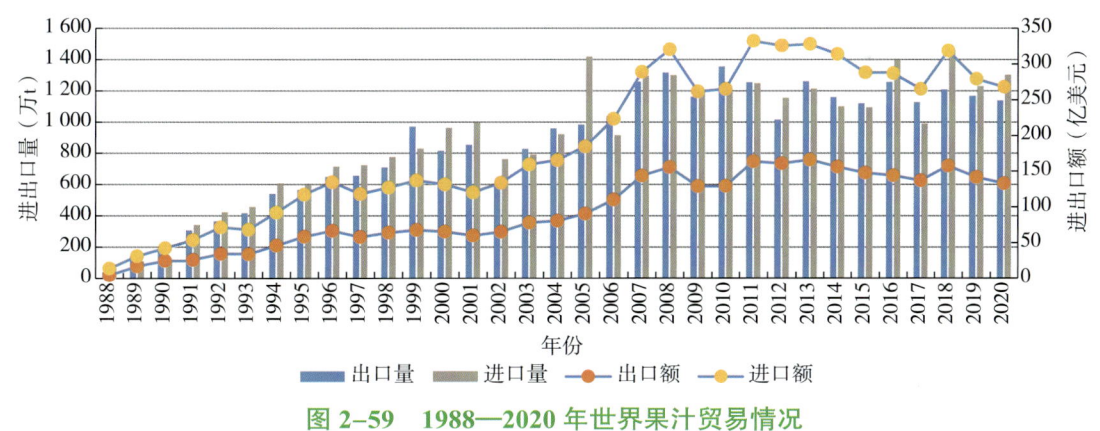

图2-59　1988—2020年世界果汁贸易情况

（二）2020年世界主要水果及坚果贸易分析

1. 水果及坚果贸易量

2020年世界上有15种干鲜水果及坚果出口量超过100万t，3种水果及坚果出口额超过100亿美元。出口量超过100万t的水果及坚果分别为香（大）蕉2 491.67万t、柑橘类水果1 648.67万t、苹果781.70万t、葡萄540.58万t、西瓜373.56万t、菠萝332.97万t、梨 268.43 万 t、鳄梨 257.20 万 t、芒果 233.06 万 t、甜瓜 192.44 万 t、椰子干 186.37 万 t、桃 171.85 万 t、腰果 142.83 万 t、猕猴桃 142.34 万 t、扁桃 134.38 万 t，占比分别为 26.84%、17.76%、8.42%、5.82%、4.02%、3.59%、2.89%、2.77%、2.51%、2.07%、2.01%、1.85%、1.54%、1.53%、1.45%（图 2-60）。

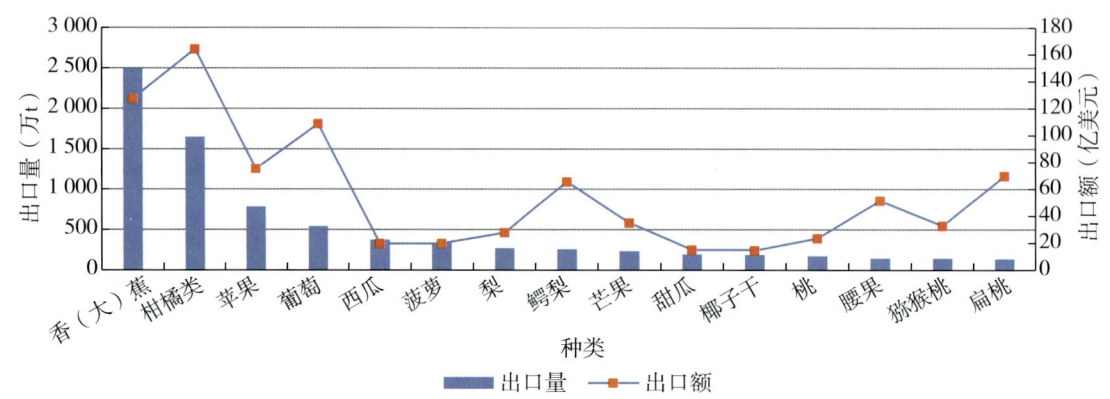

图 2-60　2020 年世界主要水果及坚果出口情况

鲜食水果属于易损耗品，有些产品加工后再出口，因此进口量一般稍低于出口量。2020 年世界干鲜水果及坚果进口量超过 100 万 t 的种类如图 2-61 所示。

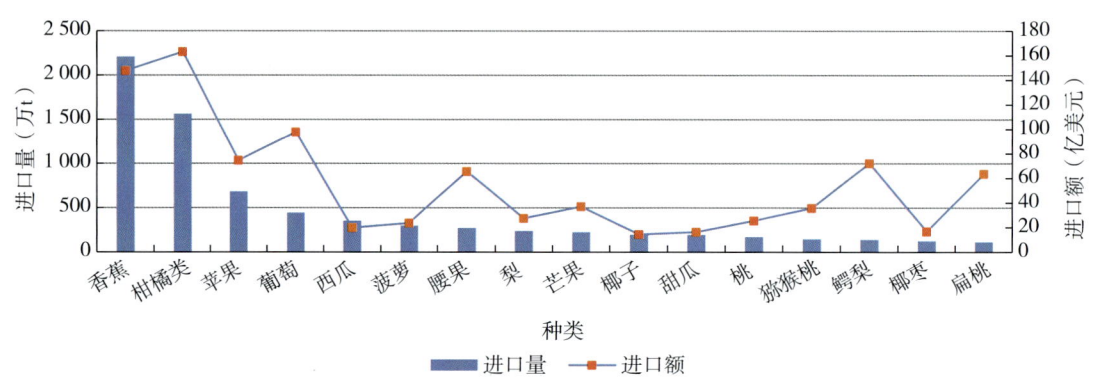

图 2-61　2020 年世界主要水果及坚果进口情况

2. 主要水果及坚果贸易情况

（1）香（大）蕉。香（大）蕉既是世界第一大水果，也是贸易量最大的水果，1992—2020 年进出口量、进出口额整体呈增长趋势。近几年进出口量保持在 2 000 万 t 以上，2013 年以后进口额均在 140 亿美元以上（图 2-62）。

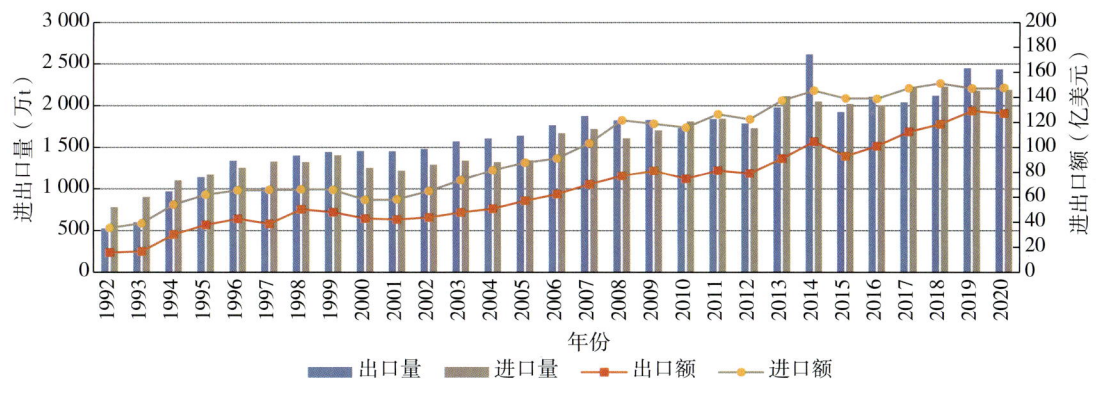

图 2-62 1992—2020 年世界香（大）蕉进出口贸易情况

2020 年香（大）蕉进出口量高居所有水果及坚果之首，南美洲的厄瓜多尔出口最多，出口量 726.51 万 t，出口额也最高，达 36.82 亿美元；美国进口最多，进口量 507.73 万 t，进口额也最高，达 28.00 亿美元（表 2-8）。中国出口量极少，进口量为 174.74 万 t，仅次于美国，进口额 9.33 亿美元。

表 2-8 2020 年不同国家和地区香（大）蕉进出口情况（前 10 位）

出口						进口					
国家和地区	出口量（万t）	占比（%）	国家和地区	出口额（亿美元）	占比（%）	国家和地区	进口量（万t）	占比（%）	国家和地区	进口额（亿美元）	占比（%）
厄瓜多尔	726.51	29.80	厄瓜多尔	36.82	28.98	美国	507.73	23.25	美国	28.00	19.06
菲律宾	290.83	11.93	菲律宾	16.08	12.66	中国	174.74	8.00	俄罗斯	11.17	7.60
危地马拉	284.46	11.67	哥斯达黎加	10.83	8.52	俄罗斯	151.57	6.94	德国	10.51	7.15
哥斯达黎加	262.81	10.78	哥伦比亚	9.90	7.79	德国	135.54	6.21	日本	9.88	6.73
哥伦比亚	217.50	8.92	危地马拉	9.56	7.52	日本	106.87	4.89	中国	9.33	6.35
荷兰	81.59	3.35	荷兰	7.43	5.85	荷兰	103.83	4.75	荷兰	9.24	6.29
老挝	78.90	3.24	美国	4.49	3.53	英国	103.54	4.74	英国	7.28	4.95
美国	61.83	2.54	缅甸	3.67	2.89	意大利	82.12	3.76	法国	6.20	4.22
缅甸	35.83	1.47	墨西哥	2.65	2.08	法国	73.42	3.36	意大利	5.41	3.68
德国	30.58	1.25	德国	2.55	2.00	加拿大	61.75	2.83	加拿大	4.37	2.97

（2）柑橘类水果。1992—2020 年世界柑橘类水果进出口量、进出口额整体呈增长趋势，近几年进出口量虽稍有下降，但进出口额呈增长趋势（图 2-63）。

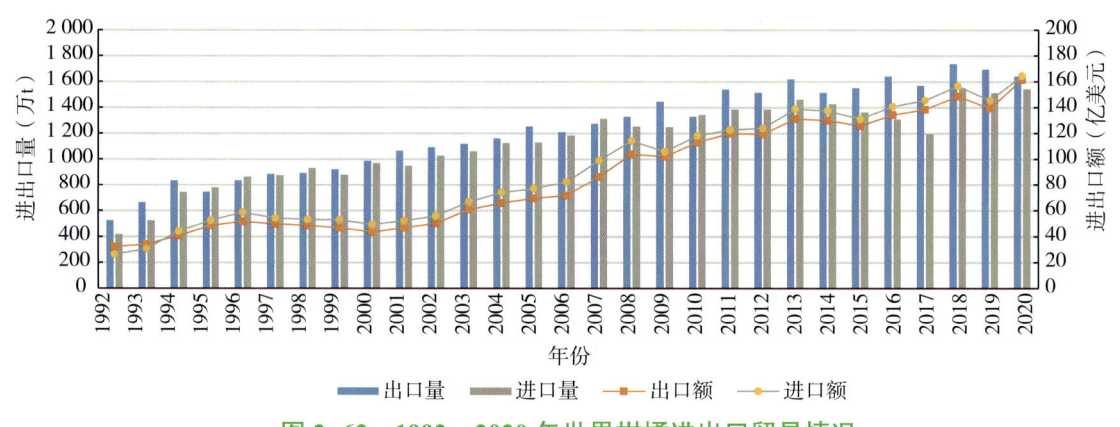

图 2-63 1992—2020 年世界柑橘进出口贸易情况

2020年西班牙柑橘出口最多，出口量305.81万t，出口额也最高，达41.91亿美元；俄罗斯进口最多，进口量166.82万t，德国进口额最高，达15.67亿美元（表2-9）。中国进口量43.12万t，进口额4.92亿美元；出口量104.53万t，出口额达15.78亿美元。

表 2-9 2020 年不同国家和地区柑橘进出口情况（前 10 位）

出口						进口					
国家和地区	出口量（万t）	占比（%）	国家和地区	出口额（亿美元）	占比（%）	国家和地区	进口量（万t）	占比（%）	国家和地区	进口额（亿美元）	占比（%）
西班牙	305.81	18.64	西班牙	41.91	25.93	俄罗斯	166.82	10.80	德国	15.67	9.54
南非	235.76	14.37	南非	17.12	10.59	美国	146.88	9.51	美国	15.52	9.45
土耳其	181.15	11.04	中国	15.78	9.76	德国	121.11	7.84	法国	13.56	8.26
中国	104.53	6.37	荷兰	9.97	6.17	荷兰	115.89	7.50	俄罗斯	12.50	7.61
埃及	94.87	5.78	土耳其	9.41	5.82	法国	108.05	7.00	荷兰	11.67	7.10
荷兰	74.42	4.54	美国	9.32	5.77	英国	79.02	5.12	英国	8.97	5.46
美国	74.28	4.53	埃及	8.02	4.96	沙特阿拉伯	68.74	4.45	加拿大	6.11	3.72
摩洛哥	57.69	3.52	墨西哥	5.55	3.44	加拿大	50.81	3.29	波兰	5.18	3.15
巴基斯坦	53.60	3.27	摩洛哥	5.25	3.25	波兰	50.62	3.28	中国	4.92	2.99
墨西哥	48.27	2.94	智利	4.23	2.62	意大利	46.46	3.01	意大利	4.80	2.92

（3）苹果。1992—2015年世界干鲜苹果进出口量呈增长趋势，2015年以后呈下降趋势；进出口额基本随着进出口量的变化而变化，2013年以后呈下降趋势（图2-64）。

图 2-64 1992—2020 年世界干鲜苹果进出口贸易情况

2020 年中国苹果出口最多，出口量 105.81 万 t，出口额也最高，达 14.51 亿美元；德国进口最多，进口量 66.64 万 t，进口额也最高，达 6.94 亿美元（表 2-10）。中国进口量 7.58 万 t，进口额 1.39 亿美元。

表 2-10　2020 年不同国家和地区苹果进出口情况（前 10 位）

出口						进口					
国家和地区	出口量（万 t）	占比（%）	国家和地区	出口额（亿美元）	占比（%）	国家和地区	进口量（万 t）	占比（%）	国家和地区	进口额（亿美元）	占比（%）
中国	105.81	13.78	中国	14.51	19.84	德国	66.64	9.49	德国	6.94	9.33
意大利	93.90	12.22	意大利	9.74	13.19	俄罗斯	64.26	9.15	俄罗斯	4.81	6.46
美国	80.93	10.53	美国	8.64	11.71	英国	35.56	5.06	英国	4.56	6.13
智利	66.43	8.60	智利	6.15	8.06	埃及	27.19	3.87	印度尼西亚	3.26	4.38
波兰	66.13	8.56	新西兰	5.89	8.05	荷兰	22.87	3.26	埃及	3.09	4.15
南非	50.88	6.62	法国	4.81	6.57	菲律宾	22.12	3.15	泰国	2.59	3.48
法国	40.79	5.31	南非	4.12	5.61	印度	21.56	3.07	墨西哥	2.53	3.40
新西兰	40.12	5.23	波兰	3.51	4.66	西班牙	21.02	2.99	菲律宾	2.52	3.38
土耳其	21.65	2.75	荷兰	2.54	3.43	加拿大	20.00	2.85	荷兰	2.44	3.27
荷兰	19.51	2.53	塞尔维亚	1.25	1.72	沙特阿拉伯	18.89	2.69	美国	2.18	2.93

（4）葡萄。1992—2020 年世界葡萄进出口量整体呈增长趋势，近 10 年波动不大；进出口额基本随着进出口量的变化而变化（图 2-65）。

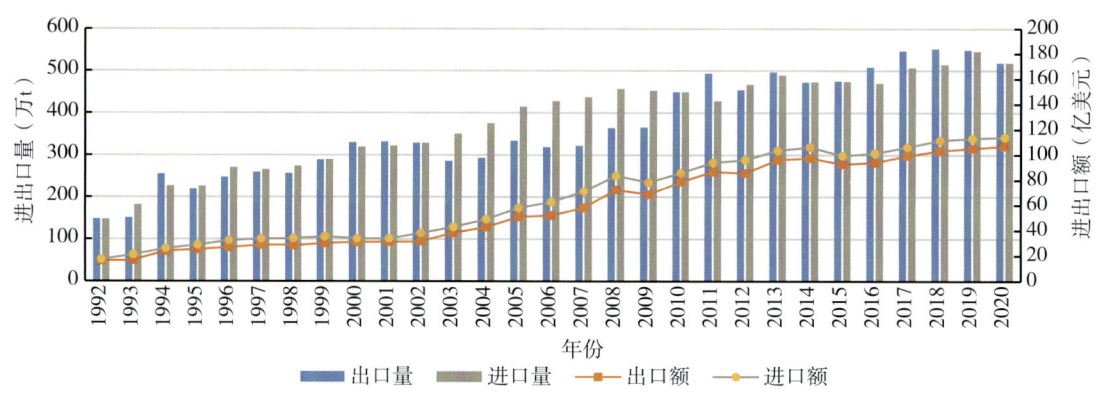

图 2-65　1992—2020 年世界葡萄进出口贸易情况

2020 年智利葡萄出口最多,出口量 66.16 万 t,出口额中国最高,达 12.67 亿美元;美国进口最多,进口量 67.91 万 t,进口额也最高,达 19.18 亿美元(表 2-11)。中国出口量 45.63 万 t,进口量 27.28 万 t,进口额 6.76 亿美元。

表 2-11　2020 年不同国家和地区葡萄进出口情况(前 10 位)

出口						进口					
国家和地区	出口量(万t)	占比(%)	国家和地区	出口额(亿美元)	占比(%)	国家和地区	进口量(万t)	占比(%)	国家和地区	进口额(亿美元)	占比(%)
智利	66.16	12.76	中国	12.67	11.85	美国	67.91	13.14	美国	19.18	16.90
土耳其	47.13	9.09	智利	11.52	10.77	德国	42.86	8.29	德国	9.73	8.57
中国	45.63	8.80	美国	10.49	9.81	英国	37.58	7.27	荷兰	9.08	7.99
意大利	45.61	8.80	秘鲁	9.92	9.27	荷兰	37.19	7.20	英国	8.97	7.90
美国	43.46	8.38	意大利	8.35	7.80	俄罗斯	33.22	6.43	中国	6.76	5.96
秘鲁	41.62	8.03	荷兰	8.31	7.77	中国	27.28	5.28	中国香港	5.52	4.86
南非	38.99	7.52	土耳其	6.72	6.28	中国香港	24.18	4.68	加拿大	5.12	4.51
荷兰	31.18	6.01	南非	6.47	6.05	加拿大	21.24	4.11	俄罗斯	3.82	3.36
中国香港	20.83	4.02	西班牙	4.76	4.45	法国	15.79	3.06	法国	2.80	2.47
印度	20.49	3.95	澳大利亚	4.48		泰国	14.37	2.78	印度尼西亚	2.78	2.45

(5)西瓜。1996—2017 年世界西瓜进出口量整体呈增长趋势,2018—2020 年略有下降,进出口量稳定在 350 万 t 以上,进出口额 18 亿美元以上(图 2-66)。

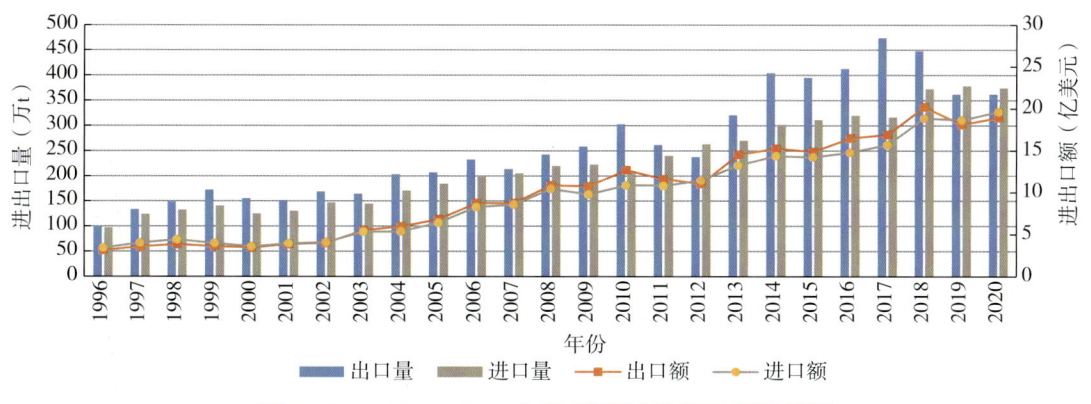

图 2-66　1996—2020 年世界西瓜进出口贸易情况

2020 年西班牙西瓜出口最多，出口量 83.96 万 t，出口额也最高，达 5.08 亿美元；美国进口最多，进口量 75.21 万 t，进口额也最高，达 3.79 亿美元（表 2-12）。中国出口量 4.49 万 t，出口额 0.36 亿美元；进口量 9.74 万 t，进口额 0.16 亿美元。

表 2-12　2020 年不同国家和地区西瓜进出口情况（前 10 位）

出口						进口					
国家和地区	出口量（万 t）	占比（%）	国家和地区	出口额（亿美元）	占比（%）	国家和地区	进口量（万 t）	占比（%）	国家和地区	进口额（亿美元）	占比（%）
西班牙	83.96	23.15	西班牙	5.08	26.79	美国	75.21	20.06	美国	3.79	19.28
墨西哥	58.62	16.16	墨西哥	3.20	16.89	德国	51.32	13.69	德国	3.41	17.35
意大利	30.66	8.45	摩洛哥	1.63	8.57	法国	23.98	6.39	法国	1.72	8.73
摩洛哥	24.53	6.76	意大利	1.28	6.77	加拿大	23.28	6.21	加拿大	1.23	6.23
美国	22.89	6.31	美国	1.26	6.66	阿联酋	19.08	5.09	荷兰	1.22	6.20
希腊	20.55	5.66	荷兰	1.02	5.38	荷兰	17.50	4.67	英国	1.03	5.25
荷兰	11.90	3.28	希腊	0.64	3.37	波兰	16.03	4.28	波兰	0.72	3.68
危地马拉	11.50	3.17	缅甸	0.57	3.03	英国	15.36	4.10	西班牙	0.71	3.63
巴西	10.78	2.97	巴西	0.44	2.34	西班牙	11.00	2.93	捷克	0.38	1.92
老挝	8.72	2.40	法国	0.40	2.13	中国	9.74	2.60	瑞典	0.34	1.75

（6）菠萝。1992—2018 年世界菠萝进出口量整体呈增长趋势，2019—2020 年略有下降，进出口额基本随着进出口量的变化而变化（图 2-67）。

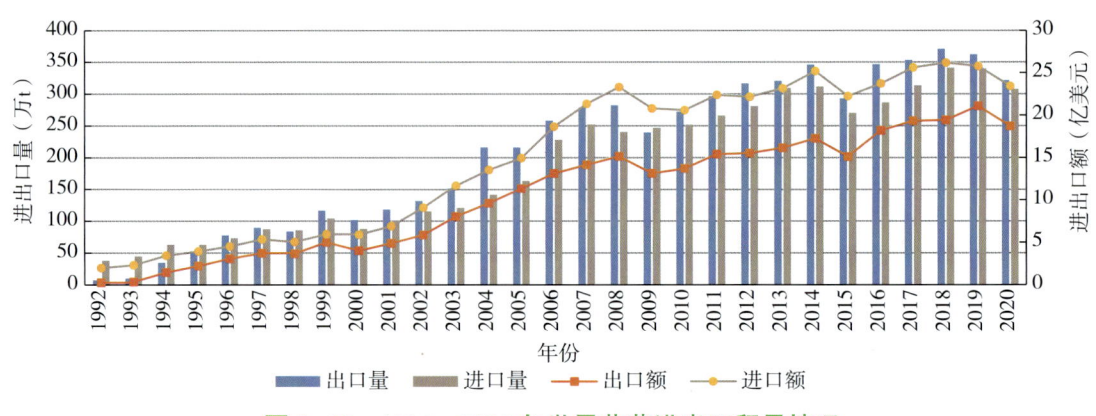

图 2-67　1996—2020 年世界菠萝进出口贸易情况

2020 年哥斯达黎加菠萝出口最多，出口量 204.73 万 t，出口额也最高，达 9.23 亿美元；美国进口最多，进口量 109.91 万 t，进口额也最高，达 7.17 亿美元（表 2-13）。中国出口极少；进口量 20.85 万 t，进口额 1.72 亿美元。

表 2-13　2020 年不同国家和地区菠萝进出口情况（前 10 位）

出口						进口					
国家和地区	出口量（万t）	占比（%）	国家和地区	出口额（亿美元）	占比（%）	国家和地区	进口量（万t）	占比（%）	国家和地区	进口额（亿美元）	占比（%）
哥斯达黎加	204.73	63.56	哥斯达黎加	9.23	49.15	美国	109.91	35.73	美国	7.17	30.63
菲律宾	40.23	12.49	菲律宾	3.08	16.39	荷兰	23.70	7.71	荷兰	1.89	8.08
荷兰	18.91	5.87	荷兰	1.84	9.77	中国	20.85	6.78	中国	1.72	7.36
美国	9.69	3.01	美国	0.84	4.50	日本	15.71	5.11	日本	1.26	5.38
厄瓜多尔	8.43	2.62	厄瓜多尔	0.41	2.20	西班牙	15.14	4.92	西班牙	1.22	5.23
危地马拉	6.73	2.09	危地马拉	0.40	2.15	意大利	13.61	4.42	德国	1.15	4.92
墨西哥	4.70	1.46	墨西哥	0.33	1.78	英国	13.49	4.39	法国	1.14	4.89
西班牙	2.37	0.74	西班牙	0.26	1.37	法国	12.83	4.17	英国	1.11	4.73
肯尼亚	2.24	0.69	葡萄牙	0.18	0.98	德国	12.67	4.12	意大利	1.03	4.39
葡萄牙	2.18	0.68	德国	0.17	0.91	加拿大	11.31	3.68	加拿大	0.91	3.88

（7）梨。近年来世界梨进出口量整体较为平稳，进出口量稳定在 230 万～280 万 t，进出口额基本在 25 亿美元以上（图 2-68）。

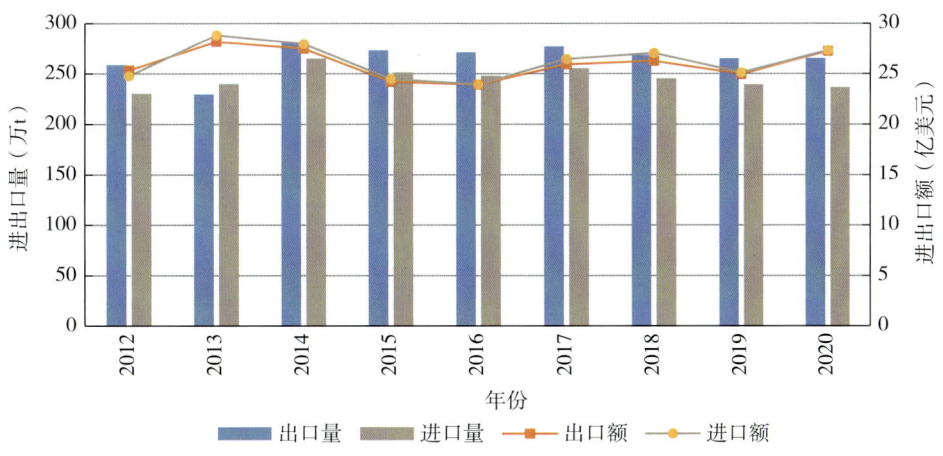

图 2-68　2012—2020 年世界梨进出口贸易情况

2020 年中国梨出口最多，出口量 53.94 万 t，出口额也最高，达 6.68 亿美元；俄罗斯进口最多，进口量 22.03 万 t，印度尼西亚进口额最高，达 3.02 亿美元（表 2-14）。中国进口量 1.04 万 t，进口额 0.18 亿美元。

表 2-14　2020 年不同国家和地区梨进出口情况（前 10 位）

出口					进口					
国家和地区	出口量（万 t）	占比（%）	国家和地区	出口额（亿美元）	占比（%）	国家和地区	进口量（万 t）	占比（%）	国家和地区	进口额（亿美元）	占比（%）
中国	53.94	20.30	中国	6.68	24.50	俄罗斯	22.03	9.30	印度尼西亚	3.02	11.05
荷兰	35.79	13.47	荷兰	4.34	15.92	印度尼西亚	21.69	9.16	德国	2.41	8.82
阿根廷	33.75	12.70	比利时	2.77	10.15	德国	16.63	7.02	俄罗斯	1.95	7.15
比利时	31.01	11.67	阿根廷	2.52	9.25	巴西	13.84	5.84	英国	1.41	5.15
南非	22.67	8.53	南非	1.91	7.01	法国	11.58	4.89	法国	1.39	5.08
西班牙	11.61	4.37	美国	1.38	5.06	英国	11.20	4.73	意大利	1.24	4.53
智利	11.39	4.29	意大利	1.37	5.02	白俄罗斯	10.97	4.63	美国	1.20	4.38
美国	11.30	4.25	智利	1.23	4.51	荷兰	10.22	4.31	巴西	1.18	4.33
波兰	9.85	3.71	西班牙	1.11	4.08	意大利	9.36	3.95	荷兰	1.14	4.17
葡萄牙	9.55	3.60	葡萄牙	0.94	3.45	中国香港	7.84	3.31	加拿大	0.82	3.00

（8）鳄梨。1992—2020 年世界鳄梨进出口量整体呈增长趋势，特别是近 10 年来快速发展，出口额已突破 60 亿美元（图 2-69）。

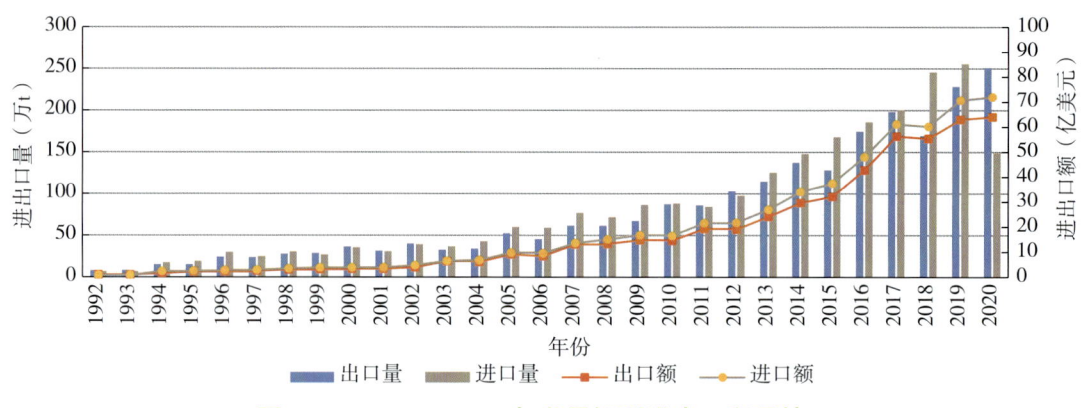

图 2-69　1992—2020 年世界鳄梨进出口贸易情况

2020 年墨西哥鳄梨出口最多，出口量 97.89 万 t，出口额也最高，达 26.66 亿美元；美国（进口量数据缺失）进口额最高，达 25.41 亿美元，进口量估计 70 万 t 左右（表 2-15）。中国进口量 2.75 万 t，进口额 0.72 亿美元。

表 2-15　2020 年不同国家和地区鳄梨进出口情况（前 10 位）

出口						进口					
国家和地区	出口量（万 t）	占比（%）	国家和地区	出口额（亿美元）	占比（%）	国家和地区	进口量（万 t）	占比（%）	国家和地区	进口额（亿美元）	占比（%）
墨西哥	97.89	39.36	墨西哥	26.66	42.36	美国	70.00	31.93	美国	25.41	35.27
秘鲁	41.07	16.51	荷兰	10.59	16.83	荷兰	35.10	16.01	荷兰	10.28	14.27
荷兰	33.32	13.40	秘鲁	7.59	12.06	法国	17.05	7.78	法国	5.19	7.20
西班牙	13.84	5.56	西班牙	4.43	7.04	德国	12.34	5.63	西班牙	3.89	5.40
智利	9.69	3.90	智利	2.51	3.98	英国	12.23	5.58	德国	3.89	5.40
肯尼亚	7.91	3.18	美国	1.65	2.62	加拿大	10.67	4.87	英国	3.48	4.84
哥伦比亚	7.71	3.10	哥伦比亚	1.46	2.32	日本	7.96	3.63	加拿大	2.35	3.26
美国	6.70	2.69	肯尼亚	1.16	1.85	俄罗斯	4.74	2.16	日本	2.24	3.11
南非	4.73	1.90	摩洛哥	1.08	1.71	智利	3.35	1.53	俄罗斯	1.22	1.69
摩洛哥	3.62	1.46	法国	0.90	1.44	意大利	2.86	1.30	澳大利亚	1.13	1.56

（9）桃。1992—2020 年世界桃进出口量整体呈增长趋势，近几年有所下降（图 2-70）。

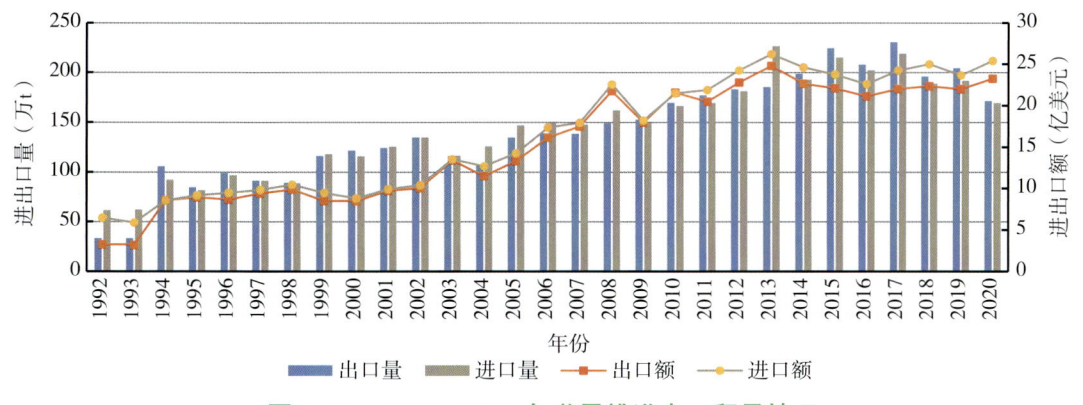

图 2-70 1992—2020 年世界桃进出口贸易情况

2020 年西班牙桃出口最多,出口量 65.43 万 t,出口额也最高,达 9.71 亿美元;俄罗斯进口最多,进口量 24.02 万 t,德国进口额最高,达 4.17 亿美元(表 2-16)。中国出口量 7.76 万 t,出口额 1.35 亿美元;进口量 3.70 万 t,进口额 0.93 亿美元。

表 2-16 2020 年不同国家和地区桃进出口情况(前 10 位)

出口					进口					
国家和地区	出口量(万 t)	占比(%)	国家和地区	出口额(亿美元)	占比(%)	国家和地区	进口量(万 t)	占比(%)	国家和地区	进口额(亿美元)	占比(%)
西班牙	65.43	38.25	西班牙	9.71	41.80	俄罗斯	24.02	14.20	德国	4.17	16.42
土耳其	16.34	9.55	土耳其	1.52	6.55	德国	23.57	13.93	俄罗斯	2.73	10.74
希腊	15.55	9.09	智利	1.37	5.88	法国	13.48	7.97	法国	2.06	8.14
智利	10.16	5.94	中国	1.35	5.81	意大利	11.07	6.54	意大利	1.40	5.52
乌兹别克斯坦	8.56	5.01	意大利	1.24	5.35	波兰	6.80	4.02	英国	1.31	5.17
中国	7.76	4.54	美国	1.23	5.31	英国	6.76	4.00	中国	0.93	3.66
意大利	7.71	4.51	希腊	1.16	4.99	哈萨克斯坦	5.32	3.15	波兰	0.93	3.65
美国	6.17	3.61	乌兹别克斯坦	0.65	2.79	葡萄牙	4.96	2.93	中国香港	0.86	3.41
法国	2.65	1.55	约旦	0.55	2.37	沙特阿拉伯	4.87	2.88	加拿大	0.85	3.35
格鲁吉亚	2.54	1.48	法国	0.50	2.17	乌克兰	4.83	2.86	美国	0.81	3.18

(10)草莓。1992—2020 年世界草莓进出口量整体呈增长趋势,2020 年稍有下降,但进出口仍保持增长趋势(图 2-71)。

图 2-71 1992—2020 年世界草莓进出口贸易情况

2020 年西班牙草莓出口最多，出口量 28.69 万 t，出口额也最高，达 6.71 亿美元；美国进口最多，进口量 19.75 万 t，进口额也最高，达 8.49 亿美元（表 2-17）。中国进口和出口均不多。

表 2-17 2020 年不同国家和地区草莓进出口情况（前 10 位）

出口						进口					
国家和地区	出口量（万 t）	占比（%）	国家和地区	出口额（亿美元）	占比（%）	国家和地区	进口量（万 t）	占比（%）	国家和地区	进口额（亿美元）	占比（%）
西班牙	28.69	32.59	西班牙	6.71	23.36	美国	19.75	21.25	美国	8.49	26.10
美国	13.23	15.03	墨西哥	5.89	20.50	德国	13.53	14.57	德国	3.66	11.23
墨西哥	12.59	14.31	美国	4.77	16.61	加拿大	10.09	10.86	加拿大	3.54	10.89
荷兰	5.92	6.73	荷兰	3.43	11.95	英国	5.86	6.31	英国	2.40	7.36
希腊	5.50	6.24	比利时	1.81	6.32	法国	5.46	5.88	法国	1.64	5.04
比利时	3.67	4.17	希腊	0.82	2.85	俄罗斯	4.34	4.67	荷兰	1.20	3.68
土耳其	2.53	2.87	埃及	0.79	2.73	意大利	3.67	3.95	比利时	1.04	3.18
摩洛哥	2.00	2.28	摩洛哥	0.63	2.20	荷兰	3.33	3.58	意大利	0.82	2.52
埃及	1.76	2.00	韩国	0.53	1.85	比利时	2.55	2.75	俄罗斯	0.71	2.20
波兰	1.49	1.70	德国	0.38	1.32	西班牙	1.92	2.07	中国香港	0.65	2.01

二、主要进出口国贸易状况

2020 年世界上有 27 个国家和地区干鲜水果及坚果出口量超过 100 万 t，27 个国家和地区出口额超过 10 亿美元。其中，出口量排名前 10 位的国家和地区分别为厄瓜多尔 745.13 万 t、西班牙 700.40 万 t、美国 537.95 万 t、哥斯达黎加 490.39 万 t、荷兰 405.67 万 t、中国 402.36 万 t、土耳其 393.23 万 t、南非 376.45 万 t、墨西哥 364.61 万 t、危地马拉 351.10 万 t；出口额排名前 10 位的国家和地区分别为美国 143.05 亿美元、西班牙 109.41 亿美元、荷兰 79.94 亿美元、中国 70.69 亿美元、墨西哥 70.01 亿美元、智利 64.64 亿美元、越南 50.88 亿美元、土耳其 48.30 亿美元、泰国 41.90 亿美元、意大利 40.54 亿美元（图 2-72）。

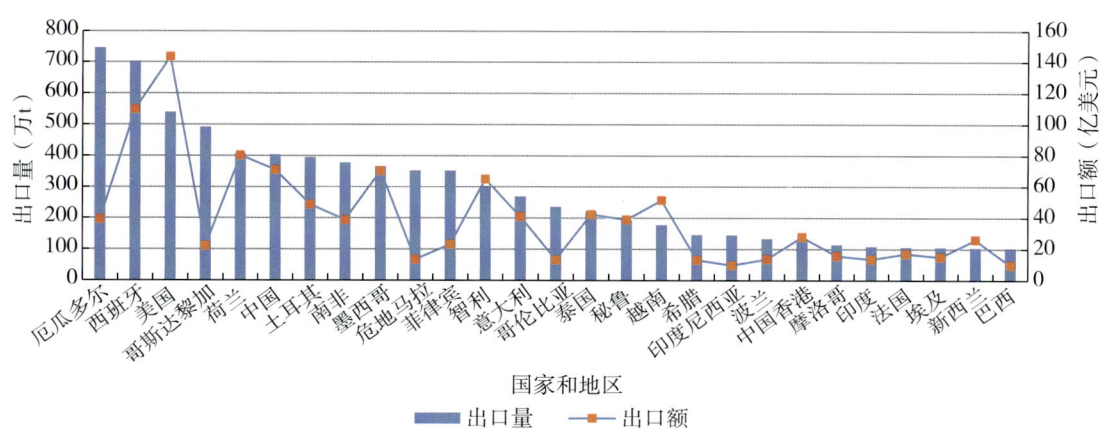

图 2-72　2020 年世界干鲜水果及坚果出口贸易排名

2020 年世界上有 19 个国家和地区干鲜水果及坚果进口量超过 100 万 t，26 个国家和地区进口额超过 10 亿美元。其中，进口量排名前 10 位的国家和地区分别为美国 1 253.87 万 t、中国 664.45 万 t、德国 659.49 万 t、俄罗斯 562.98 万 t、荷兰 486.00 万 t、英国 395.17 万 t、法国 378.64 万 t、意大利 240.95 万 t、日本 196.16 万 t、印度 194.78 万 t；进口额排名前 10 位的国家和地区分别为美国 194.75 亿美元、德国 122.63 亿美元、中国 120.16 亿美元、荷兰 81.97 亿美元、英国 64.31 亿美元、法国 62.90 亿美元、俄罗斯 51.89 亿美元、加拿大 49.63 亿美元、中国香港 40.30 亿美元、意大利 39.13 亿美元（图 2-73）。

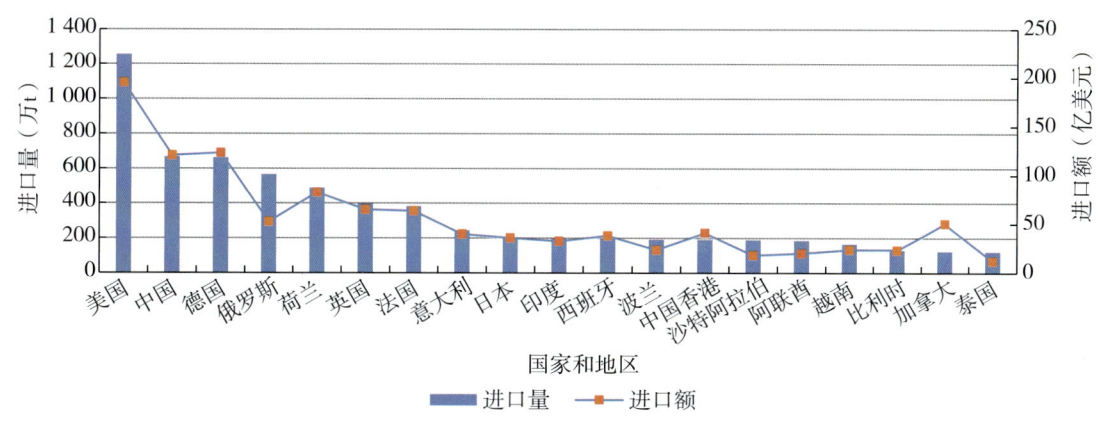

图 2-73　2020 年世界干鲜水果及坚果进口贸易排名

整体来看，水果出口大国主要集中在南美洲和亚洲，如南美洲的厄瓜多尔、哥斯达黎加、墨西哥、危地马拉、智利、秘鲁等国家，亚洲的中国、印度、菲律宾、泰国、越南等国家；水果进口大国主要是发达国家，如美国、荷兰、德国、俄罗斯、英国、法国、意大利、日本等国家。

厄瓜多尔位于南美洲西北部、太平洋的东海岸。厄瓜多尔西部平原地区气候湿润温和、光照充足，适合大规模种植香蕉，且大部分出口。据统计，厄瓜多尔是全球出口水果最多的国家，但出口品类较单一，97% 为香（大）蕉，2020 年出口量 726.51 万 t，出口额 36.82 亿美元。

西班牙水果出口仅次于厄瓜多尔,据统计,2020 年西班牙出口量最大的水果是柑橘,出口量 305.81 万 t,出口额 41.91 亿美元;其次为西瓜、桃、甜瓜、草莓、柿、葡萄、苹果、鳄梨、梨等,出口量均在 10 万 t 以上。

美国既是水果出口大国,更是进口大国,且进口量和进口额远远高于出口量和出口额。与其他国家相比,美国的水果种植规模化和机械化程度较高。据统计,2020 年美国出口量最大的果树是扁桃,出口量超过 92 万 t,出口额也最高,达 45.14 亿美元;其次为苹果、柑橘、香蕉、葡萄、核桃、西瓜、开心果、甜瓜、草莓、梨等,出口量均在 10 万 t 以上;进口量最大的水果是香蕉,超过 500 万 t,进口额达 28 亿美元,其次为柑橘、菠萝、西瓜、葡萄、鳄梨等,进口量均在 50 万 t 以上。

据统计,2020 年哥斯达黎加出口量最大的水果是香蕉,其次是菠萝,出口量分别为 262.81 万 t、204.73 万 t,二者之和出口占比在 95% 以上,出口额均在 10 亿美元左右。

荷兰既是水果出口大国,也是进口大国,香蕉、柑橘、梨、鳄梨、葡萄、苹果、菠萝、甜瓜、西瓜等水果出口量均在 10 万 t 以上,出口额最高的是鳄梨,超过 10 亿美元;柑橘、香蕉、鳄梨、葡萄、菠萝、苹果、甜瓜、西瓜、梨等水果进口量均在 10 万 t 以上。

土耳其出口量最大的水果是柑橘,2020 年出口量超过 180 万 t,出口额近 10 亿美元,葡萄、苹果、香蕉、桃、榛子、杏等水果及坚果出口量均在 10 万 t 以上,出口额最高的是榛子,出口额超过 11 亿美元。

南非出口量和出口额最大的水果是柑橘,2020 年出口量近 236 万 t、出口额超过 17 亿美元,其次为苹果、葡萄、梨,出口量均在 10 万 t 以上。

墨西哥出口量和出口额最大的水果是鳄梨,2020 年出口量 97.89 万 t、出口额超过 26 亿美元,其次为西瓜、柑橘、香蕉、草莓、葡萄、核桃等,出口量均在 10 万 t 以上。

危地马拉出口量和出口额最大的水果是香蕉,2020 年出口量 284.46 万 t、出口额超过 9.5 亿美元,约占水果出口总量的 81%。其次为西甜瓜。

菲律宾出口量和出口额最大的水果是香蕉,2020 年出口量 290.83 万 t、出口额超过 16 亿美元,约占水果出口总量的 83%。其次为菠萝、椰子、番木瓜、鳄梨等。

参考文献

韩振海,2022. 世界苹果产业现状及发展趋势报告 [R].

李华,2018. 世界果酒发展现状与趋势报告 [C]. 西安:第二届世界饮品大会

亓桂梅,2018. 2017 世界葡萄干生产及流通概况 [J]. 中外葡萄与葡萄酒 (2)61–65.

单杨,2012. 中国果品加工产业现状及发展趋势 [J]. 北京工商大学学报:自然科学版,30(3):1–12.

吴际洋,2015. 国内外水果鲜切加工及保鲜技术初探 [J]. 现代园艺 (9)32–34.

COOK R, 2016.Fresh–cut/value–added produce marketing trends.UC Davis fresh–cut products workshop;maintaining quality and safety[EB/OL].https://arefiles.ucdavis.edu/uploads/filerpublic/fb/7b/fb7b6380–cdf9–4db5–b5d2–993640bccle6/freshcut2016cook20160926final.pdf.

RABOBANK,2009.European trends infresh–cut,pre–packed produce[EB/OL].https://www.4hoteliers.com/features/article/3763.

第三章

世界果树科技发展动态与趋势

第一节 果树资源保护与利用

世界果树种类有 2 792 种（其中变种 101 个），分布在 40 个目 134 个科 659 个属种（丁志祥，1996）。果树按照是否落叶可以分为两大类：一是落叶果树，主产在温带地区，如苹果、梨、李、杏、桃、枣、葡萄、草莓等；二是常绿果树，主产在热带和亚热带地区，如柑橘、香蕉、芒果、枇杷、榴莲、菠萝等。若按照原产地可简单分为两大群，其一原产西部种群，从欧洲东南部到亚洲中部地区是苹果、西洋梨、樱桃、欧洲葡萄、核桃等的原产地；其二原产东部种群，以中国为中心，东至日本，南到印度等广大地区范围内，主要包括苹果、梨、桃、杏、猕猴桃、枇杷、荔枝、杨桃等（章镇和王秀峰，2003）。

一、发展动态

（一）资源收集

果树种质资源起源中心的划分是伴随着作物研究、实地考察而提出的。苏联学者瓦维洛夫 1916—1933 年多次率队到世界各地考察，先后到过伊朗、阿富汗、埃塞俄比亚、中国，以及中美洲和南美洲等几十个国家，在采集几十万份作物标本的基础上，提出"栽培植物的起源中心应是其野生近缘种显示最大适应性的地区"假说，并在 1935 年将世界划分为 8 个栽培植物起源中心：中国、印度、中亚、近东、地中海、埃塞俄比亚、墨西哥和中美、南美。1970 年苏联学者茹可夫斯基又增加了 4 个中心，并列举中国起源中心果树种类达 52 种，蕴藏着丰富的果树基因资源。

世界各国十分重视种质资源工作，为了充分收集、保护和利用植物种质资源，世界性组织"国际植物遗传资源委员会（IBPGR）"于 1974 年建立，1991 年更名为"国际植物基因资源研究所（IPGRI）"，2006 年合并香蕉改良网络（The international network for the improvement of banana and plantain，INIBAP）为"国际生物多样性中心（Bioversity International）"，是专门从事农业植物资源多样性保存与应用的国际性组织，主要任务是促进植物基因资源的保存和利用，其中设有果树专业部门（沈德绪，1994）。

美国虽然不是果树种质资源分布大国，却是资源保存强国，1953 年在吉内瓦建立了蔬菜和观赏果树保护站，1987—1999 年开展了美国本土、加拿大、乌兹别克斯坦、塔吉克斯坦、哈萨克斯坦、吉尔吉斯斯坦、中国、俄罗斯和土耳其的果树资源大规模收集，共进行 8 次考察，主要以中亚的哈萨克斯坦为主，在哈萨克斯坦共定点60个，中国四川定点7个（表3-1）。收集的资源以苹果为主，包括少部分的葡萄和樱桃资源。采集的主要信息包括经纬度、海拔、坡度、光照、生境信息、气候、土壤等。采集的果实性状包括果实底色、着色、果锈、形状、大小、肉质、风味、熟期，以及树体干性、叶片和果实病虫害发生情况等。收集的类型包括接穗、果实和种子，其中哈萨克斯坦收集接穗892份、种子13万粒；中国四川收集接穗101份、种子7 200粒，其中1995、1996年在采集点现场评价筛选优异种质接穗148份、优异种质种子6.7万粒（Janick，2003）。

表3-1 美国1987—1999年收集的果树种质资源情况

时间	地点	资源名称	收集类型	收集数量（苹果）	收集数量（葡萄）
1987—1988	美国西部和东部、加拿大	褐海棠、野香海棠、窄叶海棠、草原海棠	种子为主	—	—
1989	乌兹别克斯坦、塔吉克斯坦、哈萨克斯坦	塞威士苹果	接穗、果实及种子，种子为主	接穗179份，种子3.3万粒	—
1993	哈萨克斯坦、吉尔吉斯斯坦	塞威士苹果、葡萄及其他	接穗、果实及种子，种子为主		插条10份，种子1.4万粒
1995	哈萨克斯坦	塞威士苹果、葡萄及其他	接穗、果实及种子，种子为主	接穗565份（优异资源148份），种子9.7万粒（优异资源6.7粒）	
1996	哈萨克斯坦	塞威士苹果、葡萄及其他	接穗、果实及种子，种子为主		
1997	中国（四川）	湖北海棠、陇东海棠、西蜀海棠、变叶海棠、三叶海棠、花叶海棠和昭觉山荆子	接穗、果实及种子，种子为主	接穗101份，种子7 200粒	
1998	俄罗斯	东方苹果、酸樱桃及樱桃其他种	接穗和种子，接穗为主	接穗61份，种子28粒	—
1999	土耳其	东方苹果、苹果地方品种	接穗、果实及种子	—	—

日本十分重视果树遗传资源的收集，自1871年起至20世纪30年代，以本国生产上利用的栽培品种收集为主；20世纪30—60年代，主要收集杂交育种的亲本材料和优良品种。20世纪60年代至今，重点转向收集具有优异性状、特殊抗逆特性的野生种、半野生种及稀有种，以适应现代生态环境及生物技术育种的需要。日本主要从美国、中国、泰国、意大利、尼泊尔、菲律宾等地收集资源（杨克钦，1998）。

中华人民共和国成立以来，开展了多次综合或果树专项考察，1956年至今进行了3次规模较大的全国农作物资源普查（刘旭等，2018），自1959年至今，先后对新疆、四川、贵州、山东、陕西秦巴山区、河北、西藏、青海、甘肃等地进行了专项考察（王大江等，2021）。

（二）资源保存

果树种质资源在演化过程中，多表现为高度杂合的特性，每份资源的基因型和表型均存在较大差异，保存的数量基数足够大，包含的遗传信息才能足够全面。美国现有8个无性繁殖作物保存圃，每个资源圃侧重保存的树种不同（表3-2），主要保存苹果、梨、葡萄等果树资源，其中苹果的保存数量最多，为7 064份（不包括种子保存），其次为葡萄资源5 155份、梨资源2 390份、柑橘资源1 841份、香蕉资源291份。瑞士有13个田间种质库，其中保存苹果资源8 878份、梨资源5 558份、葡萄资源7 000份。法国保存的葡萄资源最多，共保存11 742份，主要保存在3个地点，其中位于蒙彼利埃的葡萄生物资源中心保存7 868份。香蕉保存最多的国家是比利时，保存资源1 683份，主要保存在比利时鲁汶大学国家香蕉种质交换中心（截至2022年2月13日，Genesys网站公布数据）。截至2021年，我国已建设21个国家级果树种质资源圃，保存果树资源2.3万余份，居世界前列（王力荣等，2021）。

表3-2 美国果树种质资源保存情况

序号	单位名称	地点	保存的主要果树类型
1	加州大学美国农业部国家种质资源库	加利福尼亚州Davis	猕猴桃、无花果、柿、核桃、果桑、阿月浑子、油橄榄、桃李属、石榴、葡萄
2	国家无性繁殖种质资源库	俄勒冈州Corvallis	榛子、草莓、梨、穗醋栗、醋栗、黑莓、树莓、越橘、酸果蔓
3	康奈尔大学吉内瓦实验站	纽约州Geneva	苹果、葡萄和樱桃
4	国家种质资源库-美洲山核桃遗传与育种中心	得克萨斯州Brownwood	长山核桃、栗
5	国家柑橘和枣种质资源库	加利福尼亚州Riverside和Brawley	柑橘类及近缘属、椰枣
6	园艺作物研究实验室	佛罗里达州Orlando	柑橘、甜橙、柠檬、葡萄柚
7	国家种质资源库-迈阿密亚热带园艺研究所 无性繁殖种质资源库-热带作物资源研究站	佛罗里达州Miami和Mayaguez	香蕉、巴西果、芒果、鳄梨、可可果、咖啡果、枣
8	国家种质资源库	夏威夷	杨桃、凤梨、桃棕、荔枝、番木瓜、橄榄、金虎尾、昆士兰栗、红毛丹、西番莲、番石榴

注：引自沈德绪（1994），略修改。

作为营养繁殖的果树，种质资源的保存不同于大田种子繁殖的作物，大多数以田间保存方式为主，随着保存技术的不断发展，多种保存方式并存，归结起来只有两种，即异位保存和原位保存。

果树的异位保存就是将果树植株或器官组织保存于该材料原产地以外的地方。主要包括资源圃保存、种子库保存、超低温液氮保存和试管苗保存。

种质资源圃主要用于保存无性繁殖作物和高度杂合性的作物，包括栽培和野生资源。果树主要以此方式保存。国际生物多样性组织、《粮食和农业植物遗传资源国际条约》秘书处和全球作物多样性信托基金于2008年启动的全球种质资源数据库中记载，76.71%的苹果资源、72.37%的梨、66.42%的葡萄、23.14%的香蕉、46.84%的柑橘和95.96%的桃为田间保存。

种子库用于保存植物种子，又可分为长期库、中期库和短期库。长期库种子保存50年以上，贮存温度为 -20 ～ -10℃，种子含水量 5% ～ 7%，库房空气相对湿度 60% 以下，种子密封保存，一般不分发种子。中期库保存 20 ～ 30 年，贮存温度 0℃ 左右，种子含水量 6% ～ 8%，一般密封保存，负有种子评价、鉴定、分发任务。短期库保存时间 3 ～ 5 年，温度 10 ～ 20℃，不密封，通常存放于纸袋或布袋中，用于短期存放种子（陈叔平，1992）。果树资源高度杂合，主要为营养繁殖，对于类型多样的野生资源可采用种子保存。在国际公开数据库中，4.1 万份苹果资源采用种子保存的有 5 051 份，长期保存的为 140 份，中期保存的为 239 份；1.7 万份梨资源采用种子保存的有 1 991 份；5.3 万份葡萄资源采用种子保存的有 532 份；3 708 份柑橘资源采用种子保存的有 18 份。

超低温液氮保存用于贮存花粉、种子、愈伤组织、器官、茎尖分生组织等。美国国家种质贮藏实验室从 1984 年起进行试验性贮藏，在 2004 年之前已完成 2 146 份苹果、李属等果树资源的超低温保存，其中苹果保存最多，为 1 264 份，保存 4 年后嫁接实验，成活率在 90% 以上。日本利用液氮，已在苹果、梨、樱桃、桃、葡萄、猕猴桃、树莓等果树上开展了花粉保存试验。果树种质资源数据库显示，香蕉 33.34% 的资源进行了超低温保存，比例较大，其他果树均较低。我国近几年开展桃、梨的花粉保存，甘蔗、猕猴桃等营养器官、愈伤组织、细胞培养物等超低温保存研究取得较大进展（Zhang 等，2014；张金梅等，2017）。

试管苗种质库用于保存作物种质资源的组织、器官等，可用于种子植物，也可用于无性繁殖作物。组织培养技术是近年来用于种质保存比较有前途的新技术。国际生物多样性中心一直积极组织和支持一些国家对柑橘、芭蕉、可可果、甘蔗等作物进行试管苗保存。目前香蕉的试管苗保存较多，占保存总数的 61.40%。

原位保存是指在作物原生环境下保存种质资源。主要用于野生种及近缘野生植物，建立自然保护区和天然公园。世界上第一个自然保护区是 1872 年美国建立的黄石公园，美国也是当今自然保护区最多的国家，共建有 696 个。澳大利亚为建立自然保护区数量较多的国家之一，截至 2014 年，建立了 333 个国家公园和自然保护区。1956 年，我国建立第一个自然保护区——鼎湖山自然保护区，截至 2021 年，已建成 23 个与野生果树相关的保护区，近几年建设的有新疆维吾尔自治区新源县野苹果保护区、吉林省长白山县野生海棠保护区、湖南省道县野生柑橘保护区、陕西省周至县野生猕猴桃保护区（王力荣等，2021）。

（三）资源利用

果树种质资源的利用是随着农业活动发展、生物技术进步的动态变化过程，不同时期和阶段具有不同的特点。果树种质资源的研究主要集中在三个方面：一是作为生产资料直接利用；二是对收集到的世界品种资源进行研究，为选育新品种提供育种材料；三是开展基础理论研究。

1. 生产资料直接利用

果树种质资源的利用最早可以追溯到公元前 7 000 年的新石器时代，与谷物和豆类的利用一样，经历采集野生—保护管理野生—栽培这一过程而扩大利用，最早的利用形式是采集野生果实作为食品生产的补充。据现有资料，果树资源由野生到栽培上的利用最早为 6 000 年前的无花果、葡萄，5 000 年前的石榴，3 000 ～ 4 000 年前的苹果、梨、李、杏、桃、枣、扁桃、梅、桑、榛、栗、阿月浑子，3 000 年前的核桃，2000 年前的中国樱桃、柿、西洋梨、山楂、欧洲李等；利用较晚的有16世纪欧洲的树莓和醋栗，20世纪新西兰的猕猴桃等（张宇和等，1995）。

在现代工业技术发展之前，果树种质资源除了鲜食以外，野生或地方品种资源可以直接加工利用，加工手段和利用途径或经数千年传统而来或沿习惯而来或沿宗教习俗而来，当时制约果树加工利用的主要因素为加工方法，如石榴适应性广、耐贮运，但由于果皮剥离和种子分离困难，上市时其他果品丰盛，古时加工方法缺乏，利用范围不仅不如同时期的葡萄，也逊于起源晚的苹果、梨、桃等。我国梅最早用来调味，枣在药用和食疗滋补方面久享盛誉，银杏用于佐膳，山楂有药用价值，柿有干制柿饼习惯等，中古初期穆斯林为了禁止饮酒，要求信徒为葡萄找寻酿酒以外的用途，发明了葡萄干的加工技术。

2. 育种应用

种质资源即基因资源，果树产业中遇到的生物或非生物胁迫灾害，最终均通过优异种质资源的挖掘和定向品种选育而解决。火疫病为世界性灾害，主要危害蔷薇科果树，其中梨和山楂较重，苹果次之，曾造成欧洲大面积毁园，美国在1990—2003年期间完成了2 351份苹果种质的抗火疫病筛选，筛选抗性种质596份。抗火疫病优异种质PI286613和R5被广泛应用在苹果鲜食品种及砧木的选育（Terence et al.，2003）；利用R5和M系、O系等砧木杂交获得了G.41、G.935、G.202等G系列抗火疫病砧木（王大江等，2018）。

黑星病在欧洲及美洲发病较为严重，除了阻碍树体生长，还严重影响果实发育和外观。美国对收集保存的13万粒塞威士苹果资源逐步进行鉴定评价，将其中的3万粒种子分发到新西兰、德国、挪威、加拿大、日本、英国、南非、荷兰、意大利等国的合作单位，进行黑星病的抗性筛选。在收集的塞威士苹果种质筛选抗黑星病资源，克隆4个不同的抗性基因（Vr、Vm、Vf和Vb），其中GMAL4327同时携带这4个抗性基因，利用这些抗性种质，设计杂交组合7组，获得种子1 289粒，其中38%具有黑星病抗性。

种质资源在育种和产业上的应用，在猕猴桃上最为典型，并取得巨大的经济效益。猕猴桃原产中国，世界上约有54个种，中国就有52个种和38个变种。新西兰自1904年从中国湖北引入猕猴桃，先后多次共引进20多种，利用引进的猕猴桃资源，1910年培育出世界著名的海沃德（Hayward）品种，可能是人类历史上第一次利用野生猕猴桃资源进行人工驯化，1991年选育出金色猕猴桃（Hort16A），至今已经选育出系列猕猴桃品种。如今猕猴桃作为新西兰的第二大支柱产业，其栽培面积占除了中国以外世界栽培面积的95%。

果树除了在果品上具有价值，在观赏方面也价值巨大。国外对于观赏果树的描述最早出现在伊甸园的神话中，从残留的埃及古壁画中随处可见石榴、无花果等，早期波斯园林中也以苹果、梨、李和杏等观赏为主。我国如西府海棠（*M. micromalus*）、垂丝海棠（*M. halliana*）、湖北海棠（*M. hupehensis*）等2000年之前就被用于庭院和行道栽植（李育农，2001；楚爱香和汤庚国，2008）。美国、英国、加拿大等国利用从中国引进的苹果属野生资源进行直接选择或杂交，选育出一批观赏海棠，如红叶红花的索菲亚（*M.sophia*）、红花绿叶的绚丽（*M.radiant*）等，苹果属野生资源包括山荆子（*M. baccata*）、红肉苹果（*M. neidzwetzkyana*）、矮生苹果（*M. pumila*）等作为亲本，起到了不可替代的作用，其中的红花红叶观赏海棠品种亲本几乎全部是来自新疆的红肉苹果（郭翎，2009）。目前这些观赏海棠已应用在世界范围内的园林绿化。

3. 基础研究应用

果树种质资源是基础研究的材料基础，在近几十年果树的基因组测序、优异基因挖掘、遗传演化分析、实用分子标记开发等基础研究中均起到了重要作用。

Wu 等（2014）通过对柑橘、柚子、甜橙和酸橙基因组对比，发现栽培的柚子代表 1 个祖先种，广泛种植的柑橘、甜橙是混交个体后代。Wang 等（2017）利用柑橘 4 个属基因组和 100 份原始、野生和栽培柑橘序列比对分析，栽培柑橘中与能量和生殖相关的基因处于选择状态，定位了控制柑橘多胚性基因区间的 11 个基因。Shimizu 等（2017）通过对 7 份柑橘种质测序分析，证实了 kunenbo-A 和 samsuma 均为 kishu 的后代，而 satsuma 是 kishu 的回交后代。Wang 等（2018）对 140 份柑橘基因组进行分析，发现我国 *Mangshan mandarin* 是一种原始类型，在岭南和岭北发生了两个独立的驯养事件，两个种群之间存在不同的种间渗入模式。

Roach 等（2018）对 15 个不同的霞多丽葡萄品种进行比对，阐明了霞多丽的预测亲本，Pinot noir 和 Gouais blanc 较高的亲缘关系是导致霞多丽显示近亲繁殖的特征。Zhou 等（2019）通过霞多丽测序数据和 69 个葡萄种质结构变异比对，揭示负选择作用于所有结构变异。

Wu 等（2013）通过组装梨基因组，挖掘了控制石细胞、木质素合成的关键基因。Chagne 等（2014）通过欧洲梨（*Pyrus communis*）基因组测序，挖掘了控制果实软化的一类细胞壁相关基因。Ou 等（2019，2020）完成了第一个梨砧木中矮 1 号基因组组装，定位了梨红皮的控制基因，解析了 *PpBBX24* 基因碱基的缺失是红皮突变的主要原因。Dong 等（2020）完成了对山西杜梨的从头测序（de novo），发现次生代谢物中存在显著富集的扩增基因，解释了山西杜梨为何具有较强的环境适应性和抗病性。

Shulaev 等（2011）通过对林地草莓测序，挖掘获得包括风味、营养价值和花期在内的关键基因。Edger 等（2019）通过栽培八倍体基因组装，进一步揭示了栽培草莓由 4 种二倍体祖先合并而来，以及四个亚基因组之间的动态变化。Zhang 等（2020）通过野生草莓二倍体基因组组装，发现在苯丙素类生物合成、淀粉和蔗糖代谢、氰氨基酸代谢、植物与病原菌互作、油菜素内酯类生物合成和植物激素信号转导等方面的基因显著增多，是其具有特殊表型和较强的环境适应性的原因。

Wang 等（2019）通过对芭蕉基因组分析，发现香蕉 a- 基因组和 b- 基因组最近的分化发生在系谱特异性全基因组复制以后，b- 基因组可能比 a- 基因组对分离过程更敏感。

Duan 等（2016）利用 117 份苹果种质资源建立了首张苹果全基因组 SNP 图谱，通过遗传结构分析揭示栽培苹果起源于哈萨克塞威士苹果；新疆塞威士苹果具有较好的同源背景，是更加原始的类型；中国苹果是哈萨克塞威士苹果与中国野生种质的杂交类型；提出了苹果大小进化的二步模型，鉴定得出 QTLgwa-w1、QTLgwa-w2、miR172 及其靶基因在栽培驯化前对果实大小起重要作用。Zhang 等（2019）对三倍体苹果寒富的纯合子系 HFTH1 的基因组进行测序组装，发现了与苹果着色有关的核心转录激活因子。Sun 等（2020）通过对 91 份苹果资源泛基因组测序，揭示了新基因 / 等位基因的导入是苹果通过杂交驯化的一个标志。Liao 等（2021）利用资源圃 461 份苹果资源的基础上，揭示了苹果风味改善的遗传路线图，酸度选择在风味品质驯化过程中起主要作用。

二、发展趋势

（一）果树资源保护高水平化

近半个世纪以来，世界各国十分重视果树种质资源的收集，资源保存数量持续增加，美国 NPGS 体系仍持续从世界种质资源多样性中心收集资源，每年以 1 万份数量递增。目前自然界仍有许多珍稀、濒危、具有潜在利用价值的果树资源未得到安全保护，有必要在全球范围内摸清主要果树种质资源家底，提高资源保护数量和多样性水平。

单一的田间保存方式问题日渐凸显，多种方式保存已成为世界种质保存的发展趋势。田间保存虽然是大多数果树基因库使用的保存手段，约占资源总数的 80% 以上，然而保存的材料容易受到低温和干旱等各种非生物因素以及病虫害等各种生物因素的威胁。随着生物技术的发展，科研工作者正在探索一套省工省时、保存时间长且稳定、安全可靠的种质保存方法，包括 DNA 保存、基因文库保存法、cDNA 文库保存、DNA 芯片保存等。

（二）果树资源利用高质量化

建立国际统一的果树种质资源身份证体系，国家之间果树资源交流更加通畅。针对同一个性状，制定统一、规范的鉴定评价标准，在世界范围内协同开展果树种质资源精准鉴定，利用获得的优异资源，针对全球性生物和非生物胁迫及产业需求，协同开展种质创新，提升种质利用质量。

在世界范围内建立互惠互利的果树种质资源交流与利用机制，基于互联网，构建开放共享的果树种质资源综合管理系统，为利用者提供科学、准确、规范的数据信息，实现种质资源利用在线申请、在线登记、利用效果在线反馈高效化，提高果树种质资源的利用效率。

参考文献

陈叔平, 1992. 国际种质资源保存和研究动向 [J]. 世界农业, 12:13–15.

楚爱香, 汤庚国, 2008. 河南垂丝海棠品种的调查与分类 [J]. 江西农业大学学报, 30(1): 1090–1096.

丁志祥, 1996. 果树的类与种群 [J]. 四川果树 (4): 39.

郭翎, 2009. 观赏苹果引种与苹果属 (Malus Mill.) 植物 DNA 指纹分析 [D]. 泰安：山东农业大学.

李育农, 2001. 苹果属植物种质资源研究 [M]. 北京：中国农业出版社.

刘旭, 李立会, 黎裕, 等, 2018. 作物种质资源研究回顾与发展趋势 [J]. 农学学报, 8 (1): 1–6.

沈德绪, 1994. 果树种质资源的研究利用进展 [J]. 果树科学, 11(4): 253–257.

王大江, Bus Vincent G M, 王昆, 等, 2018. 美国苹果砧木育种历史、现状及其商业化砧木特性 [J]. 中国果树, 6: 107–110, 113.

王大江, 肖艳红, 高源, 等, 2021. 我国苹果属植物野生资源收集、保存和利用研究现状 [J]. 中国果树, 10: 6–11.

王力荣, 吴金龙, 2021. 中国果树种质资源研究与新品种选育 70 年 [J]. 园艺学报, 48 (4): 749–758.

杨克钦, 马智勇, 康艳玲, 1998. 日本果树遗传资源的收集评价和利用 [J]. 作物品种资源 (2): 50–52.

张金梅，闫文君，李雪，等，2017. 桃花粉低温和超低温保存方法比较研究 [J]. 植物遗传资源学报，18(4): 670-675.

张宇和，1995. 落叶果树的栽培起源及其发展 [J]. 落叶果树 (2): 1–3.

章镇，王秀峰，2003. 园艺学总论 [M]. 北京：中国农业出版社：27–59.

CHAGNE D, CROWHURST RN, PINDO M, et al., 2014. The draft genome sequence of European pear (Pyrus communis L.'Bartlett') [J]. PLoS ONE, 9(4): e92644.

DONG X G, WANG Z, TIAN LM, et al., 2020. De novo assembly of a wild pear (Pyrus betuleafolia)genome [J]. Plant Biotechnol J., 18 (2):581–595.

DUAN N B, BAI Y, SUN H H, et al., 2017. Genome re-sequencing reveals the history of apple and supports a two-stage model for fruit enlargement [J]. Nat. Commun., 8: 249.

EDGER P P, POOTEN T J, VANBUREN R, et al., 2019. Origin and evolution of the octoploid strawberry genome [J]. Nature Genetics, 51: 541–547.

JANICK J, 2003.Wild apple and fruit trees of Central Asia [M]. John Wiley and Sons.

LIAO L, ZHANG W H, ZHANG B, et al., 2021. Unraveling a Genetic Roadmap for Improved Taste in the Domesticated Apple [J]. Molecular Plant, 14(9): 1454–1471.

MOORE J N, J R BALLINGTON, 1990. Genetic resources of temperate fruit and not crops [J]. Acta Horticulturae, 290: 1–980.

OU C Q, WANG F, WANG J H, et al., 2019. A de novo genome assembly of the dwarfing pear rootstock Zhongai 1. [J]. Scientific data, 6: 281.

OU C Q, ZHANG X L, WANG F, et al., 2020. A 14 nucleotide deletion mutation in the coding region of the PpBBX24 gene is associated with the red skin of "Zaosu Red" pear (Pyrus pyrifolia White Pear Group): a deletion in the PpBBX24 gene is associated with the red skin of pear [J]. Horticulture Research, 7(1): 14.

ROACH M J, JOHNSON D L, BOHLMANN J, et al., 2018. Population sequencing reveals clonal diversity and ancestral inbreeding in the grapevine cultivar Chardonnay [J]. PLoS genetics, 14(11): e1007807.

SHIMIZU T, TANIZAWA Y, MOCHIZUKI T, et al., 2017. Draft sequencing of the heterozygous diploid genome of Satsuma (Citrus unshiu Marc.) using a hybrid assembly approach [J]. Frontiers in Genetics, 8: 180.

SHULAEV V, SARGENT D J, CROWHURST R N, et al., 2011. The genome of woodland strawberry (Fragaria vesca) [J]. Nature Gnetics, 43: 109–116.

SUN X P, JIAO C, SCHWANINGER H, et al., 2020. Phased diploid genome assemblies and pan-genomes provide insights into the genetic history of apple domestication [J]. Nature Genetics, 1–10.

TERENCE R, HERB A, GENNARO F, et al., 2003. The Geneva series of apple rootstocks from Cornell: performance, disease resistant, and commercialization [J]. Acta Horticulturae, 622: 513–520.

WANG L, HE F, HUANG Y, et al., 2018. Genome of wild Mandarin and domestication history of Mandarin [J]. Molecular Plant, 11: 1024–1037.

WANG X, XU Y T, ZHANG S Q, et al., 2017. Genomic analyses of primitive, wild and cultivated citrus provide insights into asexual reproduction [J]. Nature Genetics, 49: 765–772.

WANG Z, MIAO H X, LIU J H, et al., 2019. Musa balbisiana genome reveals subgenome evolution and functional divergence [J].Nature Plants, 5(8):1.

WU G A, PROCHNIK S, JENKINS J, et al., 2014. Sequencing of diverse mandarin, pummelo and orange genomes reveals complex history of admixture during citrus domestication [J]. Nature Biotechnology, 32: 656–662.

WU J, WANG Z W, SHI Z B, et al., 2013. The genome of the pear (Pyrus bretschneideri Rehd.) [J]. Genome Research, 23(2):396–408.

ZHANG J M, XIN X, YIN G K, et al., 2014. In vitro conservation and cryopreservation in National Genebank of China [J]. Acta Horticulturae, 1039: 309–318.

ZHANG J X, LEI Y Y, WANG B T, et al., 2020. The high-quality genome of diploid strawberry (Fragaria nilgerrensis) provides new insights into anthocyanin accumulation [J]. Plant Biotechnoogy Journal, 1–17.

ZHANG LY, HU J, HAN X L, et al., 2019. A high-quality apple genome assembly reveals the association of a retrotransposon and red fruit colour [J]. Nat Commun. , 10 (1):1494.

第二节　果树遗传改良与品种选育

优良品种是果树产业良性发展的根本保障，果树遗传改良与品种选育也是产业的上游环节，对于果树生产至关重要。进入21世纪，欧美、新西兰、日本等国外育种发达国家已将发展世界性果树新品种、提高果实品质作为增强市场竞争力和推动产业可持续发展的重要手段。中国果树选种至少已有3 000年历史。现有的果树良种大多来自实生选种或芽变选种。近年来，世界果树遗传改良与品种选育不断呈现出商业化、产权化、全球化和育种手段精准化等主要发展特点。据不完全统计，国外在中国已申请新品种保护135个，以草莓、葡萄、梨、苹果、柑橘等新品种申请量最高，且呈现逐年上升趋势（王力荣等，2021）。其中，相较于世界果树育种现状，中国果树育种存在巨大发展潜力和广阔前景。

一、发展动态

（一）育种目标与选育现状

现代果树育种的总目标是增加果实的商品性，降低生产成本，培育优质、丰产、高抗、易管理、高效的果树新品种，仍然是国际上现代果树育种的总体目标与发展战略。

苹果作为世界四大水果之一，地域分布广泛，受环境影响品种风味有所差异，而其消费市场呈现多元化趋势，且对其功能性要求也越来越高，因此培育满足不同消费群体需求的新型品种成为育种者追求的新目标（MANDAL D, 2021）。美国以抗火疫病和优质为育种目标，先后育出了乔纳金、艾达红等优良鲜食新品种以及普利阿玛、普利玛等抗黑星病新品种和蜜脆、凯密欧等综合抗性强的优良品种。日本以品质育种为主，选育出富士、津轻、珊夏等苹果新品种，特别是富士被多个苹果主产国引种栽培，成为世界性栽培品种。近年来，日本又推出红王将、红安卡等被各苹果主产国广泛关注的新品种。新西兰也是以品质育种为主，近年增加了特异性品种选育，除了育成在国际市场上具有很强竞争力的嘎拉、布瑞本、太平洋玫瑰等品种，又从布瑞本和皇家嘎拉的杂种后代中选出科金、科鲜等新品种，以及红肉特色新品种。法国自20世纪50年代以来，已实施3批育种项目，以加工品种为主要育种目标，先后育出多个优良加工制汁品种，并对部分品种进行了专利注册。英国的育种兼顾品质与矮化，育出舞乐等适于高度密植、鲜食、制汁兼用的系列芭蕾苹果品种，以及M系、MM系矮化砧木品种。韩国作为苹果育种的后起之秀，近十年间培育出秋光、甘红、红露、曙光等系列优良品种。元帅系仍是世界上最为重要的栽培品种，其次为金冠、富士、嘎拉、澳洲青苹、乔纳金、粉红女士、布瑞本等，这些品种占据全球60%以上的产量。近些年，陆续出现的新品种如蜜脆、爵士、鲁宾、皮诺瓦、宇宙脆、爱妃、火箭等，逐渐在生产上被推广应用（DESMOND O'ROURKE，2019）。

世界各国对梨的育种目标也有所差异。但优质、高抗、耐贮运、省工仍是各国的共同育种目标。东亚国家主栽东方梨品种，如韩国梨的育种目标是培育极早熟、大果型、抗病虫、省力的梨品种；日本的育种目标是培育大果型、高糖度、抗病、省工节本、自交亲和的新品种（SAITO T.，2016）。欧美国家主要栽培西洋梨品种，如美国和加拿大的育种目标是选育高品质及抗火疫病、梨木虱和叶斑病强的梨品种；新西兰以果皮红色、脆肉多汁兼具西洋梨香气、早果性和丰产性较好以及货架期长为育种目标。梨矮化砧木育种目标主要集中在生长势控制、易繁殖、抗寒、抗火疫病、抗早衰等方面。世界梨育种具有多元化特点，选育的品种可划分为西洋梨及其矮化砧木品种、砂梨品种和东西方梨种间杂种（SIMARD M H，2002）。东、西方梨种间杂种育种工作最突出的是新西兰，选育出了具亚洲梨肉质松脆、汁多味甜、耐贮藏的特性，同时又兼具欧洲梨的香味和口感的红色梨新品种，具有极大的发展潜力。砂梨品种的遗传改良工作主要集中于日本和韩国，已育成丰水、秋月、圆黄等新品种（SHIN L，et al.，2000）。安久、红安久、巴梨、红巴梨、宝什克、考密斯、福尔尔、派克汉姆、阿巴特、康弗伦斯等栽培历史已超过百年的古老品种依然是目前欧美各国栽培的主要西洋梨品种（SILVA，2018）。

在鲜食葡萄品种选育上，美国以熟期、耐贮运、无核、高糖等为主要育种目标。欧亚种特别是无核品种的培育以美国最为先进，先后培育了红地球、火焰无核、克瑞森无核等世界知名的优良品种，最近又育成了秋脆无核（Autumn Crisp）、红斯维特（Sweet Scarlet）、秋王无核（Autumn King）、红皇家无核（Scarlet Royal）、Sugrafiftythree、IFG Twenty-Five、SV21-61-373等系列优良品种；日本以熟期、草莓香味、易无核化处理等为主要育种目标。欧美杂种的培育以日本最为先进，先后培育了巨峰、夏黑、阳光玫瑰等世界知名的优良品种。在酿酒葡萄品种选育方面，以意大利、法国、德国等欧洲葡萄生产先进国家最为领先，先后育成了赤霞珠、梅鹿辄、霞多丽等世界知名的优良酿酒葡萄品种，最近美国育成了具有抗寒、抗霜霉病和黑腐病特性的酿酒葡萄新品种Itasca。砧木则以培育抗旱、耐石灰质、抗根瘤蚜、抗线虫、耐盐碱和矮化的砧木品种为主要育种目标。法国和德国是最早从事葡萄抗性砧木育种的国家，育成了抗石灰质的41B、333EM、Fercal等。抗根瘤蚜育种方面，目前德国已育成Boner。抗线虫育种方面，高抗线虫的砧木有SO4、5BB、101-14Mgt等。矮化砧木育种方面，意大利选育了STR50和STR74两个矮化砧木，已获得意大利国家葡萄品种登记。

世界各桃主产国育种目标侧重点各不相同，意大利、美国、日本、法国、西班牙、希腊等国以优质、丰产以及熟期配套为育种目标，辅以选育果肉致密、耐贮运、抗褐化和短低温品种，油桃和砧木育种成为近年来各国关注的重点和热点。随着灾害性气候的频发，抗性育种越来越受重视。桃起源于中国，中国是世界桃产业的最主要贡献者，其中，明代万历年间上海露香园培育的优质水蜜桃，为世界桃育种奠定了重要基础（HARA-KITAGAWA M，2020）。

在草莓品种选育上，欧美多关注抗病性强、耐贮运、酸含量高、产量高等特性，选育的品种包括爱莎、甜查理、杜克拉、全明星等（张运涛，2006）。日本主要关注糖度高、酸度低、硬度偏低等特性，已释放的草莓品种超过300个，市场销售的约50个，如丰香、枥乙女、甜王、章姬、红颜、香野等。2000年以前，韩国主栽的草莓品种主要是丰香、章姬等日本引进品种，当前韩国主栽品种则是雪香、梅香、圣诞红等（孙健等，2021）。

世界各国在柑橘品种选育目标的侧重点各有不同。在日本和中国，优先考虑色泽。如日本选育的天草、早红脐橙、红肉蜜柚等。在意大利、土耳其、希腊等国，多侧重于抗枝枯病新品种选育，如Interdonato。在以色列、意大利等国，主要关注延长成熟期。近20年，全世界培育了200个以上柑橘新品种，其中我国约100个，其他国家约100个，远远超过20世纪的育种速度。其中，98%的品种用于鲜食（邓秀新，2005）。

香蕉品种选育首先是关注产量、抗逆性，其次为果实品质、早熟、植株矮化、光合效率高、强根、果实形状等。由于单性结实和不完全雌雄不育，香蕉的遗传改良与品种选育进展缓慢，在第一个国际育种计划启动70年后，才发布了首例杂交栽培品种金手指（Assani A，2005）。

世界芒果选育的普遍目标为矮化、早熟、高产、外观美、大小和质量适中、无生理障碍、抗病虫害和货架期长等。印度的芒果选育多关注果实外观、肉质、风味、货架期等，先后培育了Mallika、Amrapali、Arka Aruna、Arka Puneet等代表性品种。以色列芒果育种主要关注品质、外观、产量和收获期，新育成代表性品种为Shelly和Naomi。澳大利亚的芒果选育主要是针对主导品种肯辛顿的进一步改良。泰国的芒果选育多关注适于出口外销的芒果品种，如Maha Chanok。以色列正在进行芒果砧木育种，旨在培育抗/耐石灰性土壤、盐水和重度非通气土壤引起的胁迫的砧木（何平，1999）。

世界各荔枝龙眼生产国在新品种选育上，主要以熟期、丰产稳产、抗病、抗逆、耐贮运等为目标。因荔枝龙眼童期长、杂交坐果率低、种间杂交不相容，以及严重的自交衰退等因素，导致荔枝龙眼育种进展缓慢。当前美国选育的荔枝品种包括Peerless、Yellow Red、Late Globe等，印度选育了Swarna Rupa，南非选育了Friedenheim、HLM Mauritius和Nelspruit。龙眼的研究主要集中在泰国与中国，泰国龙眼主栽品种为Do，其他商业品种如Haeo、Biao Khiao和Chomphu（孙清明等，2010）。

（二）育种技术创新

以现代分子生物学技术为基础可以加快果树育种进程。目前，国外的育种技术创新主要体现在标记应用和智能化管理等方面。在提高育种效率方面，基于基因组学的全基因组关联分析（GWAS）和基因组选择（GS）得到广泛应用。分子标记技术以其快速、高效的特点，为实现果树育种目标性状的早期选择提供了有效途径。

美国开发出世界首个苹果基因组学和代谢组学一体化平台，利用已获得10 000个SNPs和表型数据对124个苹果种质资源进行代谢物mGWAS，获得了1 000多个与各种代谢物相关的mQTL。捷克开发了一种基于17个SSR标记的苹果基因分型试剂盒，适用于对大量苹果样品进行基因分型验证。CRISPR/Cas9基因编辑系统已成功应用于金冠和嘎拉中，可通过编辑*DIPM4*基因来降低对火疫病的敏感性。德国利用CRISPR/Cas12a技术成功对苹果*MdPDS*基因进行了定点敲除，为丰富基因编辑技术在苹果等多年生果树上的应用提供了理论和技术支撑（ZHANG Y，et al.，2021）。

随着分子生物学技术和测序技术的飞速发展，越来越多梨品种的基因组序列已成功解析，果实品种、抗病虫性等重要性状已实现了基因定位，并鉴定出了一些重要的功能基因，分子标记辅助选择、转基因和基因编辑等先进的技术必将成为梨育种工作的必要手段。各国的学者们目前主要通过基因组、转录组等高通量测序，SNP、SSR 等分子标记分析，结合全基因组关联分析（GWAS）等手段，开展遗传连锁图谱构建、果实品质、抗性等重要性状的基因定位、重要功能基因挖掘和分子标记开发等研究，取得了一定进展，但在梨育种实践中的应用还处于试验阶段，应用有限（SHIN，et al.，2000）。

随着桃基因组测序技术的成熟，分子标记辅助育种的研究与应用发展迅速，日本学者在 Tenshin suimitsuto 中发现了与大红袍相同的 NAC 启动子区域的转座子插入突变，该突变可以作为桃红肉性状的准确标记，同时发现红色程度与 MYB10.1 的等位基因类型相关（KORBAN，2019）。

胚挽救技术有效克服了葡萄胚胎败育或果实成熟而胚胎尚未发育完全等问题，在葡萄的早熟品种选育中发挥了重要作用。分子标记辅助选择和转基因技术在葡萄育种上的应用较晚，进入 21 世纪以来，欧、美、日和中国等国家先后将无核、香型（酯香型和玫瑰香型）、抗根结线虫等各类性状的分子标记陆续应用于葡萄杂交后代的早期选择。以色列培育出了世界上第一个转基因葡萄品种 Improved Chancellor，并于 2009 年在美国获得品种登记。

随着组织培养技术与生物技术的日益突破，柑橘育种技术得到了飞速发展，其中包括组织培养技术育种、体细胞杂交育种、遗传转化育种等。我国柑橘研究在基因组学、资源发掘利用和种质创新等领域已进入世界领先行列（郭文武等，2019）。

二、发展趋势

（一）育种目标不断调整，新品种更新速度不断加快

培育优质、丰产、高抗、易管理的果树新品种仍然是现代果树育种的总体目标与发展战略。

当前，世界苹果育种格局未发生明显变化，美国、新西兰、意大利、法国等一直处于领先地位。育种目标仍将继续关注果实品质的提升、抗病性（黑星病、白粉病、火疫病）、抗逆、营养含量、适于集约化生产等方面。

欧美各国近年在梨育种中将持续关注矮化砧木品种选育，以及抗寒、抗病虫性等性状的改良，栽培省工省力、适于机械化、抗逆性强将是其今后重点关注的育种目标。将东、西方梨果实的优异品质性状融合，兼有省力化和较强的抗逆性，也将是世界各国梨育种共同努力的方向。

近年来，鲜食葡萄在世界葡萄产业中的比重越来越大。世界先进的葡萄生产国大体分为两类。其中一类是以智利、美国为代表，还包括秘鲁、南非等国家，这些国家的鲜食葡萄产业多为规模化经营，育种方向也将集中在贮运性能好、便于集约化管理等方面，无核品种将进一步取代有核品种，成为这种模式下的主导品种。另一类以日本为代表，葡萄产业经营规模较小，育种方向将会设定为大粒、均匀、外观品质和食用品质好、有香气等。

桃的多样性丰富。世界桃品种的选育，将逐渐趋于高糖低酸、多样化品种的选育。油桃、油蟠桃等品种的选育与推广将是重要的发展方向。优质、大果、耐贮、种类多样化也将

成为世界桃新品种选育的共同目标。

适合机械采摘的草莓新品种需具备硬度较大、耐贮运、适合自动化打包、酸甜适合、有香味等特性，是未来草莓品种选育的重要方向。种子繁殖型草莓品种具有主根发达、产量高、育苗成本低等特点，也是未来草莓品种选育的重要方向。兼具观赏、鲜食特性的草莓品种选育也将会成为重要发展趋势。

其他热带水果品种选育方面。根据气候和主要栽培类型的差别，中国和日本等亚洲国家将主要以改良宽皮柑橘为主，西班牙、意大利等地中海国家主要以改良克里曼丁橘为主，美国、巴西、澳大利亚、南非将主要对脐橙和甜橙进行改良。以色列将继续关注芒果的砧木育种，旨在培育抗/耐石灰性土壤、盐水和重度非通气土壤引起的胁迫的砧木；澳大利亚的芒果选育将继续针对主导品种肯辛顿进一步改良；泰国的芒果选育多关注适于出口外销的芒果品种，如 Maha Chanok 一样果皮颜色鲜艳、果皮厚、果实品质好的新品种。世界荔枝龙眼的育种工作还处在经验育种阶段，培育适宜各种生态条件和市场需求的优良品种，是荔枝龙眼产业持续发展的迫切需求。培育香蕉新品种仍是香蕉产业创新的核心，结合倍性育种和野生种质的驯化，培育出既可食用又抗病的香蕉新品种，是未来香蕉遗传育种研究的发展趋势。

（二）传统育种手段与现代生物育种技术不断融合

世界各国将继续重视果树传统育种手段与现代生物技术的配合，创新分子标记辅助选择、转基因和基因编辑等现代育种技术，将成为果树育种技术的发展趋势。在提高果树育种效率方面，基于基因组学的全基因组关联分析（GWAS）和基因组选择（GS）将得到广泛应用。分子标记技术以其快速、高效的特点，为实现目标性状的早期选择提供了有效途径。组学技术，尤其是基因组学等大数据、重要园艺性状功能基因发掘等，成为果树生物学研究的前沿。基因编辑技术可以实现同时编辑多个目标性状而不改变植株原本优良性状，随着大量果树作物全基因组测序的完成和越来越多重要农艺性状基因功能的解析，基因组编辑技术必将在果树遗传改良和品种培育上发挥巨大的作用。

参考文献

邓秀新, 2005. 世界柑橘品种改良的进展 [J]. 园艺学报, 32(6): 1140–1146.

郭文武, 叶俊丽, 邓秀新, 2019. 新中国果树科学研究 70 年——柑橘 [J]. 果树学报, 36(10): 1264–1272.

何平, 1999. 芒果的选育种研究进展 [J]. 热带农业科学 (2):60–63.

孙健, 李双桃, 常琳琳, 等, 2021. 韩国草莓育种现状及新品种介绍 [J]. 中国果树 (8):3.

孙清明, 欧良喜, 向旭, 等, 2010. 荔枝品种选育进展 [J]. 果树学报, 27(5): 7.

王力荣, 吴金龙, 2021. 中国果树种质资源研究与新品种选育 70 年 [J]. 园艺学报,48 (4):749–758.

张运涛, 2006. 中国园艺学会草莓分会. 草莓研究进展（二）[M]. 北京：中国林业出版社:255–259.

ASSANI A, CHABANE D, HACOUR R, et al., 2005. Protoplast Fusion in Banana (Musa spp.): Comparison of Chemical (PEG: Polyethylene Glycol) and Electrical Procedure[J]. Plant Cell, Tissue and Organ Culture, 83(2):145–151.

DESMOND O' ROURKE,2019.World Apple Review 2018[M]// Desmond O' Rourke. Belrose, Inc.

HARA-KITAGAWA M, UNOKI Y, HIHARA S, et al.,2020. Development of simple PCR-based DNA marker for the red-fleshed trait of a blood peach 'Tenshin-suimitsuto' [J]. Molecular Breeding, 40(1):5.

KORBAN S S, 2019. The Pear Genome[M]. Cham: Springer: 65–79.

MANDAL D, WERMUND U, Phavaphutanon L,et al., 2021. Temperate Fruits: Production, Processing, and Marketing [M]. Palm Bay: Apple Academic Press Inc. :107–126.

SAITO T, 2016. Advances in Japanese pear breeding in Japan [J]. Breeding Science, 66(1): 46–59.

SHIN L S, KIM W C, HWABG H S,et al., 2000. Achievements of pear breeding in Korea[C]. In VIII International Symposium on Pear, 596: 247–250.

SILYA G J D, VILLA F, GRIMALDI F, et al., 2018. Pear (Pyrus spp.) breeding. In Advances in plant breeding strategies: Fruits[M]. Cham: Springer: 131–163.

SIMARD M H, MICHELESI J C, MASSERON A, 2002. Pear rootstock breeding in France [C]. International Symposium on Rootstocks for Deciduous Fruit Tree Species, 658: 535–540.

ZHANG Y,ZHOU P,BOZOROV T A,et al.,2021. Application of CRISPR/Cas9 technology in wild apple (Malus sieverii) for paired sites gene editing. Plant Methods,17(1):79.

第三节　果树栽培与生产技术

一、发展动态

（一）苗木繁育

1. 无病毒苗木生产

无病毒苗木生产是发达国家果业现代化中最基础和最重要的工作，已形成无病毒资源选育－无病毒资源长期安全保存－无病毒优质苗木生产认证的完整链条。

意大利主要果树基本实行"优质健康苗木认证生产体系"来进行苗木生产，主要由健康优系资源圃、原原种资源圃、原种资源圃、无病毒母本园、苗木繁育场5部分构成，母本采穗圃在确保无侵染媒介的地区建立，母本树必须为经过农业部指定资质机构检测的无病毒资源或由相关资质机构提供的无病毒优系资源母本树；砧木和接穗资源生产过程中必须由农业部指定的资质机构进行定期检测，并监督各项管理措施和记录合格砧、穗资源的采集数量及母本植株号码。苗木获得农业部发放的身份证方可上市销售。通过以上途径保证优质健康苗木的逐级扩繁，有效控制各级资源不被再侵染，保障苗木繁育的经济性、规范性和有效溯源（王海波等，2013）。

美国由国家清洁植物网络中心－果树（The National Clean Plant Network-Fruit Trees，NCPN-FT）负责果树无病毒苗木的监管，该中心汇集了包括行业领导者、植物病理学家、州和联邦监管机构以及清洁植物中心在内的多元化群体，致力于生产出经过病毒测试的健康砧木和接穗品种，以尽量减少病毒对果树和苗圃行业的影响。商业苗圃的砧木和栽培品种均来源于NCPN-FT中心经过病毒认证的苗床，苗圃在经过熏蒸处理的土壤上建立永久性的采穗圃，每个无性系砧木和接穗都有专门的识别标志，注明来源、经过测试的病毒等信息，每年通过酶联免疫法（ELISA）和分子手段对已经注册的接穗和砧木进行定期病毒检测，一旦发现有病毒感染的植株则从采穗圃永久移除（Pscheidt 和 Ocamb，2022）。

柑橘黄龙病是柑橘产业中最具毁灭性的病害之一，严重影响柑橘产业的健康发展。无病毒苗木的培育是控制黄龙病蔓延的重要前提。西班牙、意大利两国柑橘无病毒果园已占全国总面积的80%以上。美国高度重视柑橘良种的研究与推广，在全美实现了柑橘良种苗木的无病毒和生产全程标准化（何劲等，2009）。尤其是美国的佛罗里达柑橘嫁接苗的砧木会倾向于选择有黄龙病耐病性的砧木，比如 US 941 and US-897 等，而且柑橘的苗木生产被要求百分之百室内生产。

2. 苗木质量标准体系建设

发达国家的苗木生产早已实现标准化、规模化和机械化，采用同一标准来规范土地、苗木规格、苗木株行距、栽培方式、起苗流程、包装方式等指标。以准确、标准统一的栽培手段及明确公开的产品供应方式来面对消费群体，向客户提供产品具体的种类、规格、数量、价格以及具体形态的图片。苗木协会以对苗木市场的分析预测结果为标准，更改或制定新的苗木销售计划，完善产品运营体系，从而使生产与销售更好对接，以达到减少苗木库存量的目的（潘颖和龙岳林，2018）。发达国家完善的苗圃标准化建设得益于行业协会的推广以及先进的终端消费模式。苗木协会作为生产者和消费者的沟通枢纽，拥有发达的网络平台，不同地区、不同级别、不同类型的协会都尽全力最大化地发挥着自己的作用。

美国有多家国家和地方级苗木产业协会，在美国苗木的生产、销售及维护种植者利益等方面作用显著。协会为会员提供开发计划，通报最新品种及部分品种的市场需求量，代表会员进行市场运作，如参加国家级展览会、寻找新的市场契机等（王韦，2016）。美国有专门的《苗木》国家标准（American Standard for Nursery Stock，ANSI Z60.1-2014），对苗木规格测量指标（包括干径、树高、冠幅、枝条数、枝条长度、分枝点等）及其测量规范给出了详细的描述；同时规定了苗木的类型、生长习性、生产和包装以及预期用途，便于市场标准化的营销和经营，具有很强的专业、严谨、实用性和可操作性（门晓妍等，2020）。

3. 分枝大苗生产

发达国家苹果和梨等果树普遍采用分枝大苗建园，以期获得早期丰产（图3-1、图3-2）。分枝大苗具备适宜的分枝高度、分枝数目、分枝长度和分枝角度，是早期树形建成和产量形成的先决条件。国外砧木的繁殖主要依靠压条繁殖和组培快繁，砧木采用机械水平根剪切，起苗后将砧木苗分级，定植在育苗圃内，留下的砧木根继续繁殖，根次年萌发生长后，采用锯末覆盖和喷灌等方式促进砧木生根。分枝大苗育苗的行株距为 0.8 m×0.3 m，每亩育苗株数为 3 000 株，采用2种育苗方式，2年或3年出圃。在2年出圃的分枝大苗生产中，分级的砧木定植在苗圃中，秋季芽接后，苗木再长1年，形成带分枝的苗木出圃。有的苗圃采用双芽接生产双主干苗，有的采用温室营养钵育苗，育出容器苗。目前苹果生产的大苗均为3年生带有分枝的大苗，苗木标准为基部干径 1.0～1.3 cm，苗高 1.5 m 以上，在合适的分枝部位有 6～9 个以上的分枝，长度 40～50 cm，主根健壮，侧根多，大多数长度超过了 20 cm，毛细根密集。

图3-1　意大利苹果分枝大苗

图3-2　意大利梨分枝大苗

（二）栽培模式

1. 砧穗组合的评价与筛选

砧穗组合是果树接穗与适宜砧木品种进行组配的方式。在砧木和接穗的相互作用下，嫁接果树的生长特性、结果能力、果实品质以及抗性等都会发生某种改变，砧木的矮化能力和抗性水平对接穗影响尤为明显。优良的砧穗组合不仅能促进树体生长，提高果实品质，还可增强植株的抗逆性、糖类物质代谢及生理代谢等。选择适宜的砧穗组合，使其具有最佳的生产能力，既能满足果树集约化栽培的需求，又能为获得更好的经济效益奠定基础（王珂，2021）。

苹果矮化砧木的评价与筛选主要集中在砧木在不同生态环境和栽培模式下树体的生长特性，生物胁迫、非生物胁迫和砧穗互作对树体生长和结果影响的生理过程，利用表型和基因组学选育新的砧木品种，同时收集全球的苹果矮化砧木资源进行评价和利用。M 系列矮化砧木（M.9 和 M.26）是世界上应用最广泛的矮化砧木，但在某些地方适应性较差，容易感染细菌性病害火疫病、连作障碍等土传病害，因此限制了在某些地区的发展和应用，而抗火疫病和抗重茬的 Geneva 系列砧木在美国的应用越来越广泛（图3-3）。目前世界苹果常见的矮化砧木主要包括康奈尔大学选育的 G 系列和 CG 系列、英国的 M 系列和 MM 系列、俄罗斯的 Budagovsky 系列、加拿大的 Vineland 系列、德国 Pillnitzer-Supporter 系列、波兰 Polish 系列和捷克选育的 J-TE-H 系列（赵德英，2020）。

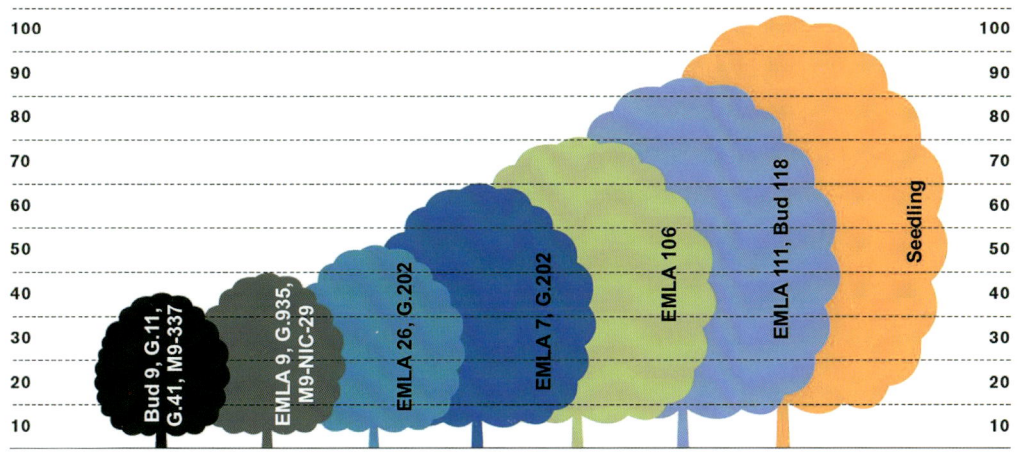

图 3-3　不同砧穗组合苹果树体大小

梨树砧穗组合的评价与筛选主要聚焦于产量效率、早果性、丰产性和矮化性等方面，其他还包括嫁接亲和性、果实品质和果个大小、对盐碱土的耐受性、冬季的抗寒性、对炎热或低温的适应性、抗旱和抗盐能力、对火疫病、梨衰退病和黑星病的抗性等。常见的砧木是美国俄勒冈州立大学的 OH×F（OH×F69、OH×F87、OH×F97、OH×F217、OH×F333 和 OH×F513）和 Horner 系列砧木、澳大利亚的西洋梨（P. communis）系列 BM2000、法国昂热的雪梨（P. nivalis）系列 Brossier、法国农业科学院选育的 Pyriam、意大利博洛尼亚大学的西洋梨 Fox 系列 Fox11 和 Fox16、德国的梨属植物系列 Pi-BU 2 和 Pi-BU 3、德国的西洋梨优系 Pyro2-33 和 Pyrodwarf、英国东茂林试验站选育的 QR 系列 708-36 以及榅桲系列矮化砧木 Adams、BA29、EMC、EMH 和 Sydo，如图 3-4（赵德英，2021）所示。

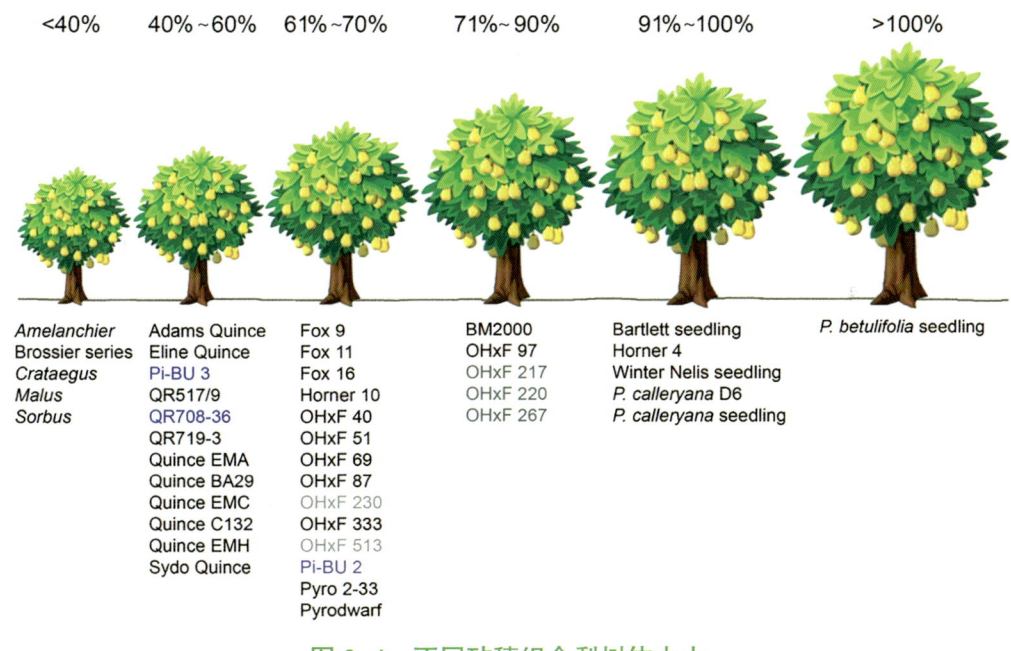

图 3-4　不同砧穗组合梨树体大小

桃砧穗组合的评价与筛选致力于选择易于无性繁殖、嫁接亲和、对黏重土、盐渍和钙质土壤、铁萎黄病、涝渍和干旱以及细菌性溃疡病、土壤腐烂真菌、蜜环菌、冠虫瘿、寄生线虫、再植病及低温抵抗力强的砧穗组合。长期以来桃树使用的砧木均为李属植物的杂交品种，包括 P. domestica（欧洲李）、P. americana（美洲李）、P. davidiana（山桃）、P. insititia（大李子）、P. incana（柳叶樱桃）、P. cerasifera（樱桃李）、P. dulcits（扁桃）、P. tomentosa（毛樱桃）、P. salicina（日本李）和 P. mume（日本梅），目前国外常用的砧木包括 Nemaguard、Nemared、Lovell、Halford 和 Guardian，来自俄罗斯的 P. tomentosa × P. cerasifera 杂交种 Krymsk® 1、Krymsk 86，来自西班牙的 Rootpac20 和 Rootpac40，美国农业部在佐治亚州开发的半矮化李桃杂交品种 MP-29，来自美国加州大学戴维斯分校的 ControllerTM 6、ControllerTM7、ControllerTM8。目前，最有希望高产的桃矮化砧木是 ControllerTM 7 和 ControllerTM 8。

柑橘砧穗组合的选择应基于土壤类型、土壤 pH 值、病虫害压力、所需的树间距和大小控制以及其他园艺特性。砧木要具备耐受高 pH 值和盐度条件的能力。埃及艳后柑橘比大多数砧木更能耐受更高盐度和碱度的条件，但它并不适合排水不良的土壤。Volkamer 柠檬适用于高 pH 值或钙质土壤。C-22 对钙质土壤具有耐受性。砧木 C-35、Carrizo、Swingle 和 Swingle 在高 pH 值和高盐度条件下表现最差。与其他常见砧木相比，US-802、US-897、US-942、UFR-4 和 UFR-5 对疫霉病具有更高的耐受性。US-942、US-812、UFR-4、UFR-5 和加利福尼亚栽培品种 C-54、C-57 在黄龙病高压力下产生了良好的产量，并且表现出低于平均水平的落果率。US-1279、US-1281、US-1282、US-1283 和 US-1284 对黄龙病的耐受性较高。

各地的科学家开发了大约 1 500 种葡萄砧木，在不同国家用作葡萄砧木的大约有 150 种，而用作商业砧木的只有 50 种左右。砧穗组合的选择尤其关注对害虫的抗性，对不同的果园位置、生长条件、栽培管理、特定的病原体种群的反应。目前重点关注砧木农业生态系统随气候变化和病虫害压力的演变。

2. 栽植密度

宽行密植是发达国家苹果栽培采用的模式，最佳的栽培密度是每公顷 2 500～3 000 株（图 3-5，图 3-6）。这种栽培密度定植后 3～4 年就可以形成完整的冠层结构，第 5 年即可获得稳定的产量。美国康奈尔大学 Robinson 教授研究结果表明，每公顷栽植密度 500 株左右的果园往往在定植后 7～12 年才可以完成树体结构的培养，6～7 年获得产量，10～12 年进入稳产，见效慢。对于每公顷 5 000 株以上的超高密度果园，虽然也可以获得早果丰产，但获得的前期收益不足以弥补购买大量苗木和投入品产生的费用，因此生产中也不予推荐使用。要想获得较高的早期产量的收益，每公顷 3 000 株的栽植密度是最好的，但生产中要根据土壤肥力状况、品种的生长势和生态气候条件进行适当的调整（Robinson，2011）。

图 3-5　日本密植苹果园　　　　　图 3-6　美国密植苹果园

南美洲梨园由于成功利用了无性系矮化砧木 Beurre Hardy 和 Old Home，已实现每公顷 3 000 株的高密度栽培，最高密度每公顷超过 10 000 株，而高密度果园早果丰产性好，农药漂移减少，利用率也高，可节约农药和水分，投资回报快。果园采用窄冠的"V"形或结果墙栽植系统，栽培管理可以在地面或借助管理平台、0.6～1.8 m 高的梯子来完成，为工人们创造了一个轻松、便捷和高效的工作环境。美国的梨产业界（包括生产者、苗圃和科研机构）都已经达成了广泛的共识，采用早果丰产的矮化砧木进行高密度栽植，生产者可以很快收回投资，消费者也可以尽早品尝到品质和性状独特的新品种，对于刺激梨果消费、降低成本、实现美国梨果产业经济可持续发展和保持美国梨产业在国内和国际的竞争力至关重要（图 3-7，图 3-8）。

图 3-7　美国密植梨园　　　　　图 3-8　意大利密植梨园

柑橘的栽植密度因使用砧木类型而异，美国、巴西、意大利和澳大利亚等国大多使用乔化砧，果园机械化程度较高，栽植密度较稀，一般甜橙的株行距为 5 m×6 m（亩栽 22～23 株），甚至 6 m×6 m（亩栽 18～19 株）。中国、日本和韩国等柑橘种植密度较大，枳砧温州蜜柑的株行距一般为 3 m×4 m，甚至 3 m×3 m，即每亩分别栽 56 株和 74 株。高密度种植的五个重要组成部分是矮化砧木和中间砧、修剪、矮化接穗品种、使用化学品/植物生长调节剂和适当的作物管理措施（Chhetr et al.，2019）。澳大利亚等国也利用类病毒、砧木、中间砧等手段进行矮化种植。

香蕉在干燥和炎热的热带国家种植保持每公顷2 500～3 000株的宿根密度，在温和的亚热带气候中使用较低的密度（每公顷1 500～2 000株）（Robinson and Galán Saúco，2010）。常规种植（1.5 m×1.5 m）条件下的产量显著高于三角配对种植[（0.90～2.10）m×1.5 m]条件下的香蕉产量，可提高11.38%（Raskar B S et al.，2003）。种植密度1666株/hm^2，矩形（3 m×2 m）高间距整体的生产力最高，每公顷投入的费用较少，采收期分布范围窄，且便于田间管理（Robinson et al.，1989）。

芒果普遍采取每英亩种植63株的密度标准，合10～11株/亩，种植规格一般为8 m×8 m（NHB Ministry of Agriculture and Farmers Welfare）。ICAR-NAIP芒果种植间距一般7～10 m。高密度种植条件下，其种植密度一般为5 m×5 m和6 m×6 m（ICAR-NAIP，2005）。北印度品种Amrapalli非常适合高密度种植，种植间距为2.5 m×2.5 m（Bally，2006）。

草莓高架栽培模式发展迅速。草莓高架栽培方便工人田间工作，草莓着色更均匀，病虫害防治时喷药更充分，但需要较高的管理水平（图3-9，图3-10）。日本在草莓高架栽培方面做得较好，形成了一系列的产品和配套栽培技术。欧洲国家研发的栽培槽可升降模式能调整草莓高度，方便工人进行草莓基质更换、草莓定植和采收，也能实现机械采摘和包装一体化。欧洲、日本在草莓高架栽培方面开展研究工作较早，研发配套产品和技术较多。

图3-9　俄罗斯高架草莓

图3-10　印度草莓立体栽培

（三）整形修剪

苹果高纺锤形（图3-11）、"V"形、主干形（图3-12）等高光效树形日臻成熟和完善。高纺锤形是国外最常见的苹果树形，利于机器人采收的平面篱壁式二维结构树形成为未来的新模式，树形由3D栽培模式向2D栽培模式转变，为了实现二维树形，美国采用"V"形高密度栽植模式、新西兰推广了水平多干形，德国发明出并棒树形（图3-13），意大利借鉴葡萄树形研发出Guyot树形。高纺锤形最典型的特点就是强而直立的中心干，树高2.7～3.0 m，没有永久性主枝，采用的修剪方式是更新修剪，每年去掉1～2个大侧枝，用更小更弱的小分枝替代，永远年轻的结果枝组可以维持良好的营养生长和生殖生长之间的平衡，并保证良好的光照分布和果实质量（Robinson，2013）。美国华盛顿州采用"V"形双平面树形，纽约州采用Bi-axis双中心干平面树形和多主干平面树形。"V"形双平面树形的株距为60～70 cm，双主干树形株距为1.2 m，多主干树形株距为5 m，每隔8 m设立一个支柱，支柱上至少拉 5～6 根平行的钢丝，用于水平引缚侧生分枝（图 3-14）。这种树形更有利于自动化平台的使用，便于机械疏花、修剪和机器人采摘，大大提高了劳动效率。2D 树形由于采用平面结果墙模式，树体冠层结构更加简单，光能截获效率更高，化学药剂喷洒更均匀高效，果实大小、色泽、成熟度和品质更加均匀一致。国外 90% 以上的果园均采用高光效树形，研究主要集中在不同树形光能利用与果实品质影响、高光效树体结构参数、冠层光照强度与果实品质形成等方面，并且研究取得了很大的进展。

图 3-11　苹果纺锤形

图 3-12　苹果主干形

图 3-13　苹果并棒树形

图 3-14　苹果"V"形双平面树形

美国梨树常用的树形为高纺锤形、"V"形和双主干平面树形。高纺锤形的栽植密度为株行距 1.25 m×3.75 m，每公顷栽植 2 133 株，适宜采用砧木为 OH×F87 和 Pyro 2-33（图 3-15）；"V"形的栽植密度为株行距 0.5 m×3.75 m，每公顷栽植 5 333 株，适宜采用砧木为 OH×F87 和 Pyro 2-33（图 3-16）；双主干平面树形的栽植密度为株行距 1.5 m×3.75 m，每公顷栽植 1 779 株，适宜采用砧木为 OH×F87 和 Sydo Quince（图 3-17）。"Y"字形、多主干平面树形、一边倒独龙干树形、日本独龙干联合棚架和"V"形联合棚架等宜机化树形也在国内外开始推广应用，宜机化栽培模式是应对未来机器人采摘发展的新模式。日本已经开始使用自动水果收获机器人从 V 形架上采摘梨，该机器人使用无人地面车辆（UGV）导航在树木之间移动，并用两个机器人手臂采摘水果。大约 11 秒采摘 1 个水果，与人的速度大致相同。使用深度学习的水果位置检测，检测系统通过花萼末端周围的颜色来判断果实是否成熟，是否可以收获。

图3-15 梨高纺锤形　　　图3-16 梨"V"形双平面树形　　　图3-17 梨双干平面树形

欧美等葡萄生产发达国家普遍采取适于机械化作业的直干单层水平龙干形（主要倒"L"形、"T"形或一字形）配合"V"形叶幕或直立叶幕，适于"T"形架、高宽垂"V"或"Y"形架（图3-18）；日本等葡萄生产发达国家普遍采用"H"形（单H、双H或多H等）配合水平叶幕，适于采取（双层）平棚架（图3-19）。普遍采用剪梢机、电动或气动修剪、修剪机器人等修剪机械进行机械化修剪，同时辅助采用喷施副作用小的植物生长抑制剂和水分管理等技术措施抑制新梢旺长。

图3-18 葡萄"T"形　　　　　　　图3-19 葡萄"H"形

芒果采用的树形有三根主干，最多不超过四根，内部开放，坐姿低（图3-20）。主枝向不同的方向生长，间隔30 cm以上，使之形成良好的角度。芒果终年结果，一般不进行年度修剪，只去除过度拥挤、患病和死亡的树枝。美国佛罗里达州按照规定的方式修剪种植的芒果幼苗，可使幼苗投入商业生产的时间约为不修剪的一半，修剪后可使芒果产量最大化，是不修剪芒果树产量的数倍，可降低管理和收获成本。具体修剪方法为：定干高度约1 m，随后抽生3个一级主枝，待新叶变成深绿色后剪掉每根枝条的生长端，培养出二级主枝，按照同样方法培养三级主枝、四级主枝，最后一次叶尖修剪应在芒果树开花前 5 个月进行，即在期望果实准备收获前 9 个月进行（Bally，2006）。

图 3-20　芒果树形

（四）土肥水管理

1. 土壤管理

欧洲、美国、日本等果树生产发达国家都十分注重施用有机肥来改良土壤，使土壤有机质维持在较高的水平。荷兰、美国和日本等国果树主产区有机质含量一般较高，荷兰的果园土壤有机质含量平均在 20 g/kg 以上，日本和新西兰等国苹果园土壤有机质含量达到了 40～80 g/kg（图 3-21）。在有机肥施用上，美国主要是在栽树前一次性投入大量生物有机肥，欧洲对有机肥施用有严格规定，日本和韩国主要采用有机无机复合肥，最近几年掺有有益菌的土壤改良剂在日韩果园应用普遍。果园生草土壤管理制度作为一项成熟的技术在国外的果园普遍应用。果园生草分为人工种草和自然生草两种，果园生草可以增加土壤有机质，长期生草可以取代外施有机肥，减少化肥用量，而且可以增加产量，提高果实品质，是一种省工省力、清洁生态的可循环利用的土壤改良科学方式（图 3-22）。以意大利、法国、美国和日本等为代表的发达国家葡萄生产普遍推行生草制、土壤覆盖和自然堆肥等土壤改良技术。世界上有很多国家采用柑橘园间种豌豆、豇豆等豆科蔬菜，提高了柑橘叶片氮含量，从而提高了植株活力和产量。另外，利用修剪后的树枝放在柑橘树行间，使用专门的粉碎机切断后直接铺在行间地面或抛撒到柑橘树行覆盖在地表，可起到保持水分、减少杂草和提高土壤生物活性等作用。

图 3-21　日本果园高有机质土壤

图 3-22　果园生草

重茬栽植会导致土传病害严重、土壤板结、果树根系分泌排斥物质增多和共生性杂草增多等弊端，影响果树产量和品质（图3-23）。定植前需要对土壤进行消毒，常用的土壤消毒技术有太阳能高温土壤消毒技术、棉隆土壤消毒技术、氯化苦土壤熏蒸消毒技术、溴甲烷消毒技术和石灰氮消毒技术（图3-24）。草莓高架栽培基质消毒时，可用80℃高温消毒12小时，能有效减少重茬效应；用棉隆对基质消毒时，要搅拌均匀，消毒20天完成后，要浇透水，20天后等草籽萌发后再种植草莓，避免伤苗。

图3-23　重茬建园前土壤测试

图3-24　果园土壤消毒

2. 施肥管理

国外普遍推行果园精准化施肥技术，以土壤营养分析为基础，以叶分析为主要依据，结合树相诊断，建立计算机推荐施肥技术体系，减少化肥使用量，提高化肥使用效率（图3-25）。测土配方施肥作为一种常规技术在欧美等果树生产先进国家大面积应用，美国配方施肥技术覆盖面积达到80%以上。并制定了规范的土壤取样、保存、处理、测试分析以及根据分析结果科学指导施肥的方法。叶分析指导施肥也在生产中普遍应用，已经研究制定出不同树种、品种、不同区域的叶片营养诊断的标准值，根据果农的叶样测定值与标准值比对，提出科学的施肥方案。欧洲、美国、日本等葡萄生产发达国家普遍根据叶片与土壤分析结果进行平衡施肥并采取水肥一体化技术；控释肥、精准施肥和生态配方施肥（有机无机微生物肥三肥合一）等技术和产品开始部分应用。养分综合管理（IPNM）技术由联合国粮农组织（FAO）和一些西方国家于20世纪90年代首先提出，目前在欧洲和北美广泛应用。根据这一技术，欧美国家果园的施肥量开始大大下降，目前美国苹果园平均施氮肥量为220 kg/hm^2、西班牙为400 kg/hm^2、意大利为150 kg/hm^2，国外多数在100～150 kg/hm^2。柑橘园使用专门的施肥机将固体肥料均匀播撒在柑橘树行的表面。先进的变量施肥机，可以通过激光扫描等方式检测树形、树高等特征参数，根据树体大小调节施肥量。有的利用高光谱图像技术等对叶片的营养状态进行评判，优化营养配施。

以色列草莓对氮磷钾的需求量大概接近2∶1∶1，建议土壤元素含量如下：9—10月定植期氮50 mg/g、磷25 mg/g、钾50 mg/g，11—12月第一次结果期氮80 mg/kg、磷25 mg/kg、钾80 mg/kg，1—2月第二次结果期氮85 mg/kg、磷25 mg/kg、钾85 mg/kg，3—4月第三次结果期氮85 mg/kg、磷25 mg/kg、钾85 mg/kg，5月之后氮60 mg/kg、磷25 mg/kg、钾20 mg/kg；钙元素控制在80～100 mg/kg，镁元素控制在40～50 mg/kg。日本、韩国主要通过营养液Ec值来指导生产，如日本专家建议红颜栽培可在日本山崎营养液配方的基础上来控制营养液浓度，定植期 Ec 值 0.6～0.9，花期 Ec 值 0.9～1.1，果实膨大期 Ec 值 1.0～1.2，植株衰老期 Ec 值 0.9～1.0；韩国专家建议圣诞红的最佳 Ec 值在 1.3 左右，超过 1.5 后植株容易衰老，产量降低。

图 3-25　果园精准施肥系统

3. 水分管理

早在 20 世纪 30 年代，发达国家就已开始研究并实施喷灌为主的节水灌溉技术（图 3-26）。20 世纪 60 年代，以色列开始发展并推广应用水肥一体化的灌溉施肥技术，目前采用计算机联网进行一体化管理，已实现精确灌溉施肥，达到时、空、量、质上有效满足果树在不同生长期的水分和养分需求，进行高效灌溉施肥，同时开发了现代诊断式控制器，通过不同的传感器获取以前不可能采集到的信息，运用计算机、GSM 等来实现数据传输和模型处理，做出灌溉施肥计划。水肥一体化技术在西方发达国家得到普遍认可。施肥设备和自动化控制技术不断更新的同时，作物的灌溉施肥制度也朝着更加精准、细化的方向有了长足的发展。从最早的水力控制、机械控制，到后来的机械电子混合协调式控制，到当前应用广泛的计算机控制、模糊控制和神经网络控制等，控制精度和智能化程度越来越高，可靠性越来越好，操作也越来越简便。日本人发明了一种自动培养微生物的营养液箱和微生物箱，二者有机结合一起连接到肥料控制单元进行灌溉施肥。目前，在以色列、美国、荷兰、西班牙和澳大利亚等水肥一体化灌溉施肥技术发达的国家，已经形成了设备生产、肥料配制、推广和服务的完善技术体系。欧洲、美国、日本等果树生产发达国家广泛应用根域局部干燥、调亏灌溉、滴灌和小管束流灌溉等节水灌溉技术，精准灌溉和智能灌溉初步应用。

在土壤植物水分监测技术方面，一方面加强了土壤水分测定仪器的研制和应用，如 TDR 时域发射仪、FDR、中子仪、张力计、水势仪等，澳大利亚开发了 Diviner 2000 管式水分测定仪和 Smart 水分测定系统，在应用中多采用几种仪器相结合；另一方面，除采用传统的叶水势、茎水势、气孔、叶片温度等水分评价指标外，近年来还开发出热脉冲茎流速率、树干热收缩率和树冠红外成像等作为果树需水的评价新指标。美国开始研发运用非接触式介电传感器测定土壤水分，示范固定式无线传感器网络或移动无线传感器等，并与控制精准灌溉设备配合使用。在俄克拉荷马州建立了 Mesonet 网络平台，共有 3 300 个传感器，每 5 分钟反馈一次，每天观测 700 000 次，并由太阳能供电，为节水灌溉提供服务。澳大利亚推出 Farmnet——提高农田管理的软件平台后，渠道渗流消耗由 30% 减少到 10%，水渠到农田的水流失率由 30% 降至 15%，植物对水的利用率从 40% 增加到 75%。在节水灌溉和灌溉施肥

·109·

设备上，尤其在微灌系统中，研发应用了精量控水控压的电磁阀、过滤器、输水阀门、水驱动施肥器等控制装置为一体的自动控制系统。应用自动过滤系统和压力补偿式防堵塞滴头等防止了滴头的堵塞，灌溉系统使用寿命长。

图3-26　果园节水灌溉系统

（五）花果管理

1. 授粉技术

苹果生产先进国家的授粉技术，以省工、省力、高效为主要特点，专用授粉树和昆虫授粉技术已经普及应用。欧洲、美国、日本等果树生产发达国家，苹果专用授粉树的应用已经成为一种常规技术措施，建园时不考虑主栽品种与授粉品种的选择与配置，而在行内按一定间距栽植海棠作授粉树，比例15%～20%；不采用人工授粉技术，果园几乎完全采用昆虫（壁蜂或蜜蜂）授粉。日本苹果园普遍应用壁蜂和豆小蜂等昆虫授粉；部分果园采用人工＋器械授粉，效率为人工点授的10倍以上。壁蜂尤其是角额壁蜂，在'Starking Delicious'种植园内的有效传粉距离是55.2 m，比蜜蜂的传粉距离长，授粉效率高、效果好。草莓花期也需要释放蜜蜂来授粉，目前栽培管理中主要用壁蜂、中华蜂和熊蜂来对草莓授粉。蜜蜂在10℃以上开始活动，20～25℃授粉较好，超过25℃飞出蜂箱的蜜蜂较多，但授粉效果不好，每亩需要释放5 000头左右（图3-27）。熊蜂授粉能力较强，温度活动范围比蜜蜂大，每亩释放400头就能满足草莓生产需求。

图3-27　果园蜜蜂授粉

2. 疏花疏果技术

日本苹果以人工疏花定果为主,化学疏花疏果为辅,疏果强度大,亩产量控制在 2 000 kg 左右。富士苹果化学疏花是在花期或盛花后 1～2 天喷洒石硫合剂;化学疏果在中心果直径 10～12 mm 时喷洒浓度为 0.12%(加 0.03% 展着剂)的西维因,人工定果是在盛花后 2 周萼片闭合时进行,盛花后 30 d 完成;人工定果后有效叶果比为(50～60):1。欧美等国家,化学和人工疏花疏果以及机械疏花疏果方法并用。常用疏花剂和疏果剂有石硫合剂、NAA、BA、ATs、乙烯剂及在 24 小时内喷施石硫合剂(LLS)和鱼油(FO)的混合液,机械有长齿耙盘疏果机械(Spiked Drum Shaker)和平行线玄疏花机(stiring thinner)(图 3-28)。韩国 Tae Kwon SON 等人在对苹果进行自交不亲和试剂(SICS)处理后,在花期喷施硝酸钙(CN)和硫酸钠(SS)。在富士上疏花效率达到 29.8%～36.3%,在嘎拉上喷施 2 遍 0.2% 的 CN 和 SS,疏花效率更高,而且同时提高了果实品质。

图 3-28 果园机械疏花

化学疏花疏果是负载量调控常用的方法,使用的药剂较为常见的是萘乙酸和西维因,使用的时期主要是盛花期、花瓣脱落期和果径 12 mm 大小时。但疏花疏果的效果与品种的敏感性(树体开花物候期、果实数量、叶面积、树体生长势)、化学药剂(种类、浓度、施用方法、覆盖率)和环境(温度、湿度、光照)关系密切。美国康奈尔大学开发出了用于指导化学疏花疏果的碳水化合物平衡模型和苹果果实生长率模型。碳水化合物模型使用每天的最高温度、最低温度以及日照量来计算每日的碳水化合物产量,并估算可以供给到树体各器官的碳水化合物量。如果碳水化合物过剩则坐果率高、疏除效果差,如果碳水化合物亏缺则坐果率低、疏除效果强。但碳水化合物模型一般用来预测树体对化学药剂的响应潜力,生产者根据模型来调整处理浓度和时间,但该模型不能用来评估化学药剂使用后的实际效果。果实生长率模型是基于果实生长速率来评估化学疏花疏果效果的一种方法,根据化学药剂喷施后第 3 天和第 8 天果实的直径评价,一般果实直径小于生长最快果实直径 50% 的小果无法坐果成功,确定为疏掉的果实,根据这类果实所占的百分比来评价疏除效果,从而决定是否需要喷施第 2 次化学药剂。目前美国苹果生产中同时利用这两个模型来实现负载量的精准调控,利用碳平衡模型在化学药剂使用前来预测树体的响应,利用果实生长率模型对化学药剂施用后的疏除效果进行早期评估(图 3-29)。

国外梨生产发达国家已经开始使用化学疏花疏果和机械疏花技术。梨树常用萘乙酸和硫代硫酸铵来疏花，50～150 mg/L 的 6-BA 用于疏果。梨的化学疏果在果实直径 5～10 mm 时使用，最佳天气条件是气温 20～25℃时的无风天，苹果疏果剂西维因会导致果实畸形，在梨果上不适用。国外常用的是 Darwin 250 单纺锤弦大型疏花机，价格昂贵且仅适用于篱壁式的梨园。

图 3-29　苹果化学疏花疏果

3. 果实套袋技术

套袋技术起源于日本，20 世纪初，日本为防止桃小食心虫的危害，率先在梨、葡萄上进行了套袋试验，几年后又在苹果上应用。葡萄套袋在日本已有上百年的历史，在韩国也有 20 余年的历史，主要用于防病害、虫害、防雨、防裂果、防喷药时果粒药液污染、防鸟类等，同时可促进着色、使果实表面光洁无锈、果品售价高（图 3-30）。除中国、日本和韩国外，世界其他国家几乎均实行无袋栽培。近年来，因劳动力短缺、人工价格昂贵和套袋对果实品质带来的负面效应，以及生产上全面普及了生物防治、高效低残农药使用、铺反光膜和秋季摘叶转果技术，日本和韩国套袋果比例在逐年缩小。据统计，韩国苹果套袋比例为 5% 左右；日本作为套袋技术的起源地，套袋生产曾经占比很大，1996 年套袋栽培比率为 52.9%，2008 年该比率降为 30% 左右，至 2019 年比率仅约为 10%（王贵平等，2021）。厄瓜多尔和秘鲁的小农有机种植者在香蕉花出芽时提前套袋，减少了红锈病、蓟马等病虫害的危害，提高了果实品质和产量（Arias de López et al.，2017）。

图 3-30　日本葡萄果实套袋

4. 果实品质提升技术

为提升苹果果实的外观品质和内在品质，美国广泛使用增加果面光洁度和颜色的化学药剂和防止果实日灼用的高岭土，日本采用可移动式反光膜，意大利和美国等使用不同颜色的遮阳网。日本普及推广了秋季摘叶、转果和铺反光膜等技术措施促进苹果果实着色、提高果实品质。西班牙采收前5周铺设反光膜，显著提高了树冠最底层光合有效辐射、促进果面着色、增加采收的标准果率。美国、加拿大、新西兰和日本等国家推广应用的新型反光膜，具有耐久、通气性好、反光效率高等特点，既能促进果实着色，又可提高果实含糖量、改善风味品质，一般可连续使用5～8年（图3-31）。德国使用防雹网提高果皮的绿原酸含量，希腊使用树皮覆盖增加树体生长量、提高果实产量（图3-32）。桃露红期、幼果期和硬核期喷施不同浓度的氯化钙，可显著提高桃果实的品质和产量，降低果实可滴定酸度含量及发病率。

图3-31　美国苹果园铺反光膜　　　　图3-32　意大利不同颜色防雹网

世界葡萄生产发达国家均建立了适于本国气候条件和国情的先进的花果管理技术以及严格的果品质量追溯体系。欧美等葡萄生产发达国家建立了以花期水分管理和生产线修整果穗为核心的轻简化花果管理技术，普遍通过调控花期和坐果期土壤和树体的水分状况实现疏花疏果，销售前在生产车间的生产线上快速修整果穗，使果穗达到基本一致，果穗要求松散。日本等葡萄生产发达国家建立了精细化的花果管理技术，普遍通过在花期和幼果发育期人工疏花疏果的技术措施修整花果穗，使果穗整形一致，果穗要求适度松散，即果粒之间紧密接触不变形且能转动为宜（图3-33）。

图3-33　日本葡萄果穗整形

日本专家通过调控温度和湿度、LED 灯补光技术、CO_2 释放装置和叶面肥提高草莓的果实品质（图 3-34）。草莓空气相对湿度 60%～70%，草莓地上部分最佳温度白天 22～28 ℃，夜间温度 10～14 ℃，根系的温度白天 18～22 ℃，夜间 10～12 ℃，温度低于 6 ℃花芽不再分化，温度低于 5 ℃容易进入休眠状态。以色列专家研发了高架草莓根部控温技术和利用地下水降温技术等，可有效提升草莓的果实品质（图 3-35）。

图 3-34　草莓补光系统

图 3-35　草莓降温湿帘系统

（六）设施栽培

经过长期的生产和科研发展，世界葡萄生产发达国家的葡萄设施栽培历经起始阶段、规模化发展阶段，目前均进入了产业化发展阶段，如荷兰和意大利等国的鲜食葡萄几乎都是设施生产的。管理水平大为提高，特别是一些大型的栽培设施已实现了用计算机调控设施内的环境因素，自动化管理，并逐步做到葡萄生产的机械化、工厂化，在保证葡萄果品质量前提下，基本实现了鲜食葡萄的周年均衡供应。目前，世界设施果树生产以葡萄为主。在长期的设施葡萄产业发展中，国外已经形成系列配套的技术措施，有相应的专门从事设施葡萄的研发和服务体系，其中包含了从育种、苗木、栽培、植保、采后贮藏和包装、运输、专业市场的整套科研和服务体系。通过不断优化适应市场需求的品种，选择适应设施生态特点的品种和砧木，针对不同葡萄品种的综合栽培管理体系，病虫害预测预报、生物防治和化学防治的整体病虫害防治措施，利用不断更新的空间设计和材料技术，实现了绿色、优质、高效和安全的设施葡萄生产，以优秀的品质和低能耗实现设施葡萄的可持续和环境友好型生产。

草莓设施栽培能够实现冬季生产，圣诞节前上市，与其他水果产期错开，收益较高。日本、韩国和中国是草莓设施栽培的主要国家，欧洲也有部分设施栽培草莓。日本利用设施栽培技术，实现了每亩草莓 12 万元的高收入，韩国利用设施栽培技术将草莓销售到中国香港、新加坡和马来西亚等国家和地区。一些大型公司也开发了物联网技术，能够精准调控草莓温室的温度、光照、水分和 CO_2 浓度，保障草莓质量。

二、发展趋势

（一）苗木繁育标准化

通过苗木协会沟通和协调苗木生产企业，管理、认证和监控苗木生产过程，开展种苗生产的商业化运作，实现苗木生产专业化、规范化和无毒化，依托完善的优质健康苗木认证生产体系，实现苗木繁育的全程机械化和工厂化。建立苗木溯源系统，对苗木进行精细化和信息化管理，实现苗木繁育、栽植、管护、生长和储运的全过程监控。

（二）栽培模式宜机化

宜机栽培模式成为果树的发展方向和趋势，实现果树的规模化和标准化种植，农机农艺深度融合，实现从果树定植、果园管理（整形修剪、土肥水管理、病虫害防治、埋土防寒和环境监测与调控等）到果实采摘收获的全程机械化作业。

（三）树形结构平面化

利于机器人采收的平面篱壁式二维结构树形成为未来的新模式。苹果、梨和桃等的"V"形双平面树形、水平多干形、并棒树形和 Guyot 树形，葡萄等的倾斜或水平龙干形、一字或 H 或 WH 树形配合水平或"V"形叶幕的应用将越来越广泛。平面树形能迅速形成结果墙、冬季修剪量小、受光率高、土地利用率高、可实现机械化采摘。

（四）肥水管理精准化

集成 GIS、GPS、RS 技术、传感器技术和自动控制技术，实现果树的水肥一体化精准管理，根据不同果树的需肥需水规律，土壤环境的养分和水分状况，把水分和养分定时定量，按比例直接提供给树体。

（五）花果管理省力化

专用授粉树广泛应用，化学疏花疏果和机械疏花技术全面推广，指导化学疏花疏果的碳水化合物平衡模型和苹果果实生长率模型日趋完善，实现负载量的精准调控；提升果实外观和内在品质的精准调控技术日臻成熟。

参考文献

何劲，祁春节，2009. 中外柑橘产业发展模式比较与借鉴 [J]. 浙江柑橘，26(4): 2–7.
黄秀，徐建国，聂振朋，等，2021. 柑橘黄龙病脱毒技术研究进展 [J]. 浙江柑橘，38(3):7–11.
黎维丽，余乃通，程志号，等，2019. 肯尼亚科学家通过 CRISPR/Cas9 基因编辑技术获得抗香蕉条斑病毒的香蕉品系 [J]. 世界热带农业信息 (2):54.

门晓妍,赵之峰,孙立民,等,2020.美国国家《苗木》标准浅析[J].山东林业科技,50(3):77–83.

潘颖,龙岳林,2018.国外苗圃产业发展及转型思考[J].安徽农学通报,24(7):109–110.

王贵平,薛晓敏,王金政,2021.我国苹果套袋技术应用研究进展及发展趋势[J].河北农业科学,25(4):44–48.

王海波,周宗山,郝志强,等,2013.意大利鲜食葡萄栽培及优质健康果树苗木认证生产体系[J].中国果树(6):83–84.

王韦,2016.欧美苗木面面观 走出国门取真经[J].中国林业产业(Z1):155–156.

张慧坚,1994.国外香蕉的遗传育种及其栽培[J].福建热作科技(3):12–14.

赵德英,闫帅,徐锴,等,2020.美国苹果生产和栽培技术概述[J].北方果树(5):1–5.

赵德英,闫帅,徐锴,等,2021.美国梨产业概况及砧穗组合评价与利用[J].中国果树(1):104–108.

AMPATZIDIS Y, 2019. Precision agriculture technologies in Citrus[J/OL]. Citrus Industry News, 100(6):10,12,14–15. http://citrusindustry.net/2019/06/04/precisionagriculture-technologies-in-citrus/(Assessed:08 August 2020).

ARIAS DE LÓPEZ M,COROZO-AYOVI R E,VIVAS L,et al., 2017.Búsqueda de Enemigos Naturales a Chaetanaphothrips signipennis y C. orchidii en Banano Orgánico en Ecuador,Perú y República Dominicana. IV Congreso Latinoamericano y el Caribe de Plátanos y Bananos[J],27–30 November,T ecoman,Colima, Mexico.

CHHETRI L B, KANDEL B P, 2019. Intensive Fruit Cultivation Technology of Citrus Fruits: High Density Planting: A Brief Review[J]. J. Agric. Stud, 7: 63–74.

FERREIRA M D, SANCHEZ A C, BRAUNBECK O A, et al.,2018. Harvesting fruits using a mobile platform: A case study applied to citrus[J]. Engenharia Agrícola, 38: 293–299.

ICAR–NAIP. MANGO (Mangifera indica)[EB/OL].(2005-3-22)[2022-2-20]. https://agritech.tnau.ac.in/govt_schemes_services/aas/mango.html.

RASKAR B S, 2003.Effect of planting technique and fertigation on growth,yield and quality of banana (Musa sp)[J]. Indian Journal of Agronomy,48(3):235–237.

ROBINSON T. L. Pruning Concepts for High Density Apple Orchards, 2013.06.01.https://rvpadmin.cce.cornell.edu/pdf/submission/pdf178_pdf3.pdf

ROBINSON T L, 2011.Advances in apple culture worldwide[J].Revista Brasileira de Fruticultura,33:37–47.

ROBINSON J C, Nel D J, 1989. Plant density studies with banana (cv. 'Williams') in a subtropical climate. II. Components of yield and seasonal distribution of yield[J]. Journal of Horticultural Science ,64: 211–222.

ROBINSON J R, GALÁN SAÚCO V, 2010. Bananas and Plantains[M]. 2nd Edition. CABI International,Wallingford,Oxfordshire.

第四节　果树病虫害防控技术

一、发展动态

(一) 果树病虫种类多样且重大病虫危害严峻

世界水果主产区，果树种类丰富多样，区域气候类型不同，因而面临的病虫种类也多种多样，几乎各区域的每种主要果树都有10多种常见的病虫，对水果产业安全生产造成重大挑战。从世界范围看，各种果树均面临持续为害的重大病虫，成为各区域病虫防控研究的重点关注对象。世界大宗水果主要包括苹果、柑橘、葡萄、梨、桃、香蕉、芒果和猕猴桃等，具有高暴发性、高危害性且分布较广的重大病虫害有桃小食心虫、梨小食心虫、苹果蠹蛾、梨木虱、各种害螨、蚜虫等虫害和梨火疫病、苹果树腐烂病、苹果黑星病、梨黑星病、葡萄霜霉病、柑橘黄龙病、香蕉枯萎病、猕猴桃溃疡病、李痘病毒、葡萄病毒病（葡萄是发现病毒种类最多遭受病毒危害最严重的果树）等。

(二) 重大病虫为害范围扩散检疫形势严峻

随着国际贸易发展，果树重大病虫为害范围逐步扩大，区域间病虫检疫面临严峻考验。苹果黑星病和梨火疫病曾是欧美苹果、梨产区的主要病虫，由于适宜的气候条件利于病虫暴发，荷兰等部分欧洲国家和地区喷药可达20～30次/年，且已经逐步扩散到亚洲种植区，对局部地区造成严重危害；历史上欧洲为防控葡萄根瘤蚜引进美洲抗虫砧木，导致大量美洲葡萄病毒在欧洲葡萄产区肆意扩散，一些古老葡萄品种几乎均遭受多种病虫侵染，随着现代苗木大规模化繁育，在中国葡萄产区也大量发现多病毒侵染；苹果蠹蛾的无规律流行和难以防控导致意大利苹果园防虫网的大量应用，极大地增加了产业成本，在中国也正从苹果产区的东西两线逐步向中原区域扩散；尖孢镰刀菌特别是Foc TR4引起的香蕉枯萎病，正威胁着全球香蕉产业，该菌可以在土壤中存留长达30年（Liao W et al.，2018）；柑橘黄龙病已然成为世界性病害，随着传播介体对柑橘黄龙病病原的不断传播，经常导致一些传统产区的毁灭。随着对食品安全的重视和研究深入，病害范围更扩展到水果加工的食品领域，康奈尔大学一项最新研究表明，一种新型病害——拟青霉腐烂病可引起苹果果汁、浓缩液、糖浆以及其他苹果产品的腐败，还能产生棒曲霉素，严重影响果品加工产业的安全，且研究人员在纽约州1/3以上的果园土壤中都发现了雪白拟青霉菌，这些新的情况都需引起重视（Fawcett H S，1937）。

(三) 农药的安全应用和生态保护

欧美等果业发达国家极其关注农药的过量和不当使用造成对环境土壤、水体等污染影响，拒绝高毒农药的使用，严格监管对果园周边水体的潜在影响，同时关注对果园生态的影响,尤其是对日益短缺的果园蜜蜂的影响。密歇根州立大学研究表明,杀菌剂会对果园授粉蜂产生有害的影响。长期以来,毒理学研究表明,大多数杀菌剂被认为对蜂是安全的,因为在实验室内直接接触这些化合物不会杀死这些蜂。但在果园内重复使用杀真菌剂,会造成授粉蜂类产生亚致死效应,会降低蜂类消化食物的能力,减弱其自身免疫系统能力,继而造成幼虫的低质量营养和整个蜂群的压力增加,使得蜂群更容易被害螨、微孢子虫和其他疾病所感染,从而摧毁蜂巢。研究人员调查发现,在密歇根的果园里,除养殖蜜蜂外,还存在大量野生蜂,种类有近百种之多,野蜂大多数独居、筑巢,且擅长传播花粉。蜂巢越强大,它们提供的授粉服务就越好。如何协调常规化学防治与野蜂保护二者的关系,难度更大。为了保护果园中各类授粉蜂,当花期使用杀菌剂防治樱桃叶斑病或苹果黑星病等病害时,研究人员建议采用以下技术措施最大化降低药物对蜂类影响。首先,在果树开花后,先剪除果园地面上开花的杂草,防止施药期间吸引蜜蜂进入果园内。同时可在果园附近种植开花植物,为蜜蜂提供健康食源。然后,在进行药剂防治时应选用对蜂类影响较低的杀菌剂,施药时间选择在蜂类不太活跃的黄昏或日落后,或气温低于12.8 ℃时;喷药前应校准喷雾器以减少药液的漂移;喷药时应将蜂箱置于果园外的上风口处,避免杀菌剂漂移的影响,并在靠近蜂箱时关闭喷雾器。

开展病虫监测,适时精准用药以减少农药施用量。根据定期监测果园害虫发生程度,配合果园实时气象数据信息与害虫预测模型,有利于制定精准的病虫害防控策略。田间防治首先可通过释放天敌昆虫,控制害虫种群密度。仅当害虫或病害即将达到经济损失阈值时才使用化学药剂防治(周春娜等,2015)。

开展弥雾机械甚至是智能化弥雾机械研究,提升农药的弥雾质量是减少农药用量的关键途径。美国施药研究表明药械喷嘴的磨损会严重影响喷药质量,可通过定期更换喷嘴来保证施药雾滴粒径。对于典型的辐射形弥雾机,可使用偏转器来改变气流方向,使药液随气流达到树冠内部较难喷施部位;由于弥雾机施药可达树体有效部位的药量约为55%,浪费药液较为严重,可通过增加弥雾机空气偏转器以确保更多药液喷向目标区域,并应关闭正在向非目标区域喷射的喷嘴等措施减少药剂损失;应定期喷水检查并调整弥雾机喷雾效果;喷水检查同时应做叶片上药剂沉积试验,利用水敏测试卡确保每平方厘米需要喷上50~70个雾滴;还可在弥雾机下部喷嘴位置安装压力表进行监测,确保喷雾压力正常。

密歇根州立大学借鉴常用于林业的树干注药方式,研发果树树干注药系统。生物农药是当前较为推崇的一类防治害虫药剂,但由于其受紫外线照射易于降解的弊病,研究人员研究通过树干注射阿维菌素和印楝素的方式替代传统全树喷施来保证其药效。在树干注射与喷施农药的对比研究中发现,注射使用其他生物农药与化学复配农药一次可比喷药防治期加长,喷药防治则至少需要施药两次。树干注射还能避免喷雾造成的药液漂移问题,降低药剂对果园中有益生物与环境污染的风险。但作为一种新的施药方式,研究人员目前重点研发配套高效注射装置,以及与常规方式相结合的害虫综合抗性管理措施,防止害虫过快产生抗性(Yeeles A,2019)。

(四)农药替代技术研究

1. 农业防治

印度研究人员Bindra O S针对印度国内柑橘粉虱和柑橘木虱提出了控制合理种植间距在

20~25英尺（1英尺=30.48 cm）和适时喷施BHC/DDT、烟草浸出液、硫酸烟碱、鱼油肥皂液等有效防控措施建议（Bindra O S，1957）；泰国龙眼产区重施采后肥，重回缩修剪，同时清除园内及其周边的病虫寄主、枯枝落叶以及病虫残体，夏季深耕清除荔枝蝽蟓等；针对吸果蛾提出破坏其在果园附近的繁殖越冬寄主植物、套袋保果、灯光诱杀以及喷施鱼油肥皂液、原油乳化液和DDT等措施，针对柑橘潜叶蛾提出清除树篱和加强人工防治的建议，针对柠檬果蝇提出人工摘除卵块幼虫、网捕成虫等措施建议。由于长期使用除草剂，造成部分耐除草剂草种成为主要杂草，不断增加果园杂草防除难度（黄旭明，2002；Kumar R et al.，2007）。美国加利福尼亚州的果树种植者们试图恢复原始的杂草控制策略，利用放牧和耕作制度解决杂草问题。随着加州果园杂草对草甘膦等除草剂的抗性不断提高，已有葡萄园通过牧羊来清除杂草，排泄的羊粪还会促进果树生长（PAUL D B，1951）。当年通过中耕、苗前控制和多次刈割，可减少随后几年的杂草控制支出与管理成本（MICHAUD J P，2002）。

在现代化密植果园里，种植者们不断地寻找新的方法，使他们的树木生物学特点与新兴的机械化技术相匹配，目标是提高产量和效率。华盛顿州立大学、意大利博尔扎诺省果树研究所等认为通过精细的冠层管理得到紧凑、平面化的树形结构，最适合未来的机械化，甚至是机器人技术。平面化的苹果树形，通风透光性好，病虫发生相对较轻，也利于智能化弥雾机械的高效工作（JACAS J A，2010）。

2. 生物防治

在现代农药产业快速发展之前，由于缺乏高效的农药，人们曾十分重视并开展果树病虫的生物防控，并在近些年为降低农药的大量应用重新重视生物防控技术的研究。1951年，加利福尼亚大学学者Paul D B基于加州开展柑橘害虫防治试验，提出以保护利用害虫天敌的生态调控方法对害虫进行高效防控的论断；Rosen D总结报道了以色列防控柑橘害虫包含天敌引进应用和选用高效化学药剂等在内的生物与综合管理措施；Kim H S等报道了利用红蜡蚧扁角跳小蜂防治柑橘红蜡蚧的成功做法，并建议扩大推广应用；巴斯夫公司研发出线虫产品用于防治苹果蠹蛾，据试验表明线虫能够攻击、进入和取食苹果蠹蛾幼虫，该线虫产品使用非常便捷，果农只需将该产品用水按照比例稀释后均匀喷施于果树的树干上或地面土壤上即可防治害虫；使用信息素诱捕器，施用生物制剂木霉菌（*Trichogramma* sp.）防治荔枝蒂蛀虫；南非从荔枝上分离的巨大芽孢杆菌（*Bacillus megaterium*）、地衣芽孢杆菌（*B. licheniforms*）和嗜热脂肪芽孢杆菌（*B. stearothermophilus*）等3种拮抗细菌，对荔枝采后病害的发生有较好的抑制作用（Ghosh et al.，2020）。

害虫绝育技术的研究和应用，可大幅降低田间害虫种群数量。25年来，位于加拿大不列颠哥伦比亚省的繁殖工厂生产出大量绝育的苹果蠹蛾，该工厂通过使用由糖、面粉、菜籽油、维生素、矿物质和其他物质制成的混合物在室内大规模饲喂试虫，40多天就可生产出不育苹果蠹蛾，由于饲料中加入色素的缘故，所有试虫体内均呈亮红色，非常易于与野外种群区分。经过特殊处理后被冷藏保存的绝育蠹蛾被源源不断地释放应用到当地苹果园与梨园，最终此项技术已将当地苹果蠹蛾对果实的为害率降低到0.2%以下，田间应用每英亩（1英亩=4 046.86 cm^2，以下同）成本约为140美元。华盛顿州立大学研究通过无人机释放绝育的苹果蠹蛾防治当地苹果园苹果蠹蛾，该技术已在加拿大不列颠哥伦比亚省应用推广，通过释放16种经过绝育的害虫，可大幅降低田间害虫种群数量（Srivastava K，2016）。

梨火疫病是一种严重的细菌性病害，它能很容易地通过风、雨和昆虫传播，侵染苹果、梨等果树，并导致树体死亡，它在果园中具有很强的传染性，给产业带来了不可预防和难以控制的系统性问题。比利时研究者表明果树花期是病害侵入关键时期，病菌先侵染已开花的柱头，再通过花柱向内转移，造成花序枯萎，并为嫩梢的感染提供侵染源。除了火疫病的传染性之外，其零星分布的特性也使检测和控制变得困难。近年研究人员已在药剂防治为主的控制技术基础上进一步向研发检测方法和生防微生物的方向发展，通过微生物防止病菌感染花器。已有 3 种生防制剂在欧洲和北美登记使用或进入测试阶段。科研人员目前主要研究通过熊蜂传播生防菌剂的效果以及如何确保更多存活的菌剂能有效保护果树花器免受火疫病菌侵害。

2017 年，Moore S D 等整理报道了全世界可用于针对性防治 10 种柑橘产区主要害虫的乌克兰蝇壶菌（*Myiophagus ucrainicus*）等 55 种昆虫病原真菌以及病原线虫嗜菌异小杆线虫（*Heterorhabditis bacteriophora*），并对其应用作出积极展望（Moore S D et al.，2017）。

3. 理化诱控研究

华盛顿州立大学测试将芥菜种子粉撒施、耕种和覆盖在土壤中，以期通过这种方法来替代熏蒸预防新种植的宇宙脆苹果感染再植病害。还研究通过厌氧土壤消毒技术控制果园再植病发生，主要措施是将前一年果园生草翻耕浇水，用塑料膜覆盖保持若干星期，通过无氧环境下某些厌氧细菌的繁殖并产生挥发性化合物，分解土壤中植物组织的同时杀死土壤病害和线虫等土传有害生物。厌氧土壤消毒技术不仅受到有机果园的青睐，还在加利福尼亚草莓领域推广应用并广受好评（林奇力，1988）。

美国研发灯光和声音装置驱逐飞鸟。在美国，鸟类的破坏使得每年高价值水果作物的种植者损失惨重。2012 年的一项研究显示，加州葡萄酒业的损失为 4 900 万美元，华盛顿樱桃和蜜脆苹果的损失分别为 3 200 万美元和 2 600 万美元，密歇根蓝莓的损失为 1 400 万美元。果园中最常见的控制飞鸟的策略是安装鸟类听觉或视觉恐吓装置，当年调查的樱桃、蓝莓、葡萄和蜜脆苹果园中，约有一半使用了其中一种装置。但大多数种植者认为这些装置控制鸟类作用甚微，因为鸟类很容易习惯于这些伪装的声音。不同于常规装置，一种称为声波网络的噪声污染对鸟类造成了真正的威胁，既让鸟类无法相互交流，也无法在环境中听到真正的捕食者的声音。经验证，该设备能有效地驱赶近 90% 的鸟类，目前已在果园、工业设施和美国军事基地进行测试。但该装置需要一个大型、高成本、太阳能扬声器系统才能在农场间传播这种噪声。扬声器系统的价格为 3 500 美元，可以覆盖约 5 英亩。还有一种激光驱避鸟系统被研发，该系统是一个独立的单元设备，包括太阳能电池板、电池和机器人控制的光学系统，可以安装在地面、建筑物或杆子上。该设备必须连接安装专用软件的电脑，以编程激光路径点。从该装置发射出编程设置的激光可延伸数英里（1 英里 =1.61 km），为防止鸟类为害果园，激光轨迹需要定期巡逻。虽然以上两种驱鸟技术装备花费都非常高，但对于鸟类严重危害的果园，装备应用成本很可能挽回更大的果园损失。

4. 害虫迷向干扰技术

梨小食心虫最早在 1948 年华盛顿亚基马南部被发现，彼时该虫仅为害核果。随后 50 年，该虫的防控一直是当地核果类果园的主要工作。自 20 世纪 90 年代干扰交配技术在梨小食心虫防治工作中的应用推广，业已将果园梨小食心虫的为害减少到较低或不为害的水平。梨小食心虫在华盛顿地区每年至少发生 4 代，近年逐渐开始为害有机苹果园，同时仍然是梨与核果类果树的主要害虫，因此仍需重视并制定相关的综合防控策略。目前主要采用干扰交配产品对梨小食心虫前 2 代成虫进行高效防治，如果使用得当，单次应用就可以提供长达一个季度的有效控制，杀虫剂可应用于干扰交配技术之后，除常规药剂外，用于有机果园的多杀菌素与一种苹果蠹蛾病毒制剂都对梨小食心虫具有防治效果。

自20世纪90年代开始，由华盛顿果树研究委员会提供支持，有关机构开发出有效的迷向干扰系统来控制苹果蠹蛾。该虫起源于中亚，200多年来一直是北美苹果和梨的重要害虫。随着该技术应用不断成熟，2015年华盛顿州90%的苹果种植面积都使用了迷向干扰技术。据估计，在有机苹果园中使用迷向干扰技术，使美国苹果产业每年获得了近2.15亿美元的回报。虽然对苹果蠹蛾的控制仍然是一个重大的挑战，没有单一的工具可以一劳永逸，但华盛顿果树研究委员会为迷向干扰技术提供资金的经济影响证明了将种植者资金投入研究的持续价值。

宾夕法尼亚州立大学研究应用昆虫性诱剂和植物提取物相结合的引诱剂防治苹果园与桃园中的梨小食心虫。相较以往单纯使用昆虫性诱剂的测报防治方法，新的引诱剂不仅大幅提升了田间诱虫效果，同时可以成功诱集到梨小食心虫雄性和雌性成虫。

5. 脱毒健康苗木广泛应用

果树病毒病害与病菌、害虫等引起的病害不同，植株在感染病毒后便终生携带，持续为害，生产上尚无有效药剂进行治疗，因此，病毒病防控主要以预防为主。

葡萄和柑橘是遭受病毒危害较为严重的果树树种。由于对病毒种类的鉴定、脱除等研究的长足进展，意大利对葡萄无病毒苗木的繁育和应用采取强制性的措施，苗木繁育商需加入无病毒苗木繁育认证体系。欧美果业发达国家普遍采用无病毒苗木进行果园建设，无病毒苗木普及率超过90%。针对柑橘病毒病防控，Lee R F（2015）总结提出包含清理带毒果园苗圃、无毒苗圃认证、设置媒介昆虫管理区、弱毒系交叉保护、CP基因介导抗性、RNA介导病毒抗性等措施在内的柑橘病毒病综合防控策略。

此外，其他的一些防治手段，包括创制病毒抗性材料、病毒抗体治疗等，正在积极地探索和研究当中。虽然这些方法展现出可彻底控制病毒发生的潜质，但目前仍只停留在实验室研究阶段，并未真正地运用于田间生产当中。

二、发展趋势

（一）绿色植保和有机种植成为未来发展趋势

综合防控和绿色植保成为世界果树植保共识，农药替代技术蓬勃发展。随着农药工业的发展，农药在田间的应用极度扩大，造成的环境危害被高度重视，不仅发达国家，众多发展中国家也逐步重视农业病虫的绿色防控，病虫综合防控（IPM）理念在各国得到认可并实践（NIU J Z et al.，2014）。为减少农药的使用，人们在病虫测报、农业、生物及物理的农药替代技术研发、高效农药选择和适时精准使用等方面开展了大量研究，欧美等发达国家制定了完善的农药推荐体系和严格的限制标准，广泛推广应用精准、高效的农药使用器械（Srivastava K，2016；Kashyap A S et al.，2017）。

有机种植在欧美发达国家得到提倡和快速发展。欧洲国家是有机水果种植的最大推动者和消费者，全世界约有72%的有机苹果园在欧洲，美国华盛顿州占世界有机种植面积的7%，南美洲面积也在逐渐增加。由于这类果园无法使用常规病虫害防治方法，也推动了果树植保技术朝更加绿色的方向发展。应用信息化技术进行果树病虫害准确预测预报，进而确定最佳防治方案，再结合农业防治、物理防治、理化诱杀和生物防治，构建完整的病虫害防治指导体系，确保病虫害的防治效果，保障果品的有机生产要求。如火疫病是一种由细菌引起的病害，目前主要使用抗生素进行防治。有机水果不允许使用抗生素作为替代，有机种植者必须遵循一个基于物候期的覆盖整个生长季的防控方案，该方案主要使用铜制剂、石硫合剂和芽孢杆菌自果树萌芽后开始定期施药防治火疫病。方案中的石硫合剂主要用于疏花，兼顾防治火疫病，但由于其使用的敏感性，落花后使用易于在黄色苹果与梨上产生果锈，需特别注意，而在红色苹果如富士、嘎拉等品种上影响则较小（Srivastava K，2015）。

（二）智能化防控技术备受重视

农药的使用仍是病虫防控的关键和保障措施之一，提高病虫监测和农药的适时、精准、减量应用成为重要的研究课题。

病虫的自动化监测和专家系统结合，越来越成为病虫精准测报的方向。为了早点发现香蕉病害并及时采取适当的预防措施，在传统人工检测和机器自动检测基础上，图像处理越来越多地应用，通过使用现代图像处理技术，避免病害更多伤害，Lin H 等（2021）基于 INLM 和 EM-ERNet 相结合的香蕉病害识别算法被提出，该方法对冠腐病、黑星病、焦腐病、炭疽病和普通香蕉的检测准确率很高，优于现有的方法（Zhang S W et al.，2015）。

荷兰研发冠层实时监测和定向定量弥雾机械，通过监测树冠病害的有无、大小并通过计算机实时控制迷雾喷头开关和弥雾量，可将农药用量降低 60%，最新的智能弥雾机械将上述技术和门字形弥雾装置相结合，可防治农药飘逸污染，进一步提升了弥雾效果，降低了农药用量。

（三）抗病育种是遏制重大病害的根本途径

抗病育种是防控重大病害从而极大降低农药使用的根本方法，法国、荷兰、意大利和德国等欧洲果业强国针对苹果黑星病、梨火疫病和白粉病等重大病害开展了长期的抗病育种研究，在病原菌采集和致病力分析鉴定、抗病核心种质鉴定和收集、抗病基因组研究、抗病杂交育种等方面开展了国际合作和系列研究，目前已获得针对部分致病菌株的抗病品种并投放市场，发展成为俱乐部品种，为资源和品种竞争奠定了基础。

Feng H 等（2014）认为防治香蕉枯萎病的根本途径是进行遗传改良，选育抗病品种。在乌干达，研究人员培育出抗黄单胞菌枯萎病的转基因香蕉品种，可以及时解决此病；澳大利亚一研究小组将野生香蕉基因植入香蕉中，目前正对这些转基因香蕉进行田间试验；研究还转向强大、精确的基因编辑工具 CRISPR，以提高香蕉 Cavendish 对 TR4 的抵御力；肯尼亚分子生物学家正使用基因编辑工具抑制 Cavendish 香蕉中易受到 TR4 攻击的基因；英国一研究机构正试图利用 CRISPR 来增强 Cavendish 香蕉的免疫系统（Wardlaw C W，1947；Maxmen A，2019）。

参考文献

黄旭明，2002. 亚太地区国家荔枝生产状况和发展动向 [J]. 中国南方果树 (1):62-64.

林奇力，1988. 国外香蕉穿孔线虫研究点滴 [J]. 植物检疫.(2) :151,129.

周春娜, 徐春玲, 黄德超, 2015. 香蕉穿孔线虫防治研究进展 [J]. 中国热带农业 .67(6) :31–34.

冯慧敏, 张俊, 王志双, 等 . 2014. INIBAP 引进香蕉种质资源对枯萎病的抗性评价 [J]. 热带农业科学 (8):37–42.

BINDRA O S,1957. Insect Pests of Citrus and Their Control[J].Indian Journal of Horticulture,14(2):89–98.

FAWCETT H S, 1937. Citrus Diseases and their Control[J]. Nature,140(3543):526.

JACAS J A, URBANEJA A,2010. Biological Control in Citrus in Spain: From Classical to Conservation Biological Control[J]. Integrated Management of Plant Pests & Diseases (5):61–72.

KASHYAP A S,THAKUR N,2017.Problems and prospects of lychee cultivation in india [J].springer singapore, 139–166.

KUMAR R, KUMAR K K,2007.Managing physiological disorders in litchi[J].Indian Hortic,52(1):22–24.

LEE R F,2015. Control of Virus Diseases of Citrus[J]. Advances in Virus Research, 91(1):143–173.

LIAO W,OCHOA D,ZHAO Y,et al.,2018.Banana Disease Detection by Fusion of Close Range Hyperspectral Image and High–Resolution Rgb Image[C]// IGARSS 2018 – 2018 IEEE International Geoscience and Remote Sensing Symposium.IEEE.

LIN H,ZHOU G,CHEN A,et al.,2021.EM–ERNet for image–based banana disease recognition[J].Journal of Food Measurement and Characterization.1–15.

MAXMEN A,2019.CRISPR might be the banana's only hope against a deadly fungus[J].Nature.574(7776):15.

MICHAUD J P,2002. Classical Biological Control: A Critical Review of Recent Programs Against Citrus Pests in Florida[J]. Annals of the Entomological Society of America(5):531–540. 230.

MOORE S D,DUNCAN L W,2017. Microbial Control of Insect and Mite Pests of Citrus[M]// LACEY L A.Microbial Control of Insect and Mite Pests.Academic Press:283–298.

NIU J Z,HELEN H S,ZHANG Y X,et al.,2014. Biological control of arthropod pests in citrus orchards in China [J]. Biological Control,68:15–22.

PAUL D B, 1951.The Necessity for an Ecological Approach to Pest Control on Citrus in California[J]. Journal of Economic Entomology(4):443–447.

SRIVASTAVA K, PATEL R K, KUMAR A,et al.,2016.A technology for management of litchi mite using IPM modules under subtropics of Bihar[J]. Hortic Floral Res Spect,5(2):145–148.

SRIVASTAVA K, PATEL RK, KUMAR A, et al.,2015b.Integrated management of lepidopteran defoliators in litchi under subtropics of Bihar[J]. The Ecoscan Special issue VI,483–487.

WARDLAW C W,1947.Control of Banana Wilt Disease[J].Nature.160(4064) :405.

YEELES A,2019. Banana disease risk.Nat[J].Nature Climate Change,9:434.

ZHANG S W,SHANG Y,Wang L,2015.Plant disease recognition based on plant leaf image[J].Journal of Animal and Plant Sciences.25:42–45.

第五节　果园机械化、智能化生产技术

欧美等果业生产发达国家的大部分果园已经实现机械化管理，并逐步向专业化和智能化发展。果园生产环节众多，包括苗木管理、建园、整形修剪、土壤管理、肥水管理、花果管理、病虫害防控、枝条粉碎与回收、果品采收与运输等，围绕生产环节，果园机械大体可分为苗木管理机械、建园机械、整形修剪机械、土壤管理机械、肥水管理机械、花果管理机械、植保机械、采收与运输机械等几大类。

一、发展动态

（一）苗木管理机械

苗木的机械化生产主要用到播种机、培土机和起苗机等机械设备。欧、美和日等果业生产发达国家苗木机械化生产的自动化程度很高，具有先进、灵活的移动苗床系统和全电脑控制的喷雾和灌溉系统。例如日本苗木生产的各个环节都是机械操作，如容器育苗的肥土装盆、播种，都有专门的机械（图3-36）；喷灌设施大部分采用自动化控制，需要肥、药时还可直接注入中央储水罐，通过管道输送给每一株植物；苗木出圃有专门的起苗机（图3-37）。

图3-36　砧木压条培土机械

图3-37　起苗机

（二）建园机械

国外许多国家已大力推广了苗木机械定植技术，并取得良好效果。国外的栽植机按照自动化程度可分为手动栽植机、半自动栽植机和全自动栽植机。按照栽植机的结构特点可分为钳夹式栽植机、链夹式栽植机、导管式栽植机和吊杯式栽植机（图3-38）。主要机型包括德国的A821栽植机、意大利切克基·马格列公司生产的OTMA栽植机和荷兰米启根公司生产的 MT 栽植机。日本在 20 世纪 70 年代研制出 TPA-1 型全自动栽植机，法国在 20 世纪 60 年代研制出皮卡多尔自动栽植机。以上机械在推广应用中大大提高了栽植劳动效率，降低了人工成本。手提式的果树种植用挖坑机也被广泛使用，德国生产的 BT120C、英国生产的 05H830 型悬挂式挖坑机、美国生产的 HYD-TB11H 型液压挖坑机、美国 MDL-5B 型挖坑机对人工辅助栽植和山坡地果园栽植有一定的应用价值（图 3-39）。

图 3-38　苗木定植机械

图 3-39　苗木定植挖坑机械

（三）整形修剪机械

机械化修剪主要用到修枝剪和剪枝机等机械设备（图 3-40）。手动、油动、电动以及气动修枝剪等人工修剪装备发展较为成熟，功能类型多样，通用性好，具代表性的有美国 ZENPORT 公司生产的 LEP848 型电动高枝修枝剪、意大利 KUKER 公司生产的气动修枝剪以及日本 ARS 公司生产的气动高枝修枝剪。机械几何修剪装备以悬挂式为主，一般由拖拉机配套修剪机械组成，如 B.M.V 公司的飞镖刀式剪枝机和德国爱德华公司的往复式果树剪枝机等。果园修剪机械发展快速，目前进入智能化阶段，果业生产发达国家已经开始开展树枝识别机器视觉系统、全叶期樱桃树枝条的像素分类识别以及葡萄剪枝机器人系统等的研究，为智能修剪机械的研发奠定了基础。

图 3-40　果园修剪机械

（四）土肥水管理机械

1. 土壤管理机械

果园生草技术和枝条粉碎还田技术是国际上先进的土壤管理技术，在欧洲、美国、日本等果树生产发达国家普遍应用，其机械化作业主要涉及割草（碎草）机和枝条粉碎机等机械。割草（碎草）机发展起步较早，从传统的大型化、单一化和机械式逐渐朝轻简型、多功能和智能化的方向发展（图 3-41）。如日本筑水公司的割草机高度可调，斜坡适应性好，配有减震的可调节座椅、可任意调整高度和角度的转向系统。在枝条粉碎机方面，国外研究主要针对园林和绿化树木修剪下来的树枝粉碎。主要代表有：美国 bearcat 公司生产的牵引式树枝粉碎机、威猛公司生产的生物质粉碎机和德国 Heizomat 公司推出的 HM 系列移动式树枝切碎机，这几类机型体积庞大、生产效率高，工作性能比较稳定，粉碎树枝的直径最大可达 800 mm；日本松本产业公司研制的 KF-150A 型树枝条粉碎机，利用滚筒式切刀、独特的高速破碎方式和新型喂料方式可将废树枝粉碎成为粒度约 2 mm 的颗粒，安全高效，操作维护方便。此外，还有日本小松株式会社研制的 SR3000-1 树枝切碎机，荷兰、意大利、澳大利亚、瑞典等国也有比较成熟的枝条粉碎机（图 3-42）。总体来说，国外进口的枝条粉碎机价格比较昂贵，使用成本较高，机器的维修维护也不方便，不适合大面积推广和应用。

图 3-41 除草机　　　　　　　　图 3-42 微耕机

2. 施肥管理机械

施肥管理机械主要有撒肥机、开沟施肥机、挖穴施肥机和变量施肥机等设备（图 3-43、图 3-44）。撒肥机已达较高技术水平，正向大型化和智能化发展，代表机型有法国 KUHN（库恩）公司的 ProTwin 系列撒肥机和德国 AMAZONE（阿玛松）公司的 ZA-X Perfect 系列撒肥机。果园开沟施肥机械是基于果园开沟机械研发而成，正向智能化方向发展，利用传感器、神经网络、智能处理系统和 3S 技术等先进技术实现了实时监测和精准施肥。采用液压传动装置后，挖穴施肥机更加灵活方便、安全、适合性强，代表机型主要有英国 OPICO（欧佩克）公司研发的悬挂式挖穴施肥机。此外，日本、德国和意大利等发达国家研发出了适合在丘陵山区工作的系列小型便携式挖穴施肥机。变量施肥技术是目前实现精准农业的核心内容，从变量施肥装备到变量施肥控制系统已形成相关体系，如美国约翰迪尔公司的 Green Star 变量施肥机、比利时基于土壤传感器的变量施肥机、日本实时排肥传感的控制系统、韩国气吸式变量施肥机等已得到较好应用。

图 3-43 化肥施用机械　　　　　　　　图 3-44 有机肥施用机械

3. 水分管理机械

欧美国家果园水肥利用率高，技术较为成熟，基本实现水肥一体化管理，主要采用滴灌、喷灌进行果园节水灌溉，果树灌溉作业环节普遍采用的自动化智能控水系统，能够精确、均匀、等量地控制灌溉水量（图 3-45 至图 3-48）。近年随着灌溉技术发展，一些新的灌溉理念与方法也逐步向果园推广,如局部灌溉、根区交替灌溉、调亏灌溉等。美国、澳大利亚和以色列等发达国家本着高技术、高投入和管理现代化的原则,将现有果园生产措施与新近发展的高新技术进行有机结合,将"3S"技术、生物节水技术、土壤墒情自动监测技术和精准变量施肥技术引入果园的节水灌溉系统中,建立了完善的果园肥水耦合技术体系,实现了果园适时适量的"精细灌溉施肥"。

图 3-45　果园水肥一体化系统

图 3-46　果园喷灌系统

图 3-47　果园滴灌系统

图 3-48　果园微喷灌系统

(五)花果管理机械

根据作业方式的不同,机械疏花疏果可分为振动式、喷射式和柔性绳旋转式。采用机械装置对树冠或树干进行振动、冲洗喷雾或击打以达到疏花疏果的目的(图 3-49)。该方法作业效率高,且不存在农药残留、污染环境等问题,但存在准确度不高且会对树体造成机械损伤等情况。国外机械化疏花疏果技术最早出现在 20 世纪 80 年代,且种类较多。例如研究不同颜色的滤光防冰雹网对苹果的疏果效用;采用多光谱摄像系统对果树花序量进行检测;采用自主式智能疏花系统,借助机器视觉定位疏花目标,利用机械手完成不同长度枝条精准疏花;结合机械疏花研究 1-氨基环丙烷羧酸在李子树上的疏花效果;将单轴旋转式疏花机疏花绳材质替换成柔性玻璃纤维等。

图 3-49　果树疏花机

国外面向大田、果园的无人机一致性授粉已投入应用，同时围绕花序个体目标的精准授粉，以地面机器人和机器蜂两大方向展开研究（图 3-50）。美国西维吉尼亚大学设计了一款末端多个棉头粉刷进行自花授粉的黑莓授粉机器人 Bramble Bee，日本 Chechetka 等人仿照蜜蜂授粉原理，通过微型无人机与新型复合粉刷材料的结合，设计并完成了室内授粉试验。京都大学提出了一种超声压力辐射式授粉机的技术方案，基于 3D 相机对草莓花进行识别和定位，由超声波振动花序完成授粉，并通过试验初步证实了其可行性。

图 3-50　果树授粉机器人

（六）植物保护机械

1. 风送喷雾机械

欧美、日韩等国生产的果园风送弥雾机技术先进、产品成熟，著名生产企业主要有意大利 CAFFINI 公司、荷兰 MUNCKHOF 公司、丹麦 HARDI 公司、日本丸山制作所和韩国 ASIATECH 公司等（图 3-51）。总体来看，欧美果园多以牵引式和悬挂式大中型风送喷雾机为主，功率大、射程远、药箱容积大、风机风量高，适合宽行窄株、树冠高大的标准化果园。日本、韩国等国多以自走式中小型风送喷雾机为主，其功率较欧美低，具有结构紧凑、通过性好和药箱容积小等特点。

图 3-51　风送式弥雾机械

2. 循环喷雾机械

为了解决风送喷雾机单侧喷雾大量雾滴脱离靶标、无法回收利用问题，循环喷雾机受到人们广泛重视（图 3-52）。Nestor 循环喷雾机是典型的循环喷雾机型之一，该机采用牵引方式连接于拖拉机后方，药箱容量 2 000 L，作业幅宽 0.94～2.70 m，适宜树冠高度 2.10～2.35 m。此外，LIPCO 公司生产的循环喷雾机在果树枝叶稀疏时药液回收率达 70%，枝叶茂盛时药液回收率亦有 20%；MUNKHOF 公司制造的循环喷雾机根据枝叶茂密程度，药液回收率在 30%～60%。

图 3-52　循环式弥雾机械

3. 静电喷雾机械

静电喷雾机的著名生产企业主要有美国 ESS 公司、BRUSHHOUND 公司及意大利 MARTIGNANI 公司等。MARTIGNANI 公司生产的静电喷雾机（图 3-53）采用牵引方式连接于拖拉机后方，通过离心风机将荷电雾滴输送到果树冠层，主要适用于篱笆型标准化果园。ESS 公司静电喷雾机是在 MaxCharge™ 静电喷头基础上根据果园实际应用条件研制的，适用于行距宽、冠层高、树冠厚的果树。

图 3-53 静电式弥雾机械

4. 变量喷雾机械

果园变量喷雾机能够解决农药过量喷洒和树隙无效喷雾问题，成为广大学者研究的热点（图 3-54）。果园变量喷雾机在欧美一些国家和地区已实现产业化发展和小规模应用。总体来说，国外对果园变量喷雾机的研究一般是通过在已有喷雾机上模块化加装变量喷雾系统融合而成。HARDI 公司生产的 LE-600 喷雾机上模块化植入变量喷雾系统，是一款典型的果园变量喷雾机机型。

图 3-54 果园变量弥雾机械

5. 航空喷雾机械

航空植保方面，日本是最早将小型无人机用于农业生产的国家（图 3-55），日本山叶公司（YAMAHA）于 1990 年推出世界第一架用于喷洒农药的植保无人机"R50"，挂载 5 kg 的药箱。此后，无人机在日本农林业方面的应用发展迅速，无人机旋翼和发动机转速被降低以适应农业作业的要求，无人机施药参数不断改进。YAMAHA 公司植保无人机除"R50"外，已研发出"R-max"与"FAZER"等新型系列植保无人机，最大药箱容量 32 L。

图 3-55　果园无人机植保机械

（七）采收与运输

1. 采收机械

（1）采收平台。根据升降方式不同，采收平台可分为剪叉式、伸缩式、折臂式和阶梯式4种类型；根据驱动方式不同，采收平台可分为电动式、内燃机式或液压驱动式等类型；根据底盘结构不同，采收平台分为履带式和轮式等类型（图3-56）。20世纪60年代，美国开始将高空作业平台投入果园生产中，用来完成果实采摘、树枝修剪等工作。20世纪中期，由液压操控的升降作业平台在美国研制成功，在果园生产中充当采摘机具，快速提高了采摘作业效率。英国也生产了不同型号的电动升降平台；澳大利亚成功研制出可用于采摘芒果和鳄梨的升降平台作业车。

图 3-56　果园采收机械及升降平台

（2）接触式收获机。该类收获机械通常是将具有许多细棒分布的振动器直接插入株系，对果树进行梳刷作业，果实受撞击外力后，实现果实脱离。根据振动方式可分为旋转式、混合式、梳刷式、复揉搓式。

（3）摇振或撞击式收获机。摇振式收获机是应用最为广泛的林果收获机之一。主要通过对树干进行撞击后，果树枝条摇动使果实产生惯性力克服果柄结合力，实现果实分离。国外对牵引式、自走式以及手持式收获机的技术已经相当成熟（图3-57）。这种类型的机械能够收获核桃、柑橘等不同种类的水果，适用范围较广。

图3-57 果园振动式采收机械

（4）气力式收获机。气力式收获机采用大功率轴流风机将空气吸进，通过减小出风口径产生高压气流作用于果树之上，实现机具与果实间无刚性接触，并通过气流方向改变使果树树条摇动，果实受自身的重力以及空气冲击产生的外力实现果柄分离。

（5）采摘机器人。随着计算机和自动控制技术的迅速发展，特别是工业机器人技术、计算机图像处理技术和人工智能技术的日益成熟，20世纪80年代中期以后，采摘机器人的研究和开发技术得到了快速的发展（图3-58）。以日本为代表的西方发达国家先后成功研制出葡萄、柑橘、番茄、苹果和蓝莓等采摘机器人。

图3-58 果园采摘机器人

2. 运输机械

欧美国家和日本果园机械发展较早，机械化运输程度高，果园输运装备极具代表性。欧洲国家以小型农场为主的德国和意大利，果园输运装备以轮式运输车为主，设计挡位多，载重量划分较细，可根据运输情况配置工作装备，适应性和动力性良好；以中型农场为主的英国和法国运输机械主要是拖拉机，英国果农还喜欢使用箱式货运车，既可田间运输，又能城乡运输；美国地形以平原为主，果园经营规模大，果园运输机械自动化发展水平较高，常使用农用搬运车或拖拉机挂车机组（图3-59）。

图 3-59 果园运输机械

相较于欧美国家，日本果园种植区集中在山地，坡度大、地形复杂，以家庭经营模式为主。因此，日本果园运输机械有山地轮式运输车、轻型履带式、履带轮式果园运输机、轨道输运装备和索道输运装备（图 3-60）。我国果园立地条件与经营模式与日本类似，这为我国果园运输体系的发展指明了方向。

图 3-60 果园履带式运输机械

（八）果园智能化

世界各国将推进农业信息化和智慧农业作为实现创新发展的重要动能，在前沿技术研发、数据开放共享、人才培养等方面进行了前瞻性部署。美国、欧洲和日本等国家和地区抓住数字革命的机遇，纷纷出台了"大数据研究和发展计划""农业技术战略"和"农业发展 4.0 框架"，将信息技术广泛应用于整个农业生产活动和经济环境，建立了完善的覆盖感知采集、加工处理、分析决策、信息服务等全链条全领域的智慧农业技术体系，加快推进智慧农业发展，激活数字经济，极大地提高了国家农业国际竞争力。

从技术研究看，美国、澳大利亚和日本等发达国家借助遥感网、物联网和互联网等，将数据采集系统、分析处理系统和高性能技术系统等互联互通，实现大田种植生长环境的多角度、全范围监测；欧盟在作物类型精细识别、农作物苗情、墒情和灾情等农情信息快速获取

（Picon A et al.，2019），基于物联网和云技术的农业生产智能服务和决策平台等方面研究取得了大突破，实现了生产决策从原来的主观经验决策到利用智能技术决策的转变，荷兰、以色列设施园艺方面取得了举世公认的研究成果，尤其在动植物长势监测、设施环境监管、病虫害预报（Amara J et al.，2017）、精细施肥和灌溉、动态仿真模拟等方面研究处于世界领先地位。通过设施内高精度环境控制和植物工厂技术大幅提高了农业资源效率，建成了作物周年连续生产的高效农业系统。

从应用领域看，美国针对果品产业建立了完善的信息监测和服务网络，服务于果品生产管理和精细化耕作以及果树废弃物还田的循环利用。英国和法国建立农业大数据体系，促进精准农业发展。荷兰、以色列和德国致力于发展果品智能机械和装备，提供智慧农业综合解决方案。日本50%以上农户使用物联网技术，提高了农业生产效率。美国、日本、新西兰、德国和意大利等以提高产量和降低成本为导向，以提高果农生产效率为目标的采后监测统计、分析决策、智能控制应用处于全球领先水平（图3-61）。

图3-61 无人值守的智能化果园

二、发展趋势

果园管理全程机械化和智能化。随着技术的发展，从建园到果实收获的全程机械化将普遍应用于果园管理。通过多源卫星遥感影像快速处理系统、无人机智能感知系统、地面传感网智能感知系统、互联网智能终端调查系统和天空地遥感大数据管理平台，将实现果园环境和果树生产信息的快速感知、采集、传输、存储和可视化，实现对果园生产信息全天时、全天候、大范围、动态和立体监测与管理。结合机器视觉、深度学习、模拟模型等技术，实现果园管理的智能化决策与控制和专家远程技术服务。

第六节　果品采后处理与加工技术

一、采后处理与贮藏

（一）采后分级与包装

发达国家水果采后分选与包装已实现机械化、自动化和智能化。技术方面实现了果实大小（重量、体积等）、颜色、形状、表面瑕疵、内部品质等的分选，采后分选进入了重量＋颜色＋表皮瑕疵＋内部品质检测的4.0分选时代，果实不仅大小颜色一致，而且内在品质一致。近年来，随着亚洲市场对高质量水果的需求增加，发达国家在水果分选与包装新技术研发方面取得升级或突破，如：日本自由托盘智能分选系统，对亚洲梨等酥脆皮薄易损水果的分选基本实现了零损伤率，糖度检测精度 ±0.5°Brix；荷兰的果蔬光学外观质量检测系统和内部品质检测系统；新西兰的自动装箱系统；意大利小果型分选系统，尤其是樱桃预冷与分选系统。国外水果包装厂机械化、自动化程度较高，如纸箱传送、打包、贴标、包装标识打印等均可实现自动化，国外水果大公司都拥有自己的选果包装厂，一般建在产区，而且规模非常大。

（二）贮运保鲜

冷链技术的先进性体现在基础设施、冷链流通率、产品损耗率、科技投入以及金融支持等多个方面。本节主要从贮运保鲜技术的角度分析世界发达国家水果采后科技发展动态与趋势。发达国家在系统研究水果采后生理与生物学特性的基础上，提出的产地预冷、低温冷链流通、气调冷藏保鲜、塑料薄膜小包装（MAP）、1-甲基环丙烯（1-MCP）处理等技术普遍应用于水果采后保鲜领域。

（1）水果采后的生理和生物学特性、成熟衰老机制、采后品质变化规律及其与环境的互作等是水果保鲜的理论基础。采后应用基础研究对技术的研发至关重要，发达国家和水果强国对其国内主栽种类和品种均进行了系统研究，并在此基础上制定技术规范，如美国农业部出版的农业手册第66卷《水果、蔬菜及苗木商业贮藏手册》(The Commercial Storage of Fruits, Vegetables, and Florist and Nursery Stocks, 2016版)。不同的水果种类甚至不同的品种，其采后生理与生物学特性不同，比如呼吸与乙烯、冷害与冻害、CO_2敏感性、乙烯敏感性、O_2和CO_2极值阈值等不同种类不同品种均不相同。虽然贮藏与保鲜原理大体相同，但具体的保鲜技术要求不一样甚至有较大差异，所以技术落地需要到品种，每一个品种的保鲜技术研发非常关键。我国水果种类品种丰富，水果采后生理、生物学等应用基础研究不完善不系统，不能为产业高质量发展提供强有力的技术支撑。

（2）产地预冷装备与技术全面渗透。冷链是鲜活农产品贮藏和物流保鲜技术的核心，产地预冷是水果冷链流通的起点和源头。"鲜度"是水果的生命，是决定其商品价值和营养价值的重要因素。水果成熟时节气温较高，果实自身呼吸代谢旺盛、容易遭受微生物危害，造成品质下降甚至腐烂增加。水果采摘后立即对其进行快速降温处理，可以有效控制产品的呼吸作用和水分蒸发，抑制细菌繁殖，防止品质下降，以达保鲜的目的。经预冷处理的水果才可能长时间、大跨度远距离运输，有效连接产地和市场，流通过程中的损耗才能尽可能减少，商品价值才能最大程度保持。

水果预冷多采用冷库强制通风预冷、差压式强制预冷和冷水预冷。苹果、梨及不能浸水的水果如蓝莓、葡萄等通常采用冷库强制通风预冷或差压式强制预冷，樱桃、荔枝等多采用冷水预冷。发达国家在20世纪中后期基本实现了鲜果产地预冷，建立了从田间地头到家庭餐桌全程冷链。为保持不同果品的新鲜度，需要根据不同产品和流通形态的特点，在收获、运输、存储等各个物流环节综合运用各类技术。日本在20世纪90年代实现了"产地预冷－冷藏车运输－低温冷柜或卖店销售"的生鲜农产品冷链流通体系，低温流通成为生鲜农产品的主流渠道。日本全国各地的农协、全国经营生鲜农产品的批发市场和商店均有冷库，批发市场和商店自身也是可调控温度的。农民生产出的生鲜农产品在农协进行清洗、包装和预冷等，然后运往各批发市场和商店出售。近年来，日本还推出了可移动的小型冷库（约10 m^3），用于产品采后的临时就地冷藏和较长期的就地低温贮藏保鲜与运输。使用这种小型冷库可实现贮藏和运输的一体化，贮藏果出售和调运时可连冷库一起装车运走。

（3）低温冷链保鲜贯通从产地到餐桌的全产业链。低温是水果保鲜的基础，冷链系统是鲜活农产品贮藏和物流保鲜技术的核心，主要涉及预冷、冷藏或冷冻运输、控温仓储等环节。欧美、日本等发达国家的冷链行业先进和完备程度全球领先，完善的冷链物流体系加之先进的冷链技术应用，使得水果供应链的每个环节，包括预冷、分选、包装、贮藏及物流等过程都能得到高度控制，实现了品质的精准控制，采后损耗大幅度减少。除了低温冷链保鲜系统外，塑料薄膜小包装（MAP）、乙烯拮抗剂1-甲基环丙烯（1-MCP）处理、新型乙烯脱除剂等辅助保鲜材料和技术也广泛适用于水果贮运保鲜。2021年我国进口水果超过700万t，均是全程冷链，进口智利樱桃30万t，采摘后均冷水快速预冷，冷藏集装箱全程冷链运输。

（4）冷链流通管理更加科学化，运行能耗不断降低，运行效率不断提升。荷兰冷链巨头NewCold物流，车载计算机信息系统能够收集车辆行驶数据，通过结合出入站物流，冷藏车运行时间84%为载货行驶，大大减少了卡车空驶距离。冷库则以更高的库存密度降低了占地面积，通过自动化系统确保冷库门开度最小，使得其冷库平均每年每立方米的能耗与传统的冷库相比减少40%。日本冷链物流基础设施在21世纪之前就已经相当完善，先进的数码分拣系统的普及，能够提高分拣准确性和工作效率，降低物流作业成本和人力成本。另外，冷链管理的标准化、低碳化、智能化、自动化和无人化是发展趋势。日本在2020年实施脱氟利昂政策，将主要采用氨制冷、氨+二氧化碳制冷两种方式，着重于冷藏库和冷藏车的低碳技术发展以及促进贮运厢体的标准化。此外，日本冷库把节能降耗一直作为重要的发展方向，并通过减小冷风机的功率、推广使用新型保温材料、使用计算机实现自动控制冷库温度等方法，多方面探索冷库节能的方式。后疫情时代，在劳动力不足的影响下，日本冷库行业在智能化、自动化、无人化也将加快发展的步伐。

（5）气调冷藏保鲜技术不断提档升级，低氧或超低氧及动态气调DCA贮藏技术开始应用于苹果和梨贮藏。气调冷藏（Controlled Atmosphere Storage，简称CA）是在传统冷藏保鲜的基础上发展起来的现代化保鲜技术，被认为是当今水果保鲜效果最好的方式。气调保鲜的水果，贮藏期和货架期长，鲜度口感更好。水果气调冷藏在西方发达国家已有 80 多年历史。20 世纪 20 年代，英国科学家基德（F·Kidd）和韦斯特（C·West）根据前人积累经验进行了系统的研究，其研究成果为现代气调贮藏提供了最初的理论基础。1928 年英国建立了第一座苹果气调冷藏库，开创了果蔬气调贮藏保鲜的新时代。第二次世界大战之后，苹果、梨等水果气调冷藏技术进入应用发展阶段，20 世纪 70 年代后在欧美等发达国家进一步推广。目前，多种水果如苹果、西洋梨、猕猴桃等中长期贮藏主要采用气调冷藏。近年来，为了满足市场周年供应、减轻或延缓各类生理病害的发生以及消费者对高品质水果的需要，气调贮藏技术不断提档升级。总体的趋势环境氧气浓度不断下降，气体压力控制更加精准，果实贮藏品质和保鲜效果进一步提升。为进一步提高苹果和梨等果实内在品质、延长贮藏和货架期、减少贮藏期间虎皮、黑心等生理病害的发生，在传统气调冷藏技术（贮藏条件一般为 0℃，$2\%\sim3\%O_2$，$2\%\sim5\%CO_2$）的基础上，研究开发了快速气调贮藏（Rapid CA）、低氧或超低氧（ULO）气调贮藏、低乙烯气调贮藏及动态气调贮藏（DCA）等新技术。我国针对国情研发了节能气调贮藏双相变动气调（TDCA）技术。

快速气调（Rapid CA）。苹果气调贮藏，降氧速度经历了由自然缓慢降氧（降至 3% 以下需 3 周左右）到人工降氧，人工降氧速度由过去的 1 周左右缩短至 24 小时。目前快速降氧指苹果采收入库后 24 小时内将氧气浓度降至 3% 以下。20 世纪 80 年代初，果实自入库开始 7 天内温度降至贮温，库间氧气浓度降至 5% 以下，这种 7 天内降温降氧称之为 "Rapid CA" 模式。实践发现，降氧降温速度越快，对于金冠、元帅、嘎拉、乔纳金等保鲜效果越好，果实采后 7 天左右，乙烯开始大量产生，气调效果明显下降。80 年代后期，由于设备性能和自动化水平的不断提高，苹果等入库降温降氧的时间越来越快，保鲜效果也越来越好。气调库一天之内就可装满库间，1 天甚至是数小时，库间氧气浓度就可降至 3% 以下，国外称之为 "一天降"（One-day pulldown）。目前，"Rapid CA" 已成为一些苹果气调贮藏的基本或标准方式。"Rapid CA" 能更好地保持果实硬度和含酸量，抑制贮藏病害的发生，贮藏的水果质量好，贮藏期和货架期长。由于果实采后降温、降氧迅速，"Rapid CA" 贮藏的苹果可适当晚采以提高风味而不致影响果实硬度。目前，"Rapid CA" 技术主要应用于一些苹果和梨品种。

低氧或超低氧气调（ULO CA）贮藏。气调贮藏自实施人工制氮降氧以来，在商业应用中总的趋势是氧气逐渐降低。传统的（标准的）气调贮藏（Standard CA）条件是 $2\%\sim3\%O_2$，$2\%\sim5\%CO_2$，在此条件下，金冠、元帅、旭等硬度下降仍然较快，无法满足长期贮藏需要。为了更好地保持果实品质、减少苹果虎皮病的发生和寻求非化学防治苹果虎皮病的方法，20 世纪 80 年代，发达国家首先在苹果上研究并逐渐应用超低氧气调贮藏（Ultra low O_2 CA，简称 ULO）。低氧或超低氧是一个相对的概念，目前超低氧指采用 $1\%O_2$ 甚至更低，在 $0\sim2$℃下贮藏。与标准气调贮藏相比，超低氧气调贮藏对保持果实硬度、含酸量、底色、风味及抑制虎皮病、增强抗病性效果更好，可作为一种替代二苯胺（DPA）防治苹果、梨虎皮病的非化学方法。低氧或超低氧贮藏需要有传感器与计算机系统进行 O_2 和 CO_2 气体浓度、温度等的严格精确控制，同时，对库体的密封性要求较高。目前，ULO 气调贮藏模式已成功商业应用于金冠、嘎拉、元帅、红元帅、乔纳金、澳洲青苹、富士、桔苹旭等多数苹果主栽品种及西洋梨安久、康佛伦斯、派克汉姆等梨品种的长期贮藏。

低乙烯气调贮藏（LE CA）。乙烯能促进水果的后熟衰老，诱发苹果、梨虎皮病，缩短贮藏期。低乙烯气调贮藏（Low ethylene CA，简称 LECA）是在气调贮藏的基础上，应用高锰酸钾乙烯吸收剂或乙烯脱除装置等消除库内乙烯，使贮藏室乙烯浓度始终保持在 1 μL/L 以下，并作为减少苹果虎皮病发生的一种非化学方法。在苹果贮藏实践中，LECA 逐渐被 ULO 和最新的 Dynamic CA（DCA）所取代。但是作者认为，在梨的贮藏方面，特别是亚洲梨品种多，多数品种对乙烯敏感，贮藏期间虎皮病、黑心严重，脱除贮藏环境中的乙烯不啻为一种解决虎皮病的好方法。

初始超低氧胁迫贮藏（ILOS）。在气调贮藏初始期采用 0.5% 左右低 O_2 处理 10～20 天（取决于品种），$CO_2 < 1\%$（具体取决于品种），之后继续在正常 ULO-CA 或 CA 贮藏，可更为有效地控制苹果虎皮病，可在禁止使用 DPA 的国家或有机产品上作为一种非化学方法的替代技术，这种初始超低氧气调贮藏方法英文为 Initial low-oxygen shock，取首字母简称为 ILOS。

动态气调贮藏（Dynamic CA，简称 DCA）。随着初始低氧胁迫贮藏技术的发展，果实对低氧反应快速、即时精确的监控技术和设备不断出现和完善，使果实能够通过相关信号感知对低氧的反应，人们通过果实发出的信号来动态控制氧气浓度，使得果实始终或经常处于安全生理代谢所需要氧气的最低值，在这种条件下可以更好地控制苹果、梨的虎皮病，比超低氧（ULO）气调贮藏更好地保持果实品质。果实对低氧反应的信号可以通过测定果皮叶绿素荧光变化（Prange 等，2003；De Long，2004）、果实或环境气体中乙醇积累（Fadanelli 等，2009；Veltman 等，2015）、呼吸商（Van Amerongen 等，2008；Weber 等，2015；Bessemans 等，2020）等来实现。这些信号是否能快速及时测定并能即时反映对低氧的反应成为动态低氧气调技术是否可行的关键。DCA 技术均是一种非化学控制苹果虎皮病的气调贮藏技术，适用于有机苹果和 DPA 等化学保鲜剂不允许使用的国家。该技术是建立在气体成分精确监控和良好的库房气密性的基础上，需要 O_2 浓度能够控制在 1% 以下的库房和设备，同时对果实成熟度、品质均匀程度要求较高。我国水果种植规模较小，管理方式不一，不同农户、地区，水果质量参差不齐，而不同质量个体对低氧忍受力不同，如果采用 DCA 应引起注意。

（6）塑料薄膜小包装（MAP）保鲜。塑料薄膜小包装（MAP）是指水果等在聚合物薄膜包装中密封，利用自身呼吸作用或冲入氮气等降低环境中 O_2 和（或）提高 CO_2 的浓度，抑制或减弱产品的新陈代谢，延缓果实腐烂，降低果实蒸腾作用，从而达到保鲜和延长贮藏期货架期的目的（图 3-62）。MAP 在 20 世纪 40 年代中后期首次在苹果保鲜中应用。除了调节气体组分，MAP 还极大地提高了水分保持率，这比 O_2 和 CO_2 浓度对保鲜的影响更大。此外，包装将产品与外部环境隔离开来，也能减少与病原体和污染物的接触。虽然 MAP 可以提升某些水果保鲜效果，但它也可能会产生一些负面影响。如果氧气浓度下降到无法维持有氧呼吸，就可能会产生发酵和异味，同样，环境 CO_2 超过果实可耐受的浓度，也会造成伤害。不同种类不同品种水果对 CO_2 耐受度不同，多数苹果品种、樱桃、蓝莓、草莓等较耐 CO_2，可根据品种特性选择不同厚度薄膜小包装冷藏或冷链运输。另外，采用 MAP 贮运，温度控制至关重要，温度对产品贮藏性的影响比任何其他因素都大，对大多数产品而言，温度的影响大于气调。包装前，温度应尽快接近贮存/运输温度。温度会显著影响薄膜的渗透性，从而影响包装内的 O_2 和 CO_2 浓度。国际贸易中，为满足运输时间和保证水果的鲜度，多数水果采用 MAP 包装低温运输。

图 3-62　进口西洋梨和樱桃 MAP 包装

（7）1-甲基环丙烯（1-MCP）保鲜处理技术。乙烯影响水果采后多种生理过程，包括成熟衰老、叶绿素降解、软化、木质化、变色（褐变）、腐烂和应激防御系统等。1-MCP 对乙烯作用的抑制，已成为水果采后保持产品质量的有效手段，被称为水果保鲜尤其是苹果等保鲜技术的革命。1996 年发现并开始应用于苹果、花卉等园艺产品贮运保鲜。1-MCP 可显著抑制苹果、梨、鳄梨、香蕉和猕猴桃等呼吸跃变型水果的呼吸和乙烯的合成，推迟乙烯与呼吸高峰的出现，对于果实品质保持，如抑制果实采后硬度、酸含量下降，维持果实底色等十分有效。另外，1-MCP 处理可显著减少或消除苹果、梨贮藏及货架期的虎皮病等生理病害。近年来研究发现，对于非呼吸跃变性水果，如樱桃、葡萄等的果柄保鲜也有显著效果。相比之下，1-MCP 处理在需要后熟软化或果皮底色变化很大的水果上的应用还存在很多问题。例如牛油果、香蕉、梨（西洋梨和秋子梨品种）、西红柿等如果在果实成熟的早期阶段处理或施用的 1-MCP 浓度过高，则无法正常后熟软化或后熟后果皮颜色不一致，无法达到消费者预期的品质特征（质地、风味、香气、颜色）。近年来，通过降低 1-MCP 浓度或在适当成熟阶段收获水果，已经取得一定成功。对需要后熟的西洋梨等极为敏感的水果，1-MCP 处理后重新启动成熟的研究正在进行中。另外，1-MCP 处理会增加一些苹果、梨品种对环境二氧化碳的敏感性，导致果实褐变风险增加。

（8）冷冻保藏保鲜技术。一些不耐贮运的水果品类如草莓、无花果、榴莲等，只有充分成熟才能达到最佳风味品质，但充分成熟后保鲜及运输难度极大，冻结之后，贮藏和运输迎刃而解。随着低温冷链的发展和生活节奏的加快，水果等生鲜产品的冻品将会有较大发展。近年来，水果冻品在国际贸易中从无到有，不断增加，如草莓、穗醋栗、黑莓、桑葚、木莓、蓝莓、蔓越莓、枸杞、无花果、樱桃、榴莲、越橘、香蕉、芒果、菠萝、鳄梨等。

（9）利用自然冷源的低碳保鲜技术。利用自然冷源贮藏保鲜水果，低碳节能环保，在高纬度或高海拔的产区依然在使用。建在挪威的斯瓦尔巴特全球种子库就是利用自然冷源的典范。世界一些高纬度或高海拔国家和地区，比如我国东北与黄土高原、日本北海道、土耳其高原地区等目前都有一些水果成功利用自然冷源贮藏保鲜的案例。

二、果品加工

杀菌、提取分离、干燥以及新食品工艺创制是水果加工的共性技术。发达国家使用这些技术和工艺比较成熟，但仍致力于改良工艺路线，打造资源高效的农产品加工系统。下面主要介绍杀菌技术、提取分离技术、干燥技术、生物技术、纳米技术、3D打印技术以及集成工程化食品技术和大数据与食品个性化设计技术。

（一）杀菌技术

杀菌技术是水果加工中最重要的技术环节，目前世界各国的水果加工产品多数采用巴氏杀菌和超高温杀菌技术。近几年国际上研究和应用重点领域为非热杀菌新技术，包括高压处理、超声波脉冲电场、辐照、振荡磁场、低温等离子体、酸性电解水等技术。其中高压处理技术（又称高静水压）应用最多，高压处理在食品的杀菌、鲜切水果、功能性成分提取等食品中都有应用。受设备昂贵和外包装杀菌的形式所限，目前普及程度远低于巴氏杀菌和超高温杀菌，但高压处理设备和技术在未来一定会得到大规模应用。超声波脉冲电场、辐照、振荡磁场、低温等离子体、酸性电解水等技术在鲜切水果上可以单独使用，但在有包装的水果加工产品中必须辅助配合其他杀菌技术一起使用，才能达到最好的杀菌效果。

（二）干燥技术

干燥技术是在自然或人为控制条件下，将水果中的大部分水分去除，使其不易腐败变质，并始终保持低含水率或水分活度的一种方法。如葡萄干、苹果干、梨干、梅干、杏干、椰子干、草莓干、芒果干等。在世界范围内除具有特殊条件（沙漠、赤道地区）的地区外，水果干制品都采用人工去水技术，大多数水果制干企业采用热风干燥技术。热风干燥生产成本低、易操控，但缺点是效率低、温度高，易造成产品失色失味，口感和营养品质均受影响。随着干燥技术的不断更新，出现了真空冷冻、远红外干燥、真空油炸干燥、低温真空膨化干燥、真空微波干燥、压差膨化干燥、流化床干燥、过热蒸汽干燥、射频干燥、气体射流冲击干燥、泡沫干燥、折射窗干燥、电流体动力学等干燥技术（吴小恬，2022）。有些技术如真空油炸、低温真空膨化干燥、真空微波干燥、压差膨化干燥、真空冷冻干燥等技术已经在企业应用，流化床干燥、过热蒸汽干燥、射频干燥、气体射流冲击干燥、泡沫干燥、折射窗干燥、电流体动力学干燥等技术还在研究摸索中，其中真空冷冻干燥可以保存水果营养成分和易挥发成分，还能维持产品较好的性状，适合于热敏型水果制干。未来真空冷冻干燥技术是高端水果制干行业的主要推广技术。

（三）提取分离技术

提取分离是运用化学工程与生物工程的原理和方法对生物组成的化学物质进行提取、分离纯化的过程。水果中含有糖类、酚类、有机酸、蛋白质、氨基酸、维生素、脂肪、矿物质等有益于人体健康的植物生物活性物质。根据提取功能成分不同，以及用于生产或是检测分析用途不同、提取纯度要求不同等，使用的提取分离技术也是不同的。近几年新的提取分离技术不断更新，其中超临界流体萃取、生物酶解法、多孔碳材料吸附以及膜分离、大孔吸附树脂和吸附柱层析技术，是未来用于商业化水果天然产物提取的发展趋势。

（四）农产品加工生物技术

农产品加工生物技术包括基因工程、酶工程、发酵工程。这些技术主要应用在果酒、果汁等产业。加拿大卑诗省大学开发的一种新型转基因葡萄酒酵母菌株，能够降低红酒以及霞多丽葡萄酒中的生物胺，新型转基因酵母 ML01 已经获得加拿大卫生部门、环境部门以及美国食品药品检验局的认可，可用作商业用途（李梦琪，2011）。Kang 利用模块化酶组装技术，使工程化大肠杆菌合成类胡萝卜素的效率提高了 5.7 倍，将酿酒酵母合成番茄红素的产量提高到 2 300 mg/L。随着系统生物学和合成生物学的进步，更多理性计算和工程设计方法将被引入到微生物细胞工厂的构建过程中。据调查，国际上果汁掺假现象普遍存在，世界各国纷纷出台了一系列检测标准及法规来改善这一现状。目前，果汁鉴伪技术主要有理化方法和生物学方法，理化方法包括色谱技术、质谱技术、色谱 – 质谱联用技术、光谱技术等（李梅阁，2016），生物学方法包括 PCR 及其改良技术、LAMP 技术、DNA 条形码技术（EHLING S，2011）。生物技术不受果汁加工方式、贮藏条件和果实状态等外部因素等影响，是未来果汁鉴定发展的趋势。目前生物酶技术在水果加工产业中的应用最为广泛，如果汁、果酒生产中用于分解果胶、增加出汁率，在水果罐头中利用生物酶分离水果果皮、生产果肉罐头。使用酶技术可以实现高效生产，未来酶技术开发还能应用到更多水果加工的产业中。

（五）纳米技术

纳米技术指在纳米尺度上对原子、分子结构的特性等进行的研究，按照需求对物质表面的分子、原子乃至电子直接操纵，从而制造特定产品或创造纳米级加工工艺的一门新兴学科技术。根据美国新兴纳米技术项目（Project on Emerging Nanotechnology，PEN）网站统计，全球范围内开发的纳米食品多达 116 种。纳米技术在功能食品中应用如类胡萝卜素的纳米微胶囊、DHA 纳米微胶囊、α – 淀粉酶纳米微胶囊等，利用纳米材料搭载功能性物质，目的是增强人体对营养成分的吸收；在食品包装材料应用方面，利用 PE/Ag_2O 纳米包装袋可以有效降低水果蔬菜腐烂率（周玲，2010；王馨，2017）。在食品检测应用方面，传统食品安全检测中融合纳米材料的技术应用较为广泛，如碳纳米管、纳米金粒子、量子点、磁性纳米材料等在农兽药残留检测、微生物、亚硝酸盐、水质中酚类化合物及重金属、转基因食品等检测方面应用较广泛（陈丹丹，2014；刘秀英，2017）。虽然纳米技术提高了食物的附加值和功能，但还存在一定的安全隐患，未来纳米技术发展，其前提是提高食品营养功能利用率及安全性，这将会得到推广和高速发展。

（六）3D 打印技术

将具有个性化和自由制造特点的 3D 打印技术与食品加工技术相结合，在食物外观方面可实现食物的个性化制作，进一步提高人们的饮食乐趣和生活品质（师平，2021）。3D 打印技术在食品加工领域中的应用最早起源于西方国家，2013 年第一台商用化的食品 3D 打印机 Foodini 诞生于西班牙 Natural Machines 公司，其基于传统打印机的原理结合 3D 打印技术，将食物所需的各类原材料以乳化液的形式存储于"墨盒"中,在计算机的控制下分层打印叠加形成具有一定形状特征的个性化定制食物,但其在食品加工过程中不能对食材进行完全的"烹饪"(佚名,2014)。2021年,日本科学家利用3D生物打印技术成功组装了含有肌肉、脂肪和血管且与商业牛排高度相似的整块和牛肉(KANG,2021)。3D打印食品未来发展,需要在优化食品原料、打印特性的基础上,实现3D打印食品构型多元化,满足不同人群的营养需求。

(七) 集成工程化食品技术

工程化食品是将食物原料中的基本组分、营养素、风味物质等分离出来,利用挤压剪切、超微粉碎、乳化均质、纳米组装、增材制造等工程化技术,实现产品质构、风味等的重塑,亦可通过选择性添加功能性成分进行营养强化,最终制作出比天然食品更加营养、安全、美味、方便的食品。利用高水分挤压、Shear Cell、定向冷冻等新兴技术,可以将植物蛋白为代表的替代蛋白加工为具有高度类似动物肉纤维结构和质构特征的替代肉制品。替代肉不仅可以满足消费者对肉类口感和滋味的追求,还能够降低动物性成分摄入过多对人体健康带来的负面效应(肥胖、心脑血管疾病等)(周景文,2020)。全球已有超过400家公司进行植物肉研发和生产,2021年市场规模超过50亿美元(HAMILTON C A)。利用多种技术集成创制新食品的定向制造,未来将有更多的可能性。

(八) 大数据分析与智慧型工业化食品技术

利用机械设计、人工智能、机电一体化等技术模拟厨师的操作过程,复刻菜肴烹调技法;利用大数据收集原料、切配、烹制、调味、装盘、人群需求、设备参数等信息,建立科学的烹饪数据库,形成准确量化的参数图像;通过多元传感器(质量、体积、黏度、盐浓度等)自动监控菜肴烹饪过程,蓝牙、射频、近场通信等将烹饪设备互联,食谱指令的计算机编写和传输,将建立信息交互的智能烹饪系统,实现烹饪过程的标准化和数字化控制(MITCH,2022)。将大数据分析技术与食品组学技术结合,通过建立微生物组、饮食、生活方式、遗传和健康之间的相互关系,可以开展高精度个性化食品设计。2022年冬奥会建造的智慧食堂,针对不同训练阶段运动员的身体状况提供营养食谱,运动员仅需人脸识别便可以得到适合的个性化餐食(廖小军,2022)。未来水果加工企业在大数据分析需求下,利用智慧型机器人实现自动化订单生产,减少人工成本、提高效率、保障食品安全。

水果是人类膳食中维生素、矿物质、蛋白质和氨基酸以及膳食纤维等的重要来源。水果加工产品在满足人们营养健康的同时,具有保健功能饮食产品逐渐受到人们的关注和接受。借助成分提取技术、生物技术、纳米技术、3D打印技术和集成工程食品技术,通过大数据分析和智慧型工业化生产,制造的水果食品将具有营养、绿色、高效和多元化。

参考文献

陈丹丹,辛嘉英,张兰轩,等,2014.纳米金在食品安全检测中的应用[J].食品科学,35(7):247–251
李梅阁,吴亚君,杨艳歌,等,2016.浆果果汁真伪鉴别技术研究进展[J].食品科学,37(13):243–250.
李梦琪,2011.新型转基因葡萄酒酵母可降低红酒中生物胺[N].中国食品安全报,第B02版.

廖小军,赵婧,饶雷,等,2022.未来食品:热点领域分析与展望[J].食品科学技术学报,40(2):1–14.

刘秀英,梁维月,苏丽红,等,2017.分子印迹荧光纳米探针在食品安全检测中的研究进展[J].食品工业科技,38(1):369–374.

美国农业部,2016.农业手册第66卷《水果、蔬菜及苗木商业贮藏手册》(The Commercial Storageof Fruits, Vegetables, and Florist and Nursery Stocks).

师平,白亚琼,2021.3D打印技术在食品加工领域中的应用[J].食品工业,42(10):231–235.

王馨,胡文忠,陈晨,等,2017.纳米材料在果蔬保鲜中的应用[J].食品与发酵工业,43(1):281–286.

吴小恬,刘静,赵亚石,等,2022.果蔬新型干燥技术的研究进展[J].中国果菜,42(1):20.

佚名,2014.3D食物打印机西班牙问世可自由设计形状打印美食[J].中外食品(1):5–6.

周景文,张国强,赵鑫锐,等,2020.未来食品的发展:植物蛋白肉与细胞培养肉[J].食品与生物技术学报,39(10):1–8.

周玲,何贵萍,阎梦萦,等,2010.PE/Ag_2O纳米包装袋对苹果切块品质的影响[J].食品科技,35(6):56–59

DELONG J M, PRANGE R K, LEYTE J C, et al., 2004. A new technology that determines low–oxygen thresholds in controlled–atmosphere–stored apples[J]. Hort Technology,14:262–266.

HAMILTON C A,ALICI G,In het panhuis M,2018. 3D printing vegemite and marmite: redefining "breadboards" [J]. Journal of Food Engineering,220: 83–88.

KANG D H,LOUIS F,LIU H,et al.,2021. Engineered whole cut meat–like tissue by the assembly of cell fibers using tendon–gel integrated bioprinting[J]. Nature Communica– tions,12(1) : 1–12.

KOWALSKA H,CZAJKOWSKA K,CICHOWSKA J,et al.,2017.What's new in biopotential of fruit and vegetable by–products applied in the food process– ing industry[J].Trends in food science & technology,67: 150–159.

L. FADANELLI, F.ZENI, L.TURRINI, et al., 2009 New development dynamic controlled atmosphere storage of apple applying repeated and controlled low oxygen stress treatments[C]. "6th International Postharvest Symposium in Atalya(Turkey)".

MITCH,2022. Future meat technologies raises record–breaking $ 347 million in series B funding,while reducing cost of cultivated chicken to $ 7.70 per pound [EB/OL].https://labgrown– meat. com/future–meats–raises–347–million /.

PADAYACHEE A,DAY L,HOWELL K,et al.,2017.Complexity and health func– tionality of plant cell wall fibers from fruits and vegetables[J].Critical re– views in food science and nutrition,57(1) : 59–81.

第七节 果品质量安全风险评估与控制技术

果品质量安全风险评估是风险评估理论和技术在农业领域的具体应用，在特定条件下，以果品或果品生产过程为研究对象，系统地采用一切科学技术及信息，对动植物和人类或环境暴露于某危害因素产生或将产生不确定效应的可能性和严重性的科学评价（安建等，2006）。果品质量安全控制技术是基于风险分析所获得的科学结论，建立科学的生产、管理和监督等技术体系，实现果品生产的全程质量控制。

一、发展动态

（一）风险评估

风险评估在农产品及食品领域得到认可和应用得益于国际机构的不懈努力和大力推动。1991年联合国粮食与农业组织（FAO）、世界卫生组织（WHO）及关税与贸易总协定（GATT）联合召开的"食品标准、食品中的化学物质与食品贸易会议"建议食品法典委员会（CAC）在制定政策时应采用风险评估的原理和技术。1995年，FAO/WHO召开联合专家咨询会议，形成了《风险分析在食品标准问题上的应用》报告，同年，CAC要求食品法典各分委会对《风险分析在食品标准问题上的应用》进行研究，并且将风险分析的概念应用到具体的工作程序中。1997年，CAC做出决策，采用有关的风险分析术语基本定义，并写入CAC工作程序手册。至此，风险评估作为一项农产品质量安全技术在全球范围内得到认可，并得到不断的推动和发展。

随着农产品风险评估技术地位的确认，为满足现代农业对风险评估技术需求，风险评估技术也得到了进一步的发展。1995年农药膳食暴露风险研究最权威的机构农药残留联席会议（JMPR）构建了确定性评估模型（王向未，2012），国际范围内广泛采用，也是我国农药膳食暴露风险评估的主要模型。此模型将食物消费量和化学物浓度都设为固定值计算，其结果为单一点值，核心是进行暴露计算（Vose D，2008）。根据评估需求将其细分为慢性和急性膳食暴露评估模型两大类（表3-3）。

表3-3 确定性评估模型

评估模型	公式	说明
慢性膳食评估	$IEDI = \dfrac{\sum (STMR_i \times F_i)}{bw}$	利用农药的残留中值STMR或STMR-Pi和食物消费数据库中的估算出来的平均日人均消费量F_i计算得到IEDI
	$TMDI = \dfrac{\sum (MRL_i \times F_i)}{bw}$	利用农药的最大残留限量MRL和食物平均日消费量Fi值计算产品中97.5位点消费者的摄入估计
	$NEDI = \dfrac{\sum (STMRi 或 STMR-P_i) \times F_i}{bw}$	利用所有产品消费量乘以该产品的农药残留量，残留水平乘以校正因子（考虑去除非食用部分和烹饪过程的变化）

续 表

评估模型	公式	说明
急性膳食评估	$IESTI = \dfrac{LP_{person} \times (HR-P)}{bw}$	混合样本残留数据反映该产品在一顿饭消耗的残留水平
	$IESTI = \dfrac{(U_e \times (HR-P) \times v) + (LP_{person} - U_e) \times (HR-P)}{bw}$	初级产品的单位可食部分重量（U_e）小于大份额消费量
	$IESTI = \dfrac{LP_{person} \times (HR-P) \times v}{bw}$	初级产品可食部分单位重量 U_e 超过大份额消费量
	$IESTI = \dfrac{LP_{person} \times (STMR-P)}{bw}$	散装或混合的食品，包括经过工业加工的散装或混合农产品，和未经加工的散装或混合农产品
	$TMSTI = \dfrac{LP \times MRL \times v}{bw}$	适用于制定农药 MRL 标准时进行的急性暴露风险评估

1999 年美国环境保护局（Environmental Protection Agency，EPA）提出了概率性评估并将其作为膳食风险评估的主流模型，风险评估由定性逐渐转变为定量，由对人群的确定性评估发展到对个体分布的评估，并且对评估结果的变异性和不确定性描述提出了要求（刘沛等，2010）。概率性评估主要是通过食品消费量分布和农药残留量分布，计算农药膳食暴露量分布情况与概率，比较毒理学数据（ARfD 和 ADI）确定风险量级。

鉴于人体可能同时暴露于多种有毒残留物，从而产生比暴露于一种残留物产生较高或较低的联合效应（SCCS，2012）的作用，EPA 于 1986 年开始进行化合物联合暴露对人体健康的研究（杨桂玲，2017），欧盟食品安全局（EFSA）于 2006 年制定了累积性评估的基本方法和框架。EPA 和 EFSA 均采用"累积性暴露评估"（CRA）的概念，即食品中多种化合物的联合暴露。累积暴露评估模型要根据农药间不同作用形式分为三大类，即浓度相加（Concentration Additivity，CA）、相互作用（Interaction）和独立作用（Independent Additivity，IA）（表 3-4）。

表 3-4 累积暴露评估模型

模型种类	公式	说明
基于浓度相加	$RPF_{化学物} = \dfrac{BMD_{10\ 指示化学物}}{BMD_{10\ 化学物\ i}}$	RPF 适用于受相似性和特定条件限制的数据
	$E_{累积} = \sum\limits_{i=1}^{n} E_i \times RPF_i$	TEF 适用于很少有数据，具有高度相似性的化合物混合物
	$HI = \sum\limits_{i=1}^{n} \dfrac{E_i}{AL_i}$	适用于具有足够剂量反应数据以及低水平暴露数据的化合物，用于具有相似靶器官的化合物
	$MOE_T = \sum\limits_{i=1}^{n} \dfrac{1}{1/MOE_i} = \dfrac{1}{PODI}$	适用于有足够反应剂量和暴露剂量数据的化合物

续 表

模型种类	公式	说明
基于浓度相加	$PODI = \sum_{i=1}^{n} \dfrac{E_i}{POD_i}$	适用于有足够反应剂量和暴露剂量数据的化合物
	$CRI = \sum_{i=1}^{n} \dfrac{1}{E_i / RfD_n}$	适用于有足够反应剂量和暴露剂量数据的化合物
基于相互作用	$HI_{INT} = \sum_{i=1}^{n} (HQ \times \sum_{j \neq i}^{n} f_{ij} M_{ij}^{B_{ij} \theta_{ij}})$	通过调整风险因子，加入协同和拮抗反应因素来评估化合物的相互反应效应
基于独立作用	$P_m = 1 - \prod_{i=1}^{n}(1 - P_i)$	农药作用机理不同，作用位点不同，化合物独自反应，不存在相互反应和相互影响。农药必须超阈值

借助于统计学和计算机技术的进步，计算机模拟风险评估成为风险评估的一个重要手段。不同的组织或机构开发了适合各自实际情况的风险评估软件。荷兰瓦赫宁根大学和 RIVM 研发了 MCRA（Monte Carlo Risk Assessment）风险评估软件、Palisade 公司开发了 @Risk 风险评估软件、Exponent 公司开发了 DEEM 风险评估软件、EPA 开发了 SHEDS 风险评估软件、LifeLine 公司开发了 LifeLineTM 风险评估软件、Dow AgroScience 公司开发了 CARES 风险评估软件，这些软件是目前应用比较广泛的风险评估软件。与此同时，我国开发了适合我国国情的 cDEEM 风险评估软件。

（二）质量安全控制

科学的管理体系是保证农产品质量安全的有效手段，GAP（Good Agricultural Practice，简称 GAP）体系和 HACCP（Hazard Analysis Critical Control Point）体系是被世界各国认可和广泛应用的质量控制体系。1997 年欧洲零售商农产品工作组（EUREP）提出了 GAP 的概念，即 EUREP GAP。EUREP GAP 作为一种评价用的标准体系，目前涉及水果蔬菜、观赏植物、水产养殖、咖啡生产和综合农场保证体系（IFA）。EUREP GAP 标准主要针对初级农产品生产的种植业和养殖业，分别制定和执行各自的操作规范，鼓励减少农用化学品和药品的使用，关注动物福利、环境保护、工人的健康、安全和福利，保证初级农产品生产安全的一套规范体系。2007 年 9 月 7 日 EUREP GAP 宣布将名称和标识更改为 GLOBAL GAP。

HACCP 体系是国际上共同认可和接受的食品安全保证体系，主要是对食品中微生物、化学和物理危害进行安全控制。1993 年食品法典委员会批准了《HACCP 体系应用准则》，1997 年颁发了新版法典指南《HACCP 体系及其应用准则》。HACCP 体系在世界各国得到了广泛的应用和发展。美国 FDA 鼓励并最终要求所有食品工厂都实行 HACCP 体系。加拿大、澳大利亚、英国、日本等国也都推广和采纳了 HACCP 体系，颁发了相应的法规，并针对不同种类的食品分别提出了 HACCP 体系模式。我国在 1991 年开始参加 HACCP 体系的研讨、培训与推广应用等工作，2011 年制定了 GB/T 27341—2009《危害分析与关键控制点体系食品生产企业通用要求》，为 HACCP 体系在我国的推广应用提供了技术支撑。

不同的国家和组织制定了相关的法律法规，作为质量安全控制的法律依据。欧盟主要的农产品质量安全方面的法律有：欧盟食品通法（EC）No 178/2002、食品健康条例（EC）No 852/2004、食品安全与动植物健康监管条例（EC）No 882/2004。欧盟各成员国在严格执行欧盟的上述法律法规的同时，本国还有一套完善的法律法规。美国的《联邦食品、药品和化妆品法》《美国联邦法规法典》和《食品质量保护法》是主要的质量安全法律法规，其中《美国联邦法规法典》中包含农产品标准352项；EPA已制定农药残留限量标准9 000多项。日本对农产品质量安全的立法十分重视。1948年颁布实施了《食品卫生法》，2003年制定了《食品安全基本法》，并成立食品安全委员会。以《食品安全基本法》为统领，制定了《农药管理办法》《HACCP引进支持法》《食品卫生法》和《食品中农业化学品残留肯定列表制度》等多项法律法规，建立了包含500多项标准的食品标准体系。

二、发展趋势

（一）风险评估技术多元化

随着全球对生态环境、人体健康及动物福利等的不断关注，风险评估策略强制性地纳入各国质量安全法规，风险评估理论、技术研究、成果开发及应用会发生巨大的变化。评估的对象向新物质、难以评估物质、对人类危害更大的物质方面扩展，如转基因风险评估、真菌及藻类毒素风险评估等；人类健康评估与生态健康评估方法相互借鉴和完善，包括蓄积性及累积性风险评估、不确定度分析技术、后基因时代毒理学技术等。评估对象的多元化和相关交叉学科的融合和发展是风险评估技术多元化发展的重要标志。

（二）质量控制体系规范化

21世纪质量安全监管方式从"终产品"控制过渡到"生产过程"控制，生产规范化是生产过程控制的重要保障。建立适合不同生产过程的规范化GAP体系、HACCP体系，实现生产过程的全程标准化和规范化；建立质量安全可追溯制度，实现关键控制点的可追溯化。健全质量安全控制法律法规，为质量安全控制提供有效的法律依据，保证控制技术体系在实施过程中有据可查，有法可依；完善标准技术体系，为标准化、规范化生产提供可实施的技术支持。规范化生产过程、健全法律依据、完善标准体系是质量控制发展主要方向。

参考文献

安建, 张穹, 牛盾, 2006. 中华人民共和国农产品质量安全法释义 [M]. 北京：中国法制出版社.
刘沛, 吴永宁, 2010. 构建中国膳食暴露评估模型提升我国食品安全风险评估水平 [J]. 中华预防医学杂志 (3):181–183.
王向未, 仇厚援, 张志恒, 等, 2012. 食品中膳食暴露评估模型研究进展 [J]. 浙江农业学报, 24(4):733–738.
杨桂玲, 2017. 农产品中农药多残留联合暴露风险评估方法研究 [D]. 北京：中国农业科学院.
SCCS, SCENIHR, SCHER, 2011. Toxicity and Assessment of Chemical Mixtures [EB/OL].
VOSE D, 2008. Risk Analysis: A Quantitative Guide [M]. 3rd Ed. Chichester: John Wiley & Sons Ltd.

第四章

我国主要果树生产与贸易概况

第一节 生产状况与动态

一、生产概况、动态与趋势

(一) 我国果树面积、产量变化趋势

我国是世界果树原产地之一,有 4 000 多年的果树栽培历史。鸦片战争以后的 100 余年间,国家积贫积弱,传统农业受到冲击,外国商品大量涌入。1949 年以前,每年要从外国进口大量的苹果、柑橘和葡萄干等干鲜果品。中华人民共和国成立以来,党和政府十分重视果业的生产和发展,提出了"果树上山下滩,不与粮棉争地"的方针,并采取各种有效的经济和技术措施,先后在丘陵、山地、沙荒地、盐碱地及滩涂上建立起苹果、柑橘、葡萄等果园,大力发展果树生产基地。经过 70 多年的发展,我国果树产业取得了一系列举世瞩目的成就。

从面积变化来看,1952 年,我国水果总面积仅为 68.4 万 hm^2,至 2020 年增至 1 480.82 万 hm^2,增加了 20.65 倍;从产量变化来看,1949 年我国水果产量只有 120 万 t,人均占有量仅有 2.2 kg,经过 70 多年的发展,至 2020 年我国水果产量达 2.87 亿 t,是 1949 年的 239 倍,人均占有量达 203.3 kg,是 1949 年的 92 倍(图 4-1)。整体来看,1949 年以后我国果树产业发展主要经历了以下几个阶段。

1. 恢复发展阶段(1970 年以前)

1956 年以前我国果品属于自由购销商品,从 1956 年开始,国家对果品实行派购政策,购销价格水平一直比较稳定。1970 年以前在以粮食为纲的政策下,果品生产发展缓慢(图 4-2)。1970 年水果产量 374 万 t,人均占有量仅有 4.6 kg。从树种结构看,20 世纪 60 年代以前,以梨产量最高,至 1970 年苹果生产慢慢发展起来,成为我国第一大果树。

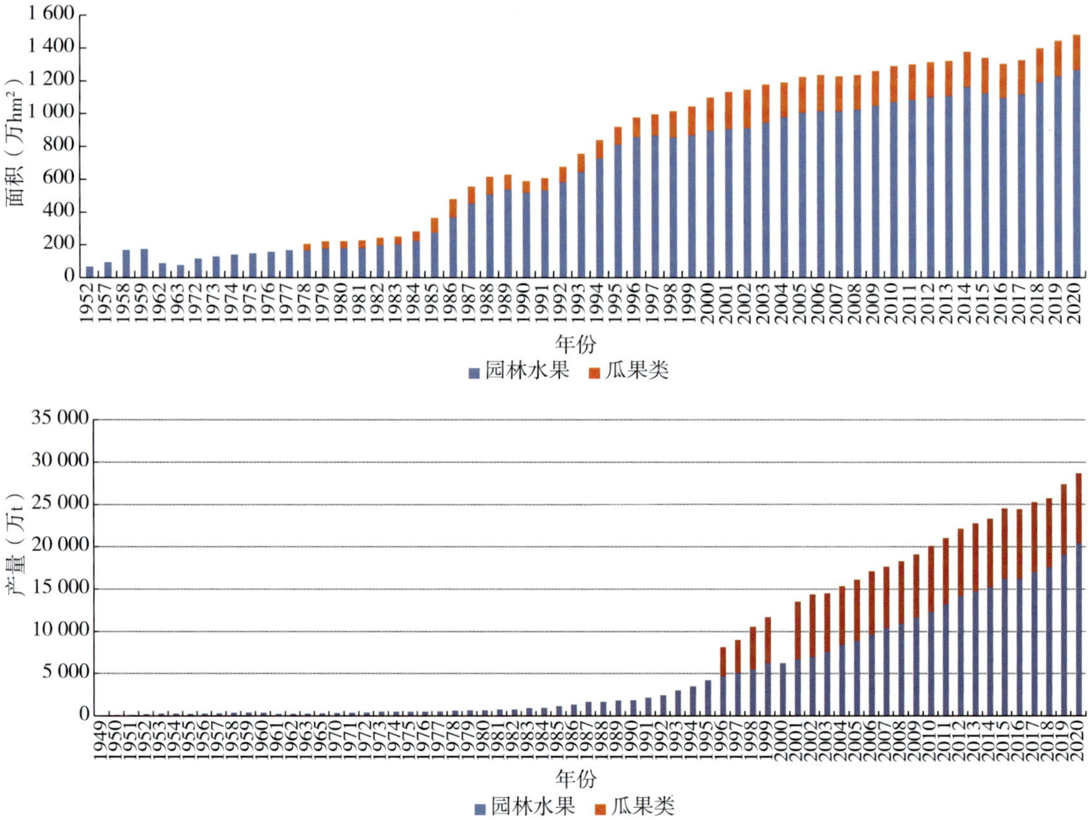

图 4-1 1949—2020 年我国水果面积、产量变化趋势

注：数据来源于国家统计局网站。瓜果类面积自 1978 年开始统计，瓜果类产量自 1996 年开始统计，其中 2000 年瓜果类产量数据缺失。

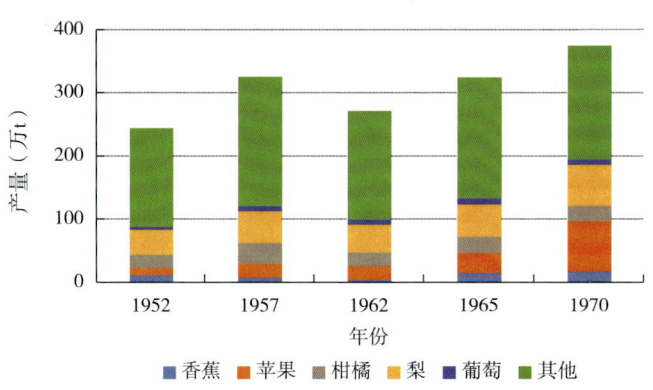

图 4-2 1970 年以前我国水果生产概况

2. 缓慢发展阶段（1971—1984 年）

20 世纪 70 年代至 80 年代初期，果树生产发展相对缓慢，1972—1984 年，面积由 117.10 万 hm² 增至 221.89 万 hm²，产量由 444 万 t 增至 984.53 万 t。

3. 快速发展阶段（1985—1995 年）

20 世纪 80 年代以来，随着市场经济的开放，水果市场开始出现供不应求，价格逐年攀升，生产效益显著优于同时期的粮食和棉花等作物，极大地推动了全国果业的快速发展。1985—1989 年，果树生产进入快速发展阶段。由 FAO 数据可知，自 1985 年开始，我国果树面积超过苏联、产量超过印度，成为世界最大的果树生产国。1990—1991 年受苹果、梨等主要树种调整的影响，面积稍有下降；1992—1996 年又进入快速发展阶段。1985—1995 年，面积由 283.13 万 hm² 增至 919.24 万 hm²，增加了 2.25 倍，产量由 1 163.95 万 t 增至 4 214.63 万 t，增加了 2.62 倍。

4. 稳步提升阶段（1996 年至今）

随着经济的快速发展，我国果树生产规模不断扩大，果业在农业和农村经济发展中的地位变得越来越重要，在很多地区已成为农村经济的支柱产业。1996—2020 年，我国水果面积稳步发展，产量保持持续增长。现阶段我国果树产业正处于一个转型发展期，未来 10 年，我国水果产业将进入提质增效的关键时期，即高质量发展阶段，产业结构将不断优化升级，预计面积稳中有降，产量则以较低的速率持续增长。

坚果是平衡膳食的有益补充，《中国居民膳食指南》将坚果类食品列入日常膳食结构表中。近年来，我国坚果产业发展迅速，已初步形成较大的生产规模，但与美国等坚果产业发达国家相比仍存在不小差距。核桃、板栗、榛子、松子、银杏等是我国传统果树，多数分布在山区，是林业的重要组成部分。据《中国林业和草原统计年鉴》统计，2019 年我国核桃产量 479 万 t、板栗产量 219 万 t、榛子产量 13.72 万 t、松子产量 13.38 万 t，而人们日常生活中经常食用的开心果、腰果、巴旦木、夏威夷果等坚果基本依赖进口。整体来看，坚果产业发展前景广阔。

（二）我国主要水果面积、产量、单产变化趋势

从国家统计局网站统计数据可知，2020 年我国水果生产规模再创新高（图 4-3）。从面积来看，柑橘最高，为 283.15 万 hm²，占比 19.12%；其次为苹果、西瓜、梨、葡萄等，面积分别为 199.35 万 hm²、152.81 万 hm²、96.68 万 hm²、71.24 万 hm²。从产量来看，西瓜最高，为 6 234.40 万 t，占比 21.73%；其次为柑橘、苹果、梨、葡萄、甜瓜、香蕉等，产量分别为 5 121.87 万 t、4 406.61 万 t、1 781.53 万 t、1 431.41 万 t、1 380.80 万 t、1 151.33 万 t。从单产来看，西瓜最高，为 40.80 t/hm²，其次为香蕉 35.19 t/hm²、甜瓜 34.96 t/hm²、草莓 26.21 t/hm²、苹果 22.10 t/hm²、葡萄 20.09 t/hm²、梨 18.43 t/hm²、柑橘 18.09 t/hm²。桃面积、产量数据参照 FAOSTAT 数据库，2020 年面积、产量分别为 77.99 万 hm²、1 501.61 万 t，单产为 19.25 t/hm²。

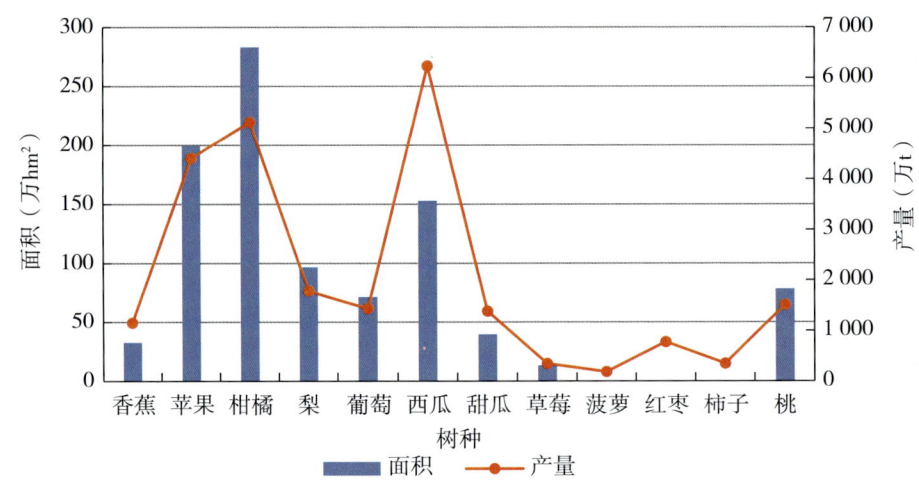

图 4-3 2020 年我国主要水果面积、产量分布情况

注：数据来源于国家统计局网站，桃数据来源于 FAO 统计数据库。菠萝、红枣、柿子面积数据缺失。

改革开放 40 多年来，我国果树产业发展突飞猛进。从全球情况看，我国果树生产总量占世界的 27.20%，是印度的 2.3 倍、巴西的 6.2 倍、美国的 8.9 倍，柑橘、苹果、梨、桃、西甜瓜等几个大宗水果的产量均居世界首位，世界上 70% 的梨、61% 的桃、60% 的西瓜、49% 的甜瓜、46% 的苹果、38% 的草莓、29% 的柑橘、19% 的葡萄是我国生产的。值得注意的是，自 1996 年起，国家农业统计将种植业中的瓜果类产量纳入水果产量，从而使单个水果占比发生了变化。从水果种类来看，西瓜是我国第一大水果，且产量占比远超其他水果；从园林水果种类来看，柑橘是我国第一大果树。

1. 柑橘

我国是世界柑橘的起源地，已有 4 000 多年的柑橘栽培历史，种质资源丰富。柑橘最早出现在《禹贡》一书中，在公元前 21 世纪的夏代，橘和柚曾被列为大禹王的贡品，早在 1178 年韩彦直的《橘录》中便有了柑、橘、橙、酸橙、枸橼、枳壳和金柑等水果生物学特性和栽培特点的描述。目前，柑橘是我国第一大果树、世界第二大果树，除南极洲外，世界各大洲均有广泛分布。

40 多年来，我国柑橘产业经历了初级发展阶段（1978—1984 年）、自由发展阶段（1984—1997 年）、大调整阶段（1997—2000 年）、稳步发展阶段（2000 年至今）几个时期（邓秀新等，2013）。据国家统计局统计，1949 年以后，柑橘面积、产量均缓慢增长，至 1978 年柑橘面积为 17.79 万 hm^2，产量为 38.27 万 t，居水果中第 3 位，产量仅占当时水果总产量的 5.83%；1984 年前后，国家放开了对柑橘等作物的计划管理，出现了面积快速增长的势头，到 1989 年柑橘产量达 456.11 万 t，超越苹果成为第一大水果（1992 年产量被苹果反超），产量占当时水果总产量的 24.90%，直到 1997 年，全国农产品均出现结构性过剩，柑橘面积和产量增速减缓；1997—2000 年，国家加大了对柑橘产业的宏观指导，柑橘发展进入调整期，面积和产量有所下降；2000 年以后，我国柑橘产业发展进入快速稳步发展期，面积和产量均稳步增长。近年来，柑橘在水果中的占比逐渐加大，2018 年产量达 4 138.14 万 t，再次超越苹果成为我国第一大果树；2020 年产量和面积均创历史新高，分别达 5 121.87 万 t 和 283.15 万 hm^2，在水果中占比分别为 17.85% 和 19.12%（图 4-4）。40 多年来，我国柑橘平均单产水平持续提升，从 1978 年的 2.15 t/hm² 增长到 2020 年的 18.09 t/hm²，但与发达国家相比仍有较大差距，还有较大的提升空间。

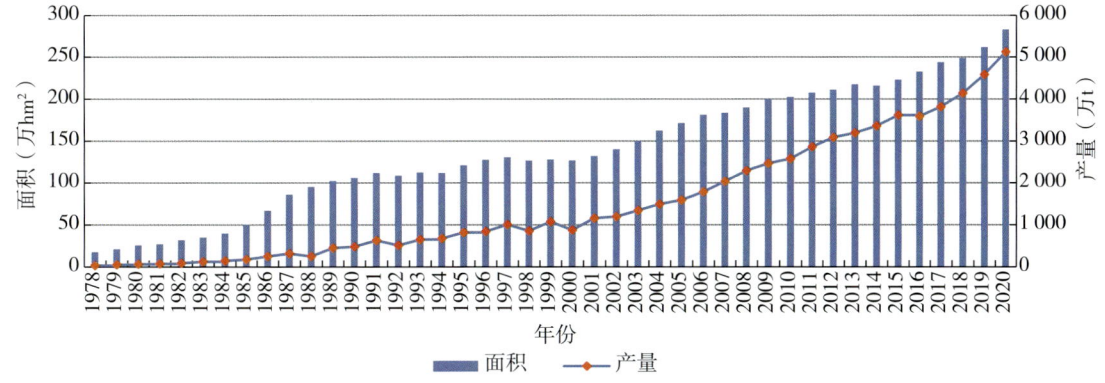

图 4-4　1978—2020 年我国柑橘面积、产量变化趋势

2. 苹果

中国苹果（绵苹果）和沙果、海棠等果树，在我国至少有 2 200 多年的栽培历史。目前栽培的苹果多出自欧美，1871 年引入我国（束怀瑞，1999）。目前，苹果是我国第二大果树，也是产值最高的果树。

40 多年来，我国苹果产业发展经历了 2 个快速增长期（1985—1989 年和 1991—1996 年）、1 个调整期（1997—2002 年）（束怀瑞，2013）和 1 个平稳发展期（2002 年至今）。据国家统计局统计，自 1978 年起，苹果在水果中的占比不断加大，1978 年苹果面积为 67.89 万 hm²，产量为 227.52 万 t，居水果中第 1 位，产量占当时水果总产量的 34.63%；随后面积迅猛增长，1985—1989 年面积由 86.54 万 hm² 增长到 168.99 万 hm²；1991—1996 年面积由 166.147 万 hm² 增长到 298.68 万 hm²，1996 年面积创历史最高，占当时水果总面积的 30.62%；1997 年以后进入调整阶段，非适宜区和适宜区中的非适宜品种，以及管理技术落后、长期不结果的苹果园面积持续减少，至 2002 年面积降为 193.83 万 hm²，比 1996 年减少了 100 多万 hm²；近 20 年来，面积始终保持在 190 余万 hm²。产量始终保持增长趋势，由 1978 年的 227.52 万 t 增长到 2020 年的 4 406.61 万 t，增加了 18 倍多（图 4-5）。40 多年来，我国苹果平均单产水平持续提升，从 1978 年的 3.35 t/hm² 增长到 2020 年的 22.10 t/hm²，但与发达国家相比仍有较大差距，仅为新西兰的 38%。

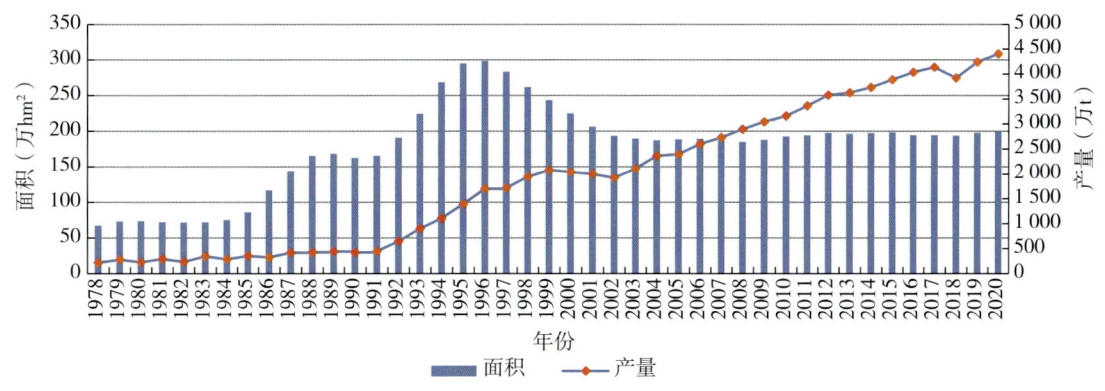

图 4-5　1978—2020 年我国苹果面积、产量变化趋势

3. 梨

我国是世界梨属植物最重要的起源地之一，栽培历史悠久，有文献记载的栽培历史有2 500多年（张绍铃，2013）。

40多年来，我国梨产业发展经历了恢复阶段（1978—1984年）、稳步发展阶段（1984—1988年）、结构调整阶段（1988—1992年）、快速发展阶段（1992—1996年）和稳定提高阶段（1996年至今）5个时期。据国家统计局统计，1978年梨面积为27.89万hm²，产量为151.7万t，至1984年变化不大；随后面积稳步增长，1984—1988年面积由30.13万hm²增长到48.75万hm²，产量由209.99万t增长到272.12万t；1988年以后进入调整阶段，面积有所降低；1992—1996年发展速度加快，面积由52.12万hm²增长到93.19万hm²，产量由284.61万t增长到580.66万t；1996年以后面积增速减缓，2005年面积创历史最高，达111.20万hm²，2006年开始面积持续减少，近年来稳定保持在90余万hm²。产量整体保持增长趋势，由1978年的151.70万t增长到2020年的1 781.53万t，增加了近11倍（图4-6）。40多年来，我国梨平均单产水平持续提升，从1978年的5.54 t/hm²增长到2020年的18.43 t/hm²，但与发达国家相比仍有较大差距，仅为新西兰的1/3左右。

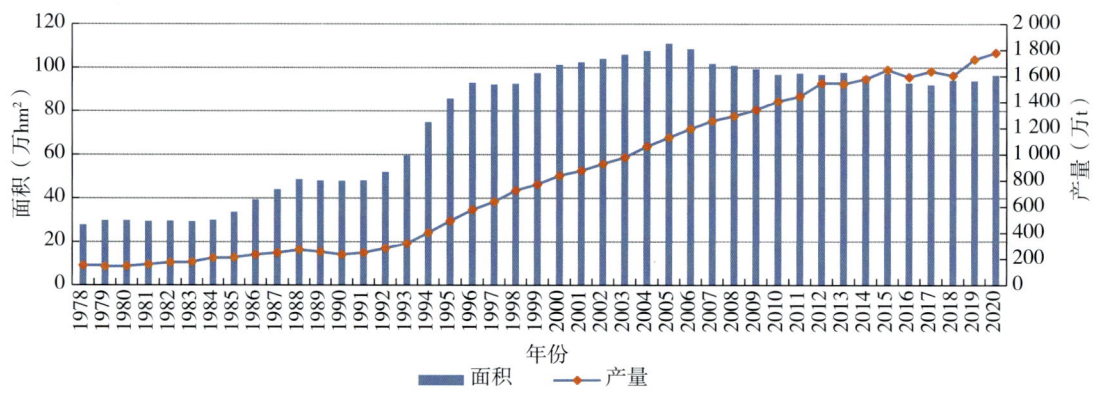

图4-6　1978—2020年我国梨面积、产量变化趋势

4. 葡萄

我国葡萄栽培已有2 100年以上的历史（贺普超，1999）。40多年来，我国葡萄产业发展呈台阶式增长趋势，经历了3个快速增长期（1978—1987年，1998—2003年，2009—2015年）、2个平台调整期（1989—1997年和2004—2008年）和1个平稳发展期（2015年至今）。据国家统计局统计，1978—1987年，面积由2.63万hm²快速增长到14.27万hm²，增加了4.43倍；1989—1997年进入调整期，面积变化不大；1998—2003年，面积由17.64万hm²快速增长到42.08万hm²，增加了1.39倍；2004—2008年进入调整期，部分主产区栽培面积下降，部分品种进入淘汰期，鲜食葡萄和酿酒葡萄稳步发展，品种呈现多元化；2009—2015年加速发展，面积由46.55万hm²增长到71.64万hm²；2015年至今面积变化不大，保持在71万hm²左右。产量始终保持增长趋势，由1978年的10.39万t增长到2020年的1 431.41万t，增加了130多倍（图4-7）。40多年来，我国葡萄平均单产水平持续提升，从1978年的3.95 t/hm²增长到2020年的20.09 t/hm²。

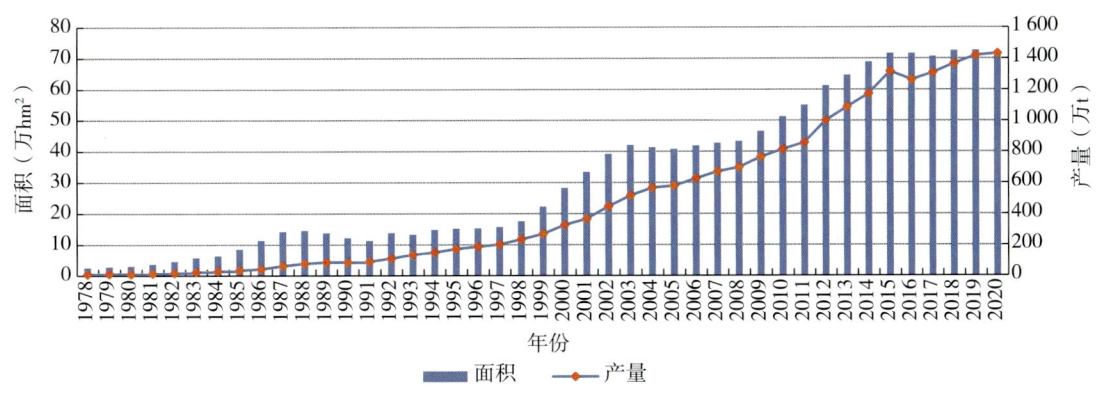

图 4-7　1978—2020 年我国葡萄面积、产量变化趋势

5. 香蕉

香蕉是世界第一大果树，也是世界进、出口量最大的水果，我国早在 2 000 多年前已有芭蕉栽种（曲泽洲等，1990）。

40 多年来，我国香蕉产业发展经历了高速增长期（1978—1987 年）、调整期（1988—1999 年）、稳定增长期（2000—2013 年）和稳定提高阶段（2014 年至今）4 个时期。据国家统计局统计，1978—1987 年，面积由 0.453 万 hm^2 猛增到 15.267 万 hm^2，增加了 14 倍多；1988—1999 年进入调整期，面积先降后升再平稳发展，总体面积变化不大；2000—2013 年持续增长，面积由 24.92 万 hm^2 持续增长到 36.44 万 hm^2；2014 年以后面积开始下降，近几年稳定在 33 万 hm^2 左右。产量变化趋势基本与面积一致，但近几年虽然面积连续下降，但产量有稳定提高的趋势（图 4-8）。1996 年以前，我国香蕉平均单产水平不稳定，1997 年开始持续提升，由 16.07 t/hm^2 增长到 2020 年的 35.19 t/hm^2，但与香蕉生产强国相比还有一定差距。

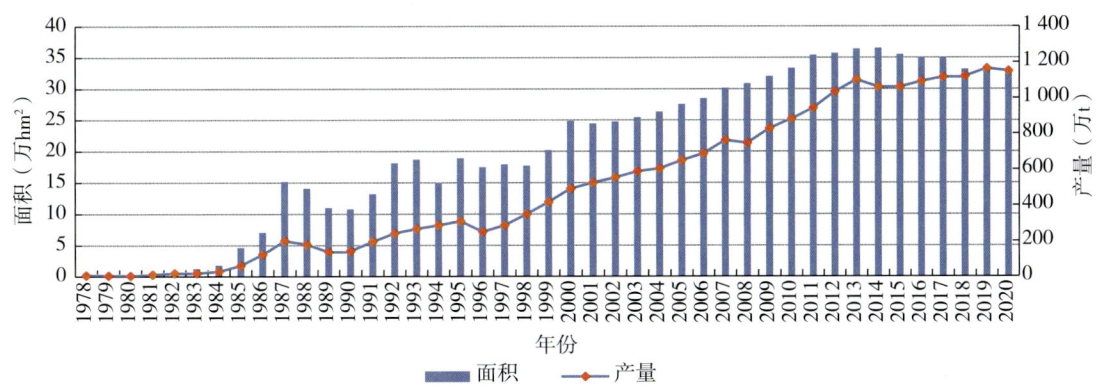

图 4-8　1978—2020 年我国香蕉面积、产量变化趋势

6. 桃

桃原产于我国，最早记载见于《诗经》，在我国有 3 000 多年的栽培历史（李绍华等，2013）。

60 多年来，我国桃产业发展经历了自由发展期（1961—1984 年）、高速增长期（1985—

1989年）、调整期（1990—2001年）、快速增长期（2002—2015年）和稳定提高期（2016年至今）5个时期。据统计，1961—1984年，面积由6.03万 hm^2 增长到14.14万 hm^2；1985—1989年，面积由27.65万 hm^2 增长到65.22万 hm^2，平均年增长率为33.97%；1990—2001年进入调整期，面积稍有下降；2002—2015年，面积再次快速增长，由54.98万 hm^2 持续增长到83.06万 hm^2，面积创历史最高；2016年以后面积呈下降趋势。产量除个别年份稍有下降外，呈持续增长的趋势（图4-9）。2002年以前，我国桃平均单产水平不稳定，整体在10 t/hm^2 以下，2002年开始持续提升，由9.57 t/hm^2 增长到2020年的19.25 t/hm^2。

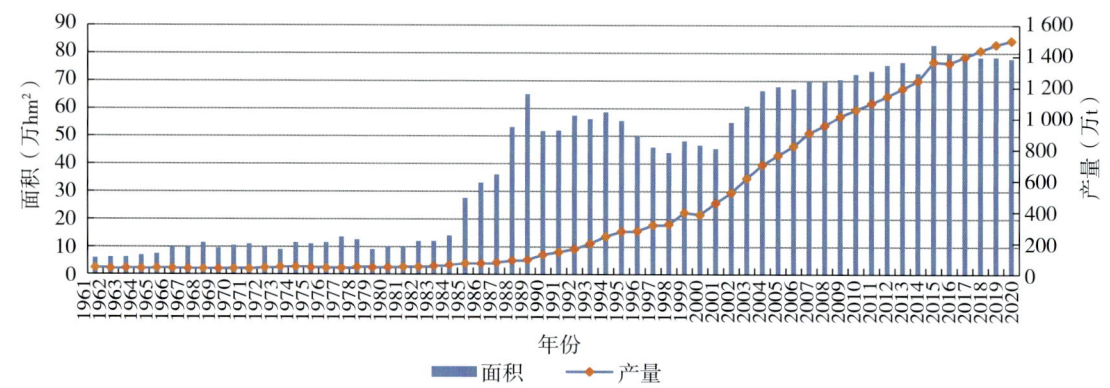

图 4-9　1961—2020 年我国桃面积、产量变化趋势

注：数据来源于 FAO。

7. 草莓

我国有丰富的野生草莓资源，在人工栽培草莓传入之前，各地只采食野生草莓。现代栽培草莓于20世纪初传入我国，至今已有100多年的栽培历史。我国草莓以设施栽培为主，占草莓栽培总面积的90%左右。

据国家统计局统计，近20年来，我国草莓面积由2002年的6.64万 hm^2 增加到2020年的13.16万 hm^2，产量由2002年的139.44万 t 增加到2020年的344.9万 t，近5年，面积和产量呈持续增长的趋势（图4-10）。近10年，我国草莓平均单产水平保持在26 t/hm^2 左右，与发达国家相比有较大差距，仅为美国的43%。

图 4-10　2002—2020 年我国草莓面积、产量变化趋势

注：数据来源于国家统计局。

8. 荔枝

我国是世界上栽培荔枝最早的国家，最早记载见于《上林赋》，在我国有 2 300 多年的栽培历史（李建国，2008）。我国是世界最大的荔枝生产国，栽培面积约占世界的 2/3。

20 年来，我国荔枝产业发展相对稳定，近几年有下降趋势。据国家统计局统计，2001—2016 年，面积保持在 55 万～58 万 hm²；2017 年，面积比 2016 年减少约 8 万 hm²，之后面积继续缓慢增长。20 年来产量整体呈增长的趋势，近几年稍有起伏，但始终保持在 200 万 t 以上（图 4-11）。我国荔枝平均单产水平 2013 年以前较低，近几年保持在 4.24 t/hm² 以上。

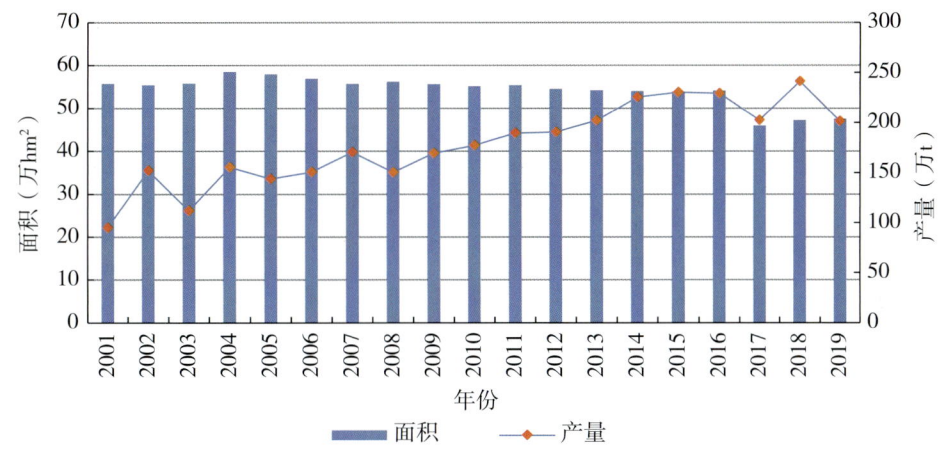

图 4-11　2001—2019 年我国荔枝面积、产量变化趋势

9. 菠萝

菠萝于 17 世纪前后传入我国，康熙二十六年（1688 年）的《台湾纪略》中有"王梨"的记录。

20 年来，我国菠萝产业发展相对稳定，近几年有增长趋势。据国家统计局统计，2001—2016 年，面积保持在 5 万～6 万 hm²；2017 年开始面积呈上升趋势。40 年多来产量整体呈增长的趋势，近几年增幅变大，2020 年产量创历史新高，达 184.8 万 t（图 4-12）。近 20 年我国菠萝平均单产水平呈逐年上升趋势，由 2001 年的 14.33 t/hm² 增长到 2020 年的 28.43 t/hm²。

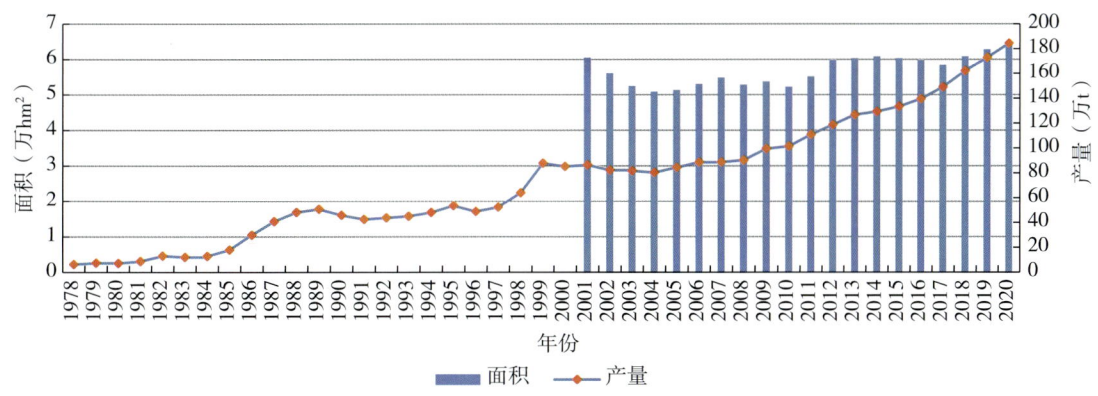

图 4-12　1978—2020 年我国菠萝面积、产量变化趋势

10. 红枣、柿子、猕猴桃、龙眼

据国家统计局统计，目前，我国红枣、柿子、猕猴桃、龙眼产量分别为 773.1 万 t、347.1 万 t、276.5 万 t、177.3 万 t，近 20 年 4 个树种的产量变化趋势如图 4-13 所示。

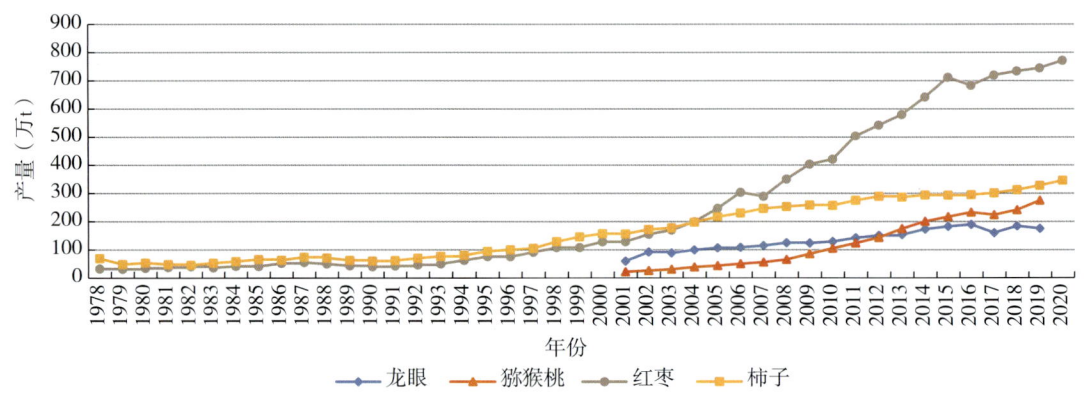

图 4-13 1978—2020 年我国红枣、柿子、猕猴桃、龙眼产量变化趋势

二、区域布局及主产区情况

（一）各省份果树面积、产量分布

据国家统计局数据，2020 年末果园（园林水果）面积为 1 264.63 万 hm²，较 2019 年增加 37 万 hm²，除北京、天津、上海、江苏、浙江、西藏、青海、新疆面积稍有减少外，其他省（自治区、直辖市）果园面积均有不同程度增加。广西果园面积最大，面积增至 135.26 万 hm²，占比 10.70%；陕西、广东果园面积均在 100 万 hm² 以上（图 4-14）。

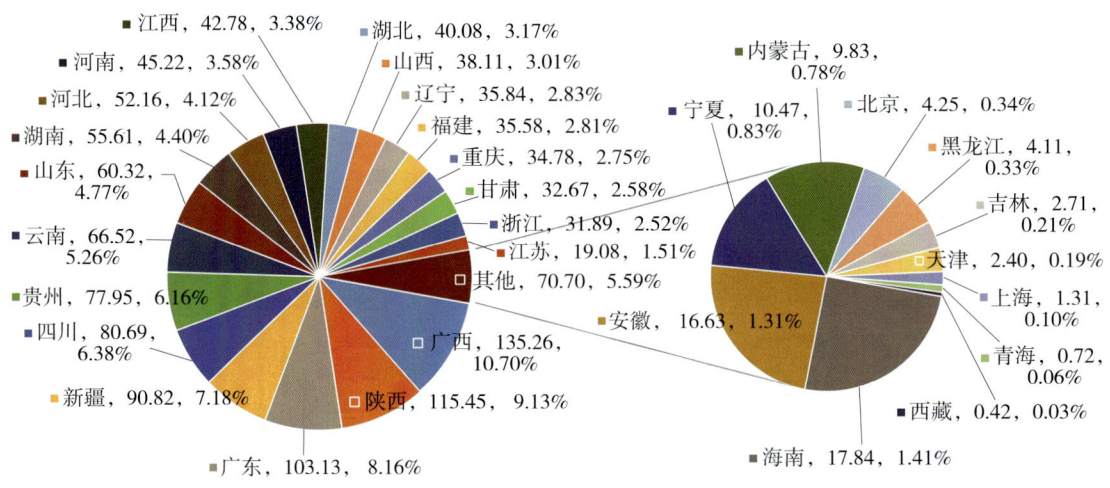

图 4-14 2020 年我国园林水果各省份面积分布情况

注：数据标签省份名称后为面积（万 hm²）、面积占比。

据国家统计局数据，2020年末园林水果产量为 20 379.2 万 t，较 2019 年增加 1 341.5 万 t，除北京、天津、内蒙古、上海、西藏、青海、宁夏产量稍有减少外，其他省（自治区、直辖市）园林水果产量均有不同程度增加，以广西增加最多，产量增加 321 万 t，增至 2 461.14 万 t，占比 12.08%；山东、陕西、广东、新疆、四川、河北、河南产量均在 1 000 万 t 以上（图 4-15）。

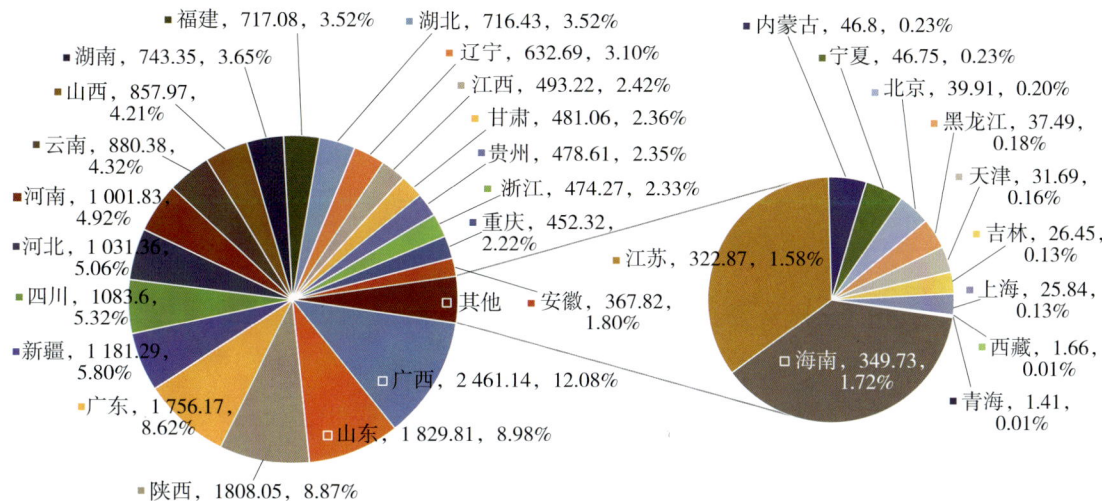

图 4-15　2020 年我国园林水果各省份产量分布情况

注：数据标签省份名称后为产量（万 t）、产量占比。

（二）果树区域布局及特征

果树区域化布局与专业化生产是实现资源优化配置、发挥规模效益的最佳途径。2002 年及 2008 年国家实施苹果、柑橘和梨等优势区域发展规划以来，主要果树优势生产区域基本形成，生产集中度进一步提高。果树生产逐步向中西部地区转移，大宗果品已形成优势产业带。束怀瑞（2013）根据自然地理特点及果树适应生态条件的程度，按产业发展及资源利用特点，将我国果树划分为七大产区和三个原生资源区，七大产区包括环渤海湾、西北黄土高原、黄河故道、长江流域、西南冷凉高地、寒地和热带亚热带果树产区，三个主要原生果树资源区为新疆、西藏、海南。2021 年 12 月 29 日，农业农村部印发了《"十四五"全国种植业发展规划》，进一步优化了苹果和柑橘区域布局。随着我国果树区域布局的逐渐优化，各大树种的优势产区渐趋合理。

1. 柑橘

我国柑橘主要分布在北纬 16°～37° 地区，南起海南三亚，北至陕甘豫，东起台湾省，西到西藏的雅鲁藏布江河谷（图 4-16）。但我国的柑橘经济栽培区主要集中在北纬 20°～30°，也就是长江流域及以南地区。目前，我国有 19 个省（自治区、直辖市）生产柑橘，其中广西（1 382.09 万 t）、湖南（626.66 万 t）、湖北（509.96 万 t）、广东（497.68 万 t）、四川（488.96 万 t）、江西（425.56 万 t）、福建（386.14 万 t）、重庆（319.89 万 t）、浙江（191.75 万 t）、云南（135.85 万 t）是主产省份，其产量之和占全国总产量的 97%；种植面积最多的省份依次为广西（57.66 万 hm²）、湖南（41.61 万 hm²）、四川（33.89 万 hm²）、江西（33.73 万 hm²）、广东（24.21 万 hm²）、湖北（23.74 万 hm²）、重庆（22.36 万 hm²）、福建（14.44 万 hm²），面积之和占全国总面积的 89%。其中，柑产量占比 38.20%，主要分布在广西、湖南、湖北、四川、广东等地；橘产量占比 29.54%，主要分布在湖南、江西、广东、湖北、广西等地；橙产量占比 18.78%，主要分布在广西、重庆、江西、四川、湖南等地；柚产量占比 13.47%，主要分布在福建、广东、广西、四川、重庆等地。

根据"十四五"全国种植业发展规划，我国有 5 条柑橘产业优势带：长江上中游柑橘带、赣南-湘南-桂北柑橘带、浙闽粤柑橘带、鄂西-湘西柑橘带、西江流域柑橘带。

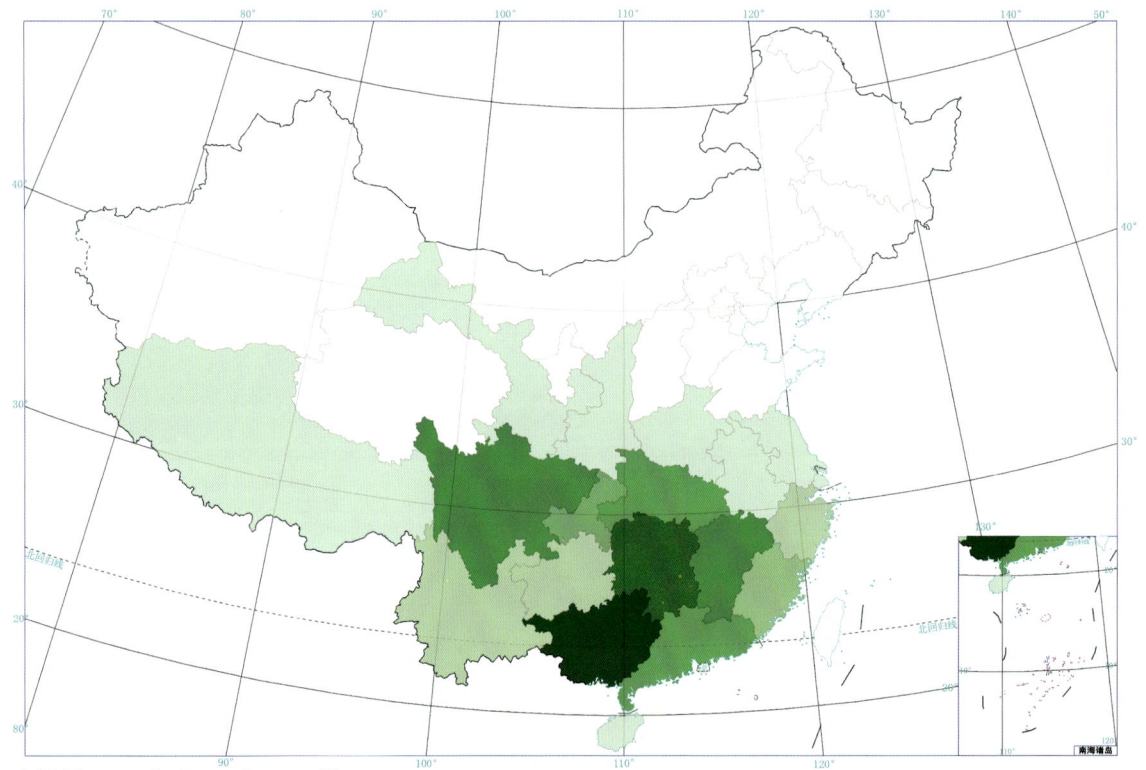

审图号：GS 京（2022）1582 号

图 4-16　我国柑橘的区域分布

2. 苹果

我国苹果主要分布在北纬 30°～40°，在长江以北的广大地区都有栽培，西南冷凉高地也有栽培（图 4-17）。目前，我国有 23 个省（自治区、直辖市）生产苹果，其中陕西（1 185.21 万 t）、山东（953.63 万 t）、山西（436.63 万 t）、河南（407.57 万 t）、甘肃（385.98 万 t）、辽宁（267.32 万 t）、河北（239.75 万 t）、新疆（184.02 万 t）是主产省份，其产量之和占全国总产量的 82%；种植面积最多的省份依次为陕西（62.02 万 hm²）、甘肃（24.86 万 hm²）、山东（24.65 万 hm²）、山西（14.43 万 hm²）、辽宁（13.93 万 hm²）、河北（12.59 万 hm²）、河南（11.77 万 hm²），其面积之和占全国总面积的 92%。

根据"十四五"全国种植业发展规划，我国已形成了黄土高原（陕、晋、豫、甘）优势区、渤海湾（鲁、冀、辽、京和津）优势区，黄河故道和秦岭北麓传统产区（豫、皖、苏、鲁），以及西南冷凉高地产区（云、贵、川）、新疆特色产区共5个苹果产区，优势产区明晰。黄土高原和渤海湾2个优势区2020年苹果种植面积分别占我国苹果种植总面积的56.7%、26.1%，产量分别占我国苹果总产量的54.8%、33.3%，生产集中度较高。

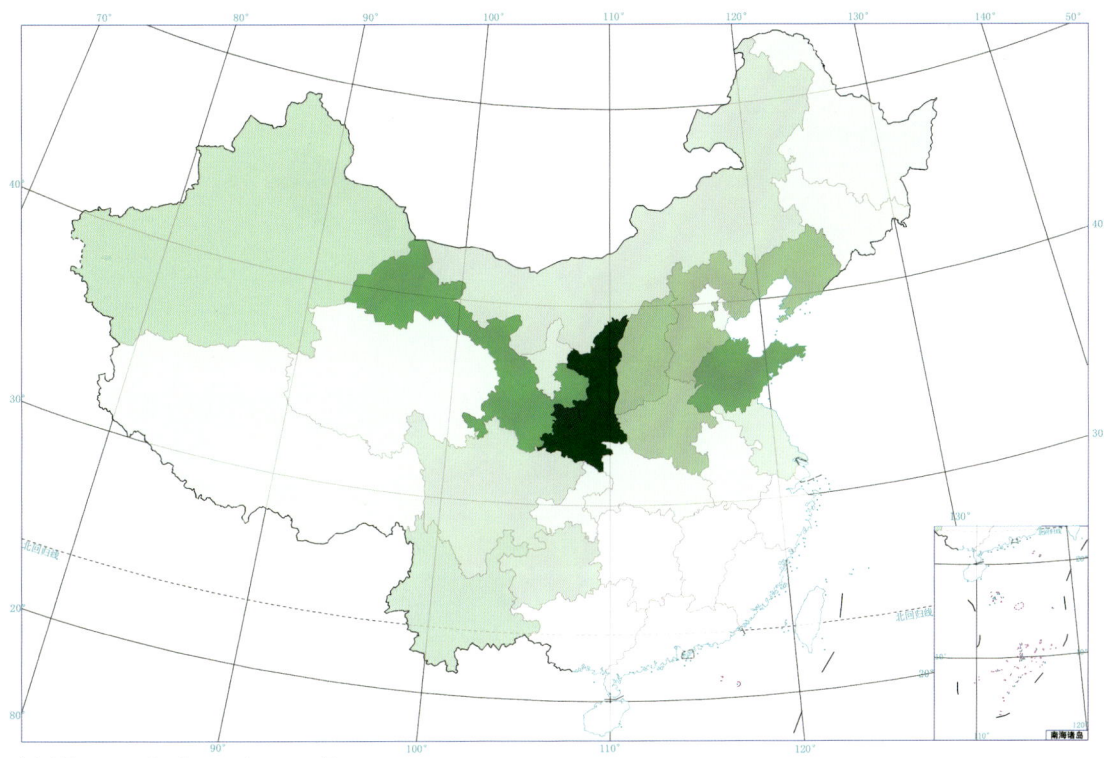

审图号：GS京（2022）1582号

图4-17 我国苹果的区域分布

3. 梨

我国从南到北，从东到西均有梨的栽培，主要栽培种有秋子梨、白梨、砂梨和西洋梨（图4-18）。目前，我国有30个省（自治区、直辖市）生产梨，其中河北（350.19万t）、新疆（154.47万t）、河南（138.16万t）、辽宁（132.95万t）、安徽（127.51万t）、山东（111.09万t）、陕西（104.3万t）、山西（97.73万t）、四川（95.56万t）、江苏（78.35万t）是主产省份，其产量之和占全国总产量的78%，种植面积最多的省份依次为河北（14.39万hm^2）、辽宁（8.79万hm^2）、新疆（7.13万hm^2）、河南（6.66万hm^2）、四川（6.66万hm^2）、云南（5.84万hm^2）、贵州（4.92万hm^2）、山西（4.67万hm^2）、陕西（4.45万hm^2）、安徽（4.12万hm^2），其面积之和占全国总面积的70%。

我国梨树在长期的自然选择和生产发展过程中，逐渐形成了四大产区，即环渤海湾（辽、冀、京、津、鲁）秋子梨、白梨产区，西部地区（新、甘、陕、滇）白梨产区，黄河故道（豫、皖、苏）白梨、砂梨产区，长江流域（川、豫、鄂、浙）砂梨产区。2009年，农业部根据市场需求、生态条件和产业基础，将我国梨重点区域划分为华北白梨区、西北白梨区、长江中下游砂梨区和特色梨区。目前，华北白梨区是我国梨传统主产区，产业发展基础较好，2020年梨栽培面积、产量分别占我国梨栽培总面积和总产量的43.7%、53.3%。

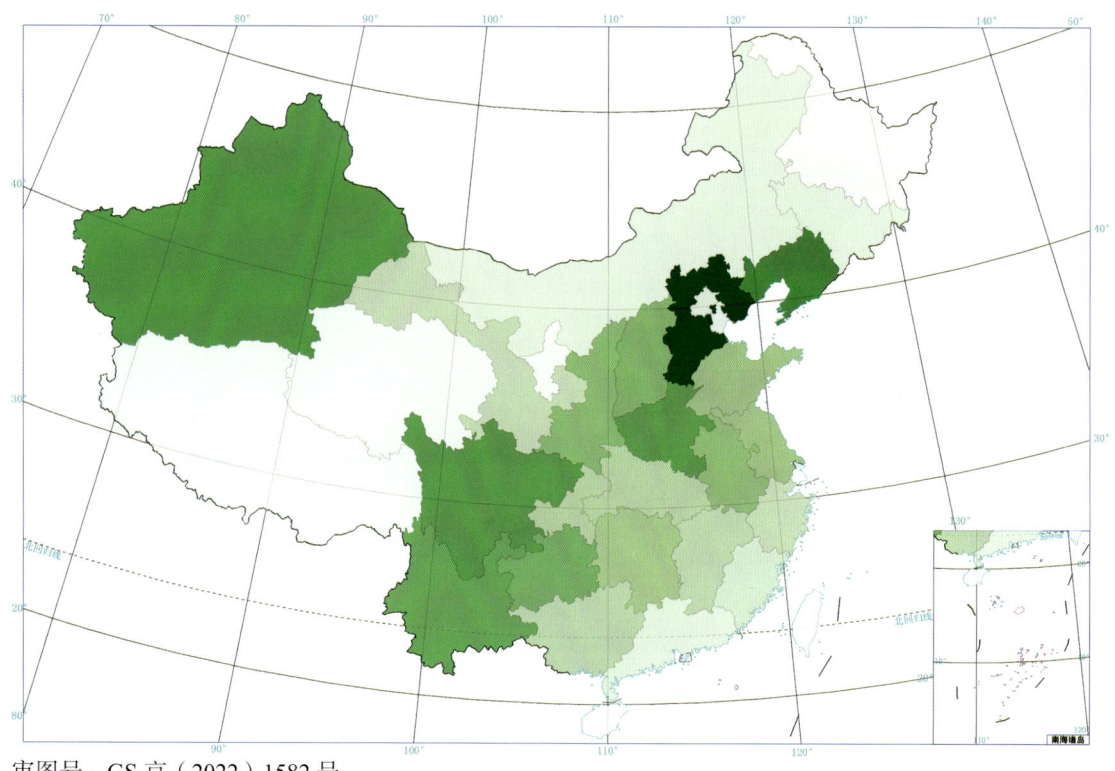

审图号：GS京（2022）1582号

图4-18　我国梨的区域分布

4. 葡萄

我国从南到北，从东到西均有葡萄栽培（图4-19）。目前，我国有29个省（自治区、直辖市）生产葡萄，其中新疆（305.57万t）、河北（124.61万t）、山东（116.07万t）、云南（97.51万t）、河南（88.1万t）、陕西（80.7万t）、辽宁（79.76万t）、浙江（76.2万t）、广西（62.55万t）、江苏（61.06万t）、安徽（53.42万t）是主产省份，其产量之和占全国总产量的80%，种植面积最多的省份依次为新疆（12.34万hm^2）、陕西（4.88万hm^2）、河北（4.37万hm^2）、河南（4.14万hm^2）、云南（3.9万hm^2）、四川（3.59万hm^2）、山东（3.58万hm^2）、江苏（3.38万hm^2）、广西（3.26万hm^2）、辽宁（3.25万hm^2），其面积之和占全国总面积的66%。

目前，我国葡萄优势区域发展布局进一步显现，主要为西北及黄土高原传统优势葡萄产区、华北及环渤海湾传统优势葡萄产区、秦岭和淮河以南亚热带设施及避雨葡萄产区、云南高原及川西优质特色葡萄产区、东北冷凉山葡萄特色产区、湖南怀化刺葡萄特色产区、华南一年多收避雨栽培产区等。在西北及黄土高原传统优势葡萄产区和新疆葡萄产区的栽培面积、产量就分别占我国葡萄栽培总面积和总产量的17.3%、21.3%。

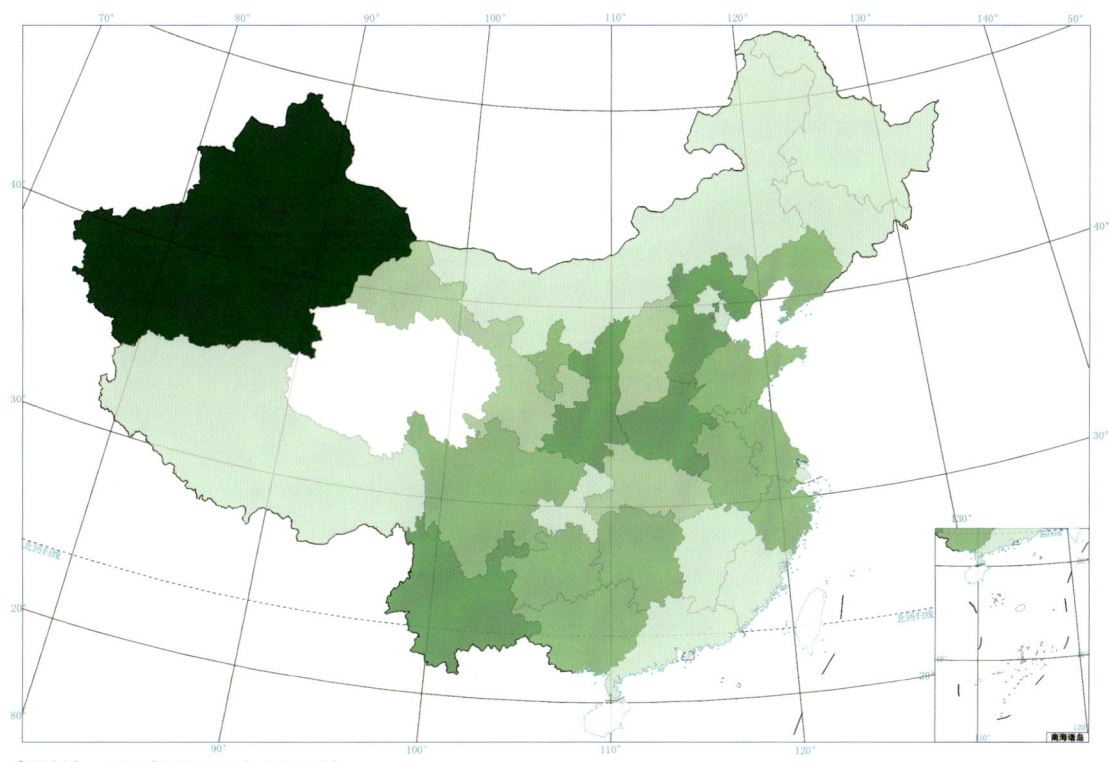

审图号：GS 京（2022）1582 号

图 4-19　我国葡萄的区域分布

5. 桃

我国从南到北，从东到西均有桃分布，主要栽培区为北纬 30°～45°（图 4-20）。目前，我国有 29 个省（自治区、直辖市）生产桃，其中山东（364.6 万 t）、河南（154.6 万 t）、山西（151.3 万 t）、河北（135.7 万 t）、安徽（96.4 万 t）、江苏（87.8 万 t）、湖北（86.5 万 t）、陕西（78.3 万 t）、辽宁（73.3 万 t）是主产省份，其产量之和占全国总产量的 77%，种植面积最多的省份依次为山东（12.9 万 hm²）、河南（9 万 hm²）、河北（6.3 万 hm²）、贵州（6.3 万 hm²）、安徽（5.5 万 hm²）、湖北（5.5 万 hm²）、四川（5.2 万 hm²）、江苏（5 万 hm²）、山西（4.8 万 hm²），其面积之和占全国总面积的 68%。

目前，我国桃已形成四大产区：华北及黄淮优势区、西南高地特色区、黄土高原优势区、长江下游高效区。

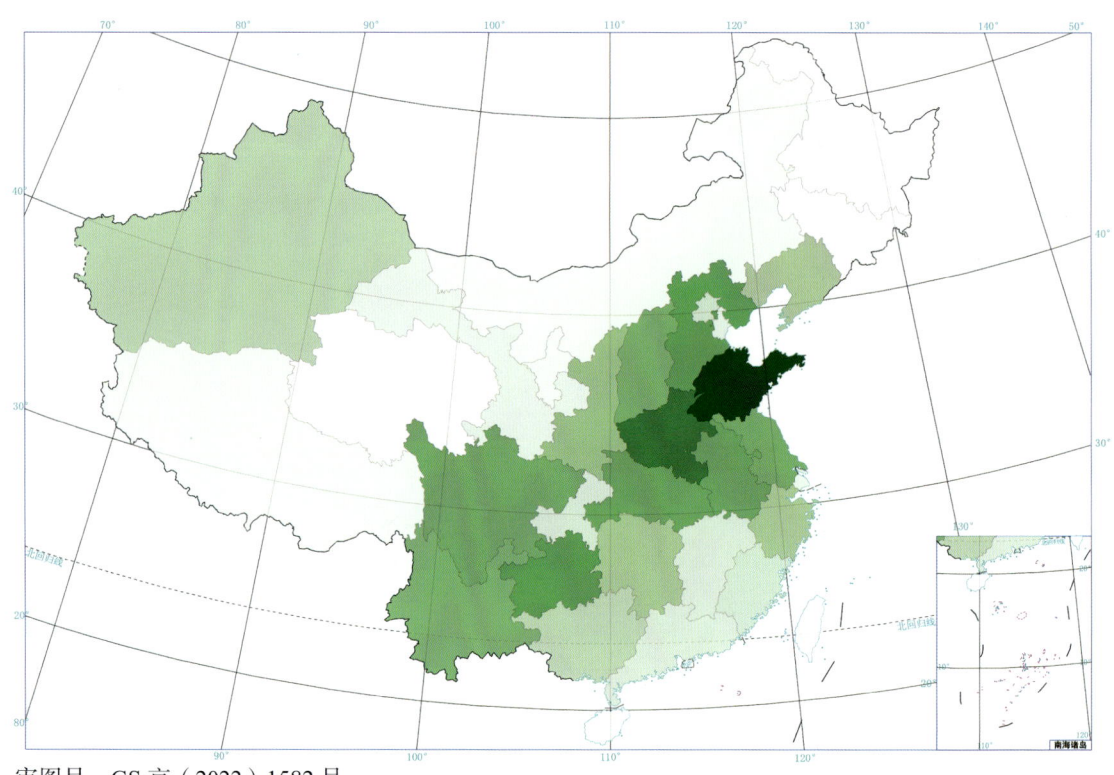

审图号：GS 京（2022）1582 号

图 4-20　我国桃的区域分布

6. 香蕉

香蕉是热带、亚热带最主要的水果之一。目前，我国有 10 个省（自治区、直辖市）生产香蕉，其中广东（478.73 万 t、11.13 万 hm^2）、广西（303.71 万 t、7.75 万 hm^2）、云南（197.64 万 t、8.24 万 hm^2）、海南（112.92 万 t、3.19 万 hm^2）、福建（45.21 万 t、1.18 万 hm^2）是主产省份，其产量之和占全国总产量的 99%，其面积之和占全国总面积的 96%（图 4-21）。目前，香蕉有四大优势区：海南 - 雷州半岛优势区、粤西 - 桂南优势区、珠三角 - 粤东 - 闽南优势区、桂西南 - 滇南优势区。

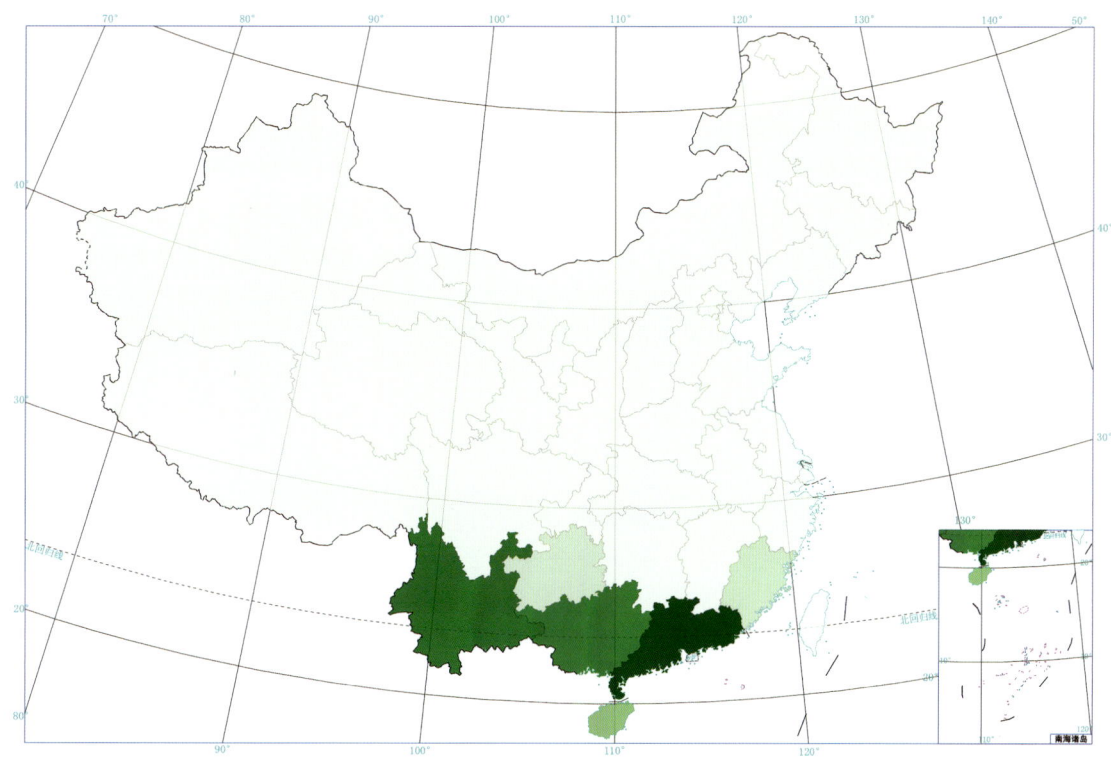

审图号：GS 京（2022）1582 号

图 4-21 我国香蕉的区域分布

7. 荔枝、龙眼

我国荔枝、龙眼栽培仅限于南方几省。目前，我国有 8 个省（自治区、直辖市）生产荔枝，其中广东、广西是主产省份，其产量之和占全国总产量的 83%，面积之和占全国总面积的 87%。目前，荔枝有三大优势区：粤桂优势区、闽南优势区、琼中优势区。

目前，我国有 8 个省（自治区、直辖市）生产龙眼，其中广东、广西、福建是主产省份，其产量之和占全国总产量的 91%。目前，龙眼有三大优势区：海南 – 粤西南 – 桂南 – 滇南早熟优势区、桂中 – 粤中 – 闽南中熟优势区、闽中 – 闽东 – 泸州晚熟优势区。

8. 草莓

我国草莓约 90% 为设施栽培，在全国各省（自治区、直辖市）均有分布。目前，山东、江苏、辽宁、河北、安徽、河南、浙江、四川、湖南是主产省份，其产量之和约占全国总产量的 80%，面积之和约占全国总面积的 75%。

9. 枣

我国红枣主要分布在北纬 23°～42.5° 地区。目前，我国有 23 个省（自治区、直辖市）生产红枣，其中新疆（381.2 万 t）、陕西（109.9 万 t）、河北（81.5 万 t）、山西（72.1 万 t）、山东（59.3 万 t）、河南（16.3 万 t）、辽宁（12.3 万 t）、甘肃（9.4 万 t）、宁夏（8.2 万 t）是主产省份，2020 年产量之和占全国总产量的 97%。

10. 菠萝

我国菠萝主要分布在热带地区，目前，我国有 6 个省（自治区、直辖市）生产菠萝，其中广东（121万t）、海南（46.7万t）、云南（11.6万t）是主产省份，2020年产量之和占全国总产量的97%。

11. 设施果树

20世纪50年代北方几个省份开始进行果树设施栽培研究。近20年来，我国设施果树产业发展迅猛，规模迅速扩大，栽培总面积和总产量分别由21世纪初的7万hm^2和100多万t发展到目前的50多万hm^2和900多万t。其中设施葡萄栽培面积约23万hm^2，占葡萄栽培总面积的30%以上；设施草莓次之，栽培面积约13万hm^2，占草莓栽培总面积的90%左右；设施桃栽培面积约2.7万hm^2，占桃栽培总面积的近3%；设施樱桃栽培面积超2万hm^2，占樱桃栽培总面积的近10%。设施果树的栽培面积、产量均居世界首位（刘凤之，2021）。

（三）文化遗产及特色产区

1. 农业文化遗产

（1）全球重要农业文化遗产。全球重要农业文化遗产（GIAHS）项目始于联合国粮食与农业组织（FAO）于2002年发起的旨在保护全球重要农业文化遗产及其有关的景观、生物多样性、知识和文化保护体系的倡议。经过十几年的发展，遗产项目从2005年的首批5个增加到现在的23个国家65个项目，涵盖了沙漠绿洲、山地梯田、农林复合、古树群落、稻鱼共生及其他特色农业系统。

我国农业农村部是GIAHS的最早响应者和主要贡献者。截至目前，我国已有18个传统农业系统（涉及果树的有4个：河北宣化城市传统葡萄园，2013年成为全球第1个入选全球重要农业文化遗产试点地的城市农业文化遗产；浙江绍兴会稽山古香榧群，2013年入选；陕西佳县古枣园，2014年入选；山东夏津黄河故道古桑树群，2018年入选）被FAO认定为全球重要农业文化遗产，总数量、覆盖类型均居世界之首，成为点亮世界农业文明的璀璨明珠，也为全球生态农业的发展贡献了中国智慧，提升了民族与文化自信，折射出了中国生态文明的魅力。

（2）中国重要农业文化遗产。挖掘、保护、传承和利用中国重要农业文化遗产，对于弘扬中华农业文化，增强国民对民族文化的认同感、自豪感，促进农业可持续发展和农民就业增收具有重要意义。自《农业部关于开展中国重要农业文化遗产发掘工作的通知》（农企发〔2012〕4号）发布以来，各地积极开展了中国重要农业文化遗产发掘工作。农业农村部分别于2013、2014、2015、2017、2019、2021年认定了6批中国重要农业文化遗产，分别认定了19、20、23、29、27、21个传统农业系统。在已公布的139处中国重要农业文化遗产中，果树占了38席（表4-1），将近1/3，充分说明了果树在我国农业历史文化传承中具有举足轻重的地位。

表4-1　中国重要农业文化遗产名单

批次	中国重要农业文化遗产名单
第一批	河北宣化传统葡萄园、辽宁鞍山南果梨栽培系统、浙江绍兴会稽山古香榧群、云南漾濞核桃-作物复合系统、陕西佳县古枣园、甘肃皋兰什川古梨园
第二批	天津滨海崔庄古冬枣园、河北宽城传统板栗栽培系统、山东夏津黄河故道古桑树群、宁夏灵武长枣种植系统、新疆哈密市哈密瓜栽培与贡瓜

续表

批次	中国重要农业文化遗产名单
第三批	北京平谷四座楼麻核桃生产系统、吉林延边苹果梨栽培系统、江苏泰兴银杏栽培系统、浙江仙居杨梅栽培系统、山东枣庄古枣林、山东乐陵枣林复合系统、河南灵宝川塬古枣林、四川苍溪雪梨栽培系统、宁夏中宁枸杞种植系统
第四批	河北迁西板栗复合栽培系统、河北兴隆传统山楂栽培系统、山西稷山板枣生产系统、吉林柳河山葡萄栽培系统、江苏无锡阳山水蜜桃栽培系统、江西南丰蜜橘栽培系统、河南新安传统樱桃种植系统、广西恭城月柿栽培系统、海南海口羊山荔枝种植系统、陕西蓝田大杏种植系统
第五批	浙江黄岩蜜橘筑墩栽培系统、河南嵩县银杏文化系统、广东岭南荔枝种植系统（增城、东莞）、重庆万州红橘栽培系统、陕西临潼石榴种植系统
第六批	山东莱阳古梨树群系统、山东峄城石榴种植系统、广东岭南荔枝种植系统

2. 优势特色产业集群

农业农村部、财政部于 2020 年启动了优势特色产业集群建设评审工作，2020 年列入名单的 50 个产业集群中，果树产业方面有 12 项上榜，分别为河北鸭梨产业集群、安徽酥梨产业集群、山东烟台苹果产业集群、湖北三峡蜜橘产业集群、湖南早中熟柑橘产业集群、广东金柚产业集群、重庆柠檬产业集群、四川晚熟柑橘产业集群、陕西黄土高原苹果产业集群、新疆库尔勒香梨产业集群、新疆薄皮核桃产业集群和新疆生产建设兵团红枣产业集群；2021 年果树产业方面有 6 项上榜，分别为山西晋南苹果产业集群、广东岭南荔枝产业集群、广西桂西芒果产业集群、重庆三峡柑橘产业集群、陕西秦岭猕猴桃产业集群和新疆葡萄产业集群。

18 个产业集群中，涉及柑橘类 6 项、梨 3 项、苹果 3 项，核桃、枣、荔枝、芒果、猕猴桃、葡萄各 1 项，未来将有更多的优势特色产业上榜。启动优势特色产业集群建设，旨在依据各省（自治区、直辖市）实际，打造集生产、加工、流通、科技、服务等于一体的产业集群，从而促进产业融合、持续促农增收、推动乡村振兴。按照农业农村部和财政部要求，入围的特色产业集群，主要建设内容包括加强优势特色标准化生产基地建设、大力发展优势特色农产品加工营销、健全农业产业经营组织体系、强化先进要素集聚支撑和建立健全利益联结机制等。

3. 特色农产品优势区

2017 年农业农村部（原农业部）、中央农村工作领导小组办公室、国家发展改革委等九部门决定认定浙江省安吉县安吉白茶中国特色农产品优势区等 62 个地区为中国特色农产品优势区（第一批），2018、2019、2020 年又连续遴选出 3 批中国特色农产品优势区（表 4-2）。目前，涉及果品的中国特色农产品优势区共有 122 个。

表 4-2 目前已公布的中国特色农产品优势区（果品部分）

树种	特色农产品优势区
柑橘	江西省南丰县南丰蜜橘、江西省赣州市赣南脐橙、重庆市奉节县奉节脐橙、四川省资中县资中血橙、四川省广安市广安区广安龙安柚、广西壮族自治区融安县融安金橘、四川省眉山市眉山晚橘、湖北省宜昌市宜昌蜜橘、广东省仁化县仁化贡柑、重庆市潼南区潼南柠檬、四川省安岳县安岳柠檬、云南省宾川县宾川柑橘、广西壮族自治区容县沙田柚、江西省上饶市广丰区广丰马家柚、重庆市万州区万州玫瑰香橙、广东省德庆县德庆贡柑、福建省平和县平和蜜柚、湖南省洪江市黔阳冰糖橙、江西省吉安市井冈蜜柚、广西壮族自治区荔浦市荔浦砂糖橘、广西壮族自治区南宁市武鸣区武鸣沃柑、湖北省丹江口市武当蜜橘、广东农垦湛江红江橙

续 表

树种	特色农产品优势区
苹果	河南省灵宝市灵宝苹果、陕西省洛川县洛川苹果、河北省内丘县富岗苹果、山东省沂源县沂源苹果、山西省吉县苹果、甘肃省静宁县静宁苹果、山西省临猗县临猗苹果、山东省烟台市烟台苹果、甘肃省天水市麦积区天水花牛苹果
核桃	陕西省商洛市商洛核桃、新疆生产建设兵团第一师3团阿拉尔薄皮核桃、浙江省杭州市临安区临安山核桃、云南省漾濞县漾濞核桃、河北省涉县核桃、新疆维吾尔自治区叶城县叶城核桃、四川省广元市朝天核桃、安徽省宁国市宁国山核桃
枣	陕西省大荔县大荔冬枣、宁夏回族自治区灵武市灵武长枣、山东省滨州市沾化区沾化冬枣、新疆生产建设兵团第一师阿拉尔市阿拉尔红枣、新疆维吾尔自治区若羌县若羌红枣、河北省邢台市信都区、内丘县邢台酸枣、山东省乐陵市乐陵金丝小枣、陕西省佳县油枣
梨	新疆维吾尔自治区巴音郭楞州库尔勒香梨、辽宁省鞍山市鞍山南果梨、安徽省砀山县砀山酥梨、河北省晋州市晋州鸭梨、山西省隰县玉露香梨、河北省辛集市辛集黄冠梨、河南省宁陵县宁陵金顶谢花酥梨
芒果	广西壮族自治区田东县百色芒果、四川省攀枝花市攀枝花芒果、海南省三亚市三亚芒果、云南省华坪县华坪芒果
葡萄	辽宁省北镇市北镇葡萄、河北省怀来县怀来葡萄、新疆维吾尔自治区鄯善县吐鲁番葡萄、内蒙古自治区乌海市乌海葡萄、新疆生产建设兵团第五师双河葡萄、上海市嘉定区马陆葡萄、福建省福安市福安葡萄、吉林省集安市集安山葡萄、河北省昌黎县昌黎葡萄、宁夏回族自治区银川市贺兰山东麓酿酒葡萄
西甜瓜	新疆维吾尔自治区吐鲁番市高昌区吐鲁番哈密瓜、宁夏回族自治区中卫市中卫香山硒砂瓜、江苏省东台市东台西瓜、辽宁省新民市关东小梁山西瓜、山东省昌乐县昌乐西瓜
桃	北京市平谷区平谷大桃、山东省肥城市肥城桃、江苏省无锡市惠山区阳山水蜜桃、河北省深州市深州蜜桃、上海市浦东新区南汇水蜜桃、湖南省炎陵县炎陵黄桃
草莓	安徽省长丰县长丰草莓、辽宁省东港市东港草莓
樱桃	山东省烟台市福山区福山大樱桃、辽宁省大连市大连大樱桃、陕西省澄城县澄城樱桃
山楂	河北省兴隆县兴隆山楂、山西省绛县山楂
蓝莓	吉林省通化县通化蓝莓、贵州省麻江县麻江蓝莓、大兴安岭林业集团公司北极蓝莓
猕猴桃	四川省苍溪县苍溪猕猴桃、河南省西峡县西峡猕猴桃、陕西省眉县猕猴桃、贵州省水城县水城红心猕猴桃
榛子	辽宁省铁岭市铁岭榛子、黑龙江省通河县通河大榛子
荔枝	四川省合江县合江荔枝、广东省广州市从化区、增城区广州荔枝、海南省海口市火山荔枝、广西壮族自治区灵山县灵山荔枝
银杏	江苏省邳州市邳州银杏
香榧	浙江省绍兴市柯桥区、诸暨市、嵊州市绍兴会稽山香榧
板栗	河北省迁西县迁西板栗、北京市怀柔区怀柔板栗、河北省宽城县宽城板栗、湖北省罗田县罗田板栗
菠萝	广东农垦湛江菠萝
龙眼	广西壮族自治区平南县平南石硖龙眼
李	重庆市巫山县巫山脆李
柿	广西壮族自治区恭城瑶族自治县恭城月柿
刺梨	贵州省盘州市盘州刺梨
桑葚	山东省夏津县夏津椹果

续表

树种	特色农产品优势区
杏	新疆维吾尔自治区英吉沙县英吉沙杏
火龙果	海南省东方市东方火龙果
无花果	四川省威远县威远无花果
石榴	四川省会理县会理石榴
百香果	福建省龙岩市福建百香果
坚果类	云南省临沧市临沧坚果、新疆维吾尔自治区莎车县莎车巴旦木

4. 农产品地理标志果品

目前，我国的地理标志保护制度包括地理标志商标、地理标志保护产品、农产品地理标志3套保护体系，分别是通过国家知识产权局商标局（国家原工商总局）、国家知识产权局（国家原质检总局）、农业农村部（原农业部）3个系统申请注册。农产品地理标志是指标示农产品来源于特定地域，产品品质及相关特征主要取决于自然生态环境和历史人文因素，并以地域名称冠名的特有农产品标志。

为促进我国地域特色农产品的加快发展，农业农村部（原农业部）自2008年全面启动农产品地理标志登记认定工作。各省充分挖掘历史农耕文化，并结合独特的自然资源优势，截至2021年12月，我国农产品地理标志产品累计登记3 454个，其中果品部分有914个，占总数的26.46%（表4-3）。

表4-3 各省（自治区、直辖市）农产品地理标志果品名录（截至2021年12月）

省份（个）	农产品地理标志果品名称
北京（9）	延庆国光苹果、昌平草莓、安定桑葚、通州大樱桃、延庆葡萄、海淀玉巴达杏、延怀河谷葡萄、庞各庄金把黄鸭梨、茅山后佛见喜梨
天津（5）	大港冬枣、静海金丝小枣、徐堡大枣、桑梓西瓜、茶淀玫瑰香葡萄
河北（18）	威县三白西瓜、安次甜瓜、漫河西瓜、高碑店黄桃、满城草莓、石洞18彩苹果、南口供佛杏、成安草莓、草庙子国光苹果、西下营板栗、赵县黄冠梨、阜城杏梅、马营西瓜、泊头桑椹、平乡桃、威县梨、阜平大枣、威县葡萄
山西（59）	黎城核桃、孝义核桃、交城骏枣、天镇唐杏、交城梨枣、孝义柿子、柳林红枣、古县核桃、吉县苹果、官滩枣、大宁西瓜、永和条枣、临晋江石榴、芮城苹果、北景柿子、沁州核桃、义井甜瓜、永济大樱桃、蒲县核桃、临县开阳大枣、霍州苹果、斗山杏仁、清徐葡萄、贺家庄鲜桃、泽州红山楂、隰县梨、七里坡山楂、同川酥梨、万荣三白瓜、临县红枣、定襄甜瓜、王过酥梨、临猗苹果、阳城桑葚、清徐沙金红杏、绛县大樱桃、绛县山楂、太谷壶瓶枣、万荣苹果、平陆苹果、忻州香瓜、芮城屯屯枣、代县酥梨、霍州核桃、汾西梨、王官屯京杏、翼城苹果、平遥酥梨、繁峙大杏、运城苹果、夏县西瓜、曲沃葡萄、榆次苹果、浮山苹果、东赵小白梨、北垣秋柿、灵石酸枣仁、灵石核桃、武乡梅杏
内蒙古（14）	乌海葡萄、扎兰屯沙果、扎兰屯榛子、五原灯笼红香瓜、黑柳子白梨脆甜瓜、凉城123苹果、鄂伦春蓝莓、额济纳蜜瓜、三道桥西瓜、杭锦后旗甜瓜、河套西瓜、河套蜜瓜、喀喇沁苹果梨、喀喇沁葡萄
辽宁（30）	小梁山西瓜、黑山锦丰梨、朝阳大枣、旅顺大樱桃、盖州西瓜、瓦房店红富士苹果、北镇葡萄、庄河草莓、绥中核桃、瓦房店葡萄、盖州尖把梨、盖州葡萄、盖州桃、旅顺洋梨、锦州苹果、辽阳大果榛子、瓦房店黄元帅苹果、庄河蓝莓、盘锦碱地柿子、北镇鸭梨、丹东草莓、得利寺大樱桃、大连大樱桃、大连苹果、本溪软枣猕猴桃、灯塔葡萄、大连油桃、铁岭榛子、岫岩软枣猕猴桃、大石桥大红袍李子
吉林（5）	集安山葡萄、大安黄菇娘、大安香瓜、华家甜瓜、白山蓝莓

续 表

省份（个）	农产品地理标志果品名称
黑龙江（25）	伊春红松籽、兰岗西瓜、兰西西瓜、兰西香瓜、尚志红树莓、长林岛金红苹果、桦南白瓜、伊春蓝莓、阿城香瓜、勃利蓝靛果、双城甜瓜、双城西瓜、勃利葡萄、东宁苹果梨、牡丹江金红苹果、长林岛龙垦杏、勃利红松籽、黑垦友谊西瓜、黑垦友谊香瓜、牡丹江龙丰苹果、刁翎甜瓜、集贤友好香瓜、穆棱沙棘、穆棱红豆杉果、肇州香瓜
上海（8）	金山蟠桃、三林崩瓜、马陆葡萄、亭林雪梨、庄行蜜梨、奉贤黄桃、白鹤草莓、七宝黄金瓜
江苏（35）	贾汪大洞山石榴、谢湖大樱桃、白马黑莓、邵店板栗、阜宁西瓜、阳山水蜜桃、洋北西瓜、林苗圃早酥梨、花园酥梨、横溪西瓜、泗阳鲜桃、桑墟榆叶梅、东台西瓜、潼阳西瓜、王庄西瓜、马山杨梅、铜山金杏、陈集葡萄、东山白沙枇杷、泗阳白酥梨、魏营西瓜、凤凰水蜜桃、新沂水蜜桃、天岗湖蜜桃、棠张桑果、西山青种枇杷、黄川草莓、树山杨梅、泰兴雪梨、丁庄葡萄、骑岸大方柿、张浦黄桃、恒北早酥梨、石桥黄桃、阳湖水蜜桃
浙江（53）	奉化水蜜桃、慈溪葡萄、秀洲槜李、建德草莓、路桥枇杷、桐乡槜李、舟山晚稻杨梅、温岭高橙、象山红柑橘、慈溪杨梅、浦江葡萄、永康方山柿、云和雪梨、塘栖枇杷、兰溪杨梅、泰顺猕猴桃、兰溪枇杷、诸暨短柄樱桃、凤桥水蜜桃、黄岩东魁杨梅、金塘李、慈溪蜜梨、嵊州香榧、玉环文旦、黄岩蜜橘、青田杨梅、枫桥香榧、宁海白枇杷、余姚杨梅、庆元甜橘柚、常山胡柚、临安山核桃、温栀子、丽水枇杷、二都杨梅、仙居杨梅、嵊州桃形李、婺州蜜梨、桐琴蜜梨、江山猕猴桃、临海蜜橘、登步黄金瓜、海盐葡萄、姚庄黄桃、浦江桃形李、鸬鸟蜜梨、丁宅水蜜桃、文成杨梅、海昌蜜梨、上虞野藤葡萄、妙西黄桃、义乌南枣、余姚樱桃
安徽（21）	宣木瓜、绩溪山核桃、大圩葡萄、枣树行玉铃铛枣、三十岗西瓜、黄里笆斗杏、金寨猕猴桃、砀山酥梨、黟县香榧、水东蜜枣、砀山黄桃、宁国山核桃、长丰草莓、三潭枇杷、闻集草莓、怀远石榴、蒙城篱笆黄花梨、砀山油桃、三口柑橘、沙沟西瓜、西山焦枣
福建（27）	青山龙眼、东壁龙眼、顺昌红肉脐橙、福州橄榄、坂里龙柚、霞浦晚熟荔枝、福州福橘、穆阳水蜜桃、福安巨峰葡萄、福安芙蓉李、福安刺葡萄、泉州龙眼、顺昌芦柑、福建百香果、建宁黄花梨、德化梨、蓬华脐橙、惠安余甘、度尾文旦柚、云霄枇杷、一都枇杷、杭晚蜜柚、上杭乌梅、诏安红星青梅、平和琯溪蜜柚、屏南李、武平芙蓉李
江西（13）	三湖红橘、南丰蜜橘、南城麻姑仙枣、广丰马家柚、新余蜜橘、德兴覆盆子、金溪蜜梨、铁山杨梅、抚州西瓜、上饶早梨、黎川香榧、奉新猕猴桃、玉山香榧
山东（109）	峄城石榴、昌乐西瓜、黄河口蜜桃、东明西瓜、平阴玫瑰红苹果、新村银杏、福山大樱桃、蒙阴蜜桃、沂源苹果、莒南板栗、荣成苹果、张夏玉杏、香城长红枣、旧店苹果、大黄埠西瓜、麻兰油桃、北梁蜜桃、和睦屯西瓜、马连庄甜瓜、山色峪樱桃、少山红杏、王家庄油桃、祝沟草莓、天宝山山楂、荣成草莓、荣成无花果、文登大樱桃、文登苹果、沂水苹果、沂水大樱桃、张庄牛心柿、石墙薄皮核桃、宁阳大枣、曹范核桃、山田大梨、胡集白梨瓜、荣成砂梨、荣成大樱桃、姜格庄草莓、祝沟小甜瓜、大泽山葡萄、大店草莓、芍药山核桃、天宝山黄梨、蒙阴苹果、安丘蜜桃、双堠西瓜、大田薄皮核桃、乳山苹果、徐庄板栗、仁风西瓜、麻湾西瓜、九仙山葡萄、石埠子樱桃、莱西大板栗、胶南蓝莓、乳山草莓、文登银杏、刘村酥梨、历城核桃、里口山蟠桃、云山大樱桃、东大寨苹果、荣成蜜桃、伟德山板栗、乳山巴梨、临朐三山峪大山楂、山旺大樱桃、文登砂梨、齐河西瓜、灰埠大枣、五莲板栗、五莲国光苹果、阳信鸭梨、许营西瓜、王晋甜瓜、冠县鸭梨、泰山板栗、张庄油栗、贾寨葡萄、五井山柿、乐陵金丝小枣、乳山樱桃、昆嵛山板栗、天宝蜜桃、沙河辛西瓜、双堠樱桃、肥城桃、砖埠草莓、店子秋桃、宝山苹果、张高水杏、南王店西瓜、五莲樱桃、惠民蜜桃、柘山板栗、烟台苹果、夏津椹果、洪门葡萄、高官寨甜瓜、垛庄板栗、李桂芬梨、商河魁王金丝小枣、麻店西瓜、沾化冬枣、黛青山软籽石榴、店子长红枣、山亭火樱桃、岳家蜜桃
河南（39）	开封西瓜、孟津梨、辉县山楂、孟津西瓜、仰韶牛心柿、朱阳核桃、仰韶大杏、孟津葡萄、荥阳柿子、中牟西瓜、郑州樱桃沟樱桃、洛宁金珠果、上戈苹果、桐柏朱砂红桃、偃师葡萄、扶沟西瓜、马湾白桃、大年沟血桃、夏邑西瓜、新安樱桃、陕州苹果、陕州红梨、陕州石榴、兰考蜜瓜、黄泛区黄金梨、栾川核桃、灵宝苹果、宁陵金顶谢花酥梨、西峡猕猴桃、李口西瓜、唐河西瓜、虞城酥梨、露峰山葡萄、尉氏桃、济源核桃、上观水蜜桃、内黄桃、虞城苹果、五里岭酥梨

续 表

省份（个）	农产品地理标志果品名称
湖北（35）	宜都蜜柑、秭归桃叶橙、四井岗油桃、沼山胡柚、关口葡萄、广水胭脂红鲜桃、建始猕猴桃、双井西瓜、旧口砂梨、兴山锦橙、百里洲砂梨、兴山脐橙、清江椪柑、张湾汉江樱桃、郧西山葡萄、秭归夏橙、大口蜜桃、董市甜瓜、钟祥泉水柑、松滋柑桔、宜昌蜜橘、官庄湖西瓜、房县樱桃、秭归脐橙、闯王砂梨、安福寺白桃、宜昌猕猴桃、大畈枇杷、东西湖葡萄、八宝西瓜、蔡甸西瓜、松滋蜜柚、江陵三湖黄桃、蔡甸甜瓜、阳新柑橘
湖南（26）	湘西椪柑、江永香柚、崀山脐橙、黔阳脐橙、天岩寨柑橘、靖州杨梅、黔阳大红甜橙、华容道皱皮柑、复兴苹果柚、瑶山雪梨、大围山梨、浏阳金橘、东江湖蜜橘、张家界菊花芯柚、通道黑老虎、黔阳冰糖橙、衡山红脆桃、北山梅、凤凰猕猴桃、黔阳金秋梨、水云峰黄梨、逥峰蜜柑、永顺猕猴桃、永顺蜜橘、洞口雪峰蜜桔、炎陵黄桃
广东（14）	大埔蜜柚、连州水晶梨、镇隆荔枝、麻涌香蕉、东莞荔枝、黄田荔枝、徐闻菠萝、丹霞贡柑、东源板栗、雷州青枣、麻榨杨桃、神湾菠萝、德庆贡柑、梅县金柚
广西（48）	灌阳雪梨、天峨大果山楂、龙滩珍珠李、柳城蜜橘、资源红提、麻垌荔枝、富川脐橙、梧州砂糖橘、平南石硖龙眼、香山鸡嘴荔枝、武宣牛心柿、天峨核桃、南宁香蕉、百色芒果、恭城月柿、凌云牛心李、罗城毛葡萄、南丹黄腊李、藤县江口荔、环江红心香柚、陆川橘红、东兰板栗、兴安葡萄、荔浦砂糖橘、八步三华李、环江青梅、武鸣砂糖橘、桂林葡萄、北流荔枝、靖西大果山楂、桂林砂糖橘、武宣胭脂李、钦北荔枝、平南余甘果、浦北黄皮、润洲岛香蕉、象州砂糖橘、凤山核桃、灵山荔枝、浦北妃子笑荔枝、南丹苞谷李、兴安蜜橘、南宁火龙果、大新龙眼、北流百香果、大新酸梅、大新腊月柑、融安金橘
海南（17）	琼中绿橙、三亚芒果、澄迈福橙、琼海番石榴、永兴黄皮、永兴荔枝、三亚莲雾、文昌椰子、万宁柠檬、昌江芒果、保亭红毛丹、三亚甜瓜、陵水荔枝、三门坡荔枝、万宁槟榔、澄迈无核荔枝、万宁金椰子
重庆（20）	梁平柚、江津广柑、开县锦橙、武隆猪腰枣、渝北歪嘴李、城口核桃、渝北梨橙、云阳红橙、垫江白柚、故陵椪柑、巴南接龙蜜柚、黔江猕猴桃、巫山脆李、奉节脐橙、丰都锦橙、二圣梨、太和黄桃、黄瓜山梨、巴南乌皮樱桃、放牛坪梨
四川（69）	南部脆香甜柚、邻水脐橙、文宫枇杷、简阳晚白桃、越西甜樱桃、罗江贵妃枣、泸州桂圆、金堂脐橙、凉山雷波脐橙、沐川猕猴桃、攀枝花芒果、石棉黄果柑、通贤柚、红格脐橙、攀枝花枇杷、崃山米枣、越西苹果、石棉枇杷、泸定红樱桃、蓬安锦橙、大田石榴、蒲江杂柑、江安夏橙、江安大白李、护国柚、达州脆李、茂县李、天仙硐枇杷、充国香桃、真龙柚、仪陇元帅柚、蓬溪仙桃、九寨沟柿子、松林桃、茂汶苹果、盐边桑椹、丹棱橘橙、射洪金华清见、盐边西瓜、贡井龙都早香柚、新都柚、宜宾茵红李、汉源雪梨、西凤脐橙、木里皱皮柑、中坝草莓、大英白柠檬、汉源樱桃、平武果梅、嘉州荔枝、蓬溪矮晚柚、小金酿酒葡萄、小金苹果、曹家梨、汶川甜樱桃、达川安仁柚、双流永安葡萄、资中血橙、西昌葡萄、大塔荔枝、金堂黄金果、三元油桃、邛崃猕猴桃、德昌草莓、井研柑橘、中江柚、丹棱脆红李、金堂油橄榄、蒲江樱桃
贵州（38）	盘县核桃、永乐艳红桃、水城猕猴桃、贵定盘江酥李、罗甸脐橙、安顺金刺梨、关岭火龙果、凯里水晶葡萄、福泉梨、毕节椪柑、清镇酥李、威宁黄梨、威宁苹果、镇宁蜂糖李、镇宁樱桃、惠水金钱橘、修文猕猴桃、赫章樱桃、茅坪香桔、黄果树黄果、龙宫桃子、兴义大红袍、晴隆脐橙、水城核桃、册亨糯米蕉、赤水龙眼、兴仁猕猴桃、湄潭红肉蜜柚、凤冈红心柚、紫云冰脆李、紫云蓝莓、龙里刺梨、贞丰四月李、石阡香柚、贞丰火龙果、鲁容百香果、芶江脆红李、平塘百香果
云南（22）	石林甜柿、开远蜜桃、文山他披梨、建水酸石榴、蒙自石榴、昭通苹果、石屏杨梅、弥勒葡萄、会泽宝珠梨、华宁柿子、华宁柑橘、富民杨梅、呈贡宝珠梨、盐水石榴、巍山红雪梨、马龙苹果、泸西高原梨、保山甜柿、麦地湾梨、石林人参果、临沧坚果、绥江半边红李子
西藏（7）	朗县核桃、林芝苹果、察隅猕猴桃、芒康葡萄、加查核桃、左贡核桃、察雅苹果

续 表

省份（个）	农产品地理标志果品名称
陕西（46）	丹凤核桃、蓝田大杏、阎良相枣、彬州梨、城固蜜橘、灞桥樱桃、佳县红枣、白河木瓜、眉县猕猴桃、阎良甜瓜、灞桥葡萄、王莽鲜桃、洛南核桃、彬州大晋枣、大荔冬枣、大荔西瓜、高石脆瓜、老堡子鲜桃、丹凤葡萄、孝义湾柿饼、富平尖柿、吴堡红枣、山阳核桃、长安草莓、褒河蜜橘、蓝田樱桃、蒲城西瓜、留坝板栗、留坝白果、陇州核桃、旬阳拐枣、榆林山地苹果、凤翔苹果、礼泉小河御梨、临潼石榴、直社红枣、旬阳狮头柑、旬邑苹果、户县葡萄、汉中银杏、周至猕猴桃、洛川苹果、乾县泔河酥梨、瀛湖枇杷、孟家原梨、城固猕猴桃
甘肃（31）	庆阳苹果、敦煌李广杏、敦煌葡萄、秦安苹果、瓜州蜜瓜、嘉峪关野麻湾西瓜、双湾西瓜、瓜州甜瓜、武威酿酒葡萄、皋兰旱砂西瓜、皋兰软儿梨、张掖葡萄、庆阳香瓜、安宁白凤桃、靖远旱砂西瓜、瓜州西瓜、舟曲核桃、大庙香水梨、条山梨、平川甜瓜、灵台苹果、崇信苹果、龙湾苹果、古浪香瓜、平川苹果、民勤蜜瓜、通渭苹果、秦州大樱桃、麦积核桃、花海甜瓜、兰州冬果梨
青海（3）	乐都大樱桃、民和旱砂西瓜、同仁黄果梨
宁夏（16）	青铜峡西瓜、盐池甜瓜、中宁硒砂瓜、海原硒砂瓜、盐池西瓜、马家湖西瓜、张亮香瓜、李岗西甜瓜、扁担沟苹果、金银滩李子、彭阳杏子、南长滩软梨子、南长滩大枣、灵武长枣、沙坡头苹果、中卫硒砂瓜
新疆（52）	和田玉枣、头屯河葡萄、阿力玛里树上干杏、淖毛湖哈密瓜、博乐红提、柳树泉大枣、巩留核桃、特克斯苹果、喀纳斯蜜瓜、安迪尔甜瓜、策勒红枣、策勒石榴、喀拉布拉苹果、科克铁热克葡萄、尉犁甜瓜、尉犁西瓜、石河子鲜食葡萄、伽师瓜、莎车甜瓜、托克逊红枣、和田阿克恰勒甜瓜、民丰大枣、托克逊杏、库车小白杏、老龙河西瓜、新疆兵团六团苹果、乌尔禾垦区白兰瓜、新疆兵团四十八团红枣、巩留树上干杏、新疆兵团三团核桃、新疆兵团二十九团香梨、霍城树上干杏、霍城樱桃李、三塘湖哈密瓜、巩留苹果、皮亚勒玛石榴、莫乎尔葡萄、阜康蟠桃、一〇三团甜瓜、二二三团苹果、和田御枣、石河子一四三团蟠桃、下野地西瓜、新疆兵团五团苹果、炮台甜瓜、新疆兵团一八四团苹果、新疆兵团一七〇团沙棘、南湖哈密瓜、叶城核桃、库尔勒香梨、阿克苏苹果、疏附木亚格杏

5. 一村一品

"一村一品"的发展理念最早由日本大分县前知事平松守彦于1979年倡导发起。"一村一品"是指在一定区域范围内，以村为基本单位，按照国内外市场需求，充分发挥本地资源优势，通过大力推进规模化、标准化、品牌化和市场化建设，使一个村（或几个村）拥有一个（或几个）市场潜力大、区域特色明显、附加值高的主导产品和产业。农业部于2011年8月22日公布了第一批全国"一村一品"示范村镇名单，截至2021年10月，农业农村部共公布了11批全国"一村一品"示范村镇名单，认定3 600多个全国"一村一品"示范村镇。根据前六批全国"一村一品"示范村镇监测合格名单（农业部于2018年7月3日发布）和第七、八、九、十、十一批全国"一村一品"示范村镇名单，共涉及31个省（自治区、直辖市）1 000余个村镇，含柑橘类水果、苹果、梨、桃、葡萄、樱桃、猕猴桃等40多种果树。

特色优势产业是乡村产业的重要组成部分，培育"一村一品"是贯彻党中央国务院关于脱贫攻坚决策部署的重要抓手，是落实产业扶贫的重要途径，是实施精准扶贫的重要举措。在当前我国加快发展现代农业、推进社会主义新农村建设的关键时期，"一村一品"面向市场，通过深入挖掘和充分发挥地方的自然资源、传统文化、生态和区位等优势，积极培育具有鲜明特色和市场竞争力的主导产品和主导产业，有效促进了各地农业和农村经济发展，为全面建成小康社会、全面推进乡村振兴提供了有力支撑。

三、贮藏加工情况

（一）采后处理与贮藏

1. 采后处理

采后处理（采后商品化处理）是产品通过一定质量标准转变为商品的过程。市场经济条件下，水果采后分等分级是产品变为商品的前提，是采前生产的继续，是农业再生产过程中的"二产经济"，是实现优质优价、品牌建立及果业高质量发展的基础，也是增加果业效益的方式。有企业测算，把水果按大小、重量分级，把次果挑出来，可增值20%～30%，经过糖酸度分选后，价格又能提高30%以上。发达国家水果采后分级普遍实现了机械化、自动化和智能化。水果采后商品化处理是制约我国果业高质量发展的一个短板。

（1）水果出口推动我国采后分级技术与装备水平提升。国际市场要求水果必须分等分级。计划经济时代，我国出口水果采用对照分级板尺寸大小人工分选。20世纪80年代，我国果业进入快速发展阶段。由于对外出口需要，山东烟台地区率先引进水果分级机。山东龙口是我国水果出口主要集散地之一。得益于龙口水果出口集散地和烟台苹果产地的区位优势，新加坡果商余大中先生与烟台外贸于1987—1988年先后从日本引进大型水果机械分选机2台套、小型分选机10余台。分选机引进后，先放在烟台外贸局果品科仓库。一年后，为减少运输途中碰压伤，将分级机移至龙口文基、东江等重点水果产区乡镇供销社仓库。当年安装、调试，并完成8 000 t出口计划。1993年龙口复发中记冷藏有限公司成立后，1994—1995年又先后从法国诺达公司引进2台（套）大型重量+颜色的水果分级机，1996年又从日本引进6台套精准高效的电子重量水果分级机。20世纪90年代初，河北省梨果出口企业引进了日本的分选设备。进入21世纪，其他水果产区也相继从意大利、法国、荷兰等国引进国外先进成套水果分选设备。随着我国水果产量的快速增长及国内外市场对高质量商品水果的需求，果区对水果高端分选装备需求快速增长，也吸引一些国外公司在我国投资建厂，比如法国迈夫诺达机械公司于2006年在烟台投资建厂。

（2）我国水果分级方式手工与机械分选并存，初级与现代同在。现阶段，既有手工分选方法、机械重量式分选，也有引进世界最先进的技术和设备，但数量居多的还是国产小型初级分选设备，少量大型先进的设备几乎全部为进口或核心部件靠进口。我国水果生产以农户为主，果园规模小，但不论是果农还是果商都认识到了分选的重要性，入市交易的水果多数都分选。但受生产规模和经济水平所限，所采取的分选方式不尽相同。果农没有能力购买分选设备，多数手工分选；小型果商资金有限，只能进行简单的重量大小等初级分选；龙头企业有一定实力，是大型先进分选设备的潜在用户。我国水果分级包装水平和机械化程度与发达国家尚有较大差距，水果包装多为人工包装，部分出口企业包装厂部分环节采用机械辅助，如纸箱采用机械传送等。

我国水果分选设备研制生产始于20世纪90年代，与发达国家相比基本处于跟跑阶段。近年来，国产水果分选设备研发突飞猛进，分选技术提档升级，正在逐步实现水果内外部品质的无损同步检测智能分级。1993年山东龙口凯祥有限公司研制出我国第一台水果称重式机械分级机。成立于2001年的江西绿萌科技控股有限公司等可谓后起之秀，专注果蔬分选机设备研发制造。国内还有一些企业涉足水果分选设备的生产，比如深圳鼎为、北京福润美、湖北宜昌新丰、福建漳浦科盛（台湾统农）、江苏福尔喜、江苏迅杰光远、浙江德菲洛等。由于亚洲梨皮薄、肉脆、硬度低，且不耐摩擦，欧美国家的企业一直不敢涉足亚洲梨的分选。近年来，日本自由托盘智能分选系统实现了亚洲梨等薄皮易损水果分选技术和装备突破。国内企业在引进学习日本自由托盘智能分选理念的基础上，国产自由托盘智能分选装备在梨、桃果品上实现了内外品质的智能检测。

（3）果品等级规格的标准制定多，市场企业实际应用少。根据《标准化法》的规定，我国标准分为国家标准、行业标准、地方标准、团体标准和企业标准五个层级。国家标准是由国家标准化主管部门批准发布，在全国范围统一使用的标准。行业标准即专业标准或部标准，是在没有国家标准的情况下由主管机构或专业标准化组织批准发布，并在某个行业范围内统一使用的标准。地方标准是在没有国家标准和行业标准的情况下，由地方制定、批准发布，并在本行政区域范围内统一使用的标准。企业标准是由企业制定发布，在该企业内统一执行的标准。团队标准是由学会、协会、商会、联合会、产业技术联盟等社会团体协调相关市场主体共同制定满足市场和创新需要的团体标准，由本团体成员约定采用或者按照本团体的规定供社会自愿采用。

初步统计，截至2020年，涉及我国水果及其加工品产品等级国家和行业标准共有197项，其中：国标（GB）有65项、农业行业标准（NY）104项、林业标准（LY）5项、商业标准8项、供销合作标准（GH）15项，基本涵盖了多数水果鲜果及其加工产品。通过市场与产区用户调查，发现我国水果等级标准制定存在以下问题：管理部门多、标准多，相似标准重复制定，相同产品不同标准指标要求不一致，按重量、直径、头数等均有；产品等级规格某些指标过严、过高，如果面缺陷和着色等严于国外标准，其出发点（促进我国水果质量升级）很好，但过严就会降低标准的实用性，并可能阻碍我国水果出口；我国现行的苹果和梨的国家、行业和地方标准均设定了理化指标，标准制定与生产实际和市场需求偏差较大，实用性不强等。

2. 贮运保鲜

水果贮运保鲜是水果生产的延续，不仅关系到水果品质，而且还关系到生产保供，是果业高质量发展的保障和果农致富的途径，也是实现国际、国内双循环与大流通的关键。

（1）冷藏与冷链发展历程与现状。冷库是果品等鲜活农产品运输过程中的关键环节，是整个冷链的核心，起到贮藏与转运的功能。我国现代冷藏保鲜起步较晚，1968年北京建造我国第一座水果机械冷藏库，1978年建造第一座气调冷藏库。20世纪80年代中期以前，我国水果冷藏总量不足10万t，水果贮藏仍以依靠自然冷源的土窖和通风库为主。同期，发达国家水果冷藏保鲜设施和技术已基本普及。

我国水果产地现代冷藏保鲜，以河北梨果为先。受出口拉动，1976年和1980年沧州地区供销社和外贸先后在泊头兴建冷藏库贮藏鸭梨用于出口。1978年藁城外贸修建本地第一座冷藏库。20世纪80年代，随着改革开放和水果产量的快速增加，我国水果冷藏保鲜库容量迅速增加。果品冷藏库建设也经历了由大、中城市到县城、村镇，由销地贮藏到产地贮藏的转变，由国家建设到民营、集体建设，由大型向小型化发展的趋势。冷藏库建设重点也从1985年前以商业部门为主的城市销地贮藏转向以农业部门为主的产地贮藏。这是我国果品等农产品实现以产地贮藏为主的重大战略转移。各地农村乡镇、农企和个体农民，纷纷贷款或自筹资金，在主产区建设果品冷库，开创了我国果品产地冷藏的新时代。1984年藁城农民孙春秋修建第一座个体冷藏库，迎来了产地果农建设冷库的高潮，20世纪80—90年代，仅藁城大小冷藏库达到700余座，当时居全国第一。由于一家一户生产体制，造就了产地"小规模，大基地"的水果贮藏保鲜模式，库容向小型化甚至微型化发展，冷库容量由国营时代的千吨、万吨级向几十吨、百吨、千吨级别发展。近20年来，在沿海和经济发达地区及水果主产区，建设很多万吨级大容量的水果冷藏库（包括部分气调冷藏库）。使得果品冷藏库在全国冷库库容中的占比不断提高。据统计，1983年全国冷藏库总容量达246万t，其中用于果蔬保鲜占4.1%，10万t；1989年全国冷库总容量达388.5万t，水果冷藏占10.3%，40万t；1990年机械冷藏库达417万t，水果占13.9%，58万t；20世纪末我国果品冷藏能力不足100万t。2000年以后，山东、陕西、新疆、辽宁、山西、甘肃、安徽等水果产区冷藏库建设进入大发展时期（包括少部分气调冷藏库），2010年我国水果冷藏能力突破1 000万t，2021年达到2 000万t（图4-22），苹果、梨主要产区冷藏能力已基本满足产能需求，但冷藏库节能低碳运行方面，还有不小的发展空间。

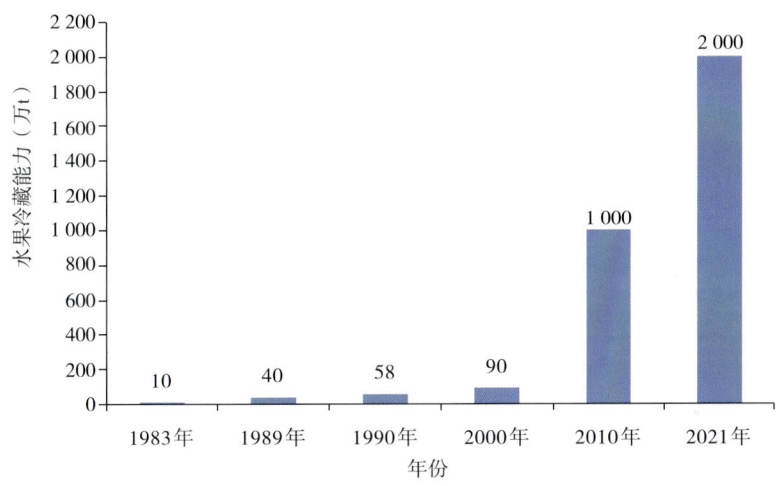

图4-22 近40年我国水果冷藏库贮藏能力发展变化情况

我国水果冷藏行业不能不提山东龙口复发中记冷藏有限公司，该公司创建于1993年，水果冷藏能力曾达3.5万t，其中气调冷藏库2.5万t，采用国外气调设备，配套水果水预冷、负压风冷专用设备及大型现代化果品分选线，果品远销欧美、东南亚等40多个国家和地区。引进国内各地、国外高端人才。复发中记改变了我国果品产业的小农习惯做法，为我国果业的现代化、市场化和国际化带来了新的理念，主观和客观上带动了山东省乃至中国果业特别是苹果贮藏的现代化发展。进入21世纪，西部果业崛起。陕西华圣果业于1997年成立，新疆拓普农产品有限公司于2000年成立。

我国水果贮藏较多的是苹果、梨等水果，热带亚热带水果及不耐贮运的核果类、浆果类等主要是短期贮藏和物流运输保鲜。柑橘类成熟期多在秋冬早春时节，气温一般较低，大多采用常温通风贮藏。根据国家发布的《"十四五"冷链物流发展规划》，2020年我国冷库库容近1.8亿m^3（果品250~300 kg/m^3，肉类一般350~400 kg/m^3，按照325 kg/m^3计算，总计5 850万t），冷藏车保有量约28.7万辆。据初步调查，目前我国水果冷藏能力2 000万t左右，占全国冷库总容量的34.2%，其中苹果和梨等水果气调冷藏150万t左右。苹果冷藏能力超过1 200万t，梨500万t左右，苹果和梨冷藏能力约占水果冷藏能力的85%。山东、陕西、河北、甘肃、山西、辽宁、新疆等是我国苹果、梨等水果贮藏主要省区。2018年以来，我国冷藏仓库总容量迅速增长，成为全球冷库总容量增长的主要驱动力之一，然而我国人均冷库容量仍低于全球平均水平。根据国际冷藏仓库协会（IARW）数据，2018年，荷兰人均库容世界最高，为0.96 m^3/人，美国 0.49 m^3/人，日本 0.32 m^3/人，中国 0.13 m^3/人，越南 0.12 m^3/人。

冷链运输方面，国内冷链流通率不足20%，热带亚热带水果稍高一些，荔枝冷链运输占比30%～40%。一直以来，我国冷藏车数量以及人均冷藏车保有量均显著低于发达国家水平，对冷链物流行业的发展造成一定阻碍。2014年我国冷藏车保有量仅为7.6万辆，日本15万辆，美国25万辆。近几年冷链行业快速发展，2020年我国冷藏车市场保有量达28.7万辆，与发达国家的差距在不断缩小。

（2）存在的主要问题。一是我国果品冷链物流起步相对较晚，冷链基础设施建设总体上依然薄弱，气调贮藏能力偏低，人均冷库容量仍有较大增长空间，冷链运输设备占比不高；二是我国冷链物流发展不平衡不充分问题突出，跨季节、跨区域调节农产品供需的能力不足，果品产后损失较多，从行业链条看，产地预冷、冷藏和配套分拣加工、配送环节等配套设施滞后；三是果品冷链物流相关标准不够健全，如产品标准、设施设备标准、技术标准、流程标准、服务标准等不够完善；四是20世纪80—90年代修建的冷库普遍存在自动化程度低、设备技术陈旧、能耗高效率低，隔热层运行到现在已经严重老化，跑冷严重，一些保鲜库达不到《冷库设计标准》（GB 50072—2021）的要求，存在诸多安全隐患。

（3）发展趋势。机械化、智能化是水果分选分级发展趋势。优质水果不仅需要外观品质（大小颜色）的一致性，作为食物，更需要内在品质（口感风味）的一致性，只有外观和内质的统一，果业才能高效高质发展。2020年我国水果产量约占世界总产量的1/3，采后分选技术装备市场需求巨大。把小而散的果农生产的水果集中统一产地分选，是解决采后分级短板的必由之路。随着物联网、云计算、大数据等技术的普及应用，以及生态保护和低碳发展要求，果品冷藏与冷链的智能化、网络化、低碳化、规模化、标准化、集团化成为未来发展趋势。

2021年国务院办公厅发布我国《"十四五"冷链物流发展规划》，提出到2025年，初步形成衔接产地销地、覆盖城市乡村、联通国内国际的冷链物流网络，基本建成符合我国国情和产业结构特点、适应经济社会发展需要的冷链物流体系，调节农产品跨季节供需、支撑冷链产品跨区域流通的能力和效率显著提高，对国民经济和社会发展的支撑保障作用显著增强。

（二）果品加工

我国市场上水果初（粗）加工产品主要有果汁、罐头、水果脱水制品（果干、果脯）、果酱、果酒、果醋等，精深加工产品有膳食纤维、果胶、多酚等功能性产品。水果的初加工产品技术、设备要求简单，市场占有率较大，但同质化严重。精深加工产品经济价值高，营养丰富，对技术、设备要求较高。下面简述我国果汁、罐头、果酒、脱水产品、鲜切水果、水果精深加工行业发展现状。

1. 果汁产业

果汁分为浓缩果汁、果汁及果汁饮料等，目前市场中各式各样的果汁饮料超过100种。根据观研报告网数据，2014年以来果汁和果汁饮料产量逐年增长，2019年产量为1 600万t，同比增长10.1%。果汁销售量在经历了连续几年下滑之后，近年来销量有所提升，但增长速度仍较为缓慢。2018年我国果汁及果汁饮料零售量为141亿L，同比增长3.7%。我国浓缩苹果汁年产量超过 80 万 t，占全球产量的 60% 以上。我国出口以苹果汁、梨汁和其他未混合果汁为主的浓缩汁，这 3 种（类）果汁占我国出口果汁总量的 95% 以上。2016—2020 年每年出口果汁 44.6 万～73.5 万 t（表 4-4）。每年我国还进口大量果汁，主要品种有橙汁、葡萄汁和苹果汁等，以高浓度果汁为主。我国生产果汁的企业主要集中在山东、陕西、山西、辽宁、河北、浙江、广东、江苏等水果产地。我国果汁市场以低浓度果汁饮料为主，占 74.3% 的销售量，高浓度果汁仅占到果汁饮料总销售量的 5.9%，而发达国家超过 37%。近几年我国的大型果汁加工厂引进国外先进的果品加工生产线，采用一些先进的加工技术，如高效榨汁技术、酶液化与澄清技术、膜技术、冷冻浓缩技术、无菌冷灌装技术、无菌大罐技术、真空多效浓缩技术、芳香物回收技术、果蔬鉴伪技术、非热力杀菌技术等（单杨，2012）。这些设备和技术的引进，提高了果汁的品质和工作效率，缩短了我国果汁产业与国外发达国家的差距。

表 4-4　2016—2020 年中国果汁（冷冻果汁、浓缩果汁和非浓缩果汁）进出口情况

年份	出口量（万 t）	出口额（亿美元）	进口量（万 t）	进口额（亿美元）
2016	45.4	6.7	13.7	2.3
2017	73.5	7.6	14.0	2.8
2018	63.1	7.4	17.1	3.5
2019	44.6	5.3	19.8	3.6
2020	48.9	5.4	18.9	3.0

注：数据来源于联合国商品贸易数据库（UN Comtrade）。

2. 水果罐头产业

水果罐头是我国的传统特色产业，是劳动密集型出口行业，是众多食品中最先打入国际市场的产品。根据中国食品工业协会和观研网整理数据，2011—2020 年水果罐头产量波动较大。2016 年达到最高量 286.4 万 t 后，随之下降至 2020 年的 145.8 万 t。根据联合国商品贸易数据库（表 4-5）的统计（包括桃、菠萝、梨、柑橘、蔓越莓、杏、樱桃、草莓 8 种水果罐头），近 5 年我国水果罐头出口基本比较稳定，出口量 44.1 万～57.1 万 t，从进口数据可以看出，2017 年以后进口水果罐头保持在 10 万 t 左右，其中菠萝罐头进口量最大。根据水果罐头分会数据，2021 年我国水果罐头出口 111 个国家，其中美国居首位，占出口总量的 43%，其次是日本，占出口总量的 20%。可以看出水果罐头出口比较依赖美国和日本市场。

表 4-5　2016—2020 年我国主要水果罐头进出口情况

年份	出口量（万 t）	出口额（亿美元）	进口量（万 t）	进口额（亿美元）
2016	44.1	6.4	7.5	1.3
2017	53.4	6.0	11.5	1.6
2018	57.1	6.9	12.2	1.8
2019	48.3	5.8	13.7	2.1
2020	50.3	6.0	10.8	1.7

注：数据来源于联合国商品贸易数据库（UN Comtrade）。

我国进出口水果罐头种类比较丰富，按出口量高低依次为柑橘罐头、桃罐头、梨罐头、荔枝罐头、菠萝罐头、樱桃罐头、龙眼罐头（表4-6）。按进口量高低依次为菠萝罐头、桃罐头、柑橘罐头、龙眼罐头、樱桃罐头、梨罐头、荔枝罐头。我国水果罐头加工主要分布在浙江、山东、安徽、福建、湖北、江苏、湖南和河北等东南沿海地区和水果主产区。近几年我国在水果罐头加工技术方面取得了长足的进步（单杨，2012），低温连续杀菌技术和连续去皮（囊衣）技术在酸性罐头（如橘子罐头）中得到了广泛应用，引进了电脑控制的新型杀菌技术，包装方便EVOH材料已经应用于罐头生产，研发连续化、智能化的加工装备，开发易开罐、软包装、半刚性包装容器和材料。加工技术的提升和装备升级，对水果罐头行业更高、更快的发展提供了助力。

表4-6 2021年我国主要水果罐头产品进出口情况

商品名	出口量（t）	出口额（万美元）	进口量（t）	进口额（万美元）
柑橘属罐头	261 965	30 641.6	5 926	1 374.5
菠萝罐头	5 338	708.8	30 487	3 550.2
梨罐头	48 554	4 478.1	49	11.3
樱桃罐头	2 112	471.1	84	29.6
桃罐头	137 372	16 758.9	7 509	1 010.4
荔枝罐头	22 354	3 411.7	30	6.8
龙眼罐头	792	129.1	174	24.6

注：根据中国海关相关统计数据整理。

3. 果酒产业

果酒以新鲜水果或果汁为原料，经全部或部分酒精发酵酿制而成，是含有一定酒精度的酒。按照酿造工艺分为酿造酒、蒸馏酒、配制酒和特种果酒（李华，2018）。我国水果种类丰富，酿制果酒品种多达30几个，如广东的荔枝酒、陕西的苹果酒、安徽的石榴酒、河北的杏酒、东北的蓝莓酒、江浙的杨梅酒、四川的青梅酒等。根据葡萄信息网，截至2020年，我国果酒企业已超过5 000家，市场规模超过200亿元，大多数果酒企业年产量在300～2 000 kL。2014—2019年我国葡萄酒产量从114.8万kL下降至41.3万kL，其他果酒产量从17.56万kL攀升至148.6万kL（中国酒业协会，华经产业研究院整理）。据中国海关的统计数据，2020年我国进口各种规格的葡萄酒4.20亿L，进口额17.53亿美元，同2019年相比分别减少了29.85%和25.39%；2020年我国出口的葡萄酒总量继续大幅减少，仅146.68万L，出口额2 449.50万美元。从数据可以看出，葡萄酒的消费量依然是所有果酒品种中最多的。

我国葡萄酒生产区集中在山东、河北、天津、新疆、甘肃、广西、河南、云南、辽宁、宁夏等省区。其中山东、河北两省生产葡萄酒占全国葡萄酒总量的一半以上。我国除了葡萄酒加工工艺比较成熟外，其他果酒品种还存在专用加工品种、专用酵母缺乏，不同品种果酒工艺及营养风味机制研究欠缺，陈酿等技术还需要进一步研究等问题。

4. 我国水果脱水制品（果干、果脯）产业

近年来，我国水果脱水制品（果干、果脯）行业快速发展，成为农产品深加工领域的

一大亮点。水果干也是我国水果出口创汇的主要来源之一,2020年我国主要果干出口量约6万t,金额约2.2亿美元。进口量约18万t,金额约2.4亿美元(表4-7)。我国主要出口的果干包括龙眼干、葡萄干、梅干、杏干、苹果干等。主要出口西欧、日本、美国、澳大利亚、韩国和新加坡等国,其中葡萄干的出口量最大,2020年为3.1万t,金额5 459.6万美元。进口量最大的是龙眼干和肉,次之是葡萄干,从表4-7中可以看出,我国出口果干数量和金额都低于进口,说明国内对果干的需求比较旺盛。近几年国内果干市场新产品不断出现,有芒果干、柠檬干、草莓干、菠萝干、圣女果干、榴莲干、蓝莓果干、梨干、杏脯等休闲食品,目前整个水果脱水制品(果干、果脯)每年保持3%以上的复合增长,其中果干占据了重要份额。产地主要在福建、广东、浙江、河北、山东、新疆等地。我国果干行业大多采用热风干燥技术,随着科学技术的不断进步,真空低温油炸、真空冷冻干燥、远红外干燥和微波干燥等新兴技术也在少数企业中得到应用。

表4-7 2020年我国主要水果干产品进出口情况

品种	出口量(t)	出口额(万美元)	进口量(t)	进口额(万美元)
苹果干	56	104.8	12	14.2
葡萄干	31 388	5 459.6	22 269	3 347.8
梅干	1 661	439.2	18 879	1 147.9
杏干	78	32.7	4 525	478.8
龙眼干和肉	26 830	15 642.9	134 196	20 756.5

注:根据中国海关相关统计数据整理。

5. 鲜切水果行业

我国鲜切果蔬市场于2000年起步,2004年我国鲜切水果的市场消费额仅2亿美元,2008年达到20亿美元的规模(孟祥春,2008)。我国鲜切水果生产主要有两种方式,一种是果蔬加工厂提供工业化生产鲜切水果产品;一种是超市自己生产鲜切水果。目前鲜切水果种类有苹果、梨、桃、草莓、菠萝、甜瓜、西瓜、柿、香蕉等。鲜切水果品质与安全性问题是制约鲜切水果的主要问题。我国先后出台了关于鲜切水果行业、团体标准4项,2021年2月刚刚颁布了食品安全国家标准《GB 31652—2021 即食鲜切果蔬加工卫生规范》,标准的建立有利于鲜切水果行业规范生产,减少安全隐患。在健康安全的前提下保持品质、延长保鲜期是鲜切水果加工的关键。目前鲜切水果保鲜方法有临界冻结点低温保鲜、气调保鲜、减压保鲜、超高压保鲜、辐照保鲜、脉冲强光保鲜、酸性电解水保鲜、可食用膜保鲜等(俞静芬,2021)。随着鲜切行业生产工艺的持续提高,相关标准与质量体系的不断完善,以及鲜切水果市场份额的逐渐增大,我国鲜切水果行业的发展前景将十分广阔。

6. 水果精深加工产业

水果中含有许多天然植物化学成分,具有重要的生理活性。例如,柑橘皮含有丰富的香精油,为果皮鲜重的0.5%~2.0%,是重要的天然香料;苹果和柑橘皮渣中含有大量的果胶和膳食纤维;葡萄果皮中多酚含量可达25%~50%,籽中可达50%~70%,主要有花色素类、白藜芦醇及黄酮类,果皮纤维素是一种良好的膳食纤维的来源(单杨,2012)。目前,几乎所有的国际健康品公司都有葡萄籽系列健康品。果品副产物中含有丰富的功效组分,从水果加工副产物中分离、提取、浓缩这些功能性成分，制成胶囊或添加到食品、保健品和化妆品等产品中，已成为当前水果加工的一个新趋势。

7. 水果加工产业发展问题

（1）我国水果加工企业规模小，产品同质化严重。在我国每个水果加工行业大型企业屈指可数，70%以上是以家庭、合作社形式开办的水果加工厂。在我国一些水果加工企业由于品种、工艺、设备等基本相同或一致，同质化严重，附加值低。企业间相互压价，过度竞争现象严重，这是制约水果加工产业发展的关键问题。

（2）缺少加工专用品种，原料品质参差不齐，加工品质无法保证。我国果品的加工专用品种缺乏，我国柑橘70%以上都是鲜食品种，而发达国家的加工品种占比为80%；我国苹果专用加工品种占苹果品种总数的10%左右，而国外占比在50%左右；我国酿酒葡萄产量占葡萄总产量的15%，而国外加工品种占65%。虽然我国罐头、果汁在世界贸易体系中数量上占有较强的市场份额，但由于缺乏专用原料，在品质和价格上根本无法与国外产品开展竞争，处于弱势地位。

（3）我国果品初加工产品多，精深加工产品少，加工副产品利用率低。我国果品加工率仅为10%～30%，低于欧美等发达国家的40%～70%（熊涛，2012）。我国出口的果品加工产品主要是罐头、浓缩果汁以及葡萄干产品，都属于技术含量低、人工用量大的产品，精深加工产品如果胶、多酚、香精、油脂等产品出口很少。而我国天然果胶、香精等水果提取物产品用量很大，每年都需要大量进口。目前，国内生产的产品纯度和功效与国外有一定的差距。

（4）我国水果加工关键设备研发能力不强，自动化程度低。我国大型果汁、罐头、葡萄酒加工企业的关键设备都是进口的，国内生产设备满足不了企业的要求，国产的设备厂主要生产单机，整套设备需要外购组装，对其他设备性能参数不了解，导致企业使用时稳定性、可靠性差，维修时出现互相推卸责任等问题。设备研发能力薄弱是制约我国果品加工产业化升级的障碍。

第二节 贸易状况与动态

一、贸易状况、动态与趋势

（一）我国干鲜水果及坚果进出口总体趋势

我国干鲜水果及坚果贸易情况如图4-23所示。根据联合国商品贸易数据库（UN Comtrade）数据统计得出，2000年以前，我国干鲜水果及坚果贸易发展水平较低，年进、出口量均不足100万t。随着我国经济的快速发展，尤其是我国加入WTO以后，果品市场真正进入国际化竞争时代，我国干鲜水果及坚果贸易量迅速增长，2010年以前出口量基本高于进口量；2011年，进、出口量均超过300万t，且进口量超过了出口量；以后进、出口量继续增长，2019年进口量超过700万t，而出口量仅为370万t左右。进、出口额始终保持增长趋势，2012年以前出口额基本高于进口额，2012年出现贸易逆差，尤其是2016年虽然出口量超过了进口量,但进口额依然超过出口额。2020年受全球新冠肺炎疫情影响,进口量较2019年有所减少,但出口量有所增加,进、出口额继续增长,较2019年均有所增加。

根据我国海关进出口数据统计得出,2021年我国干鲜水果及坚果进口再创新高,出口稍有下降:进口量超过730万t、进口额超过150亿美元,与2020年相比分别提高11.32%、29.10%;出口量超过370万t、出口额超过63亿美元,与2020年相比分别降低6.58%、10.41%。总体来看,我国果品出口正面临着国际市场的严峻挑战。近10年我国水果进口量和品类均不断增加。据海关总署《获得我国检验检疫准入的新鲜水果种类及输出国家地区名录》(2021年3月15日),有48个国家和地区的56种新鲜水果,以及29个国家和地区的16种冷冻水果获准进口。

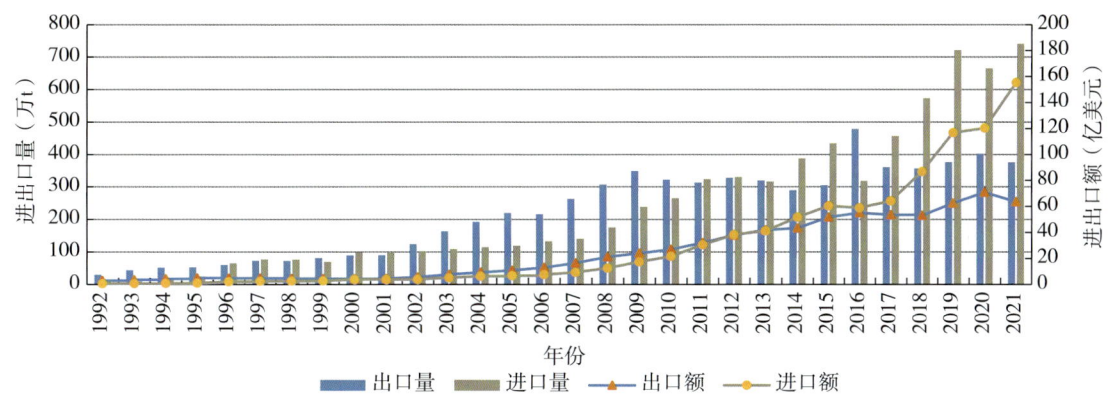

图4-23 1992—2021年我国干鲜水果及坚果贸易情况

注:数据来源于联合国商品贸易数据库和中国海关。

(二)我国果汁进出口趋势

我国果汁贸易情况见图4-24。我国是果汁出口大国,根据联合国商品贸易数据库数据统计得出,1992—2020年果汁出口量始终高于进口量,出口额始终高于进口额,1992—2007年出口量猛增,2007年超过114万t,2007年以后呈下降趋势,近几年随着市场行情呈波动状态。根据我国海关进出口数据统计得出,2021年果汁进口大幅增长,出口与2020年持平:进口量为29.86万t、进口额为4.81亿美元,与2020年(进口量为18.94万t、进口额为3.03亿美元)相比分别提高57.67%、59.08%;出口量为48.61万t、出口额为5.32亿美元,稍低于2020年(出口量为48.89万t、出口额为5.41亿美元)。从果汁多年进、出口额的变化来看,出口额始终高于进口额,但出口单价远低于进口单价,尤其2021年,进口量仅为出口量的60%左右,但进口额已接近出口额。整体来看,果汁国际市场竞争力不强。果汁出口品类以苹果汁为主,出口量、出口额均在80%以上;进口品类以橙汁、葡萄汁、西番莲果汁为主,三者出口量、出口额之和占总量的一半以上。

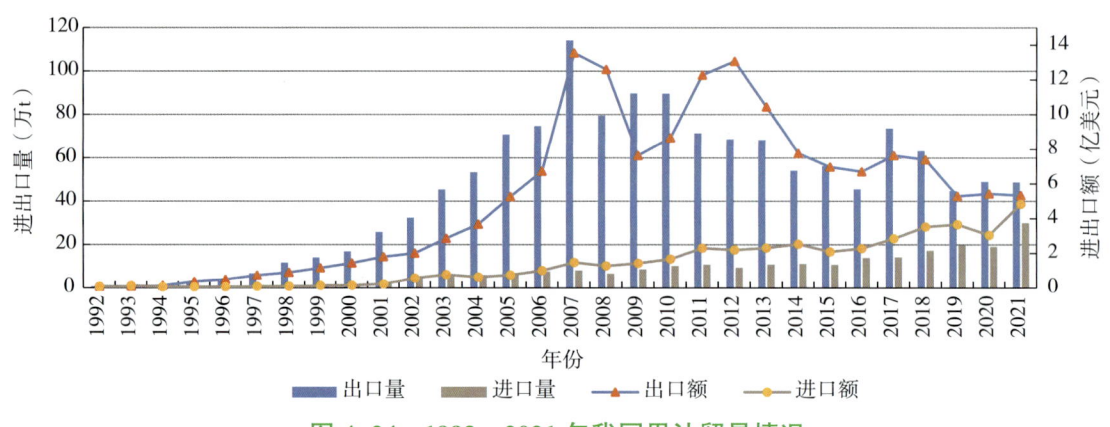

图 4-24 1992—2021 年我国果汁贸易情况

注：数据来源于联合国商品贸易数据库和中国海关。

二、我国干鲜水果及坚果进出口贸易状况

（一）主要进出口市场

根据我国海关统计数据，2021 年我国干鲜水果及坚果出口市场中共有 7 个国家和地区的干鲜水果及坚果出口量超 10 万 t，占总出口量的 76% 以上；14 个国家和地区的干鲜水果及坚果出口额超 1 亿美元，占总出口额的 83% 以上。进口市场中共有 13 个国家和地区的水果及坚果进口量超 10 万 t，占总进口量的 95% 以上；16 个国家和地区的干鲜水果及坚果进口额超 1 亿美元，占总进口额的 96% 以上（表 4-8）。

表 4-8 2021 年我国干鲜水果及坚果进出口市场（前 15 位）

出口						进口					
国家和地区	出口量（万 t）	占比（%）	国家和地区	出口额（亿美元）	占比（%）	国家和地区	进口量（万 t）	占比（%）	国家和地区	进口额（亿美元）	占比（%）
越南	90.24	24.01	越南	15.43	24.37	泰国	210.42	28.45	泰国	65.35	42.12
印度尼西亚	51.60	13.73	泰国	7.40	11.69	越南	130.64	17.66	智利	23.85	15.37
泰国	42.49	11.30	印度尼西亚	6.24	9.85	菲律宾	106.64	14.42	越南	10.69	6.89
菲律宾	35.07	9.33	菲律宾	5.08	8.02	智利	51.40	6.95	美国	9.70	6.25
中国香港	25.46	6.77	中国香港	4.20	6.64	印度尼西亚	42.18	5.70	菲律宾	6.54	4.22
孟加拉国	24.07	6.40	孟加拉国	2.81	4.44	柬埔寨	36.86	4.98	新西兰	6.43	4.14
马来西亚	17.71	4.71	马来西亚	2.53	4.00	南非	24.87	3.36	澳大利亚	6.10	3.94
尼泊尔	8.35	2.22	美国	2.35	3.72	厄瓜多尔	21.63	2.92	秘鲁	4.11	2.65

续表

出口						进口					
国家和地区	出口量（万t）	占比（%）	国家和地区	出口额（亿美元）	占比（%）	国家和地区	进口量（万t）	占比（%）	国家和地区	进口额（亿美元）	占比（%）
缅甸	7.06	1.88	德国	1.46	2.30	美国	21.51	2.91	伊朗	3.92	2.53
荷兰	6.73	1.79	日本	1.27	2.01	澳大利亚	16.81	2.27	南非	3.23	2.08
新加坡	5.73	1.53	缅甸	1.14	1.80	新西兰	16.05	2.17	印度尼西亚	2.11	1.36
俄罗斯联邦	4.83	1.28	尼泊尔	1.09	1.72	秘鲁	12.00	1.62	柬埔寨	2.10	1.36
阿联酋	4.78	1.27	阿联酋	1.02	1.61	埃及	11.77	1.59	马来西亚	1.89	1.22
吉尔吉斯斯坦	4.31	1.15	荷兰	1.01	1.59	伊朗	7.45	1.01	蒙古	1.57	1.01
日本	3.81	1.01	新加坡	0.98	1.54	老挝	7.39	1.00	厄瓜多尔	1.37	0.88

东南亚地区因其独特的气候在水果生产和出口方面一直以来都具有得天独厚的优势，受地理位置因素影响，越南、泰国、印度尼西亚、菲律宾等国家既是我国水果出口的主要市场，也是我国水果进口的主要来源地。近年来，南美洲的智利、新西兰、秘鲁等国家的水果在我国市场的比重也在逐年加大。进口水果均具有一定优势，如品种优势、季节反差、品质优势等，短期内肯定会对我国水果市场造成冲击，但从长远看来，也定能促进我国果业转型升级、高质量发展。未来10年，我国果业现代化水平将稳步提高，逐步进入果业5.0时代，届时水果进出口贸易格局必将发生实质性改变。

（二）主要干鲜水果及坚果贸易情况

1. 出口

根据我国海关统计数据，2021年我国鲜苹果、柑橘类、鲜梨、鲜葡萄、核桃、鲜柿等20多种干鲜水果及坚果出口量超过1万t，占总出口量的93%以上；鲜苹果、柑橘类、鲜葡萄、鲜梨、核桃、松子仁等6种水果及坚果出口额超过1亿美元，占总出口额的77%以上。

（1）鲜苹果。苹果是我国出口量最大的水果，出口量占比超过28%，目前已出口到约60个国家和地区，但出口市场较集中，主要出口到东南亚国家。1992—2009年是我国苹果出口快速发展期，2010年以来波动较大，近2年出口量在100万t以上。2021年我国鲜苹果主要出口到越南、孟加拉国、菲律宾、印度尼西亚、泰国等国，出口量分别为18.05万t、17.99万t、16.09万t、15.97万t、13.81万t，5国出口量占苹果出口总量的76%（图4-25）。我国虽然是世界最大的苹果出口国，但与新西兰、美国等苹果贸易大国相比，出口价格较低，出口竞争力不足，品质不高和国外技术性贸易措施是制约我国苹果拓展国际市场的主要因素。

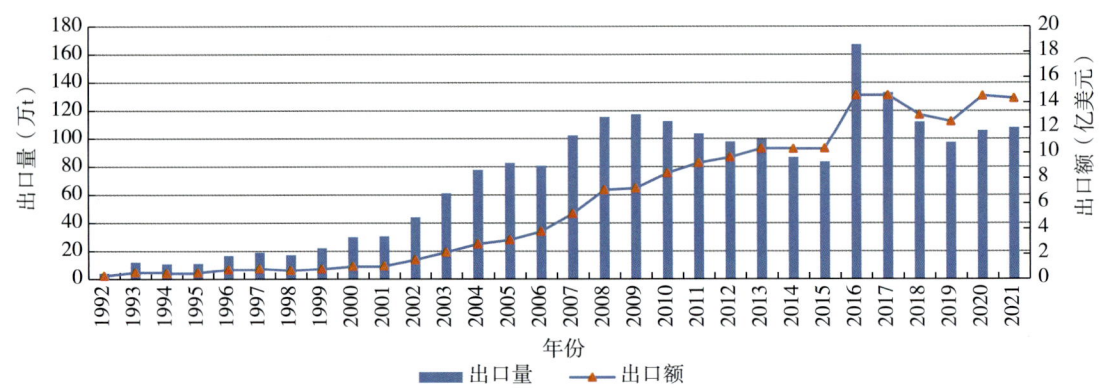

图 4-25　1992—2021 年我国鲜苹果出口贸易趋势

注：数据来源于联合国商品贸易数据库和中国海关。

（2）柑橘类水果。我国柑橘类水果出口量仅次于苹果，出口量占比超过 24%，目前已出口到 60 多个国家和地区，主要出口到东南亚国家。1992—2021 年我国柑橘出口变化趋势与苹果类似（图 4-26），1992—2009 年是我国柑橘出口快速发展期，2010 年以来波动较大，近几年出口量均在 100 万 t 左右，2021 年稍有下降。2021 年我国柑橘主要出口到越南、菲律宾、泰国、马来西亚、印度尼西亚等国，5 国出口量分别为 32.16 万 t、10.66 万 t、9.19 万 t、7.50 万 t、7.10 万 t，占柑橘出口总量的 70% 以上。我国虽然是世界最大的柑橘生产国，但柑橘主要在国内销售，且以鲜食为主，与柑橘贸易大国相比，出口竞争力不强。

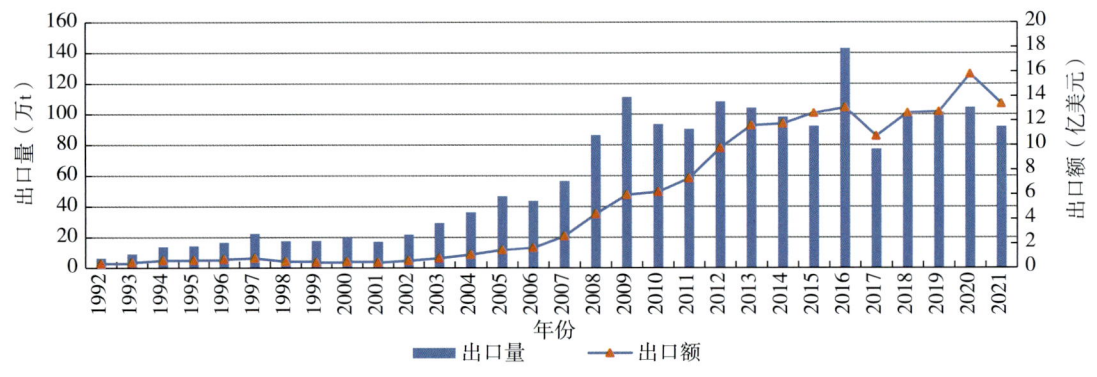

图 4-26　1992—2021 年我国柑橘类水果出口贸易趋势

注：数据来源于联合国商品贸易数据库和中国海关。

（3）鲜梨。2021 年我国鲜梨出口量超过 51 万 t，出口量占比 13% 以上，目前已出口到 50 多个国家和地区，主要出口到东南亚国家。2009 年以前快速增长，2010 年以来波动较大，近几年出口量均在 50 万 t 左右。2021 年我国鲜梨主要出口到印度尼西亚、越南、泰国、中国香港、马来西亚、菲律宾等国家和地区，出口量分别为 21.85 万 t、9.08 万 t、5.49 万 t、3.02 万 t、2.80 万 t、2.30 万 t，占比分别为 42.84%、17.80%、10.77%、5.91%、5.49%、4.51%（图

4-27）。我国是世界最大的鲜梨出口国，但在世界鲜食梨市场中竞争力不强，与美国、阿根廷、南非、智利、新西兰等梨出口强国相比还有较大差距。

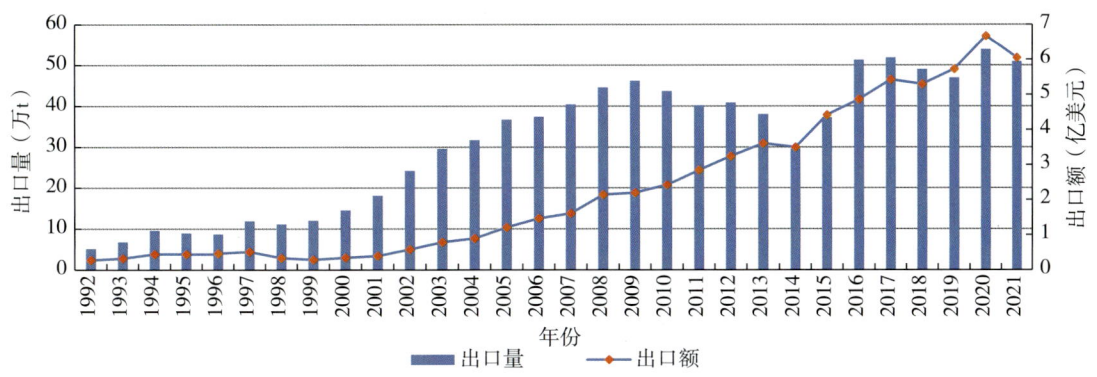

图 4-27　1992—2021 年我国鲜梨出口贸易趋势

（4）鲜葡萄（葡萄干）。2021 年我国鲜葡萄出口量超过 35 万 t、葡萄干 2 万 t，出口量占比 10% 左右，目前已出口到 30 多个国家和地区，主要出口到东南亚国家。1992—2020 年我国葡萄出口整体呈增长趋势，2021 年出口量稍有下降（图 4-28）。2021 年我国鲜葡萄主要出口到泰国、越南、印度尼西亚、菲律宾、孟加拉国等国，出口量分别为 8.72 万 t、6.87 万 t、6.07 万 t、5.40 万 t、4.06 万 t，占比分别为 24.86%、19.58%、17.32%、15.40%、11.57%；葡萄干主要出口到德国、日本、英国、越南、泰国等国。

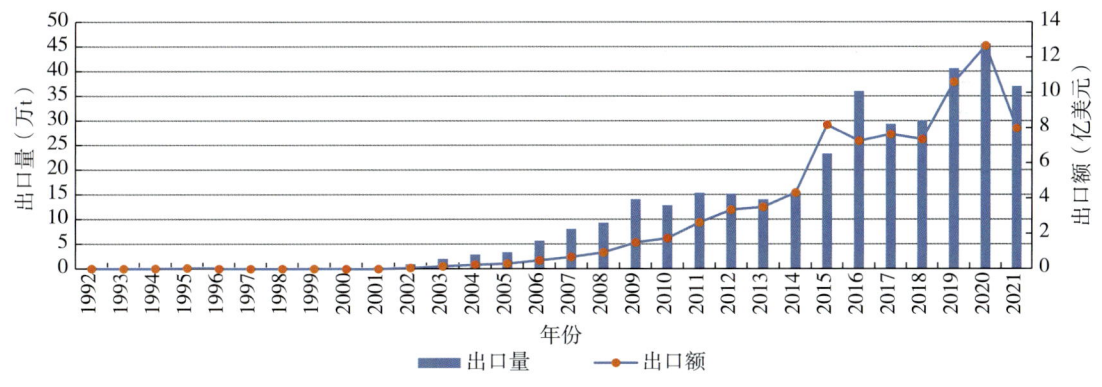

图 4-28　1992—2021 年我国葡萄出口贸易趋势

（5）未去壳核桃及核桃仁。2021 年我国未去壳核桃出口量超过 10 万 t，核桃仁近 5 万 t，出口到 70 多个国家和地区。未去壳核桃主要出口到阿联酋、哈萨克斯坦、土耳其、吉尔吉斯斯坦、巴基斯坦等国家，出口量分别为 2.51 万 t、1.81 万 t、1.81 万 t、0.98 万 t、0.88 万 t；核桃仁主要出口到哈萨克斯坦、吉尔吉斯斯坦、土耳其、俄罗斯、德国等国家。出口量分别为 1.09 万 t、0.75 万 t、0.57 万 t、0.39 万 t、0.24 万 t。

（6）其他。2021 年我国鲜柿出口量超过 7 万 t，主要出口到越南、泰国、中国香港、马来西亚、俄罗斯等国家和地区；冷冻草莓 4.76 万 t，主要出口到日本、泰国、韩国、危地马拉、澳大利亚等国家和地区；鲜哈密瓜4.48万t，主要出口到越南、马来西亚、新加坡、中国澳门、泰国等国家和地区；鲜桃和油桃4.47万t，主要出口到越南、吉尔吉斯斯坦、中国香港、乌兹别克斯坦、蒙古等国家和地区。此外，还包括鲜西瓜4.27万t、鲜或干的芒果4.01万t、未去壳板栗3.43万t、鲜李及黑刺李3.42万t、其他鲜甜瓜2.43万t、鲜荔枝2.15万t、红枣2.04万t、鲜或干的香蕉2.03万t、松子仁1.60万t、鲜猕猴桃1.20万t、鲜火龙果1.03万t等。

2. 进口

2021年我国香蕉、椰子、鲜榴莲、鲜火龙果、鲜龙眼、柑橘类、鲜樱桃、鲜或干的山竹果、鲜或干的菠萝、鲜葡萄、鲜猕猴桃、开心果等30余种干鲜水果及坚果进口量超过1万t，占总进口量的94%以上，其中12种干鲜水果及坚果进口量超过10万t，占总进口量的80%以上；鲜榴莲、鲜樱桃、鲜或干的香蕉、开心果、鲜或干的山竹果、鲜龙眼、鲜猕猴桃、鲜葡萄、柑橘类、鲜火龙果等20余种水果及坚果进口额超过1亿美元，占总进口额的88%以上，其中鲜榴莲、鲜樱桃、香蕉进口额超过10亿美元，几乎占总进口额的一半。

（1）香蕉。香蕉是世界贸易量最大的水果，也是我国进口量最大的水果，近几年进口量高居所有水果及坚果之首，2021年进口量186.36万t、进口额10.40亿美元，进口量占干鲜水果及坚果总进口量的25%左右（图4-29）。我国主要从菲律宾进口香蕉，进口量达84.72万t，占比45%左右；其次为柬埔寨、越南、老挝、泰国，进口量分别为35.85万t、35.40万t、7.39万t、0.69万t。

图4-29　1992—2021年我国香蕉进口贸易趋势

注：数据来源于联合国商品贸易数据库和中国海关。

（2）鲜榴莲。榴莲是我国进口额最高的水果，进口额占比约27%。我国市场上的榴莲主要依赖进口，1992—2021年进口量整体呈增长趋势，尤其近几年进口量和进口额猛增，2021年创历史新高，进口量达82.15万t，比2020年增长42.70%，进口额42.05亿美元，比2020年增长82.63%（图4-30）。2021年我国榴莲进口几乎全部来自泰国，仅有少量从越南进口。

（3）鲜火龙果。根据我国海关统计数据，2021年我国火龙果进口量达58.75万t，比2020年下降4.98%，进口额5.27亿美元，比2020年下降约5%。2021年我国火龙果进口几乎全部来自越南，仅有极少量从我国台湾省进口。

图 4-30 1992—2021 年我国鲜榴莲进口贸易趋势

注：数据来源于联合国商品贸易数据库和中国海关。

（4）鲜龙眼（龙眼干、肉）。根据我国海关统计数据，2021 年我国鲜龙眼进口量达 46.89 万 t，比 2020 年增长 40.40%，进口额 7.05 亿美元，比 2020 年增长 43.29%；龙眼干、肉进口量达 13.18 万 t、进口额 2.04 亿美元，与 2020 年相差不大。2021 年我国鲜龙眼和龙眼干、肉进口几乎全部来自泰国，仅有极少量从越南进口。

（5）柑橘类水果。在出口的同时，我国还进口大量柑橘类水果。2016 年起进口量猛增，近几年均在 40 万 t 以上，2021 年进口量超过 40 万 t、进口额超过 5 亿美元（图 4-31）。我国主要从南非、埃及、澳大利亚、美国、泰国进口柑橘，进口量分别为 21.06 万 t、9.20 万 t、4.25 万 t、3.21 万 t、2.33 万 t。

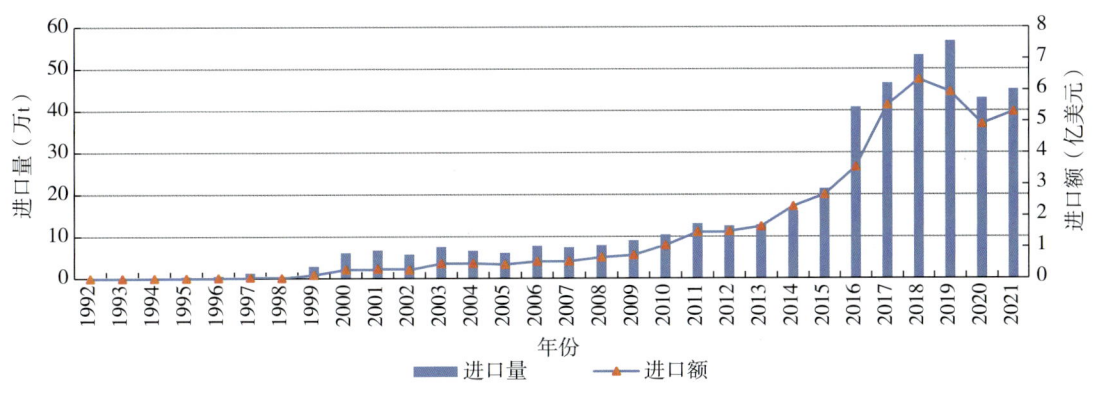

图 4-31 1992—2021 年我国柑橘进口贸易趋势

注：数据来源于联合国商品贸易数据库和中国海关。

（6）鲜樱桃。鲜樱桃进口额仅次于鲜榴莲，进口额占比约 13%。近 10 年来我国鲜樱桃进口呈迅猛增长趋势，2021 年进口量达 31.36 万 t，比 2020 年增长 48.80%，进口额 19.83 亿美元，比 2020 年增长 20.61%（图 4-32）。2021 年我国进口鲜樱桃约 95% 来自智利，其次为美国、加拿大、阿根廷。

图 4-32 1992—2021 年我国鲜樱桃进口贸易趋势

（7）鲜或干的山竹。根据我国海关统计数据，2021 年我国山竹进口量达 24.88 万 t，比 2020 年下降 11.72%，进口额 7.68 亿美元，比 2020 年下降 15.58%。2021 年我国山竹 90% 以上来自泰国，其次为印度尼西亚和马来西亚。

（8）鲜或干的菠萝。2008 年以前我国菠萝进口量不足 1 万 t，2011 年后进口迅猛增长，近 2 年进口量有所降低，仍保持在 20 万 t 左右（图 4-33）。2021 年我国进口菠萝 90% 以上来自菲律宾，其次为泰国和我国台湾省。

图 4-33 1992—2021 年我国菠萝进口贸易趋势

（9）鲜葡萄（葡萄干）。1999 年以前我国葡萄进口极少，2009 年以后进口量迅速增加，2016 年创历史新高，超过 30 万 t，近几年进口呈下降趋势（图 4-34）。我国主要从智利、澳大利亚、秘鲁、南非等国进口鲜葡萄，进口量分别为 7.92 万 t、5.18 万 t、4.73 万 t、1.04 万 t；从乌兹别克斯坦、智利、美国、土耳其等国进口葡萄干，进口量分别为 1.40 万 t、0.44 万 t、0.31 万 t、0.18 万 t。

图 4-34 1992—2021 年我国葡萄进口贸易趋势

注：数据来源于联合国商品贸易数据库和中国海关。

（10）鲜猕猴桃。从 21 世纪初开始，我国猕猴桃进口量迅速增加，2016 年突破 25 万 t，近几年均在 12 万 t 以上（图 4-35）。2021 年我国进口猕猴桃 90% 以上来自新西兰，其次为智利和意大利。

图 4-35 1992—2021 年我国鲜猕猴桃进口贸易趋势

注：数据来源于联合国商品贸易数据库和中国海关。

（11）开心果。我国开心果主要依赖进口，是进口量最大的坚果类果品。近 2 年进口量骤增，2021 年进口创历史新高，突破 12 万 t（图 4-36）。2021 年我国进口开心果一半来自美国，近一半来自伊朗。

（12）其他。2021 年我国进口的主要坚果还有：未去壳扁桃 7.60 万 t、未去壳夏威夷果 3.90 万 t、扁桃仁 3.82 万 t、去壳腰果 3.07 万 t、未去壳腰果 1.41 万 t、松子仁 1.37 万 t、未去壳榛子 1.28 万 t 等；进口的主要水果还有：鲜苹果 6.80 万 t、鲜李及黑刺李 6.49 万 t、鲜西瓜 5.58 万 t、鲜或干的鳄梨 4.13 万 t、冷冻草莓 3.65 万 t、鲜桃（包括油桃）3.33 万 t、鲜荔枝 2.90 万 t、鲜番荔枝 1.70 万 t、鲜或干的芒果 1.45 万 t 等。

图 4-36 1992—2021 年我国开心果进口贸易趋势

注：数据来源于联合国商品贸易数据库和中国海关。

三、2021 年我国干鲜水果及坚果出口省份分析

2021 年山东、云南、福建、广东、河北、新疆、辽宁、甘肃、内蒙古、陕西是我国干鲜水果及坚果出口的主要省份，出口量分别为 110.70 万 t、107.87 万 t、42.31 万 t、21.87 万 t、21.86 万 t、11.79 万 t、8.38 万 t、5.92 万 t、5.54 万 t、5.49 万 t，出口额分别为 17.89 亿美元、18.71 亿美元、6.26 亿美元、3.67 亿美元、2.21 亿美元、2.42 亿美元、1.71 亿美元、0.71 亿美元、0.56 亿美元、0.65 亿美元（图 4-37）。从树种来看，山东省约占苹果 60% 的出口量和出口额，其次为云南、甘肃、辽宁、陕西、河南等省，云南、福建、山东、广东、江西、湖南、广西是我国柑橘出口的主要省份，河北、山东、云南、福建、广东、山西是我国鲜梨出口的主要省份，云南、山东、福建、广东、新疆是我国鲜葡萄出口的主要省份。

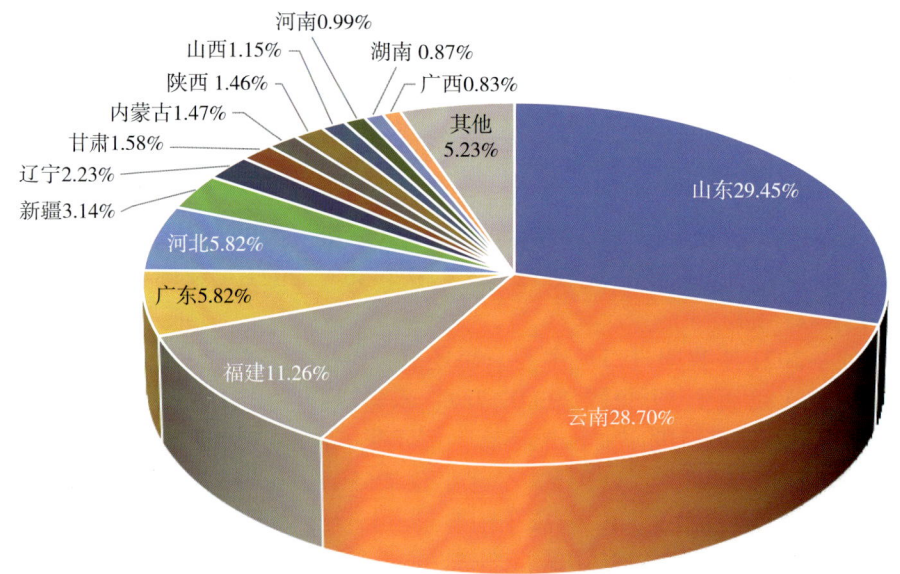

图 4-37 2021 年我国干鲜水果及坚果出口省份

四、我国主要水果（坚果）消费状况

（一）我国水果人均占有量

1952 年我国水果人均占有量仅为 4.1 kg，不足世界平均水平的 6%。70 多年来，我国水果人均占有量呈持续增长趋势，2003 年超过世界平均水平，2020 年达 203.3 kg，是世界平均水平的 1.7 倍。随着我国经济社会的不断发展，为了不断满足人民日益增长的美好生活需要，预计未来 10 年我国水果人均占有量将继续增长。

（二）我国水果人均消费量

虽然我国水果人均占有量较高，但由于损耗浪费严重，水果人均消费量水平并不高。据国家统计局数据，2020 年全国居民人均主要食品消费量干鲜瓜果类仅为 56.3 kg，其中鲜瓜果为 51.3 kg（表 4-9），与发达国家相比还有一定差距。《中国居民膳食指南（2022）》建议，成年人每天应摄入水果类 200～350 g、大豆及坚果类 25～35 g，折合一个人一年的水果摄入量应为 73～109.5 kg，考虑到水果的可食率、商品果率、流通损耗、消费环节损耗等诸多因素，目前，我国商品水果尚不能满足人们的健康营养需求。今后，为深入贯彻"面向人民生命健康"的国家战略导向，一方面要聚焦产量和品质的双重提升，另一方面更要关注如何提高果品商品果率、降低损耗，更要拒绝餐桌浪费，从而在整体上提高我国水果人均消费量，平衡膳食，满足人民群众日益多元化的食物消费需求。

表 4-9　2013—2020 年全国居民人均主要食品消费量（干鲜瓜果类）　　单位：kg

指标	2013	2014	2015	2016	2017	2018	2019	2020
干鲜瓜果类	40.7	42.2	44.5	48.3	50.1	52.1	56.4	56.3
鲜瓜果	37.8	38.6	40.5	43.9	45.6	47.4	51.4	51.3
坚果类	3.0	2.9	3.1	3.4	3.5	3.5	3.8	3.7

注：数据来源于国家统计局。

参考文献

邓秀新，彭抒昂，2013. 柑橘学 [M]. 北京：中国农业出版社.
贺普超，1999. 葡萄学 [M]. 北京：中国农业出版社.
李华，2018. 世界果酒发展现状与趋势报告 [R]. 西安：第二届世界饮品大会.
李建国，2008. 荔枝学 [M]. 北京：中国农业出版社.
李绍华，姜全，刘成连，2013. 桃树学 [M]. 北京：中国农业出版社.
刘凤之，王海波，李莉，等，2021. 我国设施果树产业现状、存在问题与发展对策 [J]. 中国果树 (11):1-4.
孟祥春，高子祥，蒋依辉，2008. 鲜切水果加工工艺及保鲜技术研究现状与发展趋势 [J]. 保鲜与加工 (5):4-7
曲泽洲，孙云蔚，1990. 果树种类论 [M]. 北京：农业出版社.

单杨, 2012. 中国果品加工产业现状及发展趋势 [J]. 北京工商大学学报：自然科学版, 30(3):1–12.

束怀瑞, 1999. 苹果学 [M]. 北京：中国农业出版社.

束怀瑞, 2013. 果树产业可持续发展战略研究 [M]. 济南：山东科学技术出版社.

熊涛, 2012. 益生菌发酵果蔬新产品及其在食品工业中的应用 [J]. 中国食品添加剂 (S1):249–252.

俞静芬, 尚海涛, 卢超儿, 等, 2021. 非热加工技术在鲜切果蔬保鲜中的应用研究进展 [J]. 农产品加工 (8):55–59.

张绍铃, 2013. 梨学 [M]. 北京：中国农业出版社.

第五章

我国果树科技发展动态与趋势

第一节 我国果树资源保存与利用研究

我国地域辽阔，自然条件多样，涵盖寒带、温带、亚热带、热带四种气候条件，植物种类丰富多样，素有"世界园林之母"的美誉，是世界农业和栽培植物起源的中心之一。我国果树栽培历史十分悠久，距今 2000 多年前的《诗经》中就有梨、桃、枣等果树品种及栽培的记载，果树是我国农业文明发展的重要组成部分。

一、发展动态

（一）资源概况

起源于我国的果树种类约有 52 种，广泛栽培的落叶果树有苹果、梨、桃、核桃、枣、柿、猕猴桃、杏、板栗等，亚热带果树有橙、橘、柿、金橘、枇杷等，热带果树有荔枝、龙眼、黄皮等（表5-1）。落叶果树中苹果属（*Malus*）植物约有 35 个种，原产于我国的有 27 个种。我国川滇古陆的走廊地带是苹果属植物的大基因中心，有 12 个种的野生群落分布，就世界范围而言该地苹果属植物的野生种类最多，而我国的新疆野苹果（*M. sieversii*）也被证明是现代栽培苹果的祖先（李育农，2001；Duan et al., 2017）。我国是梨属（*Pyrus*）植物起源中心和东方梨的多样性中心，已命名的中国原产种有 13 个，其中包括砂梨（*P. pyrifolia*）、秋子梨（*P. ussuriensis*）、川梨（*P. pashia*）、杜梨（*P. betulaefolia*）、豆梨（*P. calleryana*）5 个东方梨的基本种，白梨（*P. bretschneideri*）、砂梨、秋子梨和新疆梨（*P. sinkiangensis*）是我国的主要栽培种，我国的品种资源更是超过 3 000 个（曹玉芬和张绍铃，2020）。山楂属（*Crataegus*）植物全世界有 1 000 多种，我国分布的山楂属植物有 23 个种和 6 个变种，其中大果山楂、云南山楂、湖北山楂和伏山楂为主要栽培种。秦岭淮河以北分布区是我国山楂资源最为丰富的地区，有 11 个种和 4 个变种，其中山楂和大果山楂本区域分布较多（赵焕谆和丰宝国，1996）。

李属（*Prunus*）植物全世界有 30 余种，中国李（*P. salicina*）起源于我国并分布广泛，经长期驯化在全国各地形成众多地方品种资源（张加延等，1999）。我国是名副其实的桃故乡和起源地（汪祖华和庄恩及，2001），普通桃（*Amygdalus persica*）、光核桃（*A. mira*）、山桃（*A. davidiana*）、陕甘山桃（*A. davidiana* var. *potaninii*）、甘肃桃（*A. kansuensis*）和新疆桃（*A. ferganensis*）均起源于我国。杏属植物（*Armeniaca*）原产于我国，全世界约有 12 个种，起源于我国的就有 10 个种，其中的普通杏（*A. vulgaris*）是世界上最为主要的鲜食、加工栽培种类

（张加延和张钊，2003）。枣属（Ziziphus）植物全世界有 100 多个种，我国分布约 18 个种，其中枣（Z. jujube）是经济价值最高的栽培种，有无刺枣、龙爪枣、葫芦枣、宿萼枣 4 个变种，无刺枣为主要栽培类型，目前全世界 98% 的枣品种资源分布在我国（曲泽洲和王永惠，1993）。

葡萄属（Vitis）植物有 70 多个种，分布在欧亚、北美和东亚 3 个起源中心。东亚种群种类最多且绝大多数原产于我国，近 40 个种和变种遍布于我国 24 个省（自治区、直辖市），其中尤以毛葡萄（V. quinquangularis）分布最广（贺普超，2001）。柿属（Diospyros）植物全世界有 500 多种，主要分布在热带、亚热带地区。我国是柿属植物的原产中心之一，分布的柿属植物有 64 个种和变种。世界上作为生产利用的有柿、油柿、君迁子、浙江柿、老鸦柿等种，主要分布于暖温带，华北地区是我国柿的主产区，品种主要包括原产的涩柿和甜柿（李树钢，1987）。

我国丰富多彩的果树种质资源对世界果树的发展起到了重大作用。桃、杏等早在 2 000 年以前经过丝绸之路由中国甘肃、新疆传到中亚，尔后传至欧洲各国，15 世纪以后被带到了美洲大陆。桃现已遍布全球，是世界上栽培最为广泛的落叶果树之一，仅次于苹果、梨和葡萄，其中"上海水蜜"的输出，更是改变了世界桃的品种组成。15 世纪葡萄牙人从我国台湾、福建、广东引入柑橘品种，栽培于里斯本皇宫，随后传遍地中海沿岸，被称为"东方柑橘"，之后经过欧洲传入美洲，在美国宽皮橘仍被称为"中国橘"。20 世纪初叶，新西兰人麦克雷格从湖北引种美味猕猴桃，经过几十年的努力，选育出海沃德等著名品种，外销量居新西兰出口水果首位，甚至猕猴桃的名字也是取自新西兰的国鸟"Kiwi"。

表 5-1　起源和分布于我国的主要果树种类

主要果树	主要起源种
苹果（Malus）	变叶海棠（M. toringoides）、河南海棠（M. honanensis）、花叶海棠（M. transitoria）、湖北海棠（M. hupehensis）、丽江山荆子（M. rockii）、陇东海棠（M. kansuensis）、三叶海棠（M. sieboldii）、山荆子（M. baccata）、锡金海棠（M. sikkimensis）、新疆野苹果（M. sieversii）、山楂海棠（M. sieboldii）、小金海棠（M. xiaojinensis）、滇池海棠（M. yunnanensis）、西蜀海棠（M. pratii）、沧江海棠（M. ombrophila）、台湾林檎（M. doumeri）、尖嘴林檎（M. melliana）、垂丝海棠（M. halliana）、扁棱海棠（M. robusta）、花红（M. astiatica）、楸子（M. prunifolia）、西府海棠（M. micromalus）、海棠花（M. spectabilis）
梨（Pyrus）	秋子梨（P. ussuriensis）、白梨（P. bretschneideri）、杜梨（P. betulaefolia）、木梨（P. xerophila）、新疆梨（P. sinkiangensis）、杏叶梨（P. armeniacaefolia）、褐梨（P. phaeocarpa）、砂梨（P. pyrifolia）、麻梨（P. serrulata）、川梨（P. pashia）、豆梨（P. calleryana）、滇梨（P. pseudopashia）、河北梨（P. hopeiensis）
桃（Amygdalus）	光核桃（A. mira）、山桃（A. davidiana）、陕甘山桃（A. potaninii）、甘肃桃（A. kansuensis）、新疆桃（A. ferganensis）、普通桃（A. persica）
杏（Armeniaca）	普通杏（A. vulgaris）、西伯利亚杏（A. sibirica）、辽杏（A. mandshurica）、梅（A. mume）、藏杏（A. holosericea）、紫杏（A. dasycarpa）、李梅杏（A. limeixing）、政和杏（A. zhengheensis）、洪平杏（A. hongpingensis）、背毛杏（A. hypotrichodes）
李（Prunus）	中国李（P. salicina）、樱桃李（P. cerasifera）、杏李（P. simonii）、乌苏里李（P. ussuriensis）、欧洲李（P. domestica）
山楂（Crataegus）	山楂（C. pinnatifida）、伏山楂（C. brettscheneideri）、云南山楂（C. scabrifolia）、湖北山楂（C. hupehensis）、陕西山楂（C. shensiensis）、楔叶山楂（C. cuneata）、山东山楂（C. shandonggensis）、华中山楂（C. wilsonii）、滇西山楂（C. oresbia）、桔红山楂（C. aurantia）、毛山楂（C. maximowiczii）、辽宁山楂（C. sanguinea）、光叶山楂（C. dahurica）、中甸山楂（C. chungtienensis）、甘肃山楂（C. kansuensis）、裂叶山楂（C. remotilobata）、准噶尔山楂（C. songarica）、阿尔泰山楂（C. altaica）
枣（Ziziphus）	枣（Z. jujube）、酸枣（Z. spinosa）、毛叶枣（Z. mauritiana）、蜀枣（Z. xiangchengensis）、大果枣（Z. mairei）、山枣（Z. montana）、小果枣（Z. oenoplia）、球枣（Z. laui）、滇枣（Z. incurva）、褐果枣（Z. fungii）、毛果枣（Z. attopensis）、皱枣（Z. rugosa）、毛脉枣（Z. pubinervis）、无瓣枣（Z. apetaia）

续表

主要果树	主要起源种
葡萄 (Vitis)	刺葡萄（*V. davidii*）、秋葡萄（*V. romaneti*）、陕西葡萄（*V. shenxiensis*）、小果葡萄（*V. balanseana*）、云南葡萄（*V. yunnanensis*）、东南葡萄（*V. chunganensis*）、罗城葡萄（*V. luochengensis*）、闽赣葡萄（*V. chungii*）、桦叶葡萄（*V. betulifolia*）、变叶葡萄（*V. piasezkii*）、毛脉葡萄（*V. piloso-nerva*）、网脉葡萄（*V. wilsonae*）、华东葡萄（*V. pseudoreticulata*）、浙江蘡薁（*V. zhejiang-adstricta*）、湖北葡萄（*V. silvestrii*）、武汉葡萄（*V. wuhanensis*）、温州葡萄（*V. wenchouensis*）、井冈葡萄（*V. jinggangensis*）、红叶葡萄（*V. erythrophylla*）、乳源葡萄（*V. ruyuanensis*）、蒙自葡萄（*V. mengziensis*）、凤庆葡萄（*V. fengqinensis*）、河口葡萄（*V. hekouensis*）、菱叶葡萄（*V. hancockii*）、狭叶葡萄（*V. tsoii*）、葛藟葡萄（*V. flexuosa*）、山葡萄（*V. amurensis*）、葡萄（*V. vinifera*）、毛葡萄（*V. heyneana*）、腺枝葡萄（*V. adenoclada*）、绵毛葡萄（*V. retordii*）、勐海葡萄（*V. menghaiensis*）、龙泉葡萄（*V. longquanensis*）、美丽葡萄（*V. bellula*）、麦黄葡萄（*V. bashanica*）、庐山葡萄（*V. hui*）、小叶葡萄（*V. sinocinerea*）、蘡薁（*V. bryoniaefolia*）、鸡足葡萄（*V. lanceolatifoliosa*）

（二）国内资源收集

农作物种质资源是开展优良品种选育的基础，种质资源考察收集与保护是打好种业翻身仗的第一仗。中华人民共和国成立以后，共开展了三次全国性的农作物种质资源普查工作。1956—1957年，开启了全国农作物种质资源征集与普查工作，发现了一批具有特殊性状的珍贵果树资源和优异地方品种。1979—1984年开展了第二次全国农作物品种资源补充征集与普查工作，进一步挖掘我国果树种质资源宝库，资源收集数量和类型更加丰富。2016年至今正在进行的第三次全国农作物种质资源普查与收集行动，是我国迄今为止开展的范围最广、规模最大的普查工作，基本摸清了我国农业种质资源家底，并对果树资源进行了抢救性收集保存。与此同时，在农业农村部与国家科委的大力支持下，从1978年开始陆续组织开展了包括西藏、大巴山（含川西南）、黔南桂西、长江三峡库区、赣南粤北等地区的包含果树在内综合性作物种质资源考察。

在"十三五"期间，国家果树种质资源圃继续开展不同树种的专业性考察。苹果主要针对新疆野苹果以及河北八棱海棠、中国彩苹等野生近缘种及农家品种开展了专一性和针对性收集（图5-1）；梨主要针对豆梨、川梨、砂梨、秋子梨等主要野生梨属植物，在我国9个省（直辖市）开展原生境考察（图5-2），并绘制了我国梨野生资源生态适宜区划图，为我国原产珍稀苹果资源及梨野生资源保护利用提供了基础资料（曹玉芬和张绍铃，2020）。猕猴桃、西北罐桃、山楂和李杏等种质资源也开展了专项种质资源考察。

图5-1　河北苹果资源考察

图5-2　福建野生梨资源考察

(三) 国外资源引进

国外种质资源的引进能够有效提高我国作物种质多样性，促进品种更新换代，是种业建设的重要手段。我国近代果树种质资源引进始于 19 世纪中后期，1871 年美国传教士 Nevius 在山东烟台引入了西洋苹果、西洋梨、美洲葡萄、欧洲李及甜樱桃等果树品种。1902 年德国人又引进约 78 个西洋梨品种至青岛；1905 年国光苹果从日本引入我国，至今东北、河北张家口、山东日照、北京延庆等地国光苹果依旧是当地的知名农产品品牌。

中华人民共和国成立初期，我国果树资源引种来源地主要是苏联、捷克、保加利亚等东欧国家及日本等亚洲国家。1959 年巨峰葡萄由日本引入中国，目前在我国南方及华北、东北南部均有较大规模种植。20 世纪 60 年代前后，我国先后引入茄梨、日面红、三季梨等西洋梨品种，新水、幸水、丰水等日本砂梨品种，丰富了我国梨生产的品种类型。

1972 年中国农业科学院建立了国际引种组，1980 年制定了《农作物品种资源对外交换和国外引种的暂行管理办法》，规范了我国作物品种资源与国外的合作交流。1978 年从新西兰引进了早熟苹果品种嘎拉，1982 年从日本引入了长富 1、长富 2 等着色好的富士系列品种，从中选育出适合我国栽培的富士芽变品种，富士系已成为我国苹果生产的第一大栽培品种。

21 世纪以来国外引种工作进一步规范化。国务院在 2011 年出台了《关于加快推进现代农作物种业发展的意见》，鼓励引进国际优良种质资源，并明确了国外引种的重要意义。2000 年以后我国引进的葡萄鲜食品种金手指、黑巴拉多、阳光玫瑰和酿酒品种威代尔、马瑟兰等，栽培面积日益增大，推进了我国葡萄鲜食和加工品种的更新换代（杨亚蒙等，2018）。

截至 2021 年底，我国从国外引入果树种质资源 5 390 份，占资源保存总数的 21%。其中葡萄品种 1 334 份、柑橘 574 份、桃 544 份、苹果 605 份、梨 476 份、李 177 份、草莓 245 份、杏 112 份、猕猴桃 420 份、香蕉 109 份、芒果 67 份。这些资源的引进极大丰富了我国果树资源的多样性，为果树生产及育种利用提供了物质支撑。

（四）资源保存

中国农业科学院果树研究所（东北农业科学院兴城园艺试验场）在 1953—1956 年建立了国内最早的果树原始材料圃，保存了苹果、梨、葡萄、山楂等果树资源，以果树新品种选育为主要利用目标（图 5-3）。

1979 年 6 月，中国农业科学院在重庆市召开了"全国果树科研规划会议"，开启了我国果树种质资源规范化、系统化、规模化保存篇章。至 1989 年我国在不同生态区建立了 16 个国家果树资源圃，保存苹果、梨、葡萄等果树树种 19 个，保存资源数量约 1 万份。此后陆续建设了南京果梅杨梅圃、伊犁野苹果圃、湛江热带果树圃等果树资源圃。2022 年农业农村部公布了第一批国家级农作物种质资源库（圃），其中果树种质资源圃 23 个，包括 19 个专业圃和 4 个特色资源圃，特色圃主要以保护原产当地的果树种质资源为主。

截至 2021 年底，我国 23 个国家级果树种质资源圃共保存资源达 2.61 万余份（表 5-2），保存数量居世界前列，其中杏、枣、枇杷、荔枝等果树种类保存数量为世界第一。资源圃均建立了果树种质资源安全保存技术规范，目前保存方式以田间保存为主，草莓、香蕉、山葡萄等果树实现了部分资源的网室盆栽保存及组培离体保存，苹果、梨、桃、葡萄等果树开展了花粉、休眠芽、种子等器官的低温及超低温保存的探索工作（张金梅等，2017；Zhang et al.，2014）。

表 5-2 国家果树种质资源圃保存资源情况

资源圃	保存数量（份）	资源圃	保存数量（份）
国家梨苹果种质资源圃（兴城）	2 642	国家龙眼枇杷种质资源圃（福州）	1 072
国家葡萄桃种质资源圃（郑州）	2 476	国家桃草莓种质资源圃（北京）	852
国家柑橘种质资源圃（重庆）	1 821	国家李杏种质资源圃（熊岳）	1 668
国家核桃板栗种质资源圃（泰安）	910	国家山楂种质资源圃（沈阳）	565
国家桃草莓种质资源圃（南京）	1 150	国家果梅杨梅种质资源圃（南京）	505
国家山葡萄种质资源圃（吉林）	430	国家猕猴桃种质资源圃（武汉）	1 558
国家柿种质资源圃（杨凌）	882	国家野生苹果种质资源圃（伊犁）	248
国家枣葡萄种质资源圃（太谷）	1 607	国家新疆特有果树种质资源圃（轮台）	912
国家云南特有果树及砧木种质资源圃（昆明）	1 435	国家热带果树种质资源圃（湛江）	1 307
国家寒地果树种质资源圃（公主岭）	1 490	国家芒果种质资源圃（田东）	354
国家砂梨种质资源圃（武汉）	1 280	国家枸杞葡萄种质资源圃（西宁）	1 580（其中葡萄资源份数为241）
国家荔枝香蕉种质资源圃（广州）	706		

图 5-3 国家梨苹果种质资源圃（兴城）

（五）资源利用

1. 直接利用

地方品种种类极其丰富，不乏优异基因资源。我国有着悠久的果树栽培史和品种资源驯化史，很多古老地方品种至今在生产上仍发挥着重要价值（图 5-4）。

绵苹果古时称为柰，有文字记载的栽培历史至少有 2 200 多年，品种有白彩苹、八棱海棠、香果、槟子等，现河北省怀来县石洞村还被誉为"中国彩苹第一村"（陆秋农和贾定贤，1999；王大江等，2017）。安徽省砀山县人工栽培梨树历史最早起源于公元前 100 年的西汉，明清时期大面积发展，成为当地特产，砀山梨品种形成并得以传播的时间应不晚于明隆庆年间，即公元1570年前后，砀山酥梨栽培适应性极强，是目前我国栽培面积和产量最大的品种（徐义流，2009）。远在1 300多年前，新疆库尔勒地区就有梨的栽培，200多年前库尔勒香梨这个优良品种形成并延续至今，以其肉质细嫩，汁多味甜，被誉为"梨中珍品"，是新疆库尔勒的地理商标品种（于强和李世强，2016）。骏枣原产于山西省交城县边山一带，也有2 000多年的栽培历史，引入新疆后结果性能、果实口感、品质、产量等表现均优于其原产地，迅速风靡全国（李登科等，2021）。

罗田甜柿是自然脱涩的甜柿地方品种，栽培历史有1 000多年，成熟后不需加工，可直接食用，湖北省罗田县地理标志产品，该地也被称为"中国甜柿之乡"（杨勇等，2005）。新疆的马奶子、无核白、和田红等葡萄品种，1 000多年前在南疆和田一带就广泛种植，目前仍是这些古老葡萄栽培区的优势葡萄品种（刘家驹，1990）。

华县大接杏、红荷包杏原、串枝红杏等地方品种栽培历史超过300年，在我国各杏主产区大面积发展，是当地主栽品种，奠定了我国杏产业的基础（章秋平和刘威生，2018）。海棠作为果类栽培历史较晚，可能始于明代，距今有几百年历史，被直接食用或加工果脯、蜜饯等，目前在河北、山西、甘肃、陕西和山东等省仍有小面积栽培。南果梨为自然杂交的实生苗，母树生长于辽宁鞍山大孤山，栽培历史100年左右，辽宁鞍山的地理商标品种，是我国梨生产中的特色品种类型（蒲富慎和王宇霖，1963）。

中国彩萍

库尔勒香梨

罗田甜柿

新疆骏枣

图 5-4 部分果树资源

2. 育种利用

果树种质资源是育种的基础材料，利用途径主要包括优异种质筛选、新种质创制和核心亲本利用。小金海棠是我国筛选出的全球范围内第一个抗缺铁黄叶病苹果资源，同时对潜隐病毒也有较强的抗性，从小金海棠中实生培育的中砧 1 号自根砧木品种抗缺铁黄叶病，填补了我国苹果生产上缺少风土适应性强的苹果矮化自根砧的空白，为实现我国苹果栽培模式的现代变革提供了"中国芯"（韩振海等，2013）。苹果梨是我国著名的地方品种，也是核心育种材料，以其为亲本衍生的 1 代品种就有 32 个，其中包括早酥梨、锦丰梨等一批优秀的选育品种，以早酥梨等衍生品种为亲本进一步选育出新梨 7 号、中梨 1 号等具有很好发展前途的优良早熟品种（曹玉芬和张绍铃，2020）。喀什黄肉李光桃、撒花红蟠桃、奉化蟠桃等是我国地方名特优亲本种质，以这些资源为亲本培育的蟠桃品种是消费者熟悉的新兴桃品种，其中中蟠桃 11 号是目前我国蟠桃第一大栽培品种，中油蟠 7 号、中油蟠 9 号引领了油蟠桃产业发展（王力荣，2021）。红荷包是原产于山东省的杏地方品种，具有极早熟、品质好、离核、苦仁、较丰产的特点，以红荷包为亲本共选育了京早红等 14 个杏新品种，是杏育种最主要骨干亲本之一（杨丽等，2020）。

3. 鉴定评价

（1）技术规范的制定。

技术规范是实现种质资源工作标准化、信息化和现代化的基础，对于规范种质资源研究、度量遗传多样性和丰富度、确保遗传完整性、提升共享利用成效等方面具有重要作用。20 世纪 80 年代国际植物遗传资源委员会（IBPGR）编制了苹果、梨、桃等果树描述符，这些描述符由统一的描述、鉴定项目及评价分级标准组成。我国 1990 年最早制定了《果树种质资源描述符 记载项目及评价标准》，列出了枣、苹果、梨等 18 种果树资源记载项目及其性状的评价标准。2003 年启动了国家自然科技资源平台建设，至 2006 年陆续编制出版了苹果、梨、桃、葡萄等果树种质资源描述规范和数据标准系列著作。2007—2017 年制定了苹果、梨、桃、葡萄等树种优异资源评价规范、种质资源鉴定技术规范和种质资源描述规范 3 套标准。

（2）表型鉴定。

建圃以来我国开展了系列果树种质资源表型鉴定。王昆等（2008）对 520 份苹果种质资源表型多样性分析表明，野生种质资源的多样性水平明显高于品种资源，主成分分析提取到 6 个表型性状，可以作为苹果种质资源鉴定评价的必选性状。王力荣等（2008）对普通桃、蟠桃、油桃、油蟠桃共 496 份品种资源的主要品质、产量性状进行了鉴定，明确了不同果实类型群体的农艺性状特性。郁香荷等（2011）对 405 份中国李和杂种李的 32 个主要形态性状和农艺性状进行鉴定评价，中国李的叶形、果形、果皮彩色和果肉色泽等性状均表现出较为丰富的多样性。赵海娟（2014）对 219 份普通杏种质资源的 11 个性状进行了鉴定，并开展了相关性分析、主成分分析和聚类分析，为普通杏种质资源的遗传多样性评价提供了参考。王永康等（2014）对 200 份枣资源的 60 个表型性状进行了鉴定，枣头长度、二次枝长度、吊果率等 12 个数量性状含有丰富的遗传信息，可作为优先鉴定评价项目。张莹等（2016、2018）对 13 个种 548 份梨种质资源叶片、枝条、花等表型多样性和变异特点进行了鉴定，对梨种质资源的多样性水平进行了系统评价。通过对我国保存的葡萄种质资源果柄耐拉力、果穗形状、果实大小粒、花序等重要农艺性状进行系统鉴定评价，丰富了葡萄品种资源评价内容，为葡萄种质资源的进一步利用和品种选育提供了理论依据（鲁雅楠等，2019；葛孟清等，2020；许瀛之等，2018）。

（3）抗性鉴定。

抗病性是果树种质资源鉴定评价的重要内容。"国家李杏种质资源圃（鲅鱼圈）"对450余份李种质资源枝条、叶片和果实的细菌性穿孔病进行了鉴定，大多数李品种资源果实表现免疫；大部分南方小果种质与东北抗寒小果型种质枝条免疫或极低感（孙升，1999）。"国家梨苹果种质资源圃（兴城）"对200余份梨种质资源进行梨黑星病、果实轮纹病抗性鉴定评价，筛选出综合抗性强的优异资源13份；对苹果地方品种资源进行斑点落叶病抗性鉴定，筛选出高抗资源11份（董星光等，2012；田路明等，2011；王昆等，2015）。"国家葡萄桃种质资源圃（郑州）"对179个桃栽培品种根癌病抗性进行鉴定评价，筛选抗性表现较好且稳定的资源10份；利用离体接种的方法系统对17个种78份葡萄种质资源叶片白腐病抗性鉴定评价，刺葡萄（*Vitis davidii*）表现最抗，并以白腐病关键抗病基因为指示，探讨了葡萄抗病模式（郝峰鸽等，2018；张颖等，2017）。

（4）风味物质鉴定。

风味物质评价（糖、酸、香气等）是果品质量评价及育种利用的基础。借助于气相色谱、液相色谱、质谱等技术检测手段，我国科研人员在风味物质评价方面开展了大量的工作。

姚改芳（2014）利用高效液相色谱法（HPLC）对5个栽培种的98个梨品种资源成熟果实的有机酸组分和含量进行测定。郑丽静（2015）采用离子色谱法对132个苹果品种成熟果实的可溶性糖组分进行测定；朱更瑞等（2017）对我国6个生态品种群的118份桃地方品种的糖酸组分进行全面分析，明确了不同桃区果实糖酸分布特性。

丁体玉（2017）利用超高效液相色谱对187份桃种质资源成熟果实中多酚组分进行了测定。Wang等（2018）对103份我国原产苹果资源果实多酚物质组成和含量进行了测定，中国北方地方品种资源与西北和东北地区起源品种相比具有更高的多酚物质含量，且经历了更多的人工选择。薛晓芳（2021）采用超高效液相色谱（UPLC）法对219份枣种质脆熟期果实三萜酸组分进行了测定。

Wang等（2009）采用顶空固相微萃取－气相色谱－质谱联用（HS-SPME-GC-MS）技术，分析了50种代表不同品种的桃和油桃挥发物的特征，对种质资源来源进行了鉴定。Qin等（2011）利用顶空固相微萃取（HS-SPME）与气相色谱－质谱联用法（GC-MS）对33个中国秋子梨品种的挥发性成分进行了分析，共鉴定出108种挥发性化合物，有显著差异。Chai等（2012）通过顶空固相萃取结合气质联用技术对6个类群75个李品种的果实中芳香物质组成和含量进行了检测。Zhang等（2014）利用顶空固相微萃取（SPME）和气质联用技术在85份中国地方杏品种中共检测到156种香气物质，不同生态群间的香气组分差异明显。

（5）基因型鉴定。

SSR、SNP等分子标记技术鉴定基因型对于果树种质资源管理、交换和利用具有重要意义。张淑青等（2010）利用来自杏、桃和扁桃的25对SSR多态性引物对66个普通杏品种进行了亲缘关系分析，结果与地理生态类型分类基本一致。Tian等（2012）和Cao等（2015）基于SSR分子标记对171个脆肉型梨品种和75个软肉型梨品种进行亲缘关系分析，扩增出等位基因267个，分别构建了脆肉型和软肉梨品种群。李雄伟等（2013）利用16对多态性高的SSR荧光标记，构建了641份桃种质资源基因型数据库，为桃品种特异性和系谱鉴定提供了重要参考。李贝贝等（2018）利用9对SSR引物扩增的199个等位基因，对314份葡萄品种构建了分子指纹数据库并进行了遗传多样性分析。高源等（2020）利用荧光SSR分子标记对中国原产苹果种质资源进行了鉴定分析，探讨了中国原产苹果属植物的遗传多样性水平以及种群间和种群内的遗传分化程度。基于以上工作基础，我国已经建立了包括葡萄、苹果、梨等果树资源的 SSR 分子标记鉴定法农业行业标准，为果树品种鉴定、亲缘关系分析和植物品种权保护提供了科学依据。

基因组测序的出现推动了生物学研究的快速发展。我国率先在葡萄、苹果、梨、桃、柑橘、杏等多种果树上借助全基因组重测序构建了基因组大数据平台，为果树重要农艺性状的基因型鉴定提供了重要手段，使果树种质资源研究步入了全新的阶段。Li 等（2019）通过对 480 份桃种质重测序，阐明了桃驯化和改良中果实大小及味道相关的基因组选择区段，揭示了桃由野生型进化为现今栽培型的分子机制，并对 11 个重要农艺性状进行了全基因组关联分析，鉴定出低需冷量基因的候选位点。Zhang 等（2021）对 312 份砂梨品种资源材料进行全基因组遗传变异解析，鉴定出梨属植物果实石细胞、糖、酸、果实大小等性状的驯化及改良基因组位点，同时全基因关联获得了 42 个与果实重、色泽、石细胞等性状的关联区域，并锁定了调控石细胞形成的关键调控基因 *PbrSTONE*。Liao 等（2021）对 497 份苹果资源重测序并对苹果风味性状进行全基因组关联分析，检测到苹果驯化过程中果实大小、酸度选择的基因位点，*Ma1*、*MdTDT* 和 *MdSOT2* 等基因中的单一突变可以显著减少苹果酸、柠檬酸和山梨醇的积累，从而影响苹果风味。这些研究的开展为果树群体遗传特征、品质性状分子标记的开发提供了大量的遗传位点信息。

二、发展趋势

（一）果树资源保护高水平化

果树种质资源是国家的重要战略储备，我国目前保存果树种质资源 2.61 万份，与发达国家相比仍有差距，且保存量与起源中心地位不匹配，应大力开展我国原产资源的抢救性收集。随着《粮食和农业植物遗传资源国际条约》等国际公约的实施，国外资源的获取与交换将更加频繁和便利。因此，未来我国果树资源圃保存的果树资源总量和质量将显著提升。

通过建立果树种质资源超低温保存库、试管苗保存库，果树资源保存方式将从单一方式保护到多种方式配套保护，种质资源保护将由主权保护向基因资源产权保护转变；种质资源保护体系将越来越完善，根据国家生态区的布局，建立涵盖种质资源研究全链条的国家保护体系。

（二）果树资源利用高质量化

常规鉴定已经不能满足现代果业生产、分子定向育种等的需求。基因组测序及靶向代谢物检测等技术的快速发展，提供了高通量、高灵敏度的技术手段。果树种质资源常规鉴定将向精准化鉴定转变，挖掘出更多优良的基因资源，加快种质资源高质量利用，为种业振兴提供物质基础。

针对果树产业重大需求，开展抗性、品质、轻简化等相关目标性状精准创制，研究目标性状与综合性状协调表达及其育种效应，借助基因编辑、转基因等技术，创新有育种和开发价值的多性状聚合特色种质，种质创制由简单创制向定向精准创制转变，提升我国种业竞争力。

果树种质资源共享服务体系日趋完善。建立资源圃与共享平台的良好链接，数据更新及时，服务体系将由被动服务向主动服务体系转变；建立果农、企业、育种家共同参与的高质量利用模式，面向产业需求源源不断地向产业提供突破性新种质，为我国果树产业可持续发展提供源头保障。

参考文献

曹玉芬, 张绍铃, 2020. 中国梨遗传资源 [M]. 北京：中国农业出版社.

丁体玉, 2017. 桃种质资源多酚类物质评价及其 QTL 定位 [D]. 北京：中国农业科学院.

董星光, 田路明, 曹玉芬, 2012. 梨种质资源对黑星病抗性评价 [J]. 植物遗传资源学报, 13(4):571–576.

葛孟清, 董天宇, 郑婷, 等, 2020. 48 个葡萄品种果实大小粒性状调查及差异分析 [J]. 植物资源与环境学报, 29(4):19–27.

韩振海, 王忆, 张新忠, 等, 2013. 苹果砧木新品种中砧 1 号 [J]. 农业生物技术学报, 21(7):879–882.

郝峰鸽, 王新卫, 曹珂, 等, 2018. 桃品种资源抗根癌病评价 [J]. 西北农业学报, 27(11):1606–1614.

贺普超, 2001. 葡萄学 [M]. 北京：中国农业出版社.

李贝贝, 姜建福, 张颖, 等, 2018. 葡萄品种 DNA 指纹数据库的构建及遗传多样性分析 [J]. 植物遗传资源学报, 19(2): 338–350

李登科, 王永康, 薛晓芳, 等, 2021. 我国枣种质资源研究利用进展 [J]. 果树资源学报, 2(1):1–6.

李树钢, 1987. 中国植物志（第 60 卷第 1 分册）[M]. 北京：科学出版社, 84–154.

李雄伟, 孟宪桥, 贾惠娟, 等, 2013. 桃品种特异性荧光 SSR 分子标记数据库构建 [J]. 果树学报, 30(6): 924–932.

李育农, 2001. 苹果属植物种质资源研究 [M]. 北京：中国农业出版社.

刘家驹, 1990. 新疆葡萄品种资源 [J]. 新疆农业科学 (6):271–272.

鲁雅楠, 诸葛雅贤, 裴清圆, 等, 2019. 葡萄种质资源果穗穗形调查与综合评价 [J]. 园艺学报, 46(8): 1593–1603.

陆秋农, 贾定贤, 1999. 中国果树志——苹果卷 [M]. 北京：中国林业出版社, 7–8.

蒲富慎, 王宇霖, 1963. 中国果树志——梨卷 [M]. 上海：上海科学技术出版社, 126.

曲泽洲, 王永惠, 1993. 中国果树志——枣卷 [M]. 北京：中国林业出版社.

孙升, 1999. 李属资源对细菌性穿孔病抗性的初步研究 [J]. 中国果树 (2):32–33.

田路明, 董星光, 曹玉芬, 等, 2011. 梨品种资源果实轮纹病抗性的评价 [J]. 植物遗传资源学报, 12(5): 796–800.

汪祖华, 庄恩及, 2001. 中国果树志——桃卷 [M]. 北京：中国林业出版社, 79–85.

王大江, 王昆, 高源, 等, 2017. 我国苹果属资源现代分布调查初报 [J]. 植物遗传资源学报, 18(6): 1116–1124.

王昆, 龚欣, 刘立军, 等, 2015. 苹果地方品种资源苹果斑点落叶病抗性调查与评价 [J]. 中国果树 (5):81–84.

王昆, 刘凤之, 赵进春, 等, 2008. 苹果种质资源部分表型多样性研究 [J]. 中国果树 (5):20–25.

王力荣, 2021. 中国桃品种改良历史回顾与展望 [J]. 果树学报, 38(12): 2178–2195.

王力荣, 束怀瑞, 陈学森, 等, 2008. 桃不同果实类型的品质和产量性状的差异研究 [J]. 园艺学报, 35(11): 1567–1572.

王力荣, 吴金龙, 2021. 中国果树种质资源研究与新品种选育 70 年 [J]. 园艺学报, 48 (4): 749-758.
王永康, 2014. 枣种质资源表型遗传多样性 [J]. 林业科学, 50(10):33-41.
徐义流, 2009. 砀山酥梨 [M]. 北京: 中国农业出版社.
许瀛之, 张文颖, 上官凌飞, 等, 2018. 葡萄种质资源花序的调查与分析 [J]. 植物遗传资源学报, 19(3):488-497.
薛晓芳, 赵爱玲, 王永康, 等, 2021. 219 份枣种质资源果实三萜酸含量分析 [J]. 西北植物学报, 41(3):480-492.
杨丽, 孙浩元, 张俊环, 等, 2020. 基于育种成果对我国杏育种现状及骨干亲本的分析 [J]. 中国果树 (3):111-115.
杨亚蒙, 姜建福, 樊秀彩, 等, 2018. 2000 年以来我国葡萄国外引种概况 [J]. 中外葡萄与葡萄酒 (2):6.
杨勇, 阮小凤, 王仁梓, 等, 2005. 柿种质资源及育种研究进展 [J]. 西北林学院学报, 20(2):133-137.
姚改芳, 杨志军, 张绍铃, 等, 2014. 梨不同栽培种果实有机酸组分及含量特征分析 [J]. 园艺学报, 41(4):755-765.
于强, 李世强, 2016. 库尔勒香梨 [M]. 新疆: 新疆生产建设兵团出版社.
郁香荷, 章秋平, 刘威生, 等, 2011. 中国李种质资源形态和农艺性状的遗传多样性分析 [J]. 植物遗传资源学报, 12 (3):402-407.
张加延, 吕亩南, 王志明, 1999. 杏属二新种 [J]. 植物分类学报, 37 (1):105-109.
张加延, 张钊, 2003. 中国果树志——杏卷 [M]. 北京: 中国林业出版社, 17-46.
张金梅, 闫文君, 李雪, 等, 2017. 桃花粉低温和超低温保存方法比较研究 [J]. 植物遗传资源学报, 18(4): 670-675.
张淑青, 刘冬成, 刘威生, 等, 2010. 普通杏品种 SSR 遗传多样性分析 [J]. 园艺学报, 37 (1): 23-30.
张莹, 曹玉芬, 霍宏亮, 等, 2018. 基于枝条和叶片表型性状的梨种质资源多样性 [J]. 中国农业科学, 51(17): 3353-3369.
张莹, 曹玉芬, 霍宏亮, 等, 2016. 基于花表型性状的梨种质资源多样性研究 [J]. 园艺学报, 43 (7):1245-1256.
张颖, 樊秀彩, 孙海生, 等, 2017. 葡萄种质资源对叶片白腐病的抗性鉴定及评价 [J]. 果树学报, 34(9): 1095-1105.
章秋平, 刘威生, 2018. 杏种质资源收集、评价与创新利用进展 [J]. 园艺学报, 45 (9):1642-1660.
赵海娟, 刘威生, 刘宁, 等, 2014. 普通杏 (Prunus armeniaca) 种质资源数量性状的遗传多样性分析 [J]. 果树学报, 31(1):20-29.
赵焕谆, 丰宝国, 1996. 中国果树志——山楂卷 [M]. 北京: 中国农业出版社, 1-7,94-95.
郑丽静, 聂继云, 闫震, 等, 2015. 苹果可溶性糖组分及其含量特性的研究 [J]. 园艺学报, 42(5):950-960.
朱更瑞, 王新卫, 曹珂, 等, 2017. 不同生态品种群桃果实糖酸及其组分含量分析 [J]. 植物遗传资源学报, 18(5): 891-904.
左倩倩, 郑婷, 纪薇, 等, 2019. 中国地方葡萄品种分布及收集利用现状 [J]. 中外葡萄与葡萄酒 (5):76-80.
CAO Y, TIAN L, GAO Y, et al., 2015. Evaluation of genetic identity and variation in cultivars of Pyrus pyrifolia (Burm.f.) Nakai from China using microsatellite markers [J]. Journal of Pomology & Horticultural Science, 86(4):331–336.
CHAI Q Q, WU B H, LIU W S, et al., 2012. Volatiles of plums evaluated by HS–SPME with GC–MS at the germplasm level[J]. Food Chemistry,130 (2):432-440.

DUAN N, BAI Y, SUN H, et al., 2017. Genome re-sequencing reveals the history of apple and supports a two-stage model for fruit enlargement[J]. Nature Communications, 8(1):249.

LI Y , CAO K , ZHU G , et al., 2019. Genomic analyses of an extensive collection of wild and cultivated accessions provide new insights into peach breeding history[J]. Genome biology, 20(1):36.

LIAO L, ZHANG W, ZHANG B, et al., 2021. Unraveling a Genetic Roadmap for Improved Taste in the Domesticated Apple[J]. Molecular Plant, 14(9):18.

QIN GH , TAO H T , CAO Y F,et al., 2012. Evaluation of the volatile profile of 33 Pyrus ussuriensis cultivars by HS-SPME with GC-MS[J]. Food Chemistry, 134:2367-2382.

TIAN L, GAO Y, CAO Y, et al., 2012. Identification of Chinese white pear cultivars using SSR markers[J]. Genetic Resources & Crop Evolution, 59(3):317-326.

WANG D J, WANG K, LI J, et al., 2018 .Variation and correlation analysis of polyphenolic compounds in Malus germplasm[J]. The journal of horticultural science & biotechnology,93(1):26-36.

ZHANG H H,LIU W S,FANG J B, et al., 2014. Volatiles of apricot cultivars evaluated by head space solid phase microextraction gas chromatography mass spectrometry[J]. Analytical Letters,47 (3):433-452.

ZHANG J M, XIN X, YIN G K, et al., 2014. In vitro conservation and cryopreservation in National Genebank of China[J]. Acta Horticulturae, 1039: 309-318.

ZHANG M Y , XUE C , HU H, et al., 2021. Genome-wide association studies provide insights into the genetic determination of fruit traits of pear [J/OL]. Nature Communications. doi:10.1038/s41467-021-21378-y.

第二节　果树遗传改良与品种选育

相较于世界果树育种现状，我国果树遗传改良与品种选育有巨大发展潜力和广阔前景（王力荣，2021）。20世纪50年代初以来，我国开始有计划的果树杂交育种，已先后育成一大批苹果、梨、葡萄、桃、柑橘和枇杷等优良果树品种，并得到了不同程度的推广。果树育种研究人员也在遗传变异、亲本选择和选配方面积累了许多经验，并将现代生物技术融合到果树育种方法中。近年来，我国果树遗传改良与品种选育研究取得长足进展。据不完全统计，11种主要果树共选育品种（含砧木）1 968个，有力支撑了我国果树产业的快速发展，为我国果树实现鲜果供应期延长、品质提升、栽培模式改变提供了保障。细胞工程技术广泛应用于果树遗传改良，分子标记开始在育种中应用，提高了育种效率。我国果树基因组学研究发展迅速，进入世界先进行列。培育多样化，具有自主知识产权的果树新品种，重点聚焦色泽、形状、大小、生育期、砧木和采后品质等重要性状，以及抗性好、适合省力化栽培，满足不同用途和不同人群的需求，将是未来果树品种发展的方向（邓秀新等，2019）。

第五章 我国果树科技发展动态与趋势

一、发展动态

（一）育种目标与选育现状

我国果树种类多、分布广，资源丰富。制定育种目标需综合考虑适地性、适栽性、市场可销售性等多个因素。近年来，随着时代的进步和人们生活水平的不断提升，无论是生产者还是消费者对于果树综合品质有了新的要求，育种目标也在不断更新和调整。起源于我国的几种果树，依赖资源优势，生产中栽培自主选育的品种比例相对较高，如桃、梨、柑橘和猕猴桃。而引进的果树树种，生产中栽培外来品种的比例相对较高，如苹果、草莓等。

我国有 20 余个科研院所、大专院校持续开展苹果育种工作，迄今已选育出 400 余个栽培品种（丛佩华等，2018）。就接穗品种而言，育种目标多关注果实耐贮、货架期长、香味浓郁、含糖量高、肉质脆、果面光洁度好，兼顾省力化、抗病、抗虫、抗逆等特性。就砧木而言，培育目标主要为高亲和性、广适性、抗重茬、抗病、抗逆等特性（图 5-5）。苹果品种秦冠曾为我国第一大主栽苹果品种；抗寒苹果品种寒富将苹果种植北界继续向北推进 300 km；烟富 3 苹果具备果实大、色泽艳丽、肉质脆、汁多味甜、丰产性好等优异品质，近年来一直作为环渤海湾苹果产区富士系的主栽品种；瑞香红苹果果形端正高桩，具有好吃、好看、耐贮、易栽培、抗性强等特点，适宜中低海拔苹果产区发展。中国农业科学院果树研究所历经 22 年育成优质、晚熟的华红苹果新品种，风味酸甜，有香气，鲜切后不易褐变，还具有高抗、适应性广等优点，为鲜食加工兼用优质品种（满书铎等，1999）；新育成的小果型品种中苹红蜜，具备脆甜、丰产不落果、耐贮等优异品质；对标王林苹果，选育的新品种华淼，具备了肉质细脆、果皮光洁、耐贮藏、抗病、抗寒、丰产等优异品质，均具有很好的市场推广前景。

瑞香红　　　　　　　烟富 3　　　　　　　华淼　　　　　　　中苹红蜜

图 5-5　我国选育的部分苹果品种

我国约有 40 余个科研院所、大专院校及个别企业开展了梨育种工作，迄今已选育出 200 余个栽培品种（李秀根等，2020）。梨育种目标主要围绕外观漂亮、品质优良、抗性强等特性，兼顾结果性好、省力化等目标（图 5-6）。选育的黄冠、翠冠、新梨 7 号、玉露香、红香酥等品种已在生产中发挥着重要作用。黄冠梨果实椭圆形，外观极好，肉质细、松脆，风味酸甜适口，耐贮运，丰产性好，已成为我国北方地区栽培面积最大的中熟梨品种之一；玉露香梨果实近圆形，肉质细、酥脆多汁，阳面着红色，风味香甜，深受消费者喜爱，是近年来发展面积较大的一个中熟梨新品种；苏翠1号果实倒卵圆形，果锈极少或无，肉质细脆，汁液多，味甜，是我国南方地区发展较快的一个早熟砂梨品种。中国农业科学院果树研究所选育的早酥梨是我国较早育成的梨新品种之一，具有优质、广适、早熟、采收期长、抗病性强、早果、丰产的特点，已成为我国梨育种的核心亲本之一，育成的一大批优良新品种显著改善了我国的梨品种结构（王斐等，2014）；锦丰梨是晚熟、耐贮藏的梨品种，以果个大、肉质酥脆多汁、风味酸甜适口等特点而深受消费者喜爱，是我国目前贮至春节期间口感最佳的白梨品种；育成的优质、广适西洋梨品种中矮红梨和早金香，填补了我国自育西洋梨品种空白（欧春青等，2014）；培育的华蜜、华彤、晚脆香等红皮脆肉梨新品种，具备外观漂亮、肉质细脆、香气浓郁等特性，其中晚脆香耐贮性强，果实在室温可放置3个月。这些新品种均极具市场推广潜力。

图5-6 我国选育的部分梨品种

我国在鲜食葡萄新品种的培育上取得了卓越成绩，主要选育无核、大粒、玫瑰香或草莓香型品种（刘崇怀等，2014）。中国科学院植物研究所育成京亚等品种、山西农业大学果树研究所育成早黑宝等品种、北京农林科学院育成瑞都系列品种、河北省农林科学院昌黎果树研究所育成光系列品种、中国农业科学院果树研究所育成华葡系列品种，如华葡黑峰、华葡紫峰、华葡翠玉、华葡玫瑰、华葡黑玉无核和华葡红玉无核等，并培育了抗寒能力优于贝达且无大小脚现象的抗寒砧木华葡1号等砧木品种，在我国葡萄产业发展中起到了重要推动作用（图5-7）。我国酿酒葡萄选育多关注抗寒、抗病、酿酒品质优的品种。砧木品种则以抗寒、抗根瘤蚜、抗根结线虫、耐盐碱等目标为主（段长青等，2019）。

我国桃育种当前还是以鲜食普通桃为主，加工品种和观赏品种为辅。鲜食普通桃又以优质、多样、耐贮运为主要育种目标，兼顾广适性（王力荣等，2021）。近年来，我国桃的新品种选育工作取得较大进展。加工型品种丰黄等，早熟品种春美、雨花露等，晚熟品种京玉和中农秋香等，极晚熟品种映霜红等，早熟油桃中油4号和中农早珍珠等，中熟油桃中农珍珠等，晚熟油桃中农晚珍珠和中农寒珍珠等，蟠桃品种中蟠11号等，油蟠桃品种中油蟠7号等，观赏桃品种满天红等，均为桃产业发展作出了重要贡献（图5-8）。

早黑宝　　　　蜜光　　　　华葡黑峰　　　　华葡黑玉无核

图 5-7　我国选育的部分葡萄品种

中油 4 号　　　　中农秋香　　　　中油蟠 7 号

中农珍珠

图 5-8　我国选育的部分桃品种

我国枣栽培历史悠久。枣树品种的选育主要以鲜食、制干和干鲜兼用三类为主。近些年，辰光、日光、虹光、珠光等一批人工四倍体品种的问世，更是实现了国内外首创，极大程度地改变了我国枣品种结构，加快了枣良种培育进程（刘孟军等，2019）。

我国当前草莓主栽品种以红颜、章姬、香野、天使、淡雪、桃薰等日本品种，及欧美甜查理、达赛莱克特为主。我国自主选育草莓品种占比近10%，且逐渐增多。育种目标主要是选育出品质超越或接近日本品种、抗病性接近欧美品种的草莓新品种（张运涛，2006），例如中国农业科学院果树研究所选育的中莓寒香、中莓香姬、中莓蜜姬等品种。

我国规模化栽培的柑橘品种有80余个，约一半引自国外。近年来，我国柑橘育种目标首要考虑品质，其次为成熟期，例如10月上市的脐橙，晚熟宽皮橘砂糖橘、奉节晚橙、大雅柑、延溪万绿椪柑等晚熟品种。再次是抗病、抗寒、耐贮等性状。研究人员将温州蜜柑与HB柚子进行细胞融合，获得了转温州蜜柑CMS的二倍体柚无核品种华柚2号，成为世界第一例通过细胞融合直接创造的植物新品种（郭文武等，2019）。

引种是香蕉良种推广的主要途径。近年来，广东省农业科学院果树研究所引进了抗枯萎病新品种新北蕉等，还先后杂交育成了中蕉9号、美食蕉、粤蕉等系列新品种。香蕉品种选育主要围绕抗病，以及优质、高产、早熟、植株矮化等，还需兼具褐化程度低、果肉色泽好、抗性淀粉含量高、总糖含量高、果肉醇厚等性状（庄西卿等，2007）。

我国育成芒果品种20余个，包括热农1号、贵妃、桂热芒71号等。台农1号、金煌等品种已在香蕉产业发展中起到重要推动作用。芒果的选育目标主要围绕丰产性、优质，兼顾矮化、早熟、晚熟、抗病虫、耐贮运等特性（罗睿雄等，2013）。

我国已选育和推广了大批优质荔枝新品种，其中仙进奉、井岗红糯、贵妃红等已大面积推广，我国荔枝育种主要关注特早熟、早熟、特晚熟、晚熟、优质、丰产、耐贮等（吴淑娴，1998）。我国先后育成龙眼新品种30余个，其中冬宝9号、立冬本、松风本、古山2号和储良等已在全国范围内推广，我国龙眼育种主要关注优质、美观、丰产性、耐贮、适宜加工等特性（郑少泉等，2019）。

近年来，各种新技术不断应用于果树遗传改良中，显著提高了育种效率。包括细胞工程技术（胚挽救、细胞融合等）、分子辅助育种、基因聚合、转基因、高通量组学分析及其他新技术开发等，在果树育种中得到广泛应用。据不完全统计，中国主导完成全基因组测序并公布基因组草图的果树超过20个，其中包括苹果、梨、桃、葡萄、枣、梅、石榴、猕猴桃、甜橙、柚、葡萄柚、枸橼、番木瓜、野芭蕉、菠萝、龙眼、椰子、杨梅、野芭蕉、核桃、芒果等。随着基因组测序技术的成熟，分子标记辅助育种的研究与应用发展迅速，部分分子标记已经成功应用于果树育种，例如鉴别桃果形圆和扁、柑橘单胚和多胚的分子标记（邓秀新等，2019）。

中国农业科学院果树研究所在苹果和梨高质量参考基因组组装及重要性状形成机制解析方面取得突破性进展。基于寒富花培纯系HFTH1，组装了世界上最完整的苹果全基因组序列，揭示了反转录转座子控制红苹果着色的分子调控机制（图5-9），开发的红色相关特异分子标记，能够在苹果幼苗期对果色进行精准预先选择，为解析苹果重要经济性状形成的分子基础和分子育种提供了基因组学数据资源（ZHANG L Y et al.，2019）。以山西杜梨和中矮1号梨矮化砧木为试验材料，组装了高质量野生杜梨和梨矮化砧木参考基因组，解读了梨属植物驯化过程中果实风味、抗性等重要性状形成的遗传密码，鉴定出早酥梨红色芽变变异的关键位点及基因，对梨矮化和红色性状进行了基因定位，为梨起源进化、遗传育种、比较基因组及矮化、抗性和红色等果实相关重要经济性状的形成机制解析等研究奠定了基础（OU，2019，2020）。在苹果花药培养技术研究方面，中国农业科学院果树研究所首次在元帅品种获得胚状体，并诱导成株，先后获得富士、红玉、赤阳等 11 个苹果品种的花培植株。利用花药培养株系配置杂交组合，培育的新品种华富，成为世界上首个利用花药培养技术选育的苹果品种（图 5-10）。

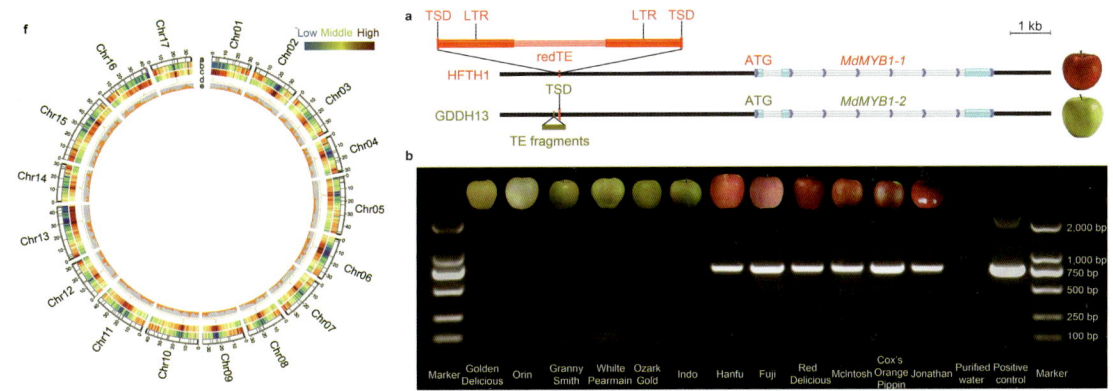

图 5-9 组装高质量苹果基因组并解析红苹果着色分子机制

图 5-10 世界上首个利用花药培养技术选育的苹果品种华富

中国农业科学院果树研究所在葡萄高质量参考基因组组装及重要性状形成机制解析方面取得突破性进展。基于自主知识产权品种着色香，组装了世界上连续性和完整度最高的葡萄全基因组序列（连续性 N50 > 24 Mb、完整度 > 99%），揭示了酯类香气物质合成的分子机制，开发的酯香型相关特异分子标记，能够在葡萄幼苗期对酯香型进行精准预先选择，准确率超 97%。

中国农业科学院郑州果树研究所通过对 480 份桃种质重测序，明确了桃基因组遗传多样性和变异特征，揭示了桃野生近缘种向栽培种的进化路线，阐明了花、果实、需冷量等 10 个重要性状的分子遗传特性。

近些年，随着雄性不育种质的发现和利用、幼胚挽救技术体系的建立以及分子标记辅助鉴定技术的诞生，枣杂交育种技术取得一定突破，在枣花药和花粉培养方面已获得多个品种的花粉植株。全世界已报道的 8 例柑橘及其近缘种基因组，7 例由我国研究人员自主完成。我国已形成了一套完整的细胞融合培育无核柑橘品种的技术体系，创造出原生质体融合培育二倍体无核胞质柑橘杂种的新育种路径，华柚 2 号成为世界首例通过细胞融合直接创造的植物新品种（郭文武，2019）。

二、发展趋势

（一）新品种更新速度不断加快，满足多元化需求

我国果树种植区域分布广泛，消费市场呈现多元化趋势，且对果树品种的功能性要求也越来越高。在消费需求与产业升级发展共同驱动下，培育兼顾广适性，满足消费者、生产者、经营者，以及加工企业的多样化需求的果树新品种，是今后果树育种工作者的主要努力方向，自主培育的果树新品种也将在产业中发挥重要作用。

现代果树育种的总体发展趋势主要是增加果实的商品性，降低生产成本。培育具备果形端正、色泽鲜艳、外观质量好、果个适中、肉质细脆、多汁、风味酸甜适度、货架期长、抗病、抗逆等特点的新品种，是将来苹果育种的主要发展趋势。就梨育种而言，培育具备外观漂亮、品质优良、抗性强、结果性好、省力化等性状的新品种，是梨品种选育的主要趋势。

培育果肉硬脆或多汁、耐贮运、省力化、抗性强等特性的新品种，是桃新品种选育的主要趋势。在鲜食葡萄新品种发展上，培育无核、大粒、草莓香型或玫瑰香型、耐弱光等特性的新品种是葡萄育种研究的主要趋势。适合观光采摘的高品质草莓品种、红花兼鲜食草莓新品种，以及种子繁殖性草莓品种等均是将来草莓新品种发展趋势。

就热带果树作物而言，柑橘品种发展趋势主要概况为品种多样化及无核化。枣、芒果等新品种发展趋势，主要是利用传统育种方法与基因工程育种的结合，培育兼顾多个优良性状的新品种。荔枝、龙眼品种培育趋势是加快培育品质优异、特早特晚熟、功能性、高抗性等的新品种，满足多元化需求。

（二）育种技术创新性不断提高

果树育种方式先后经历了自然实生、杂交育种、胚挽救技术、细胞融合以及分子标记辅助育种等过程。针对我国果树品种育种周期长、育种效率低、自育品种占比较低、存在品种"卡脖子"风险等问题，综合运用现代生物学等各种先进技术，挖掘重要农艺性状基因，构建分子辅助育种、基因聚合、转基因、基因编辑、分子设计等果树生物育种技术体系，不断创新果树育种技术，大幅度提升果树新品种改良效率，推动果业高质量发展，是果树产业发展的未来趋势之一。

参考文献

丛佩华, 张彩霞, 韩晓蕾, 等, 2018. 我国苹果育种研究现状及展望 [J]. 中国果树 (6):1–5

邓秀新, 钟彩虹, 王力荣, 等, 2019. 果树育种 40 年回顾与展望 [J]. 果树学报, 36(4):514–520.

段长青, 刘崇怀, 刘凤之, 等, 2019. 新中国果树科学研究 70 年——葡萄 [J]. 果树学报, 36 (10):1292–1301.

郭文武, 叶俊丽, 邓秀新, 2019. 新中国果树科学研究 70 年——柑橘 [J]. 果树学报, 36(10): 1264–1272

李秀根, 张绍铃, 2020. 中国梨树志 [M]. 北京：中国农业出版社, 112–136.

刘崇怀, 马小河, 武岗, 2014. 中国葡萄品种 [M]. 北京：中国农业出版社, 28–45.

刘孟军, 王玖瑞, 2019. 新中国果树科学研究 70 年——枣 [J]. 果树学报, 36(10):1369–1381.

罗睿雄, 黄建峰, 高爱平, 2013. 我国芒果种质资源研究进展 [J]. 中国热带农业 (1):10–13.

满书铎, 牛健哲, 丛佩华, 等, 1999. 苹果晚熟新品种"华红"的选育 [J]. 中国果树 (1): 13–14

欧春青, 姜淑苓, 王斐, 等, 2014. 国内外选育的梨矮化砧木简介及其应用现状 [J]. 浙江农业科学 (10):1543–1547.

吴淑娴, 1998. 中国果树志, 荔枝卷. [M]. 北京：中国林业出版社.

王力荣, 吴金龙, 2021. 中国果树种质资源研究与新品种选育 70 年 [J]. 园艺学报, 48 (4):749–758.

王斐, 姜淑苓, 欧春青, 2014. 我国育成梨品种特点分析及展望 [J]. 中国果树 (4):66–71.

张运涛, 2006. 中国园艺学会草莓分会. 草莓研究进展 (二)[M]. 北京：中国林业出版社, 255–259.

庄西卿, 刘长全, 曹明华, 等, 2007. 香蕉新品系"热蕉 11 号"植株及果实性状的观测与分析 [J]. 热带作物学报 (3):5–9.

郑少泉, 曾黎辉, 张积森, 等, 2019. 新中国果树科学研究 70 年——龙眼 [J]. 果树学报, 36(10), 1414–1420.

OU C, ZHANG X, WANG F, et al., 2020. A 14 nucleotide deletion mutation in the coding region of the PpBBX24 gene is associated with the red skin of "Zaosu Red" pear (Pyrus pyrifolia White Pear Group): a deletion in the PpBBX24 gene is associated with the red skin of pear [J]. Horticulture Research, 7(1):39.

OU C, WANG F, WANG J, et al., 2019. A de novo genome assembly of the dwarfing pear rootstock Zhongai 1[J]. Scientific Data, 6(1):281.

ZHANG L Y, HU J, HAN X L, et al., 2019. A high–quality apple genome assembly reveals the association of a retrotransposon and red fruit colour[J/OL]. Nature Communications. DOI: 10.1038/s41467–019–09518–x.

第三节　果树栽培与生产技术

一、发展动态

（一）苗木繁育

我国苗木生产绝大部分为分散经营，由于缺乏统一的技术指导，苗木品种杂乱，苗木质量差，粗度是美国标准的 1/3，根系量比美国苗木标准少 70%～80%，砧木选择随意、砧木扩繁速度慢；加之基地频繁育苗、育苗密度大，砧木和接穗来源复杂，病毒病和重茬病害严重（图 5–11）。

图 5-11　我国的苹果常规苗木繁育圃

苹果和葡萄种苗繁育方面，中国农业科学院果树研究所建立了国家苹果和葡萄良种及砧木的无病毒原原种圃和原种圃（图 5-12）。M9、M26、M9-T337 和 G935 等苹果砧木及贝达、SO4、5BB 和 3309M 等葡萄砧木的压条、扦插和组培等繁育技术已经研发成功，辽宁、陕西和山东等地出现了一批年产数十万甚至几百万的砧木苗繁育企业。但这些砧木在我国的应用地域受限，而抗性强、适应性广的砧木品种缺乏。未来要开展适宜不同苹果和葡萄产区气候和土壤条件的砧木选育及配套繁育技术研发，加大无病毒苗木推广力度。

图 5-12　我国的苹果现代化苗木繁育圃

由中国农业科学院柑桔研究所牵头联合诸多单位，已经建立了完善的柑橘无病毒良种繁育体系（图 5-13）。在江西、重庆以及湖北、湖南、广西等省（自治区、直辖市），无病毒育苗技术普及率较高。目前柑橘脱毒技术主要包括热处理和化学处理脱毒、茎尖培养脱毒、茎尖嫁接脱毒、珠心培养法、超低温脱毒法和愈伤组织脱毒法等。全国柑橘产区无病毒苗圃数由 2008 年的不足 50 个上升至 2019 年的 220 余个。全国柑橘产区无病毒容器苗生产量已由 2008 年的约 5% 上升至 2018 年的 30%（郭文武等，2019）。

图 5-13　柑橘无病毒苗木繁育圃

　　香蕉的种苗繁育呈现无毒化和规范化特征。香蕉脱毒和无病毒苗木检测的对象主要有香蕉花叶心腐病病原、香蕉束顶病病原和香蕉线条（条纹）病病原病毒等。香蕉营养杯苗的苗圃地要选择远离病虫为害的蕉园和污染源，周围无茄科、葫芦科和豆科植物种植，空气环境质量、土壤条件和灌溉水质量较好的园地，栽培基质选择通气、透水性强、易发根的栽培基质（李莉等，2012）。芒果的种苗繁育主要采用实生繁殖、嫁接繁殖、扦插繁殖、高压繁殖和组织培养等技术措施（段元杰等，2017）。

　　荔枝的种苗繁育主要有实生、嫁接、压条和扦插等方法。荔枝实生苗因开始结果和丰产较迟，且变异大，不能完全保持母树的优良性状，很少直接用来进行苗木生产，一般只在嫁接苗培养砧木时采用。嫁接和压条都是无性繁殖，用这两种方法繁殖的苗木能保持母株优良特性，开始结果也较早，在国内各产区大量采用。国家荔枝龙眼产业技术体系研发的大枝挑皮嫁接成熟技术，在沿海地区广泛推广应用，树冠矮化，接穗用量小，高换成本低，后期便于标准化管理，树势恢复强劲，盛果期长，经济效益高。

　　草莓的种苗繁育形成了"原原种—原种—种苗—生产用苗"的四级育苗技术体系。原原种苗是通过脱毒技术获得的实验室生长的脱毒组培苗，原原种要通过病毒鉴定，确认无病毒携带后才能加速繁殖出大量试管苗，再进一步繁殖出原种苗；原种苗在大田中繁苗即可获得生产苗，生产苗可定植到设施、大田中用于草莓生产。原种苗生产过程中需要严格隔离，不能用重茬地或前茬为茄科作物的土地育苗，可选用棉隆、石灰氮等提前对育苗地进行消毒。每株原原种可生产原种苗 50～150 株，品种间有差异，受管理水平和育苗期影响。在原种苗育苗过程中，需要观察草莓苗生产状况，并检测是否符合脱毒苗要求。原种苗生产种苗过程中，要重视水肥管理，及时预防病虫害，减少病毒感染概率，按时观察种苗生长状况及各种性状是否稳定（图 5-14）。种苗生产苗过程中，可选择富含有机质的土壤定植，也可利用高架育苗技术进行育苗，按时管理。

图 5-14 草莓种苗繁育

（二）栽培模式

在劳动力成本飙升的情况下，果树生产对省力化、宜机化栽培模式的需求日趋迫切。近年来，苹果在宽行密植栽培、适宜砧穗组合筛选等方面取得了阶段性成果，苹果矮砧栽培在优势产区已有规模化应用，矮砧栽培面积超过10%（图5-15，图5-16）。我国从20世纪50年代初开始苹果矮化砧木的引进，目前已经引进英国的M系和MM系、波兰的P系、苏联的B系、美国的CG系等11个系统42个型号的无性系砧木；同时我国也开展了苹果矮化砧木的育种工作，先后培育出CX系（中国农业科学院果树研究所）、7734（辽宁省果树研究所）、SH系（山西省果树研究所）、GM系（吉林省果树研究所）等系列苹果矮化中间砧木品种。1973年中国农业科学院郑州果树研究所组织19省（直辖市）38个有关单位成立矮化苹果协作网推广矮砧栽培模式。2007年西北农林科技大学牵头，全国50余个科研团队参与，系统开展矮化砧适宜区划、矮化砧繁殖、优质苗木繁育、适宜砧穗组合评价和矮砧模式整形修剪等工作。

图 5-15 我国乔砧栽培模式苹果园　　　　图 5-16 我国矮砧密植苹果园

经过70多年生产和科研的发展，葡萄的建园模式获得长足进步，尤其是国家葡萄产业技术体系启动以来，中国农业科学院果树研究所、上海交通大学、南京农业大学、山东农业大学等科研单位研发出了适合我国不同葡萄产区的适宜建园模式，例如适于北方葡萄产区的宽行深沟栽培模式和宽行平畦栽培模式、适于南方葡萄产区的起垄限根栽培模式、适于非耕地葡萄园建园的容器栽培模式等。

近年来，我国柑橘种植模式从之前的密植改成稀植，20世纪70—80年代时，国内推行计划密植，种植密度较大，20世纪末以来，密度由密植、计划密植改为适度密植，减少了劳动用工，提高了柑橘品质。目前，枳砧温州蜜柑的株行距一般为3 m×4 m或3 m×3 m。除了适度稀植，我国还通过宽行窄株和回缩修剪等技术措施，提高宜机化程度。

目前，能显著减轻劳动强度、便于机械化作业的草莓省力化、宜机化栽培模式——高架栽培模式开始进入规模化应用阶段。草莓架高度可根据工作人员的身高来制定，如单层草莓架可设计成60～80 cm高，双层草莓架的下层草莓架可设计成40～60 cm高、上层草莓架可设计成800～110 cm高；也可设计成自动升降的模式，极大提高了工作效率和管理水平。

（三）整形修剪

我国80%以上的苹果、梨和桃等果园采用的是传统的乔砧栽培模式，果农对乔砧稀植栽培技术掌握和执行不到位，加之该种模式自身的缺陷，造成大多数果园树体高大、枝量多、树冠密闭、内膛光照不良，生产条件逐步恶化，致使产量低、果实内在品质下降、优质高档果品比率低的问题十分突出。

20世纪90年代末到2000年前后，郁闭果园改造技术成为当时我国苹果产业亟待解决的重大产业技术问题。中国农业科学院果树研究所、西北农林科技大学和山东农业大学等科研单位以及推广部门开展了大量研究，总结出适宜渤海湾产区的"间伐、优形、疏密、控冠"、适宜黄土高原产区的"落头、抬干、疏枝"和适宜黄河故道产区的"拉枝、瘦身"等技术，改造后苹果优质果率提高25%以上，单位面积经济效益提高20%以上，有效解决了郁闭果园产量低、品质差、效益不高等问题（图5-17）。

图5-17 我国苹果园控冠改形技术

目前，梨已经构建了以高光效省力化树形为核心的标准化栽培技术体系。圆柱形树形是国外梨树密植常用树形，也是我国梨密植栽培中推广的主要树形之一。这种树形适合（1～2 m）×（4～5 m）的株行距。树高3.0～3.5 m，中心干直立，着生自由排列的20～25个结果枝组，结果枝组不固定，随时可疏除较粗（通常超过所在处中心干粗度的1/4，或直径超过2.5 cm）的结果枝组，利用更新枝培养新的结果枝组。圆柱形树冠小，通风透光好，有利于花果管理等各项作业和果实品质的提高，具有早果丰产、树体结构简单、修剪技术容易掌握、便于机械作业等优点，适应梨树集约化、规模化生产（图5-18）。"双臂顺行式"新型棚架梨树栽培模式树形简单、操作容易，果实产量高、品质好，是我国棚架梨栽培的一项重要省力化创新（图5-19）。株行距（3～4）m×（3～4）m，主干高1.2～1.3 m，双主枝顺行向左右分开向前延伸，上架处间隔50 cm培养排骨状的侧生分枝，分枝上直接着生结果枝组。采用"两线一面"或"三线一面"新型平棚架式。与传统以单株为单位修剪相比，可省工60%以上，适宜于规模化经营的棚架梨树修剪。

图5-18 梨圆柱形树形

图5-19 梨双臂顺行树形

20世纪50年代，葡萄生产以单篱架和双篱架树形为主；改革开放以来，研究规范了小棚架和网式水平棚架树形；进入21世纪，特别是国家葡萄产业技术体系启动以来，针对葡萄机械化生产要求，中国农业科学院果树研究所、南京农业大学、上海交通大学、中国农业大学和西北农林科技大学等科研单位创新性研发并推广了光能利用率高、光合作用佳、新梢生长均衡、果实品质优、管理省工、便于机械化、标准化生产的高光效省力化树形和叶幕形，例如适于下架越冬防寒区的斜干单层单臂水平龙干树形（又称厂形）+水平叶幕或"V"形叶幕、适于非下架越冬防寒区的直干单层水平龙干形（又称倒"L"形、"T"形或一字形）+水平或"V"形叶幕以及"H"形（单H、双H或多H等）+水平叶幕和倾斜龙干形+水平或"V"形叶幕。同时中国农业科学院果树研究所等单位研发并推广了新梢快速标准化定梢与"1+1"和"2+1"及新型生长复配抑制剂控旺等主副新梢简化修剪技术（图5-20）。"1+1"和"2+1"主副新梢简化修剪技术具体操作如下。①主梢采取1次或2次成梢技术。对于坐果率低的品种，采取2次成梢技术，即在开花前7～10天对主梢进行第1次剪截，待坐果后主梢长至150 cm左右时，对主梢进行第2次剪截；对于坐果率高的品种，采取一次成梢技术，即在坐果后待主梢长至150 cm左右时，对主梢进行统一剪截。②副梢采取留1叶绝后摘心技术。

图 5-20　葡萄轻简化树形

图 5-21　桃主干形树形

桃树生产上，针对需求不同选择不同的树形，常用的树形主要有开心形、主干形（图 5-21）和"V"形，在此基础上，中国农业科学院果树研究所研发了对向"V"形（ZL 2018 1 0030603.4）（图 5-22）、水平龙干多直立主枝形（又称多干形，平面结果）和水平龙干多对向"V"形等树形，并以高光效省力化树形和研发的新型生长抑制剂为核心构建了桃轻简优质高效栽培技术体系，为桃树的全程机械化生产奠定了基础。

图 5-22　桃高光效省力化树形——对向"V"形

柑橘整形修剪从强调修剪到适度修剪再到简化修剪。以长江三峡库区和重庆等柑橘新建基地为例，采用从美国等地引进的卡里佐枳橙作砧木，培育无病毒甜橙容器苗，种植密度 3 m×5 m、3 m×4 m，即每亩 45 株、56 株，结果前不作修剪。对出现的个别枯枝、病虫为害严重枝应剪除；对顶部的徒长枝、基部枝、下垂枝等待结果后再作修剪；对长势强旺、枝梢粗壮直立的也不动剪子，只用撑、拉、吊的方法，加大分枝角度，削弱其长势。生产实践表明，不作修剪的植株比修剪的植株树冠高大，枝叶茂盛，且结果早、丰产。另外，大枝修剪也成了近年来推行的省力化修剪技术之一。

目前，为解决传统荔枝树形树冠郁闭、果实品质差的问题，主要推广回缩修剪、间伐、"开天窗"等整形修剪技术措施，对密闭果园进行改造，控制树冠大小，调节结果与生长的比例，达到合理挂果、壮果、保果和控树保势的效果。新建园主要推广矮冠开心树形，该树形具有整形修剪容易、光能利用率高、产量高、品质好的特点。

芒果幼树整形通常采用自然圆头形，修剪通常采用轻剪的方式进行，这样有利于树冠的尽快形成；结果树的修剪通常采用抹芽、摘心和轻短剪等方式进行，这样可以保持树形；同时可采用回缩方式对老树、老园进行更新。生长期的修剪主要是剪去一些发育不良的枝干，在抽生春、夏梢时结果少的树只需要留一两枝，结果多的树则需要进行及时的修剪（何晓莹等，2013）。采果后其修剪方式主要是把病、枯、下垂、过密、弱、回缩交叉等树枝剪除掉，同时要将短截过长的营养枝或短截树冠中过密的侧枝剪除掉，保证株间、行间不影响通风采光（滕荫欢，2010；刘建荣，2012）。

草莓3月以后会出现旺长现象，匍匐茎多发，需要及时去除匍匐茎。日本专家在香野草莓上喷施调环酸钙来抑制草莓旺长。中国农业科学院果树研究所以氨基酸硒和调环酸钙等为主要成分，研发出抑制草莓旺长效果好并能显著提升果实品质的新型生长抑制剂。

（四）土肥水管理

1. 土壤管理

我国果园主要分布于丘陵山地，立地条件差，土壤瘠薄，有机质含量在1%左右，大量施用化肥，有机肥投入不足，普遍存在土壤退化、水土流失现象。实践中出现了不同的土壤管理制度，包括清耕制、间作制、免耕制、覆盖制、生草制等。果园生草，尤其是自然生草推广应用面积逐年增加。1950—1980年为稀植大冠栽培体系，土壤管理以深翻改土为核心，幼龄果园普遍间作；这一时期多采用清耕制。1980—2000年，新建园地面覆盖、起垄栽培增多，特别在干旱半干旱地区取得了良好的效果；各地正式开展了覆草、覆膜栽培技术。2000年起，尤其近10年来，生草制为代表的土壤管理日渐普遍。苹果和梨等果树提倡"行内清耕或覆盖、行间自然生草（+人工补种）+人工刈割管理"（图5-23）、葡萄和桃等果树提倡"行内生草为主、行间生草为辅"的土壤管理模式（图5-24）。土壤连作障碍方面，中国农业科学院果树研究所等单位研发出"抗重茬砧木选择、老树留桩平茬、微生物肥和有机肥施入、测土配方平衡施肥、土壤杀菌"的减轻土壤连作障碍的技术体系，目前开始在生产上推广应用（图5-25）。草莓生产中常用太阳能高温土壤消毒、棉隆土壤消毒、氯化苦土壤熏蒸消毒、溴甲烷消毒和石灰氮消毒等土壤消毒技术，减轻土壤连作障碍。

图 5-23　果园行间生草

图 5-24　葡萄园行内生草

图 5-25　重茬地建园土壤消毒

2. 施肥管理

我国苹果和梨等果树从 2007 年开展测土配方施肥工作，但由于肥效试验需要时间较长，土壤肥力与产量关系不密切，建立的肥料效应函数适用范围小，果园田间土壤变异较大等问题，尚未形成系统的操作规范和科学的评价标准，并没有在生产中发挥应有的作用。山东、陕西、河北等国内果树生产较为先进的产区，开始着手研究苹果和梨等果树区域叶片的标准值，但由于区域不同、品种不同以及其他原因，生产实践中应用范围较窄。

近 70 年来，我国广大葡萄科技工作者进行了许多试验和研究，使葡萄园施肥应用基础研究与技术都取得重要进展，特别是国家葡萄产业技术体系启动以来，中国农业科学院果树研究所等单位系统明确了葡萄对矿质营养的需求与分配规律，葡萄园施肥由经验施肥转变到科学施肥（图 5-26）。随着对葡萄营养与施肥研究的深入，目前葡萄施肥已进入根据葡萄对矿质元素的需求、土壤肥力状况、肥料利用率、植株营养和土壤营养诊断结果，科学合理确定施肥期、肥料种类和施肥量的按需施肥、测土配方、平衡施肥阶段。近年来，随着有机和绿色食品生产的发展，控制使用化学肥料、实现化肥的减施增效，研制应用微生物肥、生物有机肥、果园绿肥和精准施肥已成为葡萄科学施肥研发的重点。有机肥和绿肥在葡萄生产中的重要性，有机肥和无机肥的配合施用愈来愈受到广泛重视。由中国农业科学院果树研究所研究提出的果园行内生草、果树"5416"测土配方精准施肥和葡萄同步全营养配方肥研发工作获得突破性进展，日益受到重视，目前已经进入示范推广阶段。随着葡萄矿质元素需求规律研究的深入，发现氮、磷、钾、钙、镁的需求比例为1：（0.23～0.43）：（1.0～1.6）：（1.0～1.4）：（0.2～0.26），可以看出除氮、磷、钾外，葡萄对钙和镁的需求量也很大。

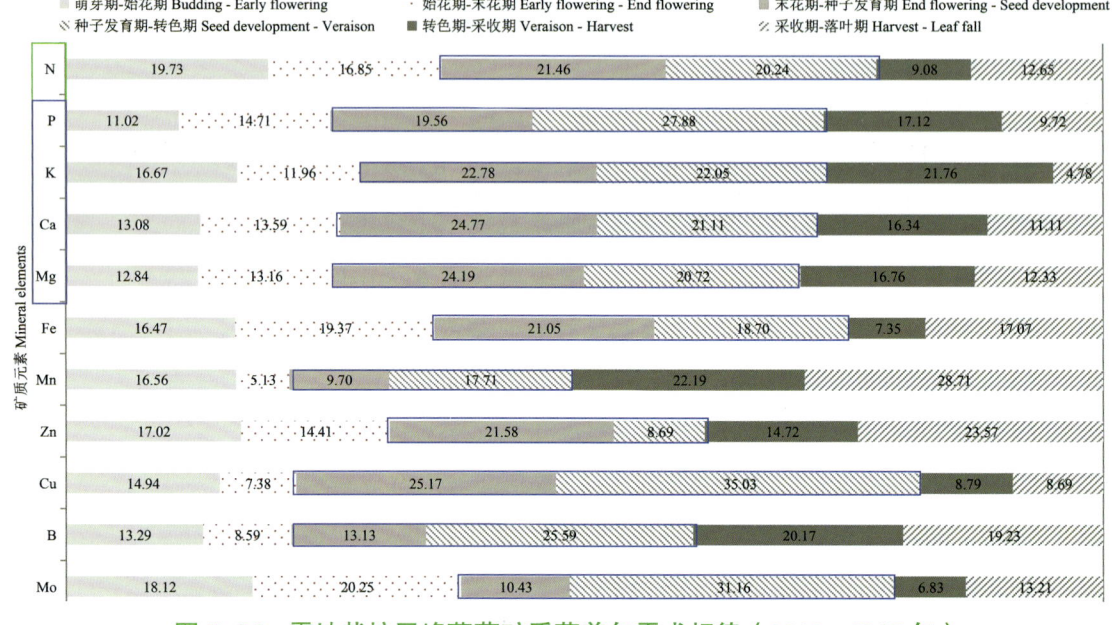

图5-26　露地栽培巨峰葡萄矿质营养年需求规律（2012—2018年）

大多数橘园管理相对落后，施肥以手工施用鸡粪、化肥等为主，缺少适用的施肥机械。但是，近年来的研究，促进了施肥管理的创新。比如，基于全国3 000多个代表性果园的叶片和土壤样品，研究了适于不同土壤情况、不同柑橘品种的配方肥。

香蕉营养与施肥研究主要关注香蕉营养特性与施肥标准，以香蕉的生长发育规律、营养诊断施肥、提高香蕉产量为核心，开展了营养诊断、平衡施肥等研究，利用水肥一体化施肥技术，提高香蕉产量和品质（冯斗等，2020）。集成水肥一体化、测土配方施肥、长效肥施用、有机无机肥配合使用等施肥技术，优化为节肥、高产高效、生态安全香蕉施肥模式（叶美欢等，2019）。土壤养分状况系统研究法应用于香蕉平衡施肥上，效果明显（杨苞梅等，2007）。滴灌蕉园养分综合管理技术的研究与应用也日趋成熟（李宝深，2015）。我国香蕉营养施肥由经验施肥逐步向精量平衡施肥转变，尤其是香蕉专用同步营养肥的研制已处于国际领先水平，但养分综合管理技术研究还需进一步完善，与信息技术相结合的精准施肥技术研究仍是努力的方向（谢江辉，2019）。

我国草莓施肥技术主要参考日本、欧美等发达国家的技术，主要是在有机肥的基础上，追施水溶肥和叶面肥。有机肥包括猪粪、牛粪、羊粪等农家肥，以及微生物肥。水溶肥方面主要参考日本的肥料配方，在日本山崎营养液的基础上进行改进优化，例如中国农业科学院果树研究所研发出提质增效效果显著优于日本山崎营养液的草莓同步全营养配方营养液。

3. 水分管理

相比发达国家，我国水肥一体化技术的发展晚了近20年。我国1974年从墨西哥引进滴灌技术，分别在山西省大寨村、河北省沙石峪村、北京密云县进行果树、蔬菜和粮食作物试验研究。1980年，我国自主研制生产了第一代成套滴灌设备。自1981年后，我国在引进国外先进生产工艺的基础上，在灌溉设备上逐渐形成规模化生产，基本形成了有自主知识产权的设备和技术，开始了相对完善的灌溉施肥的研究和推广工作。水肥一体化技术在应用上已从过去的局部试验、示范试验发展成为大面积推广，辐射范围从华北平原扩展到东北、西北及华南地区，覆盖了设施栽培、无土栽培、露地栽培等不同果树栽培类型及蔬菜、花卉、苗木、大田经济作物等多种作物。简易水肥一体化技术在果园中应用广泛，特别是在香蕉、柑橘、荔枝和葡萄等经济作物上，已形成较为完善的应用体系。在苹果和梨等果园中的应用仍处在探索阶段，多为局部试验和小范围示范等，因研究领域广而分散，未形成完整的体系（图5-27）。目前，我国灌溉施肥技术处于发展阶段，应用与理论研究正逐渐深入。我国灌溉施肥的总体水平，已从最初的初级阶段发展提高到中级阶段水平，部分微灌设备产品性能、大型现代温室设备和微灌工程技术规范等已跃居世界领先水平。然而，从整体上分析，我国灌溉施肥系统管理水平较为低下，应用面积所占比例小，水肥耦合理论和应用深度不够，某些灌溉设备特别是首部配套设备的质量仍然与国外同类先进产品存在着比较大的差距。

 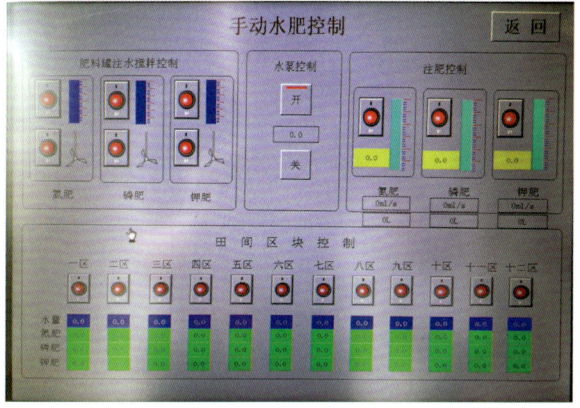

图 5-27 苹果和梨水肥一体化控制系统

中国农业科学院果树研究所等单位研究明确了葡萄的水分需求规律，即从萌芽至开花，葡萄生长发育对水分需求量逐渐增加；花后至果实转色/软化是葡萄生长发育需水最多的时期；进入成熟期后，葡萄生长发育对水分需求变少、变缓。花期和幼果发育期对水分胁迫最为敏感。我国大部分葡萄产区葡萄生长前期干旱少雨，降雨多集中在生长中、后期，因此，根据具体情况，适时灌水对维持葡萄良好的生长发育十分必要。葡萄的适宜灌水量应在一次灌水中使葡萄根系集中分布范围（以主干为中心80~100 cm宽、0~40 cm深的土层）内的土壤湿度达到最有利于生长发育的程度，灌水过多或过频不仅会浪费水资源，降低肥料利用率，而且影响地温回升。中国农业科学院果树研究所等单位研究提出了葡萄不同物候期灌溉的起始阈值和适宜灌溉量，为葡萄精准灌溉技术的开发奠定了理论基础。

我国橘园大部分建在丘陵山地，很多橘园没有灌溉设施。针对柑橘比较干旱的产区，植物抗旱剂被大量使用。在三峡地区，针对伏旱季节，非充分灌溉系统被研究应用。针对降雨量大的产区，集雨节水渗灌技术是有效留住降水、提高水资源利用效率的一种灌溉技术。在水资源比较有限的区域，滴灌和微灌是比较推荐的节水灌溉方式。水利部发布了柑橘农业灌溉用水定额，用于指导全国柑橘种植区开展农业用水总量配置、水资源论证、取水许可审批、节水评价和灌溉排水工程规划与设计等工作。

（五）花果管理

1. 授粉技术

在壁蜂授粉、蜜蜂授粉、人工授粉等单项技术基础上，集成了壁蜂+人工辅助授粉、蜜蜂+人工辅助授粉、人工器械授粉等苹果高效授粉技术，目前，已经在渤海湾、西北黄土高原等苹果主产区得到大面积推广（图5-28、图5-29）。在苹果专用授粉品种应用研究方面，从引进美国、日本、荷兰的海棠资源中筛选出一批优良苹果授粉品种，例如雪球（*M. Snowdrift*）和满洲里（*M. Mandchurica*）与我国主要苹果砧木嫁接亲和性好，树冠紧凑，花粉萌发率高，花粉产量高，与栽培品种授粉效果好，是商业化苹果园适宜的专用授粉品种，正在生产中开发应用。

图5-28　人工授粉技术

图5-29　壁蜂授粉技术

为了解决人工授粉费力费工、花粉用量大成本高、花期短效率低等问题，南京农业大学梨工程技术研究中心研发了梨树省力化液体授粉技术，制作成浓度为 0.4 g/L 的花粉溶液，花粉营养液成分为 15% 蔗糖 +0.01% 硼酸 +0.05% 硝酸钙 +0.04% 黄原胶，40%～50% 花量盛开时喷布即可。在湖北利川、河北泊头和新疆库尔勒等梨产区已经开始采用无人机液体授粉技术（图 5-30），花粉与花粉营养液（纯净水∶白砂糖∶花粉伴侣 =500∶50∶1）按照 1∶500 进行配制，每亩用量 3 L，采用大疆 T20 植保无人机，飞行高度距离树冠顶部 2 m，飞行速度每分钟 162 m，比人工授粉节约成本 75%。

图 5-30　无人机液体授粉技术

2. 疏花疏果技术

疏花疏果技术是调控苹果负载量的关键技术，目前已经在全国各苹果产区普及应用。苹果疏花定果主要采用人力手工作业（图 5-31），各地人工疏花定果方法基本相同，主要是花期疏边花，幼果期按间距法定果，定果间距一般为 20～25 cm，留果密的间距 15 cm 左右，留果稀的则在 30 cm 左右，留单果为主。化学疏花疏果技术由于效果稳定性差，在生产上没有得到有效推广应用（图 5-32）。

图 5-31　人工疏花疏果

图 5-32 化学疏花疏果

国家葡萄产业技术体系启动以来，经多年研究，我国葡萄的疏花疏果技术逐渐完善，成功构建了"1：（1～1.5）：1 梢果比疏花序 +3.5～6.5 cm 留穗尖花穗整形 + 单穗重 400～600 g 单层留粒"的疏花疏果技术体系并制定了相应技术规程，已经在各葡萄产区广泛应用，显著提升了葡萄的外观品质和内在品质。

在香蕉生产中，主要通过断蕾和疏果等技术措施进行疏花疏果。当香蕉花穗弯曲下垂在叶柄之上，会妨碍花蕾继续下垂，应及时把叶片拨开或割掉，让花蕾顺利正常下垂；当花蕾抽完，开完 2 托中性花后及时把花蕾尾部在中性花后切断；每穗留果 6～9 梳，每梳留果指 16～24 个，并除去病畸形的果指，疏果后的末梳保留 1 个果指生长。断蕾和疏果要同时进行，并选择在晴天下午进行，减少断蕾时果轴的流胶量（梁海莉，2011）。

芒果疏果是提升芒果商品率的重要手段之一，主要采取机械疏花和化学疏果等技术。疏果通常是在谢花后的 15～30 天，也就是说从第 2 次生理落果后开始疏果。在进行疏果时通常每枝果穗都会留果 2～3 个，把细小、畸形、病虫等果实摘除，保留健康果，同时需将未结果的花枝或者花枝上未结果的部位剪除。

近 10 多年来，荔枝的机械短截疏花、化学药剂（如多效唑和烯效唑）控穗壮花、乙烯利与烯效唑疏花等花期管理技术已经完善并在荔枝各产区广泛应用。

一般每株草莓一个时期保留 2 个主花序即可。对于花果量较大的品种，需要在花期疏掉多余的花，根据品种和植株生长状况来确定。如红颜可保留 5 个果，产量品质较稳定。

3. 套袋技术

苹果套袋技术已经在全国普及推广，成为一项常规花果管理技术措施。不同省区之间苹果果实套袋情况存在很大差异。山东已经基本实现了全套袋，且以双层袋为主，每亩套袋数量和果袋质量水平也比较高；陕西省果实套袋率也已达到 90%，双层套袋和单层套袋并存；河南、河北、山西等省区，套塑膜袋的比重还比较大。套袋可以提高果面光洁度，促进红色品种着色，减少烂果病和农药残留，有效提高了果实质量水平和商品果率，但套袋也引发了一些新的问题，如袋内日灼、斑点、裂口、摘袋后日灼、苦痘病等，需要进一步研究解决。套袋可致红富士苹果单果重、硬度、可溶性固形物含量等品质指标测定值下降；套袋果实的水分含量略有增加，而有机酸、可溶性总糖有所损失，糖酸比略有下降，维生素 C、全钙及硼的损失比较严重；套袋果在贮藏期间更易失水，口感与风味均比不套袋差（图 5-33）。

图 5-33　苹果套袋技术

果实套袋技术是优质葡萄生产的关键技术之一（图 5-34）。在干旱半干旱地区，种子发育期前后为适宜的套袋时期，适当晚套，利于减轻果实大小粒和日灼，利于钙元素吸收；为减轻病害，与干旱半干旱地区相比，湿润地区套袋时间需适当提前。中国农业科学院果树研究所等单位研究表明，红色纸袋具有促进果粒增大的作用，蓝紫色纸袋具有促进钙吸收、促进果实成熟的作用，绿色和黑色纸袋具有推迟果实成熟和提高果面光洁度的效果；颜色艳丽果袋防鸟效果好于白色果袋。

图 5-34　葡萄套袋技术

4. 果实品质提升技术

提高苹果果实着色方面，普遍应用的技术措施主要有摘叶、转果、铺反光膜和应用增色剂等，山东、陕西以及辽宁、甘肃、云南等省采用摘叶、转果、铺反光膜等复合技术措施的果园比重较大，山东达到 80% 以上；其他省则是应用其中的 1～2 项技术（图 5-35，图 5-36）。河北、甘肃则有一定数量的果园应用增色剂（钾肥、欧甘、宝丰灵等）提高着色。自 2005 年以来，全国苹果主产省大面积推广成龄果园疏密改形、提质增效技术，形成

"落头、抬干、疏枝"(陕西)和"间伐、优形、疏密、扩冠"(山东)、"拉枝、瘦身"(山西、河南)等各具特色的区域化疏密改形技术体系,苹果优质果率提高25%以上,商品果率提高5%以上,有效解决了成龄果园郁闭、产量低、品质差等问题,果品质量有了较大提高。利用植物生长调节剂提高元帅系苹果商品质量技术日臻成熟,以"花牛"苹果为代表的元帅系优质高档商品果生产技术,在甘肃等省推广50多万亩。中国农业科学院果树研究所分别在渤海湾产区、黄土高原产区和西南冷凉产区构建了可复制、易推广、省力降本、提质增效的苹果高质量发展技术模式,即"优化品种结构,无病毒苗木、无袋化栽培,负载量精准管理、水肥精量调控、病虫害精准防控、高光效修剪、高质量改土、高效益改园、高标准建园"。

图5-35 铺反光膜

图5-36 转果

在鲜食葡萄土壤改良、高标准建园、高光效省力化树形叶幕形、精准施肥、精准灌溉、优果花果管理、病虫害综合防控等核心关键技术/产品研发的基础上,由中国农业科学院果树研究所牵头联合南京农业大学和全国农业技术推广服务中心等单位创新并集成建立了鲜食葡萄"一改二精三高"鲜食葡萄优质高效栽培技术,实现了葡萄的轻简、优质、高效生产,生产出"好看、好吃、好运、好卖、好想"的五好优质果品,引领了消费潮流,提升了市场竞争力,为我国葡萄产业的健康可持续发展提供了技术支撑,带动了技术变革和进步,对脱贫攻坚和乡村振兴起到了积极作用,社会效益和经济效益显著。和常规技术相比,应用该技术管理用工节省40%以上,化肥减施40%以上,节水50%以上,果实品质指数增加40%以上,亩增收节支1000元以上。本技术规程入选农业农村部2021年主推技术,为葡萄产业的高质量发展提供了技术支撑。

冬季防落果以及普通中晚熟柑橘留树保鲜等关键栽培技术获得重要突破,使越冬晚熟柑橘成为近10年来柑橘产业效益最好、供给侧改革成果最显著的柑橘种类。利用覆"天膜"晚采,解决砂糖橘北移以及金柑晚采增效,是广西的创举。覆膜增糖技术主要用于宽皮柑橘,以温州蜜柑和椪柑为主,主要用于促进果实着色和增加含糖量。近年来,我国建立了柑橘果实品质基础数据库,在柑橘色泽(Zheng et al., 2019;Yin et al., 2016)、风味(Chen et al., 2019)、抗逆(Huang et al., 2013)等理论研究与调控技术方面渐成体系,比如促进早熟脐橙果面转红的生物促色技术等。

芒果的品质调控方面主要有果实套袋和植物生长调节剂的使用。芒果在成熟前易吸引果蝇等，造成果实减产、商品性下降，通过套袋不仅能防虫防病，避免果面药剂残留，还能在果实色泽调控上起到很好作用。如树上熟贵妃芒套袋后色泽艳丽，商品性也极大提升。植物生长调节剂的安全使用是国内学者十分关心和关注的问题，芒果生产中常用植物生长调节剂有多效唑、乙烯利、赤霉酸（GA3）和氯吡脲等（郭利军等，2014），合适的使用剂量可起到提高产量、改善品质的作用，但过量使用、滥用则会引发果品质量和安全问题，如生产上调节剂的滥用导致出现芒果黑心、烂果等，这也是目前国内芒果产业亟需关注的问题。

我国草莓工作者在草莓果实品质提升技术上进行了大量研究工作，如脱毒苗的生产繁育，草莓营养液配方肥、叶面肥、菌剂、土壤改良剂、有机肥及配套产品的研发，低温寡照补光灯、增降温设备、CO_2释放仪器的研发等。

（六）设施栽培

20世纪我国设施果树起始于设施葡萄，生产起步较晚，是从庭院中发展起来的，始于20世纪50年代初期。90年代初，随着人民生活水平的提高与市场的需求，葡萄等果树的设施栽培日趋兴起，已成为果树栽培发展的新方向和新趋势；截至2020年底，我国葡萄等果树的设施栽培技术体系已经较为完善，全国果树设施栽培面积已超过50万hm^2，栽培类型多样，涉及促早栽培、延迟栽培和避雨栽培等多种形式，进入稳定发展阶段。在中国农业科学院果树研究所、上海交通大学、南京农业大学、浙江省农业科学院、沈阳农业大学、山东省农业科学院、全国农业技术推广服务中心等十多家单位的努力下，针对葡萄、桃、草莓和大樱桃等树种的设施栽培开展了系统研究，明确了栽培设施的采光和保温设计，适宜品种与砧穗组合的评价体系与标准、选择原则，不同树形和叶幕形的光能利用特性，休眠机制、需冷量和需热量适宜估算模型，水分与营养吸收需求特性，果实品质发育规律，花芽分化规律与"隔年结果"原因，叶片衰老机制等设施葡萄生产的基本原理；研究形成了栽培设施设计与环境调控技术，品种与砧木选择技术，葡萄倾斜/水平龙干形配合"V"形叶幕和斜干水平龙干形配合水平叶幕、桃和大樱桃的主干形和对向"V"形及多直立主枝（主干）树形等高光效省力化树形叶幕形及配套简化修剪技术，三段式温度管理带叶休眠人工集中预冷休眠调控技术，按需施肥和按需灌溉的肥水高效利用技术，以花果穗整形、合理负载、生长调节剂处理和富硒叶面肥喷施等为核心措施的果实品质提升技术，以品种选择、更新修剪等为核心的连年丰产技术，以冬芽副梢利用、补充红光、喷施专用叶面肥等为核心的叶片抗衰老技术等设施果树生产系列关键技术；研发出了高效节能型日光温室及外保温材料卷放装置、植物生长灯及果树无土栽培装置等配套设备和器具及设施果树专用破眠剂、设施果树同步全营养配方肥、含氨基酸水溶性肥料及延缓叶片衰老的叶面肥等新产品，为我国设施果树的高质量发展提供了技术支撑。

此外，在设施葡萄核心关键技术/产品研发的基础上，由中国农业科学院果树研究所牵头联合浙江省农业科学院等单位创新并集成建立了设施葡萄优质高效生产技术体系，并形成了我国首个设施葡萄的农业行业标准——《设施葡萄栽培技术规程》。

柑橘设施栽培主要用于促进成熟、延后栽培、避雨、防寒、提高品质、减轻风害、减轻病虫害等。

二、发展趋势

（一）苗木繁育规范化

新品种权保护和转让及良种苗木繁育制度进一步完善，苗木繁育市场进一步规范，国家、省或县级无病毒果树苗木繁育基地建设加快，果树病毒检测、病毒脱除技术逐步完善，无病毒苗木快繁技术取得重大突破，果树苗木繁育的专业化、产业化和科学化水平进一步提升。

（二）栽培模式标准化

创建适合我国国情和果园立地条件的栽培模式，在丘陵地区，建立以单株效益为目标的乔砧精品高效栽培模式，在平地果园建立以早果、省工、优质、高效、实现规模效益为目标的矮砧、宽行、高干栽培模式。因地制宜，取长补短，发挥优势，形成特色。

（三）整形修剪轻简化

简化高纺锤形等三维结构树形，创制"V"形、多直立主枝（主干）形等二维平面树形，配套化学修剪、机械化修剪和根系修剪等手段，构建出轻简化整形修剪技术体系。

（四）肥水管理一体化

根据果树树体的养分需求特性，结合果园土壤的养分含量、肥料利用率等，定制生产果树生长发育同步全营养配方肥。根据需水规律，通过水肥一体化系统实施肥水用量的时空精准调控，达到壮树早果、优质丰产以及果园效益的优化协同。

（五）花果管理省力化

授粉方式从人工授粉向液体授粉、无人机授粉转变，负载量调控从人工疏花疏果向机械和化学疏花疏果转变，构建基于品种选育、果园微生态环境调控和病虫害综合防控为核心的免套袋栽培技术体系。

参考文献

陈国平，廖振钧，2004.芒果高产优质无公害栽培技术[J].广西农业科学(1):47–49.
陈海斌，2017.香蕉氮磷钾钙镁硫胁迫下的营养特性与营养诊断研究[D].广州：华南农业大学.
陈文涛，吴昭平，郭金铨，等，1992.香蕉种植密度对蕉园光能利用与产量的影响[J].亚热带植物通讯,21(1):31–37.
陈英泽，2020.不同外源激素对海南芒果保花保果及产量的影响[J].农业科技通讯(5):37–40.
陈哲，胡福初，范鸿雁，等，2019.荔枝品种间亲缘关系与嫁接亲和相关性分析[J].分子植物育种印刷版，16(24):209–218.

陈哲,胡福初,周文静,等,2020.间伐技术对荔枝密闭果园的影响[J].中国热带农业(6):6.

戴宏芬,邱燕萍,袁沛元,等,2016.间伐回缩修剪对荔枝叶片光合和蒸腾作用的影响[J].果树学报,33(6):701–708.

刀兴祥,2016.反季节芒果高产栽培技术探讨[J].绿色科技(7):137,139.

邓万超,2017.高产香蕉种植方法:CN107371958A[P].

段元杰,杨玉皎,孟富宣,等,2017.芒果繁育技术研究进展[J].亚热带农业研究,13(3):205–210.

范顺民,2019.南盘江沿江低热河谷区芒果栽培技术[J].农技服务,36(3):75–76.

冯斗,宁瑜,邓英毅,等,2020.减施氮磷钾肥对香蕉生长及其养分代谢特性的影响[J].农业研究与应用,33(4):7–14.

冯裕才,2018.香蕉硼铁锰锌铜营养形态诊断与缺素营养效应研究[D].广州:华南农业大学.

耿建建,2016.稻秆还田淹水联合水稻轮作对高发枯萎病蕉园土壤修复效应研究[D].海口:海南大学.

龚德勇,2010.贵州旱坡地芒果栽培技术[J].农技服务,27(9):1175–1176,1182.

龚德勇,黄海,党志国,等,2018.贵州石漠化山地芒果栽培技术规程[J].热带农业科学,38(6):34–37.

龚家建,杨小锋,林会山,2017.'金煌'芒果疏果效应研究[J].热带农业科学,37(2):20–23.

广西壮族自治区质量技术监督局,2018.芒果套种牧草生产技术规程:DB45T1687–2018[S].

郭利军,范鸿雁,邓会栋,等,2016.氯吡苯脲和吲熟酯对台农1号芒果果实发育及品质的影响[J].江苏农业科学,44(6):266–268.

郭利军,范鸿雁,何凡,等,2014.芒果常用植物生长调节剂毒性和残留研究进展[J].中国果树(3)78–81.

郭文武,叶俊丽,邓秀新,2019.新中国果树科学研究70年——柑橘[J].果树学报,36(10):1264–1272.

海南省质量技术监督局,2009.芒果产期调节技术规程:DB46T176–2009[S].

何佳奇,苏鸿,2020.百色市全面提升芒果生产全程机械化水平[J].广西农业机械化(4):35–36.

何晓莹,肖志会,李慧敏,等,2013.芒果品种选择和栽培技术的发展分析[J].中国农业信息(17):59–60.

洪珊,2017.茄子与香蕉轮作配施生物有机肥缓解蕉园连作障碍土壤微生物机制研究[D].海口:海南大学.

洪珊,剧虹伶,阮云泽,等,2017.茄子与香蕉轮作配施生物有机肥对连作蕉园土壤微生物区系的影响[J].中国生态农业学报,25(1):78–85.

胡福初,周文静,陈哲,等,2020.早熟荔枝新品种"桂早荔"在海南陵水的引种表现[J].中国南方果树(1):89–93.

胡福初,陈哲,赵杰堂,等,2020.荔枝种质资源矮化相关形态指标的鉴定及综合评价[J].植物遗传资源学报,21(3):304–314.

华敏,邓会栋,郭利军,等,2021.机械疏花与化学疏果对"台农1号"芒无胚果单果质量及品质的影响[J].中国热带农业(4):41–46,80.

华敏,郭利军,邓会栋,等,2017.海南芒果反季节早熟栽培管理模式及对其他芒果产区的启示[J].中国热带农业(1):19–23.

华敏,郭利军,邓会栋,等,2020."贵妃芒"机械疏花与化学疏果技术研究[J].中国热带农业(4):74–78.

华敏,何凡,范鸿雁,等,2009.海南芒果产期安全调节技术[J].中国热带农业(1):54–55.

黄平明,莫海港,张英俊,等,2021.香蕉种植园土壤管理防控枯萎病的研究进展[J].农业研究与应用,34(4):50–53.

黄秀艳,陆弟敏,李生,等,2021.百色芒果园生草栽培技术应用现状及发展对策[J].南方园艺,32(2):93–94.

黄永红,2011.韭菜对香蕉枯萎病的防控效果及其作用机理的研究[D].长沙:湖南农业大学.

黄永红,李春雨,左存武,等,2011.韭菜对巴西香蕉枯萎病发生的抑制作用[J].中国生物防治学报,27(3):344–

348.

剧虹伶,2017.辣椒-香蕉轮作联合生物有机肥减轻高发枯萎病蕉园连作障碍机制研究[D].海口:海南大学.

赖朝圆,2018.轮作缓解香蕉连作生物障碍的效应及机制研究[D].海口:海南大学.

赖朝圆,杨越,陶成圆,等,2018.不同作物-香蕉轮作对香蕉生产及土壤肥力质量的影响[J].江苏农业学报,34(2):299-306.

李宝深,2015.滴灌蕉园养分综合管理技术研究与应用[D].北京:中国农业大学.

李虹,黄文,武春媛,等,2017.环境友好型跨年度轮作及香蕉-花生间作对土壤微生物多样性提升效果[J].现代农业科技(20):64-65,67.

李莉,魏岳荣,易干军,等,NY/T 2120-2012,香蕉无病毒种苗生产技术规范[S].

李梦辉,2017.辣椒对香蕉枯萎病的防控作用效果[D].海口:海南大学.

李有华,2012.华坪县芒果园套种辣椒栽培技术[J].农民科技培训(7):20.

李壮哲,2014.香蕉田间运输车的设计与试验[D].广州:仲恺农业工程学院.

梁海莉,2011.香蕉高产优质栽培技术[J].现代农业科技(12):120-121.

林苹,彭建平,刘国强,等,2016.矮化避雨栽培对"金煌1号"芒果物候期与果实形质、产量的影响[J].中国果树(5):34-37,42.

林威鹏,曾莉莎,吕顺,等,2019.香蕉-甘蔗轮作模式防控香蕉枯萎病的持续效果与土壤微生态机理(Ⅱ)[J].中国生态农业学报,27(3):348-357.

刘佛良,杨晓彬,吴伟斌,等,2018.7sGH山地果园双轨运输机振动性能测试与分析[J].河北农业大学学报,41(5):124-129.

刘建荣,2012.芒果高产栽培技术[J].农技服务,29(6):688-689.

刘清国,张正学,刘荣,等,2017.贵州山地芒果抗旱栽培技术研究[J].中国热带农业,(2):74-76,79.

刘文清,崔广娟,王芳,等,2019.香蕉-甘蔗轮作对土壤养分含量及酶活性的影响[J].广东农业科学,46(8):86-96.

柳红娟,2015.木薯对香蕉枯萎病的防控效果及其机理研究[D].海口:海南大学.

柳红娟,黄洁,刘子凡,等,2016.木薯轮作年限对枯萎病高发蕉园土壤抑病性的影响[J].西南农业学报,29(2):255-259.

卢瑞嬂,2014.破题柑橘机械化[J].现代农业装备,(5):12-15.

卢希旭,梁启宗,2020.阳江地区香蕉标准化栽培技术[J].安徽农学通报,26(7):29-30+128.

罗剑斌,何凤,王祥和,等,2019.一疏二控三割控穗疏花技术提高"妃子笑"荔枝产量的生理原因分析[J].中国南方果树,48(1):6.

马学林,郭学红,2013.金沙江干热河谷区优质晚熟芒果栽培技术[J].现代农业科技(24):99-101,104.

欧阳爱国,吴建,刘燕德,等,2018.大坡度山地果园运输机行走机构设计与试验[J].江苏农业科学,46(10):217-220.

欧阳娴,阮小蕾,吴超,等,2011.香蕉轮作和连作土壤细菌主要类群[J].应用生态学报,22(6):1573-1578.

邱继水,魏岳荣,杨护,等,2007.水肥耦合微喷灌溉对香蕉生长和产量的影响[J].灌溉排水学报(6):99-101.

任晓智,李福敏,韦雨佳,等,2020.智能芒果高空采摘车的有限元仿真设计与试验[J].农机化研究,42(12):91-95.

阮云泽,2015.水稻-香蕉轮作联合添加稻秆防控香蕉枯萎病的栽培方式.[D].海口:海南大学,5-20.

沈兆敏,2008.柑橘简化(易)修剪技术[J].科学种养(8):1.

滕荫欢,2010.浅谈芒果栽培技术[J].吉林农业(9):97,146.

汪晓云,2006.南果北种专题系列(八)芒果设施栽培技术[J].农业工程技术(温室园艺)(7):58-59.

王蓓蓓,2015.轮作及生物有机肥防控香蕉土传枯萎病的土壤微生物机制研究[D].南京:南京农业大学.

王世明,2019.香蕉—甘蔗轮作模式改善土壤微生物环境从而防控香蕉枯萎病[J].中国果业信息,36(5):63.

王以静,马云飞,2020.元江干热河谷区芒果优质栽培技术及管理策略探讨[J].绿色科技(21):77-78.

吴文碟,胡福初,姚丽贤,等,2021.海南荔枝主产区果园土壤养分状况分析[J].中国南方果树,50(5):7.

谢江辉,2019.新中国果树科学研究70年——香蕉[J].果树学报,36(10):1429-1440.

辛侃,2014.水稻—香蕉轮作并向土壤中添加有机物料防控香蕉枯萎病的研究[D].海口:海南大学.

辛侃,赵娜,邓小垦,等,2014.香蕉-水稻轮作联合添加有机物料防控香蕉枯萎病研究[J].植物保护,40(6):36-41,52.

许文天,白团辉,高玉尧,等,2013.避雨栽培对杧果果实品质和病害的影响[J].果树学报,30(4):634-638.

玄志友,2021.不同蔬菜品种与香蕉轮作防控枯萎病[J].中国果业信息,38(9):57.

杨苞梅,2007.土壤养分状况系统研究法在香蕉平衡施肥上的应用研究[D].儋州:华南热带农业大学.

杨劲明,范平珊,王禹童,等,2020.不同菠萝品种种植对连作蕉园土壤理化性质和可培养微生物数量的影响[J].微生物学通报,47(8):2471-2483.

杨小锋,李劲松,杨沐,等,2011.设施栽培覆盖材料对芒果品质及设施环境的影响[J].中国果树(6):45-48.

杨宇,2018."巴西"蕉和"宝岛"蕉营养吸收规律研究[D].海口:海南大学.

杨越,赖朝圆,王一鸣,等,2018.轮作作物对连作香蕉园玄武岩砖红壤综合质量的影响[J].土壤,50(3):633-639.

姚丽贤,周昌敏,王祥和,等,2017.施用常用有机肥对荔枝产量、品质及土壤性质的影响[J].中国土壤与肥料(5):87-93.

叶美欢,2019.施肥技术集成模式在香蕉生产上应用初探[J].广西农学报,34(6):23-25,29.

佚名,2019.香蕉生产机械化初见成效 降低劳动成本指日可待[J].世界热带农业信息(12):8.

袁先福,孙玉菌,朱成之,等,2018.轮作联合生物有机肥促进香蕉生长[J].应用与环境生物学报,24(1):60-67.

臧小平,韩丽娜,马蔚红,等,2013.滴灌施肥不同用量对香蕉生长及水肥利用的影响[J].节水灌溉(1):22-25.

臧小平,韩丽娜,马蔚红,等,2013.高浓度复合肥在灌溉施肥中对香蕉生长及水肥利用的影响[J].水资源与水工程学报,24(1):78-80,83.

臧小平,韩丽娜,马蔚红,等,2013.悬浮液体肥在滴灌施肥中对香蕉生长·水肥利用的影响[J].安徽农业科学,41(9):3829-3831.

臧小平,马蔚红,周兆禧,等,2012.香蕉水肥一体化滴灌技术规程[J].广东农业科学,39(14):68-70,84.

曾莉莎,林威鹏,吕顺,等,2019.香蕉-甘蔗轮作模式防控香蕉枯萎病的持续效果与土壤微生态机理(Ⅰ)[J].中国生态农业学报,27(2):257-266.

曾莉莎,王芳,周海琪,等,2021.适宜与香蕉轮作防控枯萎病的蔬菜品种初步筛选[J].热带作物学报,42(6):1678-1684.

张爱华,阮云泽,董存明,等,2015.配方施肥对香蕉生物量及养分积累的影响[J].中国农学通报,31(31):141-145.

张汉荣,2011.香蕉"沟畦轮作"模式栽培新技术[J].福建热作科技,36(4):30-32.

张浩,2021.基于圆柱坐标的香蕉采摘机器人大负载机械臂系统设计[D].广州:广东工业大学.

张力文,2017.基于单片机的芒果智能分拣系统优化设计[J].电子测试(6):20-21,16.

赵娜,2014.三种茄科蔬菜轮作对高发枯萎病蕉园土壤微生物的调控效应[D].海口:海南大学.

赵娜,李荣,辛侃,等,2014.茄科蔬菜轮作对高发枯萎病蕉园土壤可培养微生物的影响[J].热带作物学报,35(8):1469-1474.

钟爽,曾会才,金志强,2015.不同水肥耦合对香蕉产量及土壤化学性质的影响[J].灌溉排水学报,34(S1):26-28.

钟业斌,2019.香蕉栽培技术及应用实践探寻[J].乡村科技(29):98-100.

周文忠,2006.反季节芒果高产栽培技术[J].中国热带农业(5):53-54.

朱杰,2014.海南芒果的反季节高产栽培技术及病虫害防治[J].农民致富之友(16):197-198.

朱正波,2017.香蕉机械落梳关键技术研究[D].广州:华南农业大学.

朱志堂,2017.施用控释肥、碱性肥对香蕉生长发育和产量及土壤养分含量的影响[D].南宁:广西大学.

庄伊美,1990.香蕉营养与施肥[J].福建果树(1):36-43.

CHEN J, YUAN Z, ZHANG H, et al., 2019. Cit1, 2RhaT and two novel CitdGlcT s participate in flavor-related flavonoid metabolism during citrus fruit development[J]. Journal of experimental botany, 70(10): 2759-2771.

CHEN Z, ZHAO J, HU F, et al., 2017. Transcriptome changes between compatible and incompatible graft combination of Litchi chinensis by digital gene expression profile[J]. Scientific Reports,7:3954.

CHEN Z, ZHAO J,QIN Y, et al., 2016. Study on the graft compatibility between 'Jingganghongnuo' and other litchi cultivars[J]. Scientia Horticulturae, 199:56-62.

FENLING TANG,YANXIA LI,FEI LIN,et al.,2019.Cultivation and Management Technologies for New Banana Cultivar 'Refen 1' (Musa Spp. ABB,Pisang Awak Subgroup)[J/OL].Asian Agricultural Research,11(5):71-75. DOI:10.19601/j.cnki.issn1943-9903.5.015.

FU-CHU H U, CHEN Z, WANG X H, et al., 2021. Construction of high-density SNP genetic maps and QTL mapping for dwarf-related traits in Litchi chinensis Sonn[J]. Journal of Integrative Agriculture, 20(11):2900-2913.

FU-CHU H U, CHEN Z, WANG X H, et al., 2018. Differential gene expression between the vigorous and dwarf litchi cultivars based on RNA-Seq transcriptome analysis.[J]. PloS one,13(12):eo208771.

HUANG X S, WANG W, ZHANG Q, et al., 2013. A basic helix-loop-helix transcription factor, PtrbHLH, of Poncirus trifoliata confers cold tolerance and modulates peroxidase-mediated scavenging of hydrogen peroxide[J]. Plant physiology, 162(2): 1178-1194.

QUYAN HUANG,2020.The Way to Improve the Technical Content of Banana Cultivation[J].International Journal of Education and Economics,3(3):161-162.

YIN X, XIE X, XIA X, et al., 2016. Involvement of an ethylene response factor in chlorophyll degradation during citrus fruit degreening[J]. The Plant Journal, 86(5): 403-412.

ZHENG X, ZHU K, SUN Q, et al., 2019. Natural variation in CCD4 promoter underpins species-specific evolution of red coloration in citrus peel[J]. Molecular plant, 12(9): 1294-1307.

第四节　果树病虫害防控技术

一、发展动态

(一) 我国果树病虫防控的三个历史阶段

我国果树病虫防控研究始于20世纪30年代，大概可划分为三个阶段。

第一阶段：20世纪40年代末大连瓦房店地区苹果树腐烂病暴发，危及当时全国栽培面积最大的辽宁苹果产区的产业生存，北京农业大学（现中国农业大学）和东北园艺试验场（现中国农业科学院果树研究所）专业人员开展了病害调研和防控研究，自此开始了我国果树病虫防控的专业化研究。

第二阶段：1958年，中国农业科学院果树研究所成立，引领了我国南北方果树的病虫种类调研和重大病虫防控研究，逐步摸清了我国果树病虫种类，调查和采集果树病虫标本3万多号（建成了我国最大的果树病虫标本库）（图5-37），编制了"果树病虫志"，直至20世纪80年代摸清了苹果树腐烂病的潜伏侵染和跨年发病规律、桃小食心虫等重要蛀果害虫的年度发生规律、二斑叶螨等苹果害螨的生态位，率先开展和引领了我国果树病毒研究，相关研究先后获得多项国家和省部级科技进步奖，并开展了相关病虫的综合防控、高效药剂筛选和编制我国的《农药田间药效试验准则》系列标准。

第三阶段：20世纪末至今，随着农业农村部产业技术体系的建设，多省的农业科研院校开始了全国联合研究，研究的病虫种类更加齐全，更加重视病虫的发生规律和区域性的防控技术，并在近10多年更加重视果树病虫的绿色防控，各种绿色防控技术和产品研发取得重要进展。

在70多年的持续研究中，果树植保专家的重大贡献体现在：一是明确了我国发生的主要果树病虫种类及其基本流行规律，为学科研究和果树病虫的综合防控奠定了理论基础；二是对苹果树腐烂病、桃小食心虫、柑橘黄龙病等重大病虫进行了有效防控，多次避免了重大病虫流行对产业的毁灭性威胁，保障了我国果业生产的安全（姚廷山等，2018）。

但历史上果树病虫防控也存在

图5-37　果树病虫标本库

过度依赖化学农药、重治轻防、盲目用药等普遍问题，导致农药使用不高效、不速效、不持效的现象较为普遍。受施药器械和施药技术的影响，导致农药利用率不高、病虫害防治效果差，农药的大量使用造成了农药残留超标、环境污染、害虫耐药性与再猖獗等一系列问题。

（二）我国果树病虫的多样化和重大病虫种类

我国果树树种和品种众多，栽培地域广阔，分布于不同的纬度和海拔，气候复杂多样，因此，我国果树病虫害发生复杂多样，目前已被记述的病虫害种类有 4 031 种之多，其中病害种类 1 628 种，虫害及其他种类 2 403 种。当中对果树生产影响最为严重的病虫害种类共有 390 种，其中病害种类 153 种，虫害及其他种类 237 种。

同国际趋势类似，为害较大的果树病虫种类也主要集中在大宗果树上，如柑橘黄龙病、苹果树腐烂病、苹果轮纹病、苹果炭疽叶枯病、葡萄霜霉病、葡萄病毒病、桃细菌性穿孔病、梨黑星病、香蕉枯萎病、桃小食心虫（威胁苹果、梨、桃、枣等果树）、红蜘蛛类、蚜虫类等（岳强等，2020；吴建园等，2017）。近年来，一些跨境入侵生物也逐步进入我国，在局部发生，如苹果黑星病、梨枝枯病、苹果蠹蛾等重大病虫，也正在向主产区扩散，恐将造成较为普遍的重大威胁。对栽培面积和产量最大的苹果产业而言，重大病虫的种类与欧美存在差异，一是我国苹果种植区域的气候和土壤条件较差，树体长势较差，苹果树腐烂病、轮纹病等枝干病害长期为害；二是每年7月中旬后的雨水北移，雨热同期，使得斑点落叶病、褐斑病和炭疽叶枯病等高温高湿型叶部病害容易暴发为害，和欧美以苹果黑星病、梨火疫病为主的流行病害有显著差异。

（三）我国果树病虫绿色防控研究进展迅速

围绕以良好果园生态建设为基础的果树病虫绿色综合防控策略，我国在各关键要素的研究中取得了长足的进展。

1. 健康种苗和抗病虫育种

（1）无病毒健康苗木繁育。中国农业科学院果树研究所、中国农业科学院柑橘研究所、华中农业大学等相关科研院所，持续开展苹果、葡萄和柑橘等大宗果树的病毒防控和无病毒苗木生产技术研究（图 5-38）。鉴定明确一批重大病毒病的毒原，研发系列高效检测和脱毒技术（图 5-39），培育大量优良品种的无病毒原种资源，制定了规范的无病毒苗木规模化繁育标准。采用高通量测序技术在国际上首次明确苹果双生病毒（AGV）、梨褪绿叶斑相关病毒（PCLSaV）、葡萄欧洲山梣环斑病毒属病毒 A（GEVA）（图 5-40、图 5-41）、葡萄玉米细线病毒属相关病毒（GaMV）、猕猴桃褪绿环斑相关病毒（AcCRaV）等毒原10余种（Liang 等，2015；Liu 等，2020；Fan 等，2021；Fan 等，2021；Zheng 等，2017）；研发了包括荧光定量 PCR 和 RT-LAMP 等检测技术体系（任芳等，2018；Walsh 等，2013；Almast 等，2015；Romero 等，2019）；针对不同病毒，研发热处理+茎尖培养脱毒法、热处理+嫩芽嫁接、试管苗恒温热处理+茎尖培养、化学处理+超低温脱毒等系列方法（Wang 等，2016；Hu 等，2015，2017，2020；张尊平等，2013）；目前在中国农业科学院果树研究所和中国农业科学院柑橘研究所建成苹果、葡萄和柑橘的无病毒原种圃，保存无病毒原种资源 200 余份，可及时满足产业需求；制定农业行业标准《柑橘无病毒苗木繁育规程》（NY/

T 973—2006）、《苹果无病毒母本树和苗木》（NY 329—2006）、《葡萄无病毒苗木繁育技术规范》（NY/T 3303—2018）等，其中规定了柑橘、苹果和葡萄无病毒苗木繁育体系建设方法、苗木的建立与管理方法、苗木质量要求等，对于无病毒苗木栽植和管理具有重要的指导作用。

图 5-38　苹果无病毒母本园

图 5-39　果树脱毒苗组培快繁

图 5-40　葡萄欧洲山梣环斑病毒属病毒 A（GEVA）发病症状

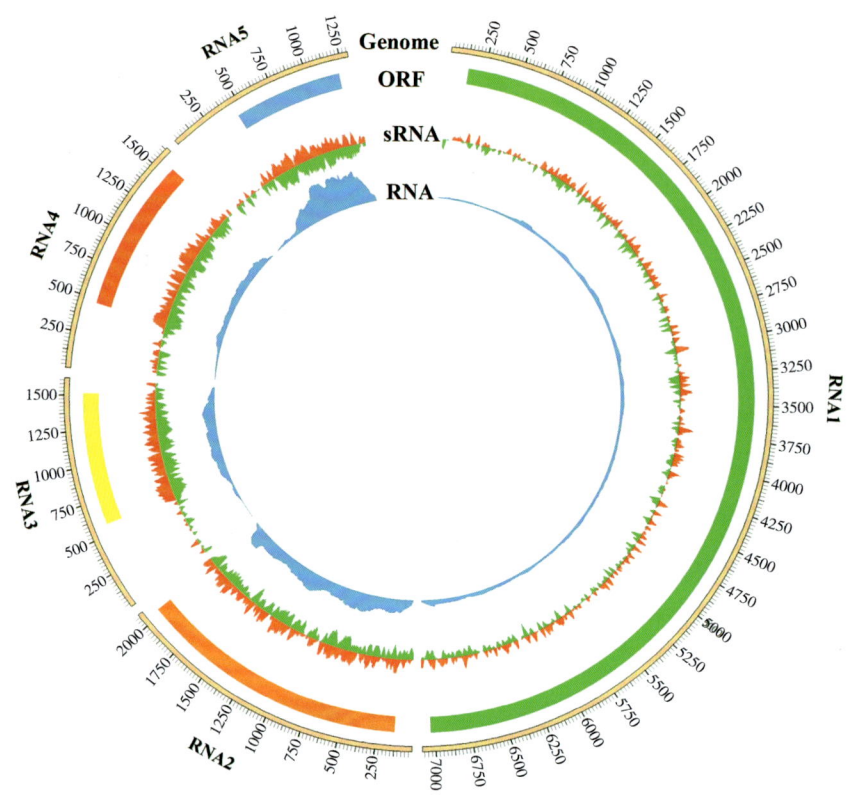

图 5-41 葡萄欧洲山楂环斑病毒属病毒 A（GEVA）基因组 sRNA 和 LncRNA 分布情况

（2）抗病虫育种。中国农业科学院果树研究所针对苹果开展了抗病育种，收集苹果斑点落叶病菌、苹果炭疽叶枯病菌、苹果树腐烂病、苹果轮纹病等重大病害病原菌，鉴定获得致病力稳定遗传菌株和斑点落叶病菌生理小种，研发制定苹果树腐烂病、苹果炭疽叶枯病、斑点落叶病、轮纹病抗感特性快速鉴定方法（徐成楠等，2019）。通过室内快速鉴定和田间调查相结合，鉴定明确国家苹果资源圃的高抗资源 160 份，利用发掘的多抗资源开展抗病杂交育种，获得针对我国主要苹果病害（腐烂病、轮纹病、斑点落叶病、褐斑病、炭疽叶枯病）的多抗种质 10 余份，为抗病品种培育奠定了优异种质资源基础；开展梨树轮纹病抗性鉴定研究（曹玉芬等，1999），明确梨 4 个种 28 个品种的果实对病害抗性水平；研究明确不同苹果品种对桃小食心虫生长发育和繁殖的影响（张怀江等，2014），研究阐明桃、苹果、李、杏等 4 种不同寄主对苹小卷叶蛾生长发育及繁殖的影响并组建了其在 6 个苹果品种上的生命周期表（孙丽娜等，2015），为苹果抗虫育种及综合治理提供理论依据。

2. 果树病虫害的生态调控

研究明确了苹果树的提干改形、果园生草、菌肥施用改良土壤等栽培措施对果园生态改良和提高树体抗性预防病虫的效果，用实践证明了建立"以果园生态优化为基础的苹果病虫绿色防控"理论的可行性。

结合果园生草栽培制度的推广，对比调查了清耕园、间作三叶草园和自然生草园内果园害虫及天敌数量，探明了间作绿肥对害虫及天敌的影响，提出了适宜在辽宁西部地区果园推广利用的地面管理模式,以利于生态调控(闫文涛等,2014)。

3. 生物防治技术与产品

(1)天敌繁育和释放。我国果树病虫天敌繁育技术处于世界领先水平。筛选几十种天敌资源并研究明确其生物学特性,研发了人工饲料、人工叶片、工厂化繁育技术。目前可通过人工繁育天敌防控的主要虫害涉及红蜘蛛、食心虫类、蚜虫类、绿盲蝽等产业中的主要害虫,研究明确了天敌的田间释放技术(释放时机、数量等、无人机释放等),尤其捕食螨的规模化应用得到了一定普及,有效地替代或降低了相关农药的应用。

(2)拮抗菌筛选和开发。多家科研院所开展了病虫拮抗菌筛选和开发工作。拮抗菌种类涉及放线菌、真菌和细菌等多种微生物,尤其芽孢杆菌类拮抗菌种类丰富,且易于扩繁,研究明确了高效拮抗菌的杀菌机制、生物学特性、环境相适性、相互间的拮抗和共存特性、高效繁育技术等,目前登记和即将登记的相关产品20余个。针对潜伏侵染和易于病疤复发的苹果树腐烂病,分离鉴定高效拮抗菌GB1,具有杀菌高效、内生和促生长特性,可促进病疤愈合并在刮除病疤处内生进而长期发挥作用(张俊祥等,2015);筛选鉴定针对桃小食心虫的高效拮抗菌。

(3)性诱和食诱技术。针对桃小食心虫、梨小食心虫、苹果卷叶蛾等害虫,开发了高效的性诱和迷向产品,产品形式更加多样化,迷向丝可长期发挥作用,诱芯+诱捕器可提高诱杀效果(图5-42)。开展了主要蛀果类害虫桃小食心虫的嗅觉基因研究,研究明确了成虫对性信息素和苹果部分挥发物嗅觉机制,挖掘鉴定嗅觉相关基因121个,为研发更高效环保的交配引诱剂和干扰剂提供了理论依据(田志强等,2018;刘孝贺等,2020)。针对金龟子类的糖醋诱杀成为常规技术。

图5-42 苹果园悬挂性诱捕器

4. 物理防护和诱杀技术

(1)套袋保护技术。套袋保护有效地解决了苹果轮纹病、桃小食心虫等重大病虫的为害,尽管无袋栽培是未来的发展方向,但套袋技术继续扩展应用到了葡萄、桃、芒果等其他果树上,取得了良好的果实保护效果(图5-43)。

图 5-43　苹果套袋技术应用

（2）高分子膜保护技术。针对四川国光公司生产的松尔膜拓展研究了其对枝干病害的预防效果，明确了其对苹果树腐烂病和枝干轮纹病孢子释放的抑制作用、对枝干伤口的有效保护作用，尤其对未来 Guyut 二维栽培模式下苹果的水平永久中心干的保护作用，可进行大力推广，彻底改变苹果枝干病害难以防控的局面，对于梨轮纹病、桃流胶病、猕猴桃溃疡病等病害的防控也将发挥良好的作用。

（3）色板诱杀技术。黄板和蓝板诱杀在设施葡萄和草莓生产中得到了良好的普及，发挥了重要的害虫防控效果。为了探索梨瘿蚊无害化的防治方法，开展了黄色、蓝色、深蓝色、白色、绿色、紫色、灰色、黑色和粉红色 9 种不同颜色的色板对梨瘿蚊的诱集效果的比较，同时探索了黄板在田间的使用方法。研究结果表明，梨瘿蚊对黄色色板趋性最大，与其他 8 种颜色色板之间存在极显著差异。当黄色色板的悬挂高度不高于 1.5 m、间距为 4 m 时的综合诱虫效果最佳（张怀江等，2015）。

5. 病虫测报和农药高效利用

（1）害虫年度发生规律和测报。针对苹果桃小食心虫、梨小食心虫、苹果全爪螨、山楂叶螨、二斑叶螨、苹果黄蚜、苹果瘤蚜、苹果绵蚜等主要害虫进行了多年研究，明确了各种害虫的年度发生规律及其化防指标，为精确用药提供了理论和实践指导（张怀江等，2011，2016；仇贵生等，2012；闫文涛等，2010，2015；殷万东等，2012；孙丽娜等，2014）。基于图像的自动识别技术研究获得长足进展，并结合现代信息技术，可以方便地和手机 APP 相结合，帮助果农进行病虫的识别和防控技术推送。

（2）病虫抗药性和敏感性测定方法。针对葡萄霜霉病、苹果炭疽叶枯病等开展了抗药基因的研究，明确了抗药菌株的突变基因并建立了突变基因的快速测定方法（王美玉等，2018；徐杰等，2020）；针对病菌孢子死活开展了双荧光染色法和筛选了针对不同类型孢子的双荧光染色组合，可用于对病菌抗药性的快速鉴定，并具有一定的普适性；中国农业科学院果树研究所经多年研究，成为目前国内唯一能够周年饲养桃小食心虫与梨小食心虫的机构,可年繁殖食心虫超百万头,为相关基础研究和药剂筛选等工作提供了充足的周年试虫供应;连续周年饲养二斑叶螨20余年,拥有世界唯一1份长期不沾染任何药剂的室内饲养二斑叶螨试虫,为抗药性研究提供了试材。

(3)高效药剂筛选。通过双荧光染色法鉴定明确了自全国主产区收集分离的100余个斑点落叶病菌株对5种常见药剂的抗药性发展情况,对生产中不同地区高效农药的筛选提供了技术支持(吴玉星等,2007;张彩霞等,2011);开展了桃小食心虫对拟除虫菊酯类和二酰胺类杀虫剂的抗药性研究,发现该虫对拟除虫菊酯类杀虫剂产生抗药性风险较低(全林发等,2017),完成了桃小食心虫对四唑虫酰胺和氯虫苯甲酰胺的抗性风险评估,据此,建立了桃小食心虫的杀虫剂毒力测定方法(孙丽娜等,2018);建立了苹果绵蚜的杀虫剂毒力测定方法;采用区分剂量法和菌丝生长速率法,对采自我国苹果主产区的117个苹果炭疽叶枯病菌菌株进行甲基硫菌灵、戊唑醇、咪鲜胺的敏感性测定,并对随机抽测的28个菌株的β-微管蛋白基因(β-tubulin)进行序列分析,苹果炭疽叶枯病菌对苯并咪唑类杀菌剂甲基硫菌灵表现出高抗性,对DMIs类杀菌剂戊唑醇表现出低水平抗性,但已产生高水平抗性菌株,对咪唑类药剂咪鲜胺敏感性较强;采用菌丝生长速率法测定异菌脲与戊唑醇及吡唑醚菌酯的混剂比例,筛选的混配比例增效为1.57。

(4)药械改进和精准用药。果园无人机弥雾技术获得长足进展,大疆和极目无人机在仿地飞行、弥雾粒径和弥雾角度等方面的技术进展保障了山地果园的无死角弥雾和冠层穿透;研究并系统构建"精准诊断+精准监测+精准适期+精准药剂+精准器械"的"五精准"苹果园和梨园农药高效减量技术模式(图5-44)。

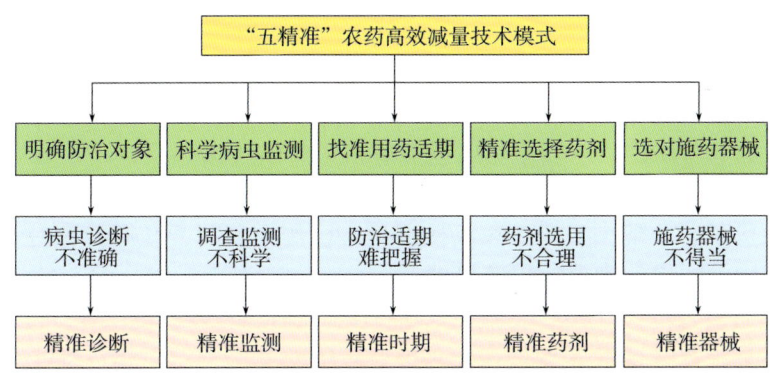

图5-44 "五精准"农药高效减量技术模式

6. 果园病虫害的区域绿色综合防控与新技术示范推广

苹果、梨、葡萄、柑橘等重大果树的药肥双减项目研究获得巨大进展,通过果园修剪技术改进和冠层改造、果园生草、生物和物理等绿色技术综合运用,制定了适宜各产区病虫发生规律的区域性综合防控技术,示范基地农药减施普遍在35%以上(徐成楠等,2017)。依托果树专业试验站、专家工作站、产业研究院等多种技术平台,针对现代化果园和规模化生产模式,建立"公司+农户""合作社+农户"等多种技术推广服务模式,构建适合我国国情的技术服务和推广体系。

二、发展趋势

（一）我国果树病虫防控的现实需求和未来发展策略

国家需求方面，随着我国经济发展的转型和美丽乡村战略的实施，作为农村主要经济的果树种植必须走符合生态发展的绿色植保之路。学科发展方面，绿色植保、智慧果园建设需要新型的绿色替代技术与产品。产业实践方面，企业化和协会化发展的规模化果业，要求省力化植保技术的发展，以降低实践投入来增加收益和增强产业竞争力。

建立以生态防控为基础，充分利用抗性资源、农业防控、生物和物理防控等绿色技术与产品，把高效农药的精准使用作为关键保障的综合防控技术体系成为近期和未来一段时间的重要发展策略。①资源抗性。抗病品种、健康种苗的应用，或培养健壮树体增强对枝干病害的抗性。②良好生态。土壤生态－提升土壤质量、肥水和土壤有益微生物、果园生态－生草涵养天敌、合理栽培模式和修剪创建合适的温湿度。③绿色技术与产品。研发和使用生物的（人工培养天敌、高效拮抗微生物菌剂、性诱剂等）、物理的（套袋、枝干保护性膜剂等）农药替代技术。④化学防控。抗药性监测和高效药剂筛选、病虫精准测报、精准和智能化的农药高效喷施技术等。

（二）我国果树病虫防控技术发展展望

1. 目标和路径

绿色和高效是未来我国果树病虫防控的总体目标。建立以抗病品种和健康苗木为基础、以良好果园生态建设为根本、以生物和物理等绿色防控技术为常规手段、以精准测报和精准施药为关键保障的综合防控技术体系为绿色和有机生产的技术路径。

2. 加强重大病虫的检疫

当前，苹果黑星病、梨火疫病等重大检疫病害已传入我国，开展跨境有害生物的联合防控和避免已侵入境内的检疫病虫的快速扩展。

3. 加强抗病虫育种

抗病虫育种是果树绿色发展和增强未来果业竞争的基础资源，不仅可高效解决重大病虫危害，保障果业生产安全，更可实现无袋栽培，从而极大降低果园的人工投入。

4. 提升病虫测报精度

针对重大暴发性病虫，需进一步细化到品种、温湿度等多个指标的精准测报，建立精准测报模型，逐步实现测报的自动化和无人化。

5. 建设果园智慧植保

随着现代果业的规模化发展、劳动力的短缺和人工成本的快速增加，需建立针对现代栽培模式（如二维平面栽培）的果园病虫自动测报、天敌自动释放、高效农药智能化弥雾的技术体系。

参考文献

曹玉芬,孙秉钧,李美娜,等,1999.梨品种果实对轮纹病的抗性鉴定[J].果树科学(3):5.

仇贵生,张怀江,闫文涛,等,2012.苹果园二斑叶螨的经济为害水平[J].植物保护学报(3):200-204.

刘孝贺,孙丽娜,张怀江,等,2020.桃小食心虫成虫化学感受蛋白CSPs的基因克隆及表达谱分析[J].中国果树(2):91-96.

全林发,仇贵生,孙丽娜,等,2017.高效氯氰菊酯亚致死浓度对桃小食心虫成虫体内解毒酶活性的影响[J].农药学学报(3):316-323.

全林发,仇贵生,孙丽娜,等,2017.高效氯氰菊酯亚致死浓度对桃小食心虫生物学特性的影响[J].昆虫学报(7):799-808.

任芳,张尊平,范旭东,等,2018.主要果树病毒实时荧光定量PCR检测技术研究进展[J].园艺学报,45(9):1688-1700.

孙丽娜,仇贵生,张怀江,等,2015.苹小卷叶蛾在四种寄主植物上的生长发育及繁殖[J].昆虫学报(1):53-59.

孙丽娜,田志强,张怀江,等,2018.氯虫苯甲酰胺干扰桃小食心虫交配的转录组分析[J].中国农业科学(15):105-116.

孙丽娜,闫文涛,张怀江,等,2014.6种杀虫剂对苹果园苹褐带卷蛾的田间防效[J].植物保护(6):181-184,198.

孙丽娜,闫文涛,张怀江,等,2015.苹小卷叶蛾在6个苹果品种上的发育与繁殖[J].山东农业科学(1):92-95,104.

田志强,孙丽娜,李艳艳,等,2018.桃小食心虫成虫GOBPs与PBPs的基因克隆及表达谱分析[J].植物保护(4):28-35.

王美玉,冀志蕊,王娜,等,2018.苹果炭疽叶枯病菌对3种杀菌剂的敏感性分析[J].果树学报(4):458-468.

吴建圆,王娜,冀志蕊,等,2017.苹果炭疽叶枯病菌致病力分析及苹果种质抗病性鉴定[J].植物遗传资源学报(2):210-216.

吴玉星,李美娜,周宗山,等,2007.8种杀菌剂防治苹果斑点落叶病试验[J].中国果树(2):28-30.

徐成楠,岳强,冀志蕊,等,2017.2015年辽宁省苹果园农药使用情况调查与分析[J].中国果树(2):80-83.

徐成楠,周宗山,冀志蕊,等,2019.苹果腐烂病抗性鉴定技术规程[S].农业行业标准,NY/T 3344-2019.

徐杰,冀志蕊,王娜,等,2020.葡萄炭疽病菌对4种杀菌剂的敏感性分析[J].果树学报(6):882-890.

闫文涛,仇贵生,张怀江,等,2014.辽西苹果园三种地面管理模式对土壤理化性状和昆虫群落的影响[J].果树学报(5):801-808.

闫文涛,仇贵生,周玉书,等,2010.苹果园3种害螨的种间效应研究[J].果树学报(5):815-818.

闫文涛,张怀江,孙丽娜,等,2015.7种阿维菌素复配剂对苹果全爪螨的田间防效评价[J].中国果树(6):63-65.

姚廷山,周彦,周常勇,2018.亚洲柑橘木虱的发生与防治研究进展[J]果树学报(11):1413-1421.

殷万东,闫文涛,仇贵生,等,2012.苹果全爪螨在吉尔吉斯与金冠苹果上的实验种群两性生命表[J].昆虫学报(10):1230-1238.

岳强,闫文涛,周宗山,等,2020.苹果病虫害发生特征与防治策略[J].中国果树(6):107-111.

张彩霞,陈莹,李壮,等,2011.苹果斑点落叶病致病菌的鉴定及生物学特性研究[J].生物技术(4):58-61.

张怀江, 仇贵生, 闫文涛, 等, 2011. 8 种杀虫剂防治苹果园桃小食心虫试验 [J]. 中国果树 (6) :51–53.

张怀江, 王秀, 仇贵生, 等, 2016. 印楝素乳油对梨小食心虫的防控效果研究 [J]. 应用昆虫学报 (5):1012–1017.

张怀江, 巫鹏翔, 刘小侠, 等, 2015. 不同颜色色板对梨瘿蚊的诱集效果 [J]. 中国南方果树 (4):93–95,98.

张怀江, 闫文涛, 孙丽娜, 等, 2014. 不同苹果品种对桃小食心虫生长发育和繁殖的影响 [J]. 植物保护学报 (5):519–523.

张俊祥, 冀志蕊, 迟福梅, 等, 2015. 解淀粉芽孢杆菌 GB1 水悬浮剂的制备方法 [J]. 农药科学与管理 (9):30–33.

张尊平, 范旭东, 胡国君, 等, 2013. 葡萄试管苗热处理脱毒技术研究 [J]. 中国果树 (1): 39–41.

ALMASI M, 2015. Establishment and Application of a Reverse Transcription Loop-mediated Isothermal Amplification Assay for Detection of Grapevine Fanleaf Virus[J]. Mol Biol, 4:5.

FAN XD, LI C, ZHANG ZP, et al., 2021. Identification and characterization of a novel emaravirus form grapevine showing chlorotic mottling symptoms[J]. Frontiers in Microbiology, 12:694601.

FAN XD, ZHANG ZP, LI C, et al., 2021. High-Throughput Sequencing Indicates a Novel Marafivirus in Grapevine Showing Vein-Clearing Symptoms[J]. Plants, 10(7):1487.

HU GJ, ZHANG ZP, DONG YF, et al., 2015. Efficiency of virus elimination from potted apple plants by thermotherapy coupled with shoot-tip grafting[J]. Australasian Plant Pathology, 44: 167–173.

HU GJ, ZHANG ZP, DONG YF, et al., 2017. Efficacy of virus elimination from apple by thermotherapy coupled with in vivo shoot-tip grafting and in vitro meristem culture[J]. Journal of Phytopathology, 165:701–706.

HU GJ, ZHANG ZP, DONG YF, et al., 2020. Efficiency of chemotherapy combined with thermotherapy for eliminating grapevine leafroll-associated virus 3 (GLRaV-3)[J]. Scientia Horticulturae, 271:109462.

LIANG P, NAVARRO B, ZHANG Z, et al., 2015. Identification and characterization of a novel geminivirus with a monopartite genome infecting apple tree[J]. J. Gen. Virol., 96, 2411–2420.

Liu HZ, Wang GP, Yang ZK, et al., 2020. Identification and Characterization of a Pear Chlorotic Leaf Spot-Associated Virus, a Novel Emaravirus Associated with a Severe Disease of Pear Trees in China[J]. Plant Disease,104 (11): 2786–2798.

ROMERO ROMERO, JL, CARVER GD. et al., 2019. A rapid, sensitive and inexpensive method for detection of grapevine red blotch virus without tissue extraction using loop-mediated isothermal amplification[J]. Arch Virol, 164:1453–1457.

WALSH HA, PIETERSEN G, 2013. Rapid detection of Grapevine leafroll-associated virus type 3 using a reverse transcription loop-mediated amplification method[J], Journal of Virological Methods,194: 308–316.

WANG MR, LI BQ, FENG CH, et al., 2016. Culture of shoot tips from adventitious shoots can eradicate Apple stem pitting virus but fails in Apple stem grooving virus. Plant Cell[J]. Tissue and Organ Culture, 125: 283–291

ZHENG Y, NAVARRO B, WANG G, et al., 2017. Actinidia chlorotic ringspot - associated virus: a novel emaravirus infecting kiwifruit plants[J]. Molecular Plant Pathology,18: 569–581.

第五节　果园机械化、智能化生产技术

一、发展现状

（一）苗木管理机械

机械化起苗技术与装备能够确保苗木根系完整、规格一致，栽植成活率高，同时提高生产效率、降低人工成本，对促进果树产业发展具有重大意义。我国起苗机研制从20世纪70年代开始，早期的起苗机出现了起苗犁、螺旋弧形起苗犁、振动式起苗机、悬挂式起苗机等基本类型（图5-45）。进入21世纪后，随着理论研究的深入与机械制造工艺的不断提高，起苗机得到了迅速发展。目前市场上的起苗机能满足起苗、抖土的基本要求。随着国内起苗机装备起苗、抖土作业性能的日益完善，多功能联合起苗机成为未来起苗机发展的趋势，能一次性完成起苗、抖土、输送和收集等工序。在起苗机中加入夹持装置，通过夹持装置与振动筛配合作业，提高起苗机对苗木根部的去土效率，提高起苗机作业效率和质量，降低劳动成本和劳动强度。

图5-45　果园起苗机

果树苗木出圃是苗圃育苗工作的最后一个环节，也是非常重要的一个环节。河北农业大学研制了第一代苗木捆扎机（图5-46），本款机型将捆扎机的卧式型式改为立式，捆扎执行机构与苗木铺放平台垂直布置，出带方向由上至下，捆扎带沿着铺放平台上的导带槽导出，缠绕苗木一周，这种布局方式有效地避免了土壤的进入及机器内部结构的磨损，提高了整机工作的稳定性、可靠性。同时在第一代苗木捆扎机的基础上，针对实际工作中遇到的问题，通过分析捆扎机结构及工作原理，结合苗木捆扎的现场工作环境和苗木捆扎技术要求，以及对苗木捆扎带的输送、抽取压紧、捆扎、粘合、切断等过程的分析，改进设计了一款苗木捆扎机,在这款捆扎机上增设了苗木铺放平台升降机构、苗木铺放平台移动系统等更适用于果树苗木捆扎作业的机构装置,实现了苗圃中果树苗木捆扎作业的半自动化。

图 5-46　苗木捆扎机

(二) 建园栽植机械

随着苹果矮砧密植栽培模式的推广,苹果苗木栽植机械取得了较快发展。青岛农业大学和高密市益丰机械有限公司联合研制了一种矮砧密植苹果栽植机,该机采用"V"形双圆盘开沟器实现连续宽深开沟;通过人工辅助喂苗、栅杆定位装置辅助定位、夹持输送装置扶苗、刮板式覆土器回土及橡胶镇压轮压实土壤等系列环节,完成果苗直立栽植;定距栽植控制装置通过光电传感器感应前一棵树苗位置后启动下一棵树苗夹持运行并完成栽植,实现株距的精确控制。后期又对该机的夹持装置和动力配置进行改进和优化,提高了苗木直立度和栽植深度合格率,降低了株距变异系数,更好地适应了现代果园机械化生产需要。山东农业大学设计了一种原位混肥挖坑回填复式果树栽植机,可实现果树单次栽植过程中挖坑、排肥、混肥、回填和浇灌的自动化作业。该机在解决土壤连作障碍、提高果树成活率方面有较大优势。河北农业大学研制了一种连续开沟式苹果苗木栽植机,采用芯铧式开沟器,可实现地表开沟、放苗、扶苗、回土、分层压实和表层覆土等一系列作业工序。此外又研制了一种苹果苗木夹盘式移栽机,开沟深度稳定性系数达 97.10%,栽植合格率为 98.60%,倒伏率和伤苗率低,满足果树苗木移栽作业的农艺要求。淄博市农业机械研究所研制的 2PZ-4000 型苹果多功能栽植机,可实现大宽幅起高垄,垄上栽植,依靠定株距机构实现定株距栽植,同步水肥和镇压保墒。总体上来说,我国果树苗木栽植机械发展还处于起步阶段。这款栽植机创新研制出双"V"形铧犁组大宽幅起垄机构,创新研制出翻板式定株距机构,并通过对栽植机具的大宽幅起垄机构、翻板式定株距机构、施水 (水肥) 系统、镇压机构、作业平台和机架等部件的有效集成和优化整合,研制出 2PZ-4000A 型苹果多功能栽植机。

(三) 整形修剪机械

果树修剪方式主要分为人工修剪、机械修剪和智能修剪等。目前,我国果树人工修剪装备主要有手动、油动、气动和电动修剪机，人工修剪存在一些缺点，如对作业人员技术要求高、劳动强度大、噪声大、电池组较重、寿命短等。机械修剪是指配套动力搭载修剪机械装备，多用于果树的整株几何修剪，机械修剪装备主要分为往复割刀式、转刀式和锯齿圆盘刀式。我国对于机械修剪的研究主要集中在葡萄树和标准化果园上，中国农业科学院果树研究所等研制了一种转刀式葡萄修剪机，该机经双联油泵将液压油一路供给两个调节油缸和回转马达，以实现伸缩臂的升降、折叠和修剪角度的调节，另一路直接供给切割马达驱动切割刀工作，可完成棚架、V架和篱架等不同架式葡萄的修剪工作。智能修剪是指利用智能化技术自动识别待剪枝条、定位并自主完成剪除的修剪技术，能够有效弥补人工修剪以及机械修剪的不足，成为当前研究热点，结合人工智能及相关领域技术的智能化修剪技术是果树修剪的发展趋势。

（四）土肥水管理机械

1. 土壤管理机械

土壤管理机械是完成果树行间及株间碎草、土壤改良和越冬防寒等土壤管理作业所必需的装备，主要包括割草（碎草）机、枝条粉碎机、埋藤防寒机和防寒土清除机等机械设备。果园割草（碎草）技术包括果树行间和株间割草（碎草），株间机械割草（碎草）技术近几年发展较快，主要包括避障装置、除草装置和驱动方式等方面，其中高效稳定的避障装置是果园株间机械除草技术的核心（图5-47）。果园株间除草避障装置分为接触式避障和非接触式避障，接触式避障又包括绕立轴旋转式、四连杆机构偏摆式及滑套横移式，3种方式均有机械感应触杆，且均由液压系统控制实现避障作业。中国农业科学院果树研究所、山东农业大学和高密市益丰机械有限公司等单位联合开展果园生产全过程机械化设备的系统研发，已经成功研发的耕作机械有果园行间碎草机、株间碎草机、埋藤防寒机、防寒土清除机等。行间碎草机由拖拉机提供动力，驱动碎草机粉碎部件高速旋转，将绿肥切断。在负压的作用下，切断的绿肥从喂入口被吸入罩壳内，经多次砍切、打碎作用将其粉碎成段，最后在气流作用下均匀摊铺在果园行间。株间碎草机结构采用卧式单边齿轮传动，由拖拉机输出的动力依次经过传动轴、链传动传给油泵，经油泵加压的高压油一路传给仿形回转阀，遇到果树或障碍物时通过仿形杆驱动仿形回转阀带动回转油缸躲避障碍物；另一路通过液压马达、联轴器驱动刀轴带动刀片完成碎草作业。智能避障技术主要包括机器视觉技术、传感器检测技术和GPS导航定位技术。中国农业大学、华南农业大学等把这些技术应用到自动避障系统上，取得了较好效果。山东农业大学等研制了一种基于丘陵果园轨道输运系统的自走式枝条粉碎机（图5-48），该机由单轨牵引车和枝条粉碎装置构成，实现了丘陵果园长距离、大范围的枝条粉碎作业。此外，针对北方葡萄主产区冬季对葡萄藤进行埋土防寒的需求，中国农业科学院果树研究所等研制了一种葡萄埋藤防寒机（图5-49）。该机通过抛土刀盘高速旋转进行土壤切削、抛送，完成埋藤防寒作业。通过液压系统调节抛土距离来满足不同的行距。春季需要对葡萄防寒土进行清除，中国农业科学院果树研究所等单位又研制出一种前置式防寒土清除机。该机依靠两个蛟龙完成清除作业。清土蛟龙清除葡萄藤上的防寒土输送到平地蛟龙作业范围，平地蛟龙将防寒土均匀摊铺到葡萄行间；清土蛟龙遇到障碍物时，避障装置驱动其回缩，避开障碍物后再返回作业位置继续作业。此外，中国农业大学研制了一种气吹梳刷组合式葡萄藤防寒土清除机。该机在普通清土机完成部分防寒土刮除作业后，由拖拉机牵引,一路动力传递至高压风机总成以驱动风机转动输出稳定高压气流,另一路动力传递至清土刷总成以驱动清土刷转动。作业时,清土刷以 540 r/min 的转速逆时针旋转(俯视)梳刷土壤,将土垄中部的土壤扫除至行间;风机输出的高压、高速气流,将内部紧贴葡萄藤的土壤吹离土垄使葡萄藤露出土表,刷梳与气吹两种清土方式相结合,能够有效降低机械清土作业中葡萄藤的机械损伤率,改善清土作业质量。

图 5-47　果园碎草机

图 5-48　枝条粉碎机

图 5-49　葡萄埋土防寒机

2. 施肥管理机械

施肥是果园生产管理的关键环节之一，施肥质量直接决定果树产量及果品品质。目前，果园施肥方式主要有土壤施肥、水肥一体化、叶面喷施和注射施肥等。土壤施肥主要包括撒肥作业、开沟施肥作业和挖穴（坑）施肥作业3种。对撒肥机的研究主要集中于撒肥装置结构与性能研究，以水平圆盘式为主，缺乏对关键部件的理论研究。近年在撒肥机装备研究方面取得较大进展，具有代表性的研究是山东大华机械有限公司设计生产的2FGB系列撒肥机。开沟施肥机的开沟方式目前主要有链式开沟、圆盘式开沟和螺旋式开沟等。中国农业科学院果树研究所和高密市益丰机械有限公司联合研制了一种自走式多功能开沟施肥机，该机开沟宽度35 cm，开沟深度30 cm，排肥方式为蛟龙排肥，排肥量可调，可一次性完成开沟、施肥、搅拌、覆土作业（图5-50）。山东农业大学等研制了一种果园双行开沟施肥机，该机基于STM32F103的控制系统自动调节深度，能够完成有机肥和化肥混施作业。挖穴施肥机主要以悬挂式挖穴施肥机为主，该类挖穴施肥机功率较大，机动性较强，能挖较大和较深的穴，应用范围也比较广，而挖穴施肥一体机还处于研究阶段。随着计算机技术和各类传感技术的快速发展，精准变量施肥技术已得到广泛关注，其在果树施肥中的应用也越来越多。中国农业大学、华南农业大学、吉林大学、上海交通大学等高校已经自主研发不同类型的变量施肥机及控制系统。实现精量、精准施肥是未来我国果园施肥机械的发展方向。

图 5-50　开沟施肥机

3. 水分管理机械

1974年，我国从墨西哥引进了滴灌设备，水肥一体化技术研究自此拉开了序幕。自1974年以来，我国水肥一体化灌溉设施得到了一定的发展，研究力度不断加大，运用范围也不断扩大，并获得了良好的示范效果。目前主要的水分管理系统应用模式有喷灌、滴灌、微喷灌和膜下滴灌等模式（图5-51、图5-52）。我国在引进国外水肥一体机先进技术的基础上，也因地制宜地研发了多种水肥一体化精量灌溉控制系统，有些注重控制算法研究，有些结合各种传感器、图像识别实现精准灌溉，有些结合专家知识实现灌溉。袁洪波等设计了一种水肥一体化循环灌溉系统，采用滴灌基质无土栽培模式并构建回收管路，实现水肥循环利用。阮俊瑾等研制了一种球混式精确施肥灌溉系统，采用文丘里管吸取肥料母液，配备STM32系列微控制器，搭载一套智能灌溉施肥应用软件，从而实现自动配肥、自动灌溉和自动决策，系统控制精度高、运行稳定，大大提高了水肥利用效率。师志刚等设计了基于物联网的水肥一体化智能灌溉系统。该系统包括农田气象及土壤墒情系统、智能灌溉施肥系统、作物长势视频监控系统、能效监测系统、远程监控平台等。

图 5-51　果园微喷灌

图 5-52　果园滴灌系统

（五）花果管理机械

我国果园机械化疏花作业起步较晚，直到 21 世纪，在进行国外机械引进的同时，相继设计出疏花装置，主要为手持式、单头式疏花装置。华南农业大学陆华忠、杨洲等提出的手持式机械柔性疏花器可以手动调节作业高度与角度以适应果树冠形，安装传感与控制器件后还能实现仿形疏花。近年来，国内疏花装置在朝着长转轴、宽幅、仿行作业的车载式疏花机的方向发展。青岛农业大学设计了基于机器视觉的液压传动式果树疏花机，基于液压系统传动，根据图像采集器采集的果树花朵信息，建立模型，通过中央控制器控制疏花轴转速，调节疏花。基于仿形疏花的工作要求，华南农业大学李君团队设计了一种悬挂式电动柔性疏花机。采用超声波冠形探测方法，开发了嵌入式仿形疏花控制系统，能满足疏花机平面位置伺服控制的精度要求，该装置在南方荔枝果园进行了田间试验。

手持式电动授粉器是主要的干粉式授粉工具，其原理是利用风机产生定向可调的气流将花粉吹散到雌蕊柱头上，完成受精结实，工作时由直流电机带动离心风机旋转产生高速气流，高速气流通过出风管充灌粉箱，将粉箱内的花粉搅拌吹动至悬浮状态，同时悬浮的花粉在辅助气流的胁迫下流向输粉管路并经喷管均匀吹出，为了保证授粉均匀，手持式授粉器要求花粉稀释剂的粒径、密度和质量应该与花粉相近。咸阳旭日现代农业有限公司采用背负式喷雾器和特制喷嘴对猕猴桃花进行大规模授粉，郭昊明研究了喷雾式猕猴桃授粉末端执行器，该末端执行器结合激光测距和超声测距的方法，通过单片机控制气压传动元件调节末端执行器的高度，能满足不同高度花朵对授粉距离的要求。西北农林科技大学研发了猕猴桃双流式喷雾授粉装置，内混式双流体喷头采用压缩空气与喷射液体在喷嘴内部混合，高速气流冲击花粉液，气液两相充分交换动量，液相流被破碎为细小的雾滴，从喷孔喷出实现液体雾化。

我国自主研发的套袋机包括塑料薄膜式套袋机，通过不干胶块的粘力作用将塑料薄膜的袋口拉开，然后利用热熔丝加热融合的方式实现封口。作用对象主要针对桃、苹果、梨等果实直径较小的幼果。四川阔程科技有限公司开发的一款幼果套袋机，输送部分利用卷簧驱动实现送袋功能，在果袋撑口方面设计了带有磁铁的吸附拉杆，通过压住下层果袋并牵拉上层而实现果袋的张袋（双层纸分离），再通过顶板与压板的配合使果袋上方的矩形铁丝框弯折实现封袋功能。烟台梦现自动化设备有限公司研制的一种水果幼果套袋机，包括果袋存储及输送装置、果袋变向装置、果袋张开装置及封袋装置。通过捻纸轮轴实现果袋传送，利用气泵的吸力作用实现撑袋。封口处装有果柄检测器，检测到果柄后，通过订书机封口的方式实现封口。浙江工业大学基于棚架模式下设计的葡萄套袋机器人，由机械臂、履带式底盘、套袋末端执行器、视觉定位装置等组成。果袋的袋口处布置两片弹簧钢片，通过机械手取袋，利用机器人末端执行器手指的运动改变袋口弹簧钢片的受力状况实现张袋和封袋功能。燕山大学王胜会设计了一种五自由度的苹果套袋机器人，利用摩擦块与果袋之间的摩擦力实现果袋分离，并设计了一对相互平行的撑袋板，带动其上的胶块由中间向两侧移动实现张袋，通过设计的平面放缩新机构使纸袋可以从四周向中间收拢，可以达到初定的封口效果。但目前套袋机器人一般只是进行了简单的台架试验，还未出现可以完成各部分功能的整体成品。

（六）植物保护机械

受果园立地条件及种植方式等因素影响，我国果园植保机械化发展水平偏低，资料显示丘陵山区果园仅为7.5%，平原果园为15%。实现果园植保机械化，离不开先进的施药技术与植保机械。其中施药技术是果园喷雾作业的关键环节，目前国内果园施药技术主要包括管道喷雾、风力辅助喷雾、静电喷雾、循环喷雾、变量喷雾和航空施药等。

1. 管道喷雾

指采用地下埋设管道，经立管联结地面高压软管和喷枪，通过药泵对药液加压送入管道后带动多个喷枪同时作业。该技术多适用于中国丘陵山区果园，自20世纪80年代中期引入我国后在山东、北京、天津、浙江、广西等地不断推广。

2. 风力辅助喷雾

指利用高速风机产生的强气流，将经过药泵和喷头雾化形成的细小雾滴吹送到果树冠层，进而达到果树防虫治病的效果。该技术既能保证喷雾距离，又能增强雾滴穿透性和沉积均匀性，同时气流扰动叶片翻转提高了叶片背面药液附着率，自20世纪80年代引进中国，经过多年研究改进，已取得长足发展。例如中国农业科学院果树研究所等研制了一种气力雾化风送式果园静电弥雾机，可实现分段、独立式喷雾来满足葡萄的不同栽培架式，风送系统雾化效果明显，雾滴体积变小且均匀性增加，静电系统明显提高了雾滴附着率（图5-53）。

图 5-53　果园弥雾机

3. 静电喷雾

指通过高压静电发生装置让静电喷头与靶标之间形成电场，使带电雾滴与冠层形成"静电环绕"效应并在静电力、气流曳力和重力作用下快速沉积到靶标，从而增加雾滴在作物表面的附着能力。该技术能够显著提高雾滴沉积量，特别是作物背面雾滴沉积率，一度成为国内学者研究的热点。

4. 循环喷雾

随着果树矮化种植技术的发展，果树能够被横跨覆盖喷雾，采用药液回收装置拦截并收集未沉积的药液回收再利用成为可能，循环喷雾技术应运而生。循环喷雾种类繁多，主要可概括为"∏"形罩盖型、收集器型、反射型和气流循环型4种类型。随着技术发展，多技术融合，各类型之间区别已不再明显，如"∏"形罩盖型与气流循环型相结合。例如山东农业机械科学研究院设计了一种高地隙隧道式循环喷雾机，药液回收率达7.33%，回收循环效果良好。

5. 变量喷雾

是将对靶喷雾与变量控制相结合，通过非接触式靶标探测技术获得树冠特征信息，在大量试验基础上建立与树冠特征信息适应的喷雾决策模型，依据模型反馈的喷雾参数进行动态调节，最终实现变量喷雾。该技术核心是靶标探测技术，重点是变量控制系统。中国农业大学研制了一种基于变量喷雾的果园自动仿形喷雾机，该机采用激光传感器扫描靶标，通过基于树冠结构的冠层分割模型，为风量和喷雾量的局部调节提供理论计算方法。但变量喷雾机受检测可靠性、稳定性等影响，总体上处于样机试验阶段。

6. 航空施药

指利用飞机或其他飞行器将农药从空中均匀喷施在目标区域的施药方法。2010年以来，随着植保无人机在中国的迅速发展，以植保无人机为应用载体的低空低量航空施药技术已逐步成为研究热点。该技术具有作业效率高、作业效果好、应急能力强等优点，应用前景广阔。植保无人机按结构分为单旋翼和多旋翼两种，按动力系统可以分为电池动力与燃油动力两种，各种型号达200多种。通过对植保无人机施药作业模式、旋翼风场、作业参数及其他方面研究表明，植保无人机施药能够一定程度满足果园植保需求，但其冠层雾滴穿透性差、雾滴分布不均匀等问题需要进一步解决。

随着农药减量、提高农药利用率的需求，如今施药技术与植保机械正逐渐向智能、精准、高效的方向发展。

（七）采收与运输机械

1. 采收机械

果园收获作业是果园生产全过程中的重要环节与薄弱环节，是一个季节性较强和劳动密集型工作。受果树种植模式、果实形态特征、力学性能以及生长规律等因素影响，采收方式主要有3种：一是人工采收，即通过人工或使用一些辅助器械（如升降作业平台）采收；二是机械化采收，即采用接触、摇振或撞击等方法使果实与果树分离；三是智能采摘机器人。

（1）采收平台。20世纪90年代，果园辅助升降作业平台开始进入中国，并得到快速发展，研究者针对中国果园种植与分布特点开展了一系列研究。新疆机械研究所成功研制我国第一台多功能果园升降作业平台，该机采用履带式行走机构，具有较好的稳定性和通过性，可实现果实采摘、修剪、运输等作业（图 5-54）。随后，河北农业大学、山东农业大学、江苏省农业科学院、江苏大学等单位开展了一系列探索研究，主要集中在多功能、小型化、单人操控等方面。

（2）接触式收获机。通常是将具有许多细棒分布的振动器直接插入植株，对果树进行梳刷作业，果实受撞击外力后从树体脱离。近几年随着技术不断革新，此类机具被广泛用于酿酒葡萄、蓝莓、黑莓等浆果的收获。江西理工大学机电工程学院研发了接触式脐橙收获机，将具有许多细棒分布的、不同震动方式（往复式、旋转式或混合式）的振动器直接深入脐橙树枝，并且击打或疏刷脐橙枝条，从而使脐橙果实脱落。

（3）摇振或撞击式收获机。主要通过对树干进行撞击、摇动果树枝条使果实产生惯性力克服果柄结合力，实现果实分离。石河子大学和新疆农垦科学院机械装备研究所均以振摇式为原理设计了红枣收获机，其红枣采收效果良好，采摘率高，各项测试指标达到了设计的技术要求。

（4）气力式收获机。采用大功率轴流风机将空气吸进，通过减小出风口径产生高压气流作用于果树之上，实现机具与果实间无刚性接触，并通过气流方向改变使果树树条摇动，果实受自身的重力以及空气冲击产生的外力实现果柄分离，主要用于柑橘等一些具有一定抗撞性果实的采收。塔里木大学史高昆等人设计了一台气吸式红枣收获机，该机主要由风机、三通管道、吸管、分选管道、集果箱、集杂袋及机架等组成，其工作原理为：从风机产生的正压气流，在三通管道形成两股气流，沿着风机气流流动方向（风机至分选管道方向）气流流动保持正压，而吸

图 5-54　果园采收平台

枣管形成负压，在吸枣管负压作用下将地面红枣吸入吸枣管，并由气流输送至风选管道。由于分选管道内体积较大，气流速度减小、压力降低，质量大的红枣落入收集框中，枣叶等轻质杂物被吹入集尘袋中，完成红枣捡拾和杂物分离过程。

（5）采摘机器人。一般包括移动机构、机械手、视觉系统、末端执行器以及控制系统。目前针对智能采摘技术的研究主要针对果实识别定位、路径规划以及自主导航等方面，大部分研究都处于实验室阶段，投入农业生产使用还需时日。南京农业大学姬长英团队设计研发的自走式智能苹果采摘机器人采用六自由度工业机械臂作为采摘机械臂，具有双目视觉系统和导航系统，能够完成自主导航、采摘及苹果装箱作业，该采摘机器人的智能化和自动化程度较高。

2. 运输机械

果园运输机械主要有轮式、履带式、索道和轨道式运输机。轮式运输机主要是四轮式农用运输机，朝着功能化、轻简化的方向发展。履带式运输机的发展主要是为了适应路况较差、坡度大的果园。索道运输机是电动机通过带轮将动力传递给减速器，驱动盘在减速器的带动下使锁链传动起来。在香蕉园中使用索道运输机能够避免碰撞，减少香蕉的机械损伤。但索道的安装对地势有严格要求，仅适合我国少部分果园。轨道式运输机按照轨道结构分为

单轨式和双轨式。华中农业大学设计了 7YGD-45 型牵引式单轨果园运输机，该机具备防侧倾和防脱轨功能，运输机运行时利用电动机提供动力，钢丝绳提供牵引力。随后又设计了 7YGS-45 型自走式双轨道果园运输机，该机主要由运输主机、拖车、双轨道和驱动钢丝绳组成，采用碟式刹车和抱轨式刹车，保证运输机在下行过程中能够安全、平稳运行，同时还可以搭载施肥机、弥雾机等进行多功能作业。虽然双轨道果园运输机在作业过程中具有更高的安全性与稳定性，但是双轨道运输机也存在一些缺点，如占地面积较大、对地势条件要求较高，安装成本较高等。

随着机械制造新技术和新材料的应用，果园运输机械会朝着智能化、集成化、精细化的单轨道运输机方向发展。

（八）果园智能化

我国 2012 年开始提出和普及"智慧农业"新概念。近年来，智慧农业研究受到国内科研院校和学者的高度关注，呈现多层次化、多系统化发展。总体看，我国东部经济发达地区研究热度高，尤其是江浙、京津、东三省等区域，而西部地区的研究热度总体要低。从技术研发看，智慧农业核心技术包括感知、传输、分析、控制等方面（周国民，2018）。从传感器研发看，目前智慧农业应用以物理传感器为主，感知内容包括生长环境、土壤理化、水环境理化以及对象本体等方面。其中温度传感器、湿度传感器、光照强度传感器、CO_2 浓度传感器是使用最广泛的几种传感器。数据的安全高效传输是智慧农业发展的关键，目前智慧农业中的传输方式主要包括有线通信传输、无线通信传输及无线传输与有线传输结合等。围绕数据分析和挖掘，模拟模型、统计分析、聚类分析、决策树、关联规则、人工神经网络、遗传算法等大数据技术开始应用于产量预测、生长过程和环境优化控制等。新兴的云计算具有强大的计算能力，能够最大程度地整合数据资源，提高农业智能系统的交互能力，在智慧农业研究中越来越受到重视。我国智慧农业自动控制系统技术方案主要有基于单片机、PLC 控制系统、基于嵌入式系统的控制系统、基于云平台技术的控制系统等。从应用服务领域看，目前智慧农业研发主要集中在大田种植、设施园艺、水产养殖、智能机械等生产领域（周国民，2015）。设施园艺是应用最为广泛的领域之一，包括温室大棚、园艺种植、植物工厂等，已经研发构建了智能设施农业环境监测系统、生产管理控制系统及视频监控系统等。水产养殖研究大多集中在利用无线传感器实现对水体的 pH 值、浑浊度、溶解氧以及水位等养殖环境的实时监测、数据监测及设备调控等功能。智能机械也是发展智慧农业的重要组成部分，目前智能农业车辆、智能施肥机、精密播种机、智能采摘机、农业机器人等取得很大的进展。近年来，在三峡库区，科学家将物联网技术和单点多层检测方法应用于土壤水分、温度和养分的监测，建立柑橘果园施肥灌溉专家知识库，实时根据土壤状况做出专家决策，指导柑橘实际生产过程。另外，有的科研人员开发出柑橘栽培管理专家系统，主要是基于柑橘栽培技术，区域农业生态条件及柑橘品种特性，以及专家理论知识、研究成果、经验、常识等，运用人工智能技术构建专家知识库，可以有效帮助基层农业管理人员和农户决策。

二、发展趋势

（一）果园管理机械化

改进栽培模式、优化配套技术和农机作业方式，推进农机农艺的有机融合。提高果园机械的适用性与可靠性，开发适宜不同立地条件和栽培模式的多功能底盘及与其配套的中耕、施肥、割草、施药、切根、修剪、疏花等机械化果园管理装备，实现果园管理机械化。

（二）果园管理智能化

围绕果园生产全过程智能化管理需求，研发果园智能诊断分析、精准管控与自主作业等关键技术，重点研制果园数字地图系统、田间调查软件系统、便携式智能终端、果园病虫害智能识别系统、果园自动巡检装备、果园智能作业机器人和果园智能灌溉系统，实现未来果园管理的标准化、装备化、无人化和智能化。

参考文献

段洁利,陆华忠,王慰祖,等,2012.水果采收机械的现状与发展[J].广东农业科学,39(16):189-192.

付威,刘玉冬,坎杂,等,2017.果园修剪机械的发展现状与趋势[J].农机化研究,39(10):7-11.

高光明,宫玉敏,张义胜,等,2019.2PZ-4000型苹果多功能栽植机设计与试验[J].山东理工大学学报：自然科学版,33(2):31-37,42.

何雄奎,2018.我国植保无人机的研究与发展应用浅析[J].农药科学与管理,39(9):10-17.

兰玉彬,陈盛德,邓继忠,等,2019.中国植保无人机发展形势及问题分析[J].华南农业大学学报,40(5):217-225.

李龙龙,何雄奎,宋坚利,等,2017.基于变量喷雾的果园自动仿形喷雾机的设计与试验[J].农业工程学报,33(1):70-76.

李善军,邢军军,张衍林,等,2011.7YGS-45型自走式双轨道山地果园运输机[J].农业机械学报,42(8):85-88.

林悦香,尚书旗,王东伟,等,2019.矮砧密植苹果树连续开沟定距栽植机研制[J].农业工程学报,35(1):23-30.

林悦香,尚书旗,连政国,等,2021.苹果树栽植机幼苗夹持装置改进与试验[J].农业工程学报,37(19):1-6.

刘彪,肖宏儒,宋志禹,等,2017.果园施肥机械现状及发展趋势[J].农机化研究,39(11):263-268.

刘大为,谢方平,李旭,等,2013.果园采摘平台行走机构的研究现状及发展趋势[J].农机化研究,35(2):249-252.

刘双喜,徐春保,张宏建,等,2021.果园基肥施肥装备研究现状与发展分析[J].农业机械学报,51(增刊2):99-108.

卢营蓬,易文裕,庹洪章,等,2018.果园喷雾机械现状及发展趋势[J].中国农机化学报,39(1):36-41.

陆华忠,李君,李灿,2020.果园机械化生产技术研究进展[J].广东农业科学,47(11):226-235.

马锞，李建国，赖旭辉，等，2018.果园管道喷药系统建设及效益分析[J].中国南方果树,47(2):165-169.

牛萌萌，方会敏，乔璐，等，2019.高地隙隧道式循环喷雾机设计与试验[J].中国农机化学报,40(11):41-48.

裴晓康，刘洪杰，杨欣，等，2020.苹果苗木夹盘式移栽机的设计与试验[J].农机化研究,42(4):109-112,179.

秦福，樊桂菊，张昊，等，2019.果园输运装备发展现状与趋势[J].中国农机化学报,40(2):113-118.

宋月鹏，张红梅，高东升，等，2019.国内丘陵山地果园运输机械的发展现状与趋势[J].中国农机化学报,40(1):50-55,67.

宋月鹏，张紫涵，范国强，等，2019.我国果园开沟施肥机械研究现状及发展趋势[J].中国农机化学报,40(3):7-12,25.

汤晓磊，张衍林，李学杰，2013.7YGD-45型电动遥控式单轨果园运输机[J].湖北农业科学,52(2):443-447.

王得伟，李平，弋晓康，等，2021.果园施肥工艺流程和相关机械应用现状与发展趋势[J].果树学报,38(5):792-805.

王海波，刘凤之，王孝娣，等，2013.我国果园机械研发与应用概述[J].果树学报,30(1):165-170.

王甲甲，程志强，张伏，等，2020.果园采摘机械手研究现状综述[J].农机化研究,42(5):258-262.

王鹏飞，何建华，刘俊峰，等，2017.苹果苗木栽植机的设计与试验研究[J].农机化研究,39(1):122-126.

王志强，张敬国，刘凤之，等，2017.果园行间碎草机的研制与试验[J].中国农机化学报,38(9):36-39.

王志强，张敬国，郝志强，等，2015.葡萄埋藤防寒机的研制与试验[J].中国农机化学报,36(5):20-23,28.

王志强，刘凤之，王孝娣，等，2018.葡萄修剪机的研制与试验[J].果树学报,35(9):1141-1146.

王志强，郝志强，刘凤之，等，2017.气力雾化风送式果园静电弥雾机的研制与试验[J].果树学报,34(9):1161-1169.

王志强，王海波，刘凤之，等，2015.前置式防寒土清除机的研制与试验[J].中国农机化学报,36(6):88-91,107.

杨硕，李法德，闫银发，等，2020.果园株间机械除草技术研究进展与分析[J].农机化研究,42(10):1-8,16.

苑进，尹然光，刘功，等，2021.原位混肥挖坑回填复式果树栽植机设计与试验[J].农业机械学报,52(2):110-121.

张德学，秦喜田，刘学峰，等，2021.国内外果园枝条修剪研究进程与配套设备[J].中国果树,(2):6-12.

张宏建，徐春保，刘双喜，等，2021.自动调节深度式果园双行开沟施肥机设计与试验[J].农业机械学报,52(1):62-72.

张鲁云，孟祥金，段爱国，等，2021.果园升降作业平台国内外发展现状与对策建议[J].农业工程,11(3):15-19.

赵映，肖宏儒，梅松，等，2017.我国果园机械化生产现状与发展策略[J].中国农业大学学报,22(6):116-127.

郑永军，江世界，陈炳太，等，2020.丘陵山区果园机械化技术与装备研究进展[J].农业机械学报,51(11):1-20.

郑永军，陈炳太，吕昊暾，等，2020.中国果园植保机械化技术与装备研究进展[J].农业工程学报,36(20):110-124.

邹诗洋，刘烁玲，李沐桐，等，2021.山地果园轨道运输机研究应用进展[J].现代农业装备,42(2):9-13.

第六节 果品采后处理与加工技术

一、采后处理与贮藏

(一) 发展动态

1. 采后处理技术与装备

近30年来，我国水果分级技术随着市场需求，已由大小、重量、颜色等外观品质分级，向满足糖度（可溶性固形物含量）、褐变、霉心等内部品质无损识别发展，由单一技术到多元技术集成应用。亚洲梨无损伤托盘智能分选系统是分级技术装备的突破，但分级效率提升，成本下降是关键。近红外光谱分析内部品质快速无损检测技术由仪器硬件、算法软件和预测模型三部分组成。我国水果种类丰富，栽培区域广泛，栽培方式多元，果皮结构和果实内含物组成差异明显，不同水果不同品种模型构建是无损品质检测的关键。

2. 水果贮藏保鲜科技历程

20世纪50年代初，水果规模商业贮藏很少。20世纪50年代中后期，随着农村集体经济组织的建立，水果生产开始恢复，大规模国营、社营、社队合营的果园相继建成，带动了苹果、梨、柑橘等水果贮藏。此阶段，水果贮藏基本上还是利用自然冷源的场所，如土窑洞、通风库、地窖、闲置的房屋等。20世纪70年代后期，产地在土窑洞和通风库基础上，塑料薄膜包装等简易自发气调技术措施开始应用。为确保城市果蔬基本供应的需要，70年代后期，商业部门在各大中城市的蔬菜、果品公司先后兴建和改建了一大批果蔬冷藏库，开启了我国果品人工冷藏时代。

自国家"六五"计划起，果蔬贮藏保鲜技术研发列入国家科技攻关计划，一直延续到"八五"，历经15年，农业部、商业部、全国供销总社和中国科学院等相关部门联合攻关，取得了一大批具有实用价值的科技成果。基本明确了苹果（红香蕉等）、梨（鸭梨等）、柑橘（红橘、甜橙等）、香蕉四大种类主要品种适宜的贮藏温度、湿度、气体成分及主要病害控制技术；一些不易贮藏运输的水果如葡萄、荔枝等也取得了贮运技术上的部分突破，较科学地分析了部分蔬菜贮运保鲜的技术要求和规律；研制了一些防腐保鲜剂、乙烯脱除剂、保鲜包装材料和贮藏设备、设施等。一方面在跟踪世界先进技术，另一方面探讨适合中国国情的投资省、耗能少、维持费用低的产地节能气调保鲜技术和方法，这一技术路线已在中国产生实效，如保鲜袋（帐）在苹果、蒜薹等果蔬冷藏保鲜中的使用，二氧化硫制剂在葡萄保鲜中的应用等。

"十五"期间，科技部科技攻关项目"特色果品贮藏保鲜技术及设备研究与开发"围绕荔枝、冬枣、樱桃、哈密瓜、枇杷、石榴研究了果实褐变、软化、发酵的相关机制，以及主要病害的发病规律、侵染途径及防控技术等。"十一五"期间，"农产品贮藏保鲜关键技术研究与示范"和"农产品现代物流技术研究开发与示范"列为科技部攻关项目。前者围绕桃、李、梨、柑橘、芒果、枇杷、食用菌、鲜蛋等储藏保鲜关键技术，后者围绕鲜活农产品现代物流保鲜、流通包装、全程质量监控、物流标准化、信息化等关键技术开展研究。"十二五"科技部科技支撑计划项目中涉及水果保鲜方面的有"生鲜农产品绿色防腐与安全保鲜技术研发与应用""鲜活农产品安全低碳物流技术与配套装备""新疆特色林果贮运保鲜及深加工关键技术研究与示范"等。"十三五"科技部重点专项"现代食品加工及粮食收贮运技术与装备"涉及水果贮运保鲜的有"生鲜食用农产品物流环境适应性及品质控制机制研究""果蔬采后质量与品质控制关键技术研究及装备研发""果蔬冷链物流技术及装备研发示范""果蔬产地商品化处理技术与装备研发及示范"等。"十四五"科技部重点专项"食品制造与农产品物流科技支撑"涉及水果贮运保鲜的有"生鲜农产品产后品质劣变腐败机制研究"和"生鲜农产品供应链品质管控与溯源技术研发"。重点专项"食品营养与安全关键技术研究"启动了"冷链食品贮运安全风险检测及智能监控关键技术研究"，另外"乡村产业共性关键技术研发与集成应用"重点专项中3个区域性项目分别涉及蓝靛果、沙果、花盖梨、树莓、黑加仑等寒地特色水果，猕猴桃、草莓、蓝莓等浆果类，枇杷、山楂、冷凉高地苹果等贮运保鲜内容。

2008年国家启动现代农业产业技术体系，共设50个产业技术研发中心，其中涉及苹果、梨、柑橘、桃、葡萄、荔枝、龙眼、香蕉、西甜瓜采后保鲜贮运科学家岗位，2021年又增加了樱桃和猕猴桃。

3. 主要科研成果

近10年，苹果和梨采后应用基础研究主要在苹果成熟衰老关键基因研究，特别是乙烯合成、组织褐变及虎皮相关基因调控等成绩显著。技术层面，新品种贮藏保鲜技术取得突破，近冰温冷藏得到快速发展、1-MCP处理、小包装MAP等新型保鲜技术广泛应用（王金正等，2019；王文辉等，2019）。葡萄保鲜，自20世纪90年代以来，家庭微型节能冷库+气调保鲜膜+SO_2保鲜剂延长了巨峰葡萄供应时间。如今，大中小型冷藏设施及冷链流通快速发展，微环境可控包装容器与减震缓冲填充材料为电商物流销售提供了冷链物流解决方案（段长青等，2019）。桃、李、杏、樱桃等核果类，在快速预冷、低温冷藏并结合MAP气调包装以及1-甲基环丙烯（1-MCP）、NO、水杨酸（SA）、壳聚糖保鲜处理等方面取得一定进展。相关贮藏标准技术方面，制定了国家标准GB/T 8559—2008《苹果冷藏技术》、GB/T 16862—2008《鲜食葡萄冷藏技术》、GB/T 17479—1998《杏冷藏》、GB/T 26904—2020《桃贮藏技术规程》等，行业标准NY/T 1198—2006《梨贮运技术规范》、NY/T 983—2006《苹果贮运技术规范》、NY/T 2788—2015《蓝莓保鲜贮运技术规程》、NY/T 2380—2013《李贮运技术规范》等。

柑橘保鲜，围绕我国柑橘采后商品化处理水平低、采后果实腐烂率高等问题，首次构建起柑橘采后品质变化的调控网络。提出了"维持果肉有机酸，减缓水分转运，提高果面蜡质保水性能，减缓水分散失"的柑橘保鲜策略，开发出适合我国宽皮柑橘主栽品种的专用果蜡产品，制定了《柑橘商品化处理技术规程》和《柑橘贮藏》农业行业标准（郭文武等，2019）。荔枝保鲜，明确了果皮褐变机制，研发集成采前防病结合采后保鲜与冷链物流保鲜技术、硫处理结合酸复色的荔枝冷处理护色保鲜技术、热处理无硫护色结合冰温保鲜贮运新技术（陈厚彬等，2019）。龙眼保鲜，围绕果皮褐变、果肉自溶、采后病害等产业问题，明确了龙眼果实果皮褐变的主要因素，阐明了龙眼果皮褐变的机制，研发出外源提供能量ATP或外源活性氧清除剂（抗坏血酸、棓酸丙酯）控制采后龙眼果实果皮褐变的新技术（郑少泉等,2019)。枇杷保鲜,阐明了枇杷果实木质化的途径与机制,制订了枇杷果实采后 LTC 处理贮运操作规程技术标准(林顺权,2019)。

4. 存在的主要问题

(1)水果采后应用基础研究不完善不系统,无法支撑果业高质量发展需要。与所有生物一样,水果种类与品种不同,其采后生理与生物学特性,比如呼吸与乙烯、冷害与冻害、CO_2 敏感性、乙烯敏感性、O_2 和 CO_2 极值阈值等不尽相同,有的差异明显。我国水果种类品种丰富,近年也从国外引进大量优新品种,技术落地需要到品种,其采后应用基础研究至关重要。目前我国土壤化肥过量使用,有机质含量低,土壤亚健康,树体营养不良,果实品质不高,导致耐贮性下降,以及采后生理病害(生理紊乱)严重,如苹果和梨虎皮、梨果黑心、软化等。众所周知,果实品质形成是由品种和栽培条件所决定的,是内因和外因共同作用的结果,离开采前的栽培土肥水管理和气候条件,单纯研究采后品质劣变是没有意义的。

(2)采收标准研究薄弱。果实成熟度和果实品质与耐贮性关系密切。采收过早,果实风味口感品质差,采收过晚,果实耐贮性下降。需要贮藏的水果,根据企业销售计划与市场需求适期采收至关重要。每一个商业推广的品种都需要根据贮藏还是销售制定采收成熟度标准。显然这部分工作多数品种没有做。根据有利于标准化生产和市场交易的原则,科学制定图文并茂、指标科学合理、操作性强的水果产品等级规格标准。

(3)产地预冷设施不足,预冷技术与冷害机制研究不深入不系统。也就是大家说的"最先一公里"。统计表明,不经预冷处理的果蔬产品损失率为 25%~30%,经过预冷处理的损失率降至 5%~10%。我国果蔬产品冷链流通率估计不足 20%,距离发达国家 95% 以上的流通率有很大差距。未来冷链物流的需求将进一步增大。预冷环节涉及的技术问题主要是预冷工艺技术与参数,理论上所有水果采后应尽快降温,去除田间热。但预冷的温度过低及降温速度过快可能对一些冷敏品种产生生理紊乱,进而导致组织褐变或后熟障碍等冷害。冷敏品种低温冷害的现象发生机制缺乏系统研究,企业技术力量薄弱,目前无法科学制定有效的预冷技术工艺。

(4)单独依靠冷藏解决不了苹果、梨等周年供应问题。我国苹果、梨等水果周年供应主要采用精准冰温冷藏技术,存在冻害风险。水果是有生命的活物,不同的水果种类、品种采后生理生物学特性不同,冷藏库与冷藏车(船、柜)等硬件设施需要相应的保鲜技术(软件)作为支撑。与快速发展的种植产业相比,果品产后技术研究和产业化应用相对滞后。我国苹果、梨等主产区冷藏技术已达到很高的水平,可以说国际领先。一些中、晚熟品种,如富士苹果、库尔勒香梨、黄冠梨、玉露香梨等实现了周年供应,核心是低温,采用冰温贮藏,依据品种和可溶性固形物含量果实温度一般控制在 $-1.8 \sim 0$℃。由于温度已接近果实冰点,实际操作中低于冰点造成冻害也时常发生。市场和消费一侧越来越关注果实口感品质,供给侧方面,水果各主产区通过晚采提升果实品质,但是晚采果实耐贮性下降,为满足供应期和货架期,贮藏保鲜技术需要提档升级。

(5)水果气调保鲜技术严重滞后,货架期烂损严重。我国水果采后贮藏与物流保鲜技术研究起步较晚,与快速发展的种植产业相比,水果产后技术研究和产业化一直滞后。目前,苹果、梨等主产区冷藏保鲜技术已达到较高水平,但我国气调贮藏无论技术研发和生产装备、技术水平等与发达国家相比尚有较大差距。发达国家气调贮藏技术已经到了"精准定位"阶段,我国尚处"粗放管理"的阶段。

（6）产前与产后脱节，科研选题与产业问题脱节。研究课题要来自生产实际问题，生产与科研紧密结合，并且科研先行于生产，新技术、新成果能够及时得到推广普及。

（7）南方与西南水果产区冷藏基础设施普遍不足，水果品种标准化贮藏技术缺乏。

（二）发展趋势

基础研究方面，利用代谢组学、高通量测序技术进一步解析水果成熟与衰老的生理生化及分子机制，挖掘、分析、识别水果贮藏品质特征指标以及水果贮藏期和货架寿命预测技术；水果采前品质对采后病害互作机制及其防控技术。

应用技术方面，产地快速预冷、低温结合薄膜 MAP 包装、化学和生物乙烯控制、全程冷链；精准控制的超低氧气调和动态气调贮藏技术；低碳节能环保贮运保鲜技术与设施装备；采后质量标准制定，贮运物流过程品质动态检测与溯源技术等。

机械分级与智能化分选装备，品质无损检测与分等分级技术。

二、果品加工

我国水果加工业历史悠久，特别是果酒、果干、果脯蜜饯等加工已有上千年的历史。我国水果加工业区域布局与水果种植区域布局非常相似。南方主要发展香蕉、菠萝、芒果、木瓜等水果加工业，西南地区主要发展柑橘加工业，西北和华北地区主要发展苹果、桃、梨、杏等水果加工业（郑燕，2014）。我国水果加工产品种类繁多，主要水果加工有罐头、果汁、果酒、鲜切水果、果干、果脯、冷冻果品、休闲食品和功能性食品等。据报道，2020 年我国果汁饮料市场规模为 1 272 亿元，水果罐头产量为 145.8 万 t，果酒企业已超过 5 000 家，市场规模超过 200 亿元。水果加工业快速发展可保障水果种植生产健康发展，促进农业增效、农民增收，使一二三产业更好地融合，助力乡村全面振兴。

（一）发展动态

近几年来，通过国外引进和国内自主研发相结合的方式，加工工艺不断提高。生物技术、高效杀菌技术、膜分离技术、膨化和挤压技术、基因工程技术及相关配套设备等都已在水果加工领域得到了普遍的应用。水果共性加工技术主要有去皮技术、杀菌技术、脱水干燥技术以及水果天然产物提取技术。

1. 去皮技术

我国大多数水果加工产品需要去皮处理，去皮技术决定了生产效率和产品质量，现阶段我国去皮加工技术主要以手工去皮、热力去皮、机械去皮、碱液去皮、酶法去皮为主，随着技术不断更新，出现了新的去皮技术，有冷冻去皮、真空去皮、红外去皮和超声波去皮等。针对我国水果加工企业情况和加工产品特点，现阶段还是以手工去皮、热力去皮、机械去皮、碱液去皮为主。未来针对特定水果可以开发多方法组合、辅助技术，提高去皮效果和质量。

2. 杀菌技术

食品杀菌技术分为热杀菌技术和非热杀菌技术，热杀菌技术包括巴氏杀菌、高温短时杀菌、超高温瞬时杀菌、电阻加热杀菌、微波杀菌等。热杀菌具有操作简单、成本较低等特点，是目前食品加工中应用最为广泛的工艺技术，但热杀菌对食物的色泽、口感、风味及营养成分具有较强的损害力。非热杀菌技术有超高压杀菌、超声波杀菌、辐射杀菌、紫外照射杀菌、高压脉冲电场杀菌、低温等离子体杀菌、高密度CO_2杀菌、天然的抑菌剂杀菌等，杀菌方法基本覆盖了整个食品加工业。其中巴氏杀菌、超高温瞬时杀菌是我国现阶段水果加工产品主要的杀菌方法。超高压杀菌技术国外应用在鲜榨果汁、鲜切水果等行业非常成熟，如果我国能攻克技术难题如设备的造价高、不稳定、生产不能连续性以及相应产品的参数等问题，那么超高压技术一定会得到市场认可。现阶段企业要根据自己的产品特性选择适合的杀菌技术，未来的杀菌技术一定会向产品保质期长、营养破坏最小、保持原有风味、设备造价低、自动化程度高的方向发展。

3. 脱水干燥技术

水果干燥技术是指在自然或人为控制条件下，将水果中的大部分水分去除，使其不易腐败变质，并始终保持低含水率或水分活度。干燥不仅可以延长果蔬的贮藏期，还可以降低果蔬的质量和体积，节约包装，降低成本。传统烘干方式有自然日光干燥和热风干燥。新的干燥工艺有真空低温油炸、真空冷冻干燥、微波干燥、远红外干燥、变温压差膨化干燥、喷雾干燥、流化床干燥、过热蒸汽干燥、射频干燥、气体射流冲击干燥、泡沫干燥、折射窗干燥、电流体动力学干燥等（吴小恬，2021）。现阶段我国大宗水果如葡萄、苹果、梨、桃等还是以传统烘干方式自然干燥和热风干燥为主。新技术真空低温油炸、变温压差膨化干燥、真空冷冻干燥技术生产的产品已经在市场中占有一席之地。随着人们生活水平的提高、消费升级步伐的加快和新兴零售的快速发展，水果脱水干燥技术生产的产品将逐步向风味型、营养型和功能型发展。

4. 水果天然产物提取技术

水果作为营养最均衡的食物之一，是人类膳食中维生素、矿物质、蛋白质和氨基酸以及膳食纤维等的重要来源，新鲜水果还在不同程度上含有酚类、萜类、黄酮类、生物碱等多种有益于人体健康的特殊生物活性物质。近几年研究人员开始关注水果中的鞣花酸、白藜芦醇、槲皮素、褪黑素、花色素苷类等天然产物，这些天然产物具有抗心脑血管疾病、抗氧化、抗衰老、镇痛、抗炎、抗肿瘤、抗病毒等多种功效。水果天然产物提取方面，现阶段企业还是以溶剂浸提法和索氏提取法为主，因为成本低，并且操作简便，但缺点是提取时间过长、纯度低、效率低。随着技术和设备更新出现了一些新的方法，如超声辅助提取法、分子蒸馏法、超临界萃取技术、酶辅助提取法、微波辅助法、凝胶层析法等。在分离纯化方面，现阶段主要采用纸层析法、沉淀法、酸碱分离法、液相色谱法和两相溶剂萃取法。未来大孔树脂层析法、膜分离、多级逆流萃取、加压液相色谱、薄层层析、吸附柱层析等方法也会得到推广和应用。随着水果天然产物需求量的不断增大，绿色、高效、低成分的提取和纯化技术势必成未来的发展趋势。

（二）发展趋势

果品加工业是涵盖第一、二、三产业的全局性和战略性产业，是衔接农业、工业与服务业的关键产业，也是我国农产品加工业中具有明显比较优势和国际竞争力的行业。发展果品加工业，不仅能够大幅度地提高产后附加值，增强出口创汇能力，还能够带动相关产业的快速发展，对实现农民增收、农业增效，从根本上缓解"三农"问题，均具有十分重要的战略意义。

1. 果酒替代部分粮食酒（白酒和啤酒），保障国家粮食安全

近几年受天气、新冠肺炎疫情、国际环境等不确定因素的影响，粮食短缺直接影响畜牧、食品等行业正常生产。粮食安全是国之大事，2013年12月23—24日在京召开的中央经济工作会议，确定了国家粮食安全战略。此后，习近平总书记多次指示并反复强调，中国人要把饭碗端在自己的手里，碗里要装自己的粮食。可见，保障粮食安全，保证中国人的饭碗始终牢牢掌握在中国人自己的手中，是新时代实现社会经济稳定发展的首要目标，是治国理政的头等大事，是党中央高度重视的问题。

传统的白酒原料有小麦、糯米、大米、玉米、高粱等，一般是1 kg左右粮食、0.5 kg水能出0.5 kg（52%vol）的白酒。根据国家统计局数据，2020年中国白酒累计产量达到740.7万t，白酒约用粮食1 481.4万t，约占粮食总产量（2020年粮食产量为66 950万t）的2.2%。

2020年我国水果产量达2.87亿t，按照我国采后30%的损耗率计算，约有8 610万t的水果损耗掉。一般3 kg的苹果或梨能生产0.5 kg（50%vol）蒸馏酒，1 kg的苹果或梨能生产0.5 kg（10%vol）以上的果酒。用损耗的8 610万t水果大概能出1 435万t蒸馏酒，能生产4 305万t的（10%vol）以上果酒。国外人饮用的高度酒都是以葡萄、苹果、梨等水果蒸馏的酒，世界著名的白兰地酒马爹利、轩尼诗和人头马都是用葡萄生产的。由于饮食的习惯国人不喜欢白兰地和果酒的口感，随着国内企业对果酒产品不断研发，各种低度果酒很受年轻人的追捧。

当前，世界粮食危机愈演愈烈，粮食供需矛盾突出。粮食安全已成为世界各国亟待解决的问题。任何一个国家的社会稳定，国民经济发展都是建立在粮食安全基础之上的。所以用果酒取代部分粮食酒是大势所趋。

2. 水果加工产品向安全、营养、休闲食品方向发展

我国居民的消费多元化、个性化、品质化的特征越来越明显，对安全、营养、便捷、特色的食品需求增加。近几年我国茶饮门店数量在48万家左右，奶茶已经从植脂末冲调搭配珍珠的1.0时代转变为以新鲜水果为主鲜榨的3.0果茶时代，越来越多的奶茶店使用鲜榨果汁、冷冻水果和果浆，这就是为什么冷冻水果和冷冻果浆进口量激增的原因之一，鲜榨果汁、冷冻水果和果浆未来几年需求量仍会保持快速增长。同时，利用前沿的真空冷冻干燥、非热杀菌技术、生物技术、高效分离技术、3D打印技术、纳米技术等，研发保鲜时间长的100%果汁产品、低糖罐头、果醋、果脯、纳米靶向功能的运动型果汁和不同个性、口感的3D打印技术食品，将是未来水果加工产品的趋势。

3. 水果天然产物提取和加工副产物综合利用

美国果蔬采后商品化率达到80%，中国果蔬商品化率仅为10%～30%，我国果蔬加工业的副产物高达1亿t，综合利用率不高（高艳蕾，2020）。目前，我国高校、科研院所在水果加工技术方面如干燥、非热杀菌、生物技术、超声波、高效分离等技术研究方面比较先进，研究技术有柑橘、苹果、葡萄等水果加工废弃物提取花青素、果胶、酒石酸、白藜芦醇、色素、蛋白质、多糖、维生素、粗纤维、矿物质、植物甾醇、必需脂肪酸和抗氧化剂等产品。如何把这些技术转化到企业，最大限度减少废物排放、形成高效生态产业链，资源综合利用越来越强，是将来水果加工业发展必然趋势。

参考文献

蔡霆，蔡卫华，2001.气调库技术与发展前景[J].粮油加工与食品机械,5:5-8.

曹玉芬，赵德英，2016.当代梨[M].郑州：中原农民出版社.

陈丹丹，辛嘉英，张兰轩，等,2014.纳米金在食品安全检测中的应用[J].食品科学,35(7): 247-251.

单杨,2012.中国果品加工产业现状及发展趋势[J].北京工商大学学报：自然科学版,30(3):1-12.

杜卫东，魏启文，高观,2018.我国蔬菜水果冷链物流发展战略研究[J].烟台职业学院学报,14(2):24-32.

冯双庆主编,2008.果蔬贮运学[M].2版.北京：化学工业出版社.

高艳蕾,2020.中美农产品加工技术比较分析[D]北京：中国农业科学院农产品加工研究所.

黄林华，吴厚玖,2015.我国水果副产物综合利用的研究及应用[J].食品安全质量检测学报(11):4446-4452.

李梅阁，吴亚君，杨艳歌，等,2016.浆果果汁真伪鉴别技术研究进展[J].食品科学,37(13):243-250.

李武，左进华，郑淑芳，等,2021.北京市蔬菜贮藏保鲜与流通研究发展[J].保鲜与加工,增刊:48-50.

李喜宏，宋壮兴，田勇，等,1993.新红星苹果双相变动气调贮藏研究[J].果树科学,10(4):211-214.

梁姣娇，陈云义，王岳，等,2021.我国主要园艺植物天然产物研究进展[J].浙江大学学报(农业与生命科学版).47(6):683-694.

刘信，周小强,2004.果蔬气调库的设计[J].低温与特气(22)2:28-31.

刘秀英，梁维月，苏丽红，等,2017.分子印迹荧光纳米探针在食品安全检测中的研究进展[J].食品工业科技, 38(1): 369-374.

马俊莲，张子德,2001.我国果蔬贮藏保鲜业现状与发展对策[J].保鲜与加工(1):28-30.

美国农业部,2016.农业手册第66卷《水果、蔬菜及苗木商业贮藏手册》(The Commercial Storage of Fruits, Vegetables, and Florist and Nursery Stocks).

祁寿椿，王春生，李志清，等,1989.苹果双相变动气调贮藏研究[J].华北农学报,4:64-69

孙忠宇，程有凯,2007.冷库现状及冷库节能途径[J].节能7(300):53-54

王庆森,2003.气调贮藏的前景、保鲜原理及几点看法[C].中国食品冷藏链新设备、新技术论坛论文集.

王庆森,2004.国内外气调库新技术[C].第二届中国食品冷藏链新设备、新技术论文集.

王文辉，贾晓辉，杜艳民，等,2013.我国梨果生产与贮藏现状、存在的问题与发展趋势[J].保鲜与加工, 13(5):1-8.

王馨，胡文忠，陈晨，等,2017.纳米材料在果蔬保鲜中的应用[J].食品与发酵工业, 43(1): 281-286.

吴小恬，刘静，赵亚石，等,2022.果蔬新型干燥技术的研究进展[J].中国果菜,20,42(1):9-17.

徐庆磊,2002.我国气调库建设的现状及建设气调库时应注意的几个问题[J].制冷学报(增刊).

于婧，吕婕，季鹏等,2006.苹果醋饮料的现状分析及展望[J].中国酿造(8):222-223.

於洪建,2016.我国健康植物多酚产业发展研究[D].沈阳：沈阳药科大学.

张放,2021.2020年中国进出口葡萄酒变化简析[J].中国果业信息,2,38(8):23-35.

张平，陈绍慧,2008.我国果蔬低温贮藏保鲜发展状况与展望[J].制冷与空调,8(1):5-10.

赵猛，冯志宏，张立新，等,2016.山西省苹果贮藏保鲜业现状与发展对策[J].山西农业科学,49(9):1395-1397.

赵敏，马彬彬，洪厚胜,2015.果醋下游研究进展[J].中国调味品(4):60-72.

郑燕，张吉国，史建民,2014.我国水果和工业发展现状、问题及对策[J].山东农业科学,46(4):121-124.

周玲，何贵萍，阎梦紫，等,2010.PE/Ag$_2$O纳米包装袋对苹果切块品质的影响[J].食品科技, 35(6): 56-59.

DELONG J M, PRANGE R K, LEYTE J C, et al., 2004. P.A. A new technology that determines low-oxygen thresholds in controlled-atmosphere-stored apples[J]. Hort Technology. 14:262-266.

EHLING S, COLE S, 2011.Analysis of organic acids in fruit juices by liquid chromatography–mass spectrometry: An enhanced tool for authenticity testing[J]. J Agr Food Chem, 59(6): 2229-2234.

KOWALSKA H,CZAJKOWSKA K,CICHOWSKA J,et al., 2017.What's new in biopotential of fruit and vegetable by-products applied in the food processing industry[J].Trends in food science & technology,67: 150-159.

L. FADANELLI, F.ZENI, L.TURRINI,et al., 2009.New development dynamic controlled atmosphere storage of apple applying repeated and controlled low oxygen stress treatments[C]. "6th International Postharvest Symposium in Atalya(Turkey)".

PADAYACHEE A,DAY L,HOWELL K,et al.,2017.Complexity and health func- tionality of plant cell wall fibers from fruits and vegetables[J].Critical reviews in food science and nutrition,57(1): 59-81.

第七节 果品质量安全风险评估与控制技术

我国果品质量安全风险评估与控制技术研究起步较晚，相对于发达国家在法律法规、检测技术和标准体系等方面还有很大的差距。但经过多年的发展，我国果品质量安全风险评估与控制也取得了很大的进步，制定了法律法规，建立了检测技术体系，健全了标准体系。

一、发展动态

（一）风险评估

我国风险评估工作开展较晚，2006年成立"农业部农产品质量标准研究中心"，主要承担农产品质量安全风险分析理论和关键技术研究等工作；2007年，我国依据《农产品质量安全法》，成立了国家农产品质量安全风险评估专家委员会，具体负责组织开展农产品质量安全风险评估相关工作。2011年起，先后分期分批规划认定了105家专业性和区域性的部级风险评估实验室和148家风险评估实验站，建立了以"农业部农产品质量标准研究中心"为技术引领、"部级风险评估实验室"为风险评估主体、"主产区风险评估实验站为支撑"的风险评估技术体系（黄修柱，2020）。2011—2013年针对当时农产品质量安全问题隐患底数不清、风险不明的情况，农业农村部组织开展了摸底排查工作。2014—2018年针对隐患大、问题多、社会关注度高的农产品品种和危害因子开展了风险评估。2019—2020年针对具体农产品上具体的危害因子开展了风险评估。

我国的农产品质量安全风险评估技术研究起步较晚，毒理学评价技术、危害因子识别与筛查技术、复合污染评估技术、评估方法与模型、风险排序技术等风险评估共性技术或产品基本上都是对国外相关技术的改进和应用。2011年陈晨等应用估计日摄入量和日允许摄入量为参数的风险商（HQ）进行水果蔬菜中农药残留的风险评估；2016年叶孟亮等采用@Risk风险评估软件，尝试构建非参数概率评估模型，对苹果中乙撑硫脲膳食摄入风险进行概率评估；2018年李志霞等采用急性膳食风险评估开展了鲜食桃中农药残留风险评估。

（二）质量安全控制

2004年国家认证认可监督管理委员会参照EUREP GAP标准的控制条款，结合中国国情和法规要求编写了China GAP（GB/T 20014.1—2005《良好农业规范》），并于2006年5月1日正式实施。为进一步完善中国良好农业规范（GAP）认证制度，推动良好农业规范国家标准的贯彻实施，国家认监委于2006年1月发布实施《良好农业规范认证实施规则（试行）》（CNCA-N-004：2006），并进行了多次修订，现行标准为《良好农业规范认证实施规则》（CNCA-N-004：2014）。

1997年我国引进HACCP体系，引进之初主要用于我国水产品的出口企业，2001年国家质检总局提出在果蔬汁生产企业建立实施HACCP管理体系，并组织编写了《果蔬汁HACCP体系的建立与实施》培训教材，自此，HACCP管理体系在果树产业方面得到了推广和应用。2004年国家质检总局发布了《食品安全管理体系要求》标准（SN/T 1443.1—2004），将HACCP管理体系的应用推广到所有的食品组织。

我国在2006年11月1日颁布实施了《中华人民共和国农产品质量安全法》，2018年和2021年对《中华人民共和国农产品质量安全法》进行了2次修订，同时农业农村部为保证农产品质量安全法的贯彻实施，制定了《农产品产地安全管理办法》《农产品包装与标识管理办法》《农产品质量安全检测机构资格认定管理办法》和《农产品质量安全监测管理办法》等一系列配套规章、制度。在制定法律法规的同时，逐步完善农业标准体系，现行农业国家标准和行业标准近10 000项，基本覆盖了农业产地环境、产地建设、农业投入品、生产规范、产品质量、安全限量、检测方法、包装标识、贮存运输等农产品生产全过程。

二、发展趋势

（一）风险评估技术体系化

风险评估包括危害识别、危害描述、暴露评估和风险描述四个方面，我国现有的风险评估主要是针对已知化合物进行确定性风险评估。对于已知化合物的危害识别和危害描述主要来自已有文献和数据库的资料，暴露评估和风险描述主要借鉴国际上通用的评估技术和描述方式。随着我国风险评估的进一步发展，风险评估将由单一污染物的风险评估向复合污染的风险评估转变，由单环境介质行为向多介质作用转变，由已知危害因子风险评估向未知风险因子风险评估转变。因此，建立未知危害因子的筛查和检测技术、未知危害因子和复合污染的危害识别和危害描述技术、未知危害因子和复合污染的暴露评估技术、未知危害因子和复合污染的风险描述技术组成的风险评估技术体系，是我国风险评估发展的主要方向，该体系的建立能够提高我国风险评估的能力和水平。

（二）质量控制体系规范化

我国已建立了果品质量标准体系，但标准化建设和发展中仍缺乏系统性、协调性和统一性。开展质量安全的基础性研究，全面系统地搜集相关资料，改进和完善农产品质量标准体制建设，使产品的生产环境、生产技术、市场准入和安全质量符合相关要求和标准。完善标准体系，整合重复重叠的标准，提高标准的可执行性。制定科学、合理的果品质量安全规范和流程，使生产实现标准化。结合我国国情建立果品认证体系，进一步完善认证标准化建设。建立并实施规范化的质量控制体系，能够提高质量控制能力，有效保证产品质量。

参考文献

黄修柱, 2020. 农产品质量安全风险评估的重点领域和发展方向[J]. 农产品质量与安全 (6): 3-6.

叶孟亮, 2016. 苹果常用农药残留及其膳食暴露评估研究[D]. 北京：中国农业科学院.

CHEN CHEN, YONGZHONG QIAN, QIONG CHEN, et al., 2011. Li. Evaluation of pesticide residues in fruits and vegetables from Xiamen, China[J]. Food Control,22:1114–1120.

ZHIXIA LI, JIYUN NIE, ZHEN YAN, et al., 2018. A monitoring survey and dietary risk assessment for pesticide residues on peaches in China[J].Regulatory Toxicology and Pharmacology, 97:152–162.

第六章

我国果业高质量发展战略

第一节　我国果业高质量发展的制约因素

一、果树种质资源保护水平和利用质量有待提高

(一) 果树种质资源保护水平偏低

1. 保存总量不足、多样性水平偏低

美国不是主要果树的起源中心，但很早就开始重视对种质资源的收集与保存，1958年建成了世界上第一座现代化种质库，目前建有8个与果树相关的无性系种质资源库（NPGS），保存了1 000多个植物学种的4万份种质，其中80%以上果树资源来自国外（王力荣等，2021）。我国建立了23个国家果树种质资源圃，保存种质资源2.61万份，仅有15%的资源来自国外，与世界先进国家相比还有很大差距，保存总量和物种多样性还有较大提升空间。

2. 珍稀濒危资源保护力度不够

我国是苹果、梨、桃、杏、猕猴桃等众多果树的起源和多样性中心之一，野生资源和地方品种非常丰富，然而大量的野生资源种下类型、珍稀地方品种资源尚未入国家果树种质资源圃保存，起源于我国的果树有52种，目前只建立了23个原生境保护点，覆盖面不足，濒危资源急需进行保护和抢救性收集。

3. 保存体系不完善

美国采用圃地、种子库、超低温等多种方式保存果树种质资源，其国家种质贮藏实验室从1984年起进行试验性贮藏，保存4年后嫁接成活率在90%以上。新西兰、意大利等国家种质资源圃在苹果、梨等果树资源上采用矮化砧木保存，树冠小，易于管理，机械化水平高，采用射频识别品种信息，手段快捷高效。我国果树种质资源保存以圃地乔砧保存为主要方式，占地面积大，管理成本高。苹果、梨等主要树种超低温离体保存、试管苗保存等保存方式仍处于研究阶段，保存体系有待完善。

(二) 果树种质资源利用质量有待提高

1. 精准鉴定刚刚起步

美国针对果树产业主要问题筛选目标性状开展精准鉴定，在1990—2003年对2 351份苹果种质进行抗火疫病鉴定，筛选抗性种质596份。目前筛选的抗火疫病优异种质PI286613

和 R5，被广泛应用在苹果鲜食品种及砧木的选育（王大江等，2018）。我国特有的种质资源非常丰富，如绵苹果、山荆子、秋子梨、山葡萄等，香气浓郁、抗逆性强，其中抗寒、抗逆、功能成分等遗传背景尚不明确，随着基因挖掘的深入，精准鉴定有待全面展开。

2. 种质创新滞后

种质创制是突破性新品种培育的前提条件。R5 是美国筛选的抗火疫病优异种质，利用 R5 作为亲本进行苹果砧木创新，选育出来 G 系列抗火疫病砧木（Terence et al.，2003）。新西兰利用创制的红肉型苹果新种质，目前已选育出口感较好的红肉苹果优系，未来极有希望选育出商品性极高的红肉型苹果新品种；利用中国火把梨创制出红皮梨新种质，培育出梨新品种 PiqaBoo，既有中国梨的美丽外观，又有欧洲梨的细腻口感，已经商业化推广（陈霞等，2019）。我国育种亲本主要以现有品种为主，遗传背景狭窄，缺乏优良基因聚合的新种质，种质创制滞后。

3. 服务体系有待完善

随着大数据、云计算等现代信息技术的发展，各国纷纷开始建立果树种质资源专业化大数据，提供个性化、定制化和专业化知识服务。美国种质资源信息网（GRIN）和欧洲农作物种质资源协作网（ECPGR）统筹全部资源信息，更新及时、数据全面且可全网共享。我国为了加强信息化水平，建设了国家农作物种质资源共享平台（CGRIS）、国家园艺种质库门户网站等种质资源共享平台，但资源圃缺乏与共享平台的良好链接，数据更新不及时，资源共享利用有待完善。

二、果树区域布局与结构有待优化

（一）果树生产区域布局有待优化

现有果树生产区域布局不能满足果业高质量发展的要求，甚至有些果树缺乏优势区域发展布局规划，导致目前在我国果树生产中尚存在盲目发展、同质化低水平重复发展现象，果品区域性过剩成为常态（束怀瑞，2012、2013；邓秀新，2017；刘凤之等，2021）。

1. 苹果等主要果树优势区域发展规划需及时修订

苹果、柑橘、梨、香蕉、芒果、荔枝、龙眼和菠萝等主要果树的优势区域发展规划虽然已经制定，优势产区基本形成，生产集中度进一步提高，但仍不完善。一方面，仍然存在次优势区和非优势区生产面积过大问题，导致果品区域性过剩时有发生，需要继续控制次优势区种植规模，引导非优势区逐步退出生产；另一方面，随着科学技术的发展，设施栽培、一年两收、限根栽培、无土栽培等新栽培模式的出现，以及区域生态和气候条件的变化，某些果树的优势区域也相应发生了变化，过去的某些次优势区和非优势区变成了优势区；另外，由于历史原因，某些产区没有被挖掘出来，随着引种、试种增多，不经意间发现了某些果树一些新的优势区，例如云南和广西。因此，需要相应及时修订完善优势区域发展规划。

2. 葡萄等重要果树优势区域发展规划需尽快制定

葡萄、桃、草莓、猕猴桃、李、杏和枣等重要果树的优势区域发展规划尚未制定，优势区域发展布局虽然已经显现，但盲目发展、同质化低水平重复发展现象普遍存在，果品区域性过剩成为常态，严重影响了相应果树产业的健康可持续发展，需要尽快制定相应果树的优势区域发展规划，为相应果树产业的高质量发展奠定基础。

（二）果树树种、品种和熟期结构有待优化

我国果树的树种间发展不均衡，大宗果树种植面积过大；大部分果树的品种和熟期结构不够合理，存在主栽品种单一、熟期过于集中的问题，果品结构性和季节性过剩成为常态，不能满足多样化、专用化、优质化和鲜果周年均衡供应的市场需求。

1. 大宗果树占比过大

苹果、梨、柑橘、葡萄、桃和香蕉等大宗果树的种植面积过大，低产、低质和低值园普遍存在，出现产量总量饱和，结构性过剩成为常态；蓝莓、树莓、西梅、山楂、果桑、蓝靛果、莲雾、杨桃、释迦、榴莲、木通等优质特色水果的种植面积过小，产量总量处于供不应求的局面，需适当提高所占比重。

2. 果树主栽品种单一

苹果、梨、柑橘、葡萄、桃、香蕉和龙眼等大部分果树的主栽品种单一，品种多样化程度差，品种结构不合理，鲜食与加工品种比例不协调，不能满足品种多样化、优质化和专用化的市场需求。例如苹果、葡萄、桃和柑橘等果树生产中，鲜食品种比例高、加工品种比例低；龙眼生产中，鲜食品种比例低、焙干和制罐品种比例高；柑橘生产中，宽皮柑橘比例高、甜橙比例低；桃生产中，白肉桃品种比例高、红肉和黄肉桃品种比例低，普通桃品种比例高、油蟠桃和小果型桃品种比例低；葡萄生产中，无核品种比例低等。

3. 果树熟期过于集中

苹果、柑橘、梨、葡萄、桃、草莓、芒果、荔枝和龙眼等主要果树的熟期结构不合理，导致果实成熟期过于集中、季节性过剩问题严重，不能满足消费者和经销商对鲜果周年均衡和稳定供应的需求。例如苹果生产中，晚熟品种占比过高，晚熟富士系品种产量占总产量的70%以上；优良早熟和中熟品种占比不足。柑橘生产中，中熟品种占比过高，约占75%，上市期主要集中于11—12月；优良早熟和晚熟品种占比不足。梨生产中，以鸭梨、雪花梨、酥梨、库尔勒香梨等晚熟品种为主，占比过高，优良早熟和中熟品种占比不足。葡萄生产中，以晚熟的巨峰、红地球、克瑞森无核等晚熟品种为主，占比过高，优良早熟和中熟品种占比不足。桃生产中，中熟品种占比过高，优良早熟和晚熟品种占比不足。草莓生产中，上市期主要集中在12月至翌年4月。芒果生产中，中熟品种比例偏大，优良早熟和晚熟品种比例偏小。荔枝生产中，中熟品种占比过高，上市期主要集中在7月中旬至9月上旬，优良早熟和晚熟品种占比不足。龙眼生产中，中熟品种的比重约占70%，早熟和早中熟品种相对较少。

4. 品种更新换代盲目

品种更新缺少引导，定位不清或者定位受市场、果商和周围产区的影响，求新但不注重适应性、差异性与特色，品种适应性差、同质化趋势严重，特别是工商资本涌入之后，这一趋势进一步加剧。例如当前阳光玫瑰和妮娜皇后葡萄、沃柑和红美人柑橘、秋月梨、中农珍珠油桃等新品、爆品的快速发展，在许多产区已经呈现出品种适应性差、同质化严重的问题。新品种要成为好品种，必须适应特定区域和生态，配套相应的栽培技术，并在特定市场阶段被特定消费者群体认可，是动态性和区域性的统一体。

三、果树种苗繁育体系和市场建设滞后

(一) 果树种苗生产和销售监管不力

果树种苗生产、销售和广告宣传基本处于放任状态，果树种苗生产和市场管理有法不依、有法难执、监管缺乏等现象时有发生，没有"三证"（合格证、生产许可证、经营许可证）的苗木随意进入市场，检疫机构对苗木相关行业标准执行力低，对检疫对象和严重病虫害等重视不够，乃至检疫形同虚设，假劣苗和未检疫外调苗大量充斥市场，导致优质种苗经济效益低下、优势难以发挥，竞争和可持续发展能力不强，严重影响果园的建园质量。果树种苗生产企业及个人受利益驱动盲目炒作品种，品种名目繁多，同物异名、同名异物问题突出，让种植企业（户）无所适从；对于从外地或外国引入的部分品种或品系，未经过试栽、鉴定和检疫就大量繁育苗木，盲目推广，更有甚者随意更改品种或品系名称。

(二) 果树种苗生产管理标准化程度低

优质健康和脱毒种苗与大苗繁育技术的创新能力不强，缺少原创性技术和产品，尤其是大苗繁育与营养钵育苗的关键技术和产品供给不足。果树种苗繁育仍以个体户为主，现代化、专业化和规范化的苗木生产企业少，大部分种苗繁育企业对种苗繁育创新的资金和人员投入不足，基础设施条件差，种苗繁育模式陈旧，种苗生产技术不规范，机械化生产水平低，不具备规模化生产大龄分枝苗和容器苗的条件。果树种苗生产需具备砧木繁殖圃、品种采穗圃、苗木繁殖圃和品种引种示范园，但大多数繁育企业（户）缺少砧木繁殖圃，砧木使用随意；有些种苗繁育企业（户）甚至没有品种采穗圃，经常在未经品种认定的母本园、纯度低的果园、病虫害严重甚至有检疫对象的果园及幼龄果园采穗，还会远距离采穗引种。大多数种苗繁育企业（户）使用普通接穗，苗木携带病毒问题比较严重，更没有考虑砧穗间的亲和性、砧木抗逆性、接穗适应性和一致性。果树种苗生产管理不够规范，苗木质量良莠不齐，优质种苗出圃率低，有的苗木未达出圃标准就起苗出售，甚至有的种苗繁育企业（户）在种苗生长季节喷施矮壮素等副作用较大的生长抑制剂，影响苗木定植成活率，很难保证新建果园的优质、整齐和一致。大多数种苗繁育企业（户）种苗质量追溯体系不健全甚至缺乏，不利于优质种苗的生产和推广。

(三) 果树脱毒种苗数量不足

果树的优质脱毒种苗难于有效保障，远不能满足果业高质量发展的需要。当前，规模化繁育优质脱毒种苗的突出问题是无病毒原种稀少，特别是生产上的品种更新快，而获取的无病毒原种远不能满足需求，严重影响了新优品种的无毒化推广进程，脱毒种苗不能达到批量供应水平。

第六章 我国果业高质量发展战略

四、果树自主知识产权品种占比低

(一) 果树生物育种技术创新能力弱

1. 果树自主优异种质、自主基因、自主生物育种技术匮乏

当今世界种业竞争实质是科技竞争，核心是生物育种技术的竞争。生物育种技术的应用，可有效降低生产人工成本，减少化肥和农药使用量，减少灾害损失，在缓解资源约束、保护生态环境、改善和提高农产品质量和营养价值，推进绿色发展方面发挥着不可估量的作用。生物育种技术已成为各国抢占科技制高点和增强农业国际竞争力的战略重点。中国生物育种与国外先进水平相比有一个时代的差距。育种发展分为4个时代，即农民选择1.0时代、表型选择2.0时代、分子育种3.0时代、大数据智能设计育种4.0时代。国际一流种业已走向"常规育种+现代生物技术育种+信息化育种"的育种4.0时代，生物大数据渗透到生物育种全过程，转基因+全基因选择+基因组编辑+合成生物技术+信息技术+人工智能技术有机结合；中国种业尚处在表型选择2.0时代朝分子育种3.0时代迈进过程中，我国育种尤其是果树育种工作扶持力度小，缺乏长期性和连续性，缺乏创新能力强的团队。我国具有自主知识产权的果树优异种质、功能基因、分子标记、全基因组选择、基因编辑、转基因、智能设计育种等生物育种的核心种质和前沿原创性技术匮乏，果树种业存在"卡脖子"风险。

2. 缺少创新能力强的强大果树种业企业

目前我国果树种业的育种人才主要集中在科研院所和高等院校等科研机构，是果树种业科技创新的主体，果树种业企业育种人才紧缺，科研机构和企业缺乏有效交流和协作，技术、资源和人才向企业流动不畅。国外种子研发多在大公司，起步早、科研投入大；而我国商业化的农作物种业科研体制尚未建立，缺少创新能力强的强大果树种业企业，种业公司大多为中小企业，投入有限、基础薄弱，一般果树种业企业很难做到潜心十年甚至数十年培育一个品种。

(二) 果树自主知识产权突破性或重大品种缺乏

我国是果树资源大国，对世界果树产业作出了很大贡献，但主要树种如苹果、葡萄、草莓、香蕉和芒果等都以国外品种为主栽品种，近10年来国内虽然育成果树新品种几百个，但作为主栽品种大面积推广的不多。例如苹果生产中，主栽的富士、嘎拉及市场火热的维纳斯黄金等栽培品种和推广前景好的M9-T337矮化砧木、G935抗重茬砧木等砧木品种均为从日本、新西兰、荷兰和美国等国引进的优良品种；葡萄生产中，主栽的巨峰、红地球、克瑞森无核、夏黑及现在快速发展的阳光玫瑰等栽培品种和SO4、5BB、3309M等砧木品种均为从日本和美欧等国引进的优良品种；草莓生产中，主栽的章姬、红颜、甜查理及快速发展的圣诞红、香野等品种均为从日本、韩国和美国等国引进的优良品种；香蕉生产中，主栽的巴西、威廉斯等品种均为从国外引进的优良品种；芒果生产中，主栽的澳芒、凯特等品种均为从澳大利亚和美国等国引进的优良品种；荔枝生产中，主栽的贵妃、台农、金煌等均为从我国台湾省引进的优良品种。柑橘、梨、桃、杏、李和樱桃等重要树种的更新换代都依赖外来新品种。例如柑橘生产中，栽培面积发展很快的沃柑、爱媛28（红美人）、不知火、春见等品种从以色列和日本等国引进；梨生产中，市场热卖的秋月梨从日本引进；杏生产中，市场火热的荷兰香杏等品种从荷兰等国引进；樱桃生产中，极受市场欢迎的俄八、美早、布鲁克斯等优良品种从俄罗斯和美国等国引进。在我国主要果树的生产中，未来新引进品种将遭遇知识产权限制，出口障碍增加，主栽或更新换代品种中具有自主知识产权的突破性或重大品种的缺乏将成为我国果业高质量发展的重大障碍（束怀瑞，2012、2013；邓秀新等，2019；刘凤之等，2021）。

五、果园生产管理技术水平和果品质量不高

"大国小农"的基本国情下，我国果树的生产经营以小农户为主，从业人员年龄大且专业素质低，龙头企业、合作社或家庭农场的规模小、数量少、产业带动作用差，因此，我国果树的生产管理技术水平总体不高，存在诸多问题，主要表现在以下几个方面。

（一）果树栽培模式和生产方式落后

我国果树生产以传统栽培模式为主，栽培模式和生产方式落后，不适于机械化作业，现代化程度低，生产管理成本高。

（二）符合生产实际的国家或行业标准不足

我国虽然制定了果树生产各方面的国家和行业标准，但是还存在如下问题：部分国家和行业标准不符合生产实际，实施执行困难；很多产区的国家或行业或地方标准实施力度不够，只做表面文章应付项目检查，没有做到实质性实施执行生产规程；以生产优质、安全果品和以促进生态环境的改善和保护人类健康为目的的标准化果树生产和果品全程质量控制技术体系仍未建立，果树生产的标准化程度低，果品质量的均一性和生产的可追溯性差。

（三）果实品质问题制约果业高质量发展

我国果树生产虽然开始由数量效益型向质量效益型转变，但是优质栽培理念尚未在广大果树生产者中普及，商品果率和优质果率低，鲜食水果的优质果率只有40%左右，达到出口标准的高档果率仅占5%，而国外达到50%，果实品质问题已成为制约我国果树高质量发展的主要障碍。很多地区还不能正确处理质量与产量、质量与效益的关系，仍然存在盲目追求产量的现象，这既影响果园的持续稳定生产，也严重影响了果品的质量，导致果品出现结构性过剩，销售价格趋高的优质、高端、功能性果品缺乏，市场竞争力差，生产者的收益难以得到保障。总体上讲，我国果品质量状况是"好的不多，多的不好"，与世界果树生产先进国家相比还存在较大的差距。

六、突发性自然灾害与病虫害对果树威胁加大

（一）突发性自然灾害频发

随着全球气候变暖，极端天气异常发生，近年来，我国果树产区突发性的低温冻害、冰

雹、大风、干旱、涝灾和连续阴雨等自然灾害发生频率明显增加。由于多数果园基础设施薄弱、抵御自然风险能力弱、防灾减灾的技术和品种及设施储备不足，造成巨大经济损失，严重影响了果树的健康持续发展。例如2018年4月6—7日，一股强寒流袭击了西北黄土高原等果区，甘肃、陕西、山西等省苹果、梨、葡萄、桃等10余种果树受冻严重，造成大面积减产和绝收（汪景彦，2018）。又如2021年11月上旬，我国的辽宁、吉林、黑龙江、山东、山西、河北和内蒙古等北方地区发生了大范围灾害性的暴雪甚至是特大暴雪、超特大暴雪天气，近半数国家气象观测站降雪量、雪深突破1951年有完整气象记录以来的历史极值，雨雪过程伴有11级瞬时大风、16℃以上强降温、冰冻和弱雷电，这次极端天气给设施果树生产带来了严重危害。一方面，造成日光温室等栽培设施损毁严重，据不完全统计，仅辽宁省设施果树的栽培设施损毁率超过15%；另一方面，长时间降雪造成的低温寡照设施环境影响了设施果树的正常生长，就草莓而言，第一茬产量下降约30%。

（二）果树病虫危害逐年加重

近年来，随着果树种植范围扩大及种植品种的多样化，我国很多地区的果树病虫危害逐年加重，病虫害为害种类增加，发生为害情况更加复杂，病毒病害的预防任重道远，果树病虫害的防控难度进一步加大，许多弱寄生菌或条件致病菌如葡萄座腔菌属真菌、链格孢属真菌、镰刀菌属真菌和灰霉病菌等成为主要病害，苹果蠹蛾、柑橘黄龙病、柑橘小实蝇、香蕉束顶病、香蕉枯萎病以及葡萄根瘤蚜等检疫病虫害正在对我国果树造成巨大危害，病虫害的蔓延将直接影响树体的安全、产品的质量安全，不仅对果品生产带来巨大危害，而且往往引起消费恐慌，影响产业效益，甚至对果树产业造成毁灭性打击。

七、果业绿色发展难度大

（一）果园化肥过量与不均衡使用现象普遍

我国果树营养基础研究薄弱，肥料高效利用关键技术、产品和装备相对缺乏，施肥以经验为主、盲目施肥问题普遍存在，化肥过量与不均衡施用问题严重，肥料利用率低，土壤酸化、板结、盐渍化、面源污染问题多有发生、逐年加重，导致黑点病、苦痘病、水罐子病、缩果病、虎皮病和鸡爪病等果树生理性病害频发，严重制约了果树产业的健康可持续发展。据报道，我国果园化肥用量是世界平均水平的2倍，是欧美发达国家的4倍、日本的3倍多，化肥利用率与发达国家相比至少还有20%～30%的差距。许多产区由于化肥的长期过量施用，果园土壤酸化和面源污染问题凸显，致使果品质量和安全风险加大，果业绿色发展难度大。例如苹果的氮肥（N）施用量，我国约为48.3 kg/亩、美国约为14.7 kg/亩、新西兰约为16.7 kg/亩、意大利约为12.0 kg/亩；磷肥（P_2O_5）施用量，我国约为32.1 kg/亩、美国约为6.7 kg/亩、新西兰约为10.0 kg/亩、意大利约为10.0 kg/亩；钾肥（K_2O）施用量，我国约为31.5 kg/亩、美国约为13.3 kg/亩、新西兰约为23.3 kg/亩、意大利约为11.3 kg/亩；我国苹果园的肥料利用率仅为国外先进国家的1/10～1/4。又如葡萄氮、磷和钾肥，我国的施用量分别是美国推荐量的5倍、14.5倍和3.9倍（刘凤之等，2021）。

（二）果园农药过量与不合理使用问题严重

我国果园病虫害防控的农药高效利用关键技术、产品和装备相对缺乏，施药以经验为主、盲目施药问题普遍存在，农药过量与不合理使用问题严重，农药利用率低，大量的化学农药被浪费而进入环境，为害生态安全和人类健康问题突出，保护生产生活及生态环境、实现果业高质量发展任重道远。据报道，我国单位面积化学农药用量是美国的 2.3 倍、欧盟的 2 倍，农药有效利用率仅有 30% 左右，同发达国家相比至少还有 20% 的差距。例如葡萄年用药量高达 1 300 g/亩以上，是推荐用量的 2~3 倍（刘凤之等，2021）。主要表现在以下几个方面。

1. 果树生产中盲目用药现象普遍

缺乏有效的病虫害预测预报模型和快速确定病虫害对某一药剂抗性的技术或产品，难以做到精准预防和精准选药，为避免病虫害的发生，只是定期喷保险药且选用药剂盲目，存在严重的过度用药、甚至是滥用农药问题，药后常遇大雨淋洗漫流，果园内部分农药流失污染水源。

2. 果树病虫害防控以化学防治为主

对病虫害防效与化学农药相当的生物、物理、农艺等化学农药的替代技术和产品匮乏，我国果树生产中病虫害防控仍以化学防治为主，导致化学农药用量居高不下。

3. 高质量果园植保机械缺少

缺乏用药量少、病虫害防治效果好的农药高效利用的植保机械，导致农药利用率低。施药器械不合格、年久失修、雾化程度差、喷施药液不均匀等现象普遍存在，使用中"跑""冒""滴""漏"现象严重；普遍采用大容量、大雾滴喷雾，药液在靶标作物上不能形成最佳沉积分布，造成农药的大量流失。

4. "预防为主、综合防控"的植保方针贯彻不到位

我国果树生产中"重治不重防""不注重综合防控"的现象普遍存在，导致病虫害防治效果差且用药量大。

5. 果树生产中环保意识不强

病虫害防控时，随便在河流、池塘、水井等处配药和冲洗施药器械，农药包装物残留物乱扔乱丢，导致对环境的污染日趋严重。

八、果树生产管理机械化和智能化水平低

随着我国城镇化、现代化的持续推进，新一代农村人口加速向城镇流动，农村劳动力老龄化态势明显，青壮年劳动力短缺成为常态，果树生产的人力成本逐年攀升（王海波等，2013）。例如 2020 年苹果人工成本已达 3 833.2 元/亩，生产者对机械化和智能化的需求越来越迫切，特别是规模化果树生产基地，只有加快推进果业机械化和智能化，才能为果业的产业安全和发展提供坚强保障，为乡村全面振兴、农业农村现代化提供坚实支撑。由于多年生果园的传统栽培模式存在架式过低、行距过窄和行头过小等问题，严重制约了果园生产机械化的实施，果园机械化水平提升速度远远落后于大田作物，果树生产管理过程的机械化和智能化管理水平很低，现阶段果树生产管理的机械化率不足 30%，果树生产管理活动基本依靠手工操作进行，不仅劳动强度大、劳动效率低，而且标准化程度低，满足不了果树产业高

质量发展的需要，严重影响了果树产业的健康可持续发展。

（一）适合我国国情的高效配套机械设备缺乏

1. 我国果园机械的研发制造能力弱

我国对果园机械研发的重视程度不够，在果园机械研发上的投入远不如粮、棉、油等大宗作物相关机械的科研投入，致使果园机械相关研发人才缺乏，科研力度不够，果园机械的引进、消化、吸收、创新工作落后，难以满足果树产业规模化、专业化、标准化和信息化发展的需要。我国果园机械制造的部分关键核心技术、重要零部件、材料受制于人，制造工艺和重大装备等与美国、日本、意大利、德国和法国等发达国家相比还有较大差距，研发能力和产品性能还不能很好满足生产者的需要，果园机械装备的产业水平还不高，部分高端机械设备主要依赖进口，国产机械设备多为中低端产品，产能过剩、同质化问题严重，可靠性和适应性亟待提升。果树修剪、设施环境调控、病虫害防控、果实采收、果品贮运、果品加工等部分领域或环节"无机可用""无好机用"问题依然明显。

2. 引进机械与我国果树生产实际不符

从美国、意大利、德国和法国等欧美发达国家引进的大部分果园机械动辄几十万元甚至上百万元，不但价格高昂，而且体积庞大，大多数机械设备不适合我国目前的果园栽培模式，同时与我国果树的生产经营以小农户为主的国情严重不符，不能满足我国果树生产机械化的需要。

3. 果园机械投入研发的大型企业少

由于果园机械市场不够成熟，与大田作物的机械需求相比效益低，因此目前鲜有大型企业介入研发的报道，而多是小企业甚至是农民自己开发，因此研发适合我国果树产业发展的各种配套机械设备已迫在眉睫。

（二）果树生产农机农艺融合亟待加强

国内外实践表明，农机农艺融合，相互适应，相互促进，是推动我国果树高质量发展的内在要求和必然选择。目前，我国农机与农艺专家之间缺乏交流，农机农艺融合不够紧密，果树与机械装备之间不能相互配套的问题特别突出，影响制约了果园机械的研发、推广应用效果及作业质量与效益，集成配套的果树机械化生产体系和系统解决方案还不够多，尚不能充分满足果业高质量发展的需要。果园标准化主要是从农艺角度开展，缺乏对机械装备和设施的考虑，品种、栽培模式、生产方式及产后加工等与机械化生产不协调等问题较为明显；同时果园机械装备的研发缺乏针对性，严重影响果树机械化生产的推广应用，大规模机械化作业实现十分困难。目前，我国尚未建立起农机和农艺科研机构的协作攻关机制，农机、农艺科研单位各自为战，急需整合现有农机和农艺的科研力量，建立果树农机农艺融合重点实验室，组织农机和农艺科研机构、推广机构和生产企业联合攻关。

九、果品现代冷链物流建设滞后

进入 21 世纪，我国的冷链物流产业已经从原始的物料搬运时代跨越到规模化的现代物流时代。尽管如此，我国冷链物流现代化仍落后于发达国家。在现代物流时代，冷链物流在每一个环节上都需要科学技术的支撑。冷链物流的核心是"恒温",而不是传统简单的"低温"。发达国家冷链物流体系建设与技术已经相对成熟,冷链物流基础设施建设和道路交通运输已经相对完善,以现代化信息平台为依托,以全面科学的法律法规为标准,以政府的调控扶持为辅助,发达国家形成了较为完整与现代化的冷链物流运营模式。我国农产品冷链物流的现代化进程中仍然存在着一些问题尚未从根本上解决,造成我国果蔬在流通过程中损耗较大,流通损耗率为20%~30%(陈耀庭等,2015;农业农村部市场预警专家委员会,2020),而欧洲、美国、日本等发达国家损耗率仅为5%左右,差距巨大。

(一)果品冷链物流体系建设滞后

1. 冷链物流基础设施相对落后

(1)冷藏运输。我国冷链运输车辆很大部分来自海运报废或即将淘汰的海运冷藏集装箱,专业化冷藏车数量严重不足。车辆制冷技术和工艺比较落后,无法为易腐食品的流通提供质量保障。冷藏运输率(易腐货物采用冷藏运输所占的比例)只有10%~20%,而欧、美、日等发达国家均达到80%~90%。我国每年的冷藏物流损失超过750亿元,运输过程中的高损耗使得整个物流费用占到运输产品成本的70%,而国际标准上这一指标最高不超过50%。

(2)冷库建设。我国冷库容量相比市场需求而言缺口仍然较大,而且各类冷库的结构并不合理,大型冷库项目较多,批发零售冷库建设相对较少;肉类冷库建设较多,果蔬冷库建设还比较落后;城市销售市场冷库发展较快,产地加工冷库建设比较缓慢。

2. 果品冷链物流尚未形成完整体系

我国果品冷链物流产业拥有自主知识产权的重大新技术、新成果少,严重影响了果品的商品质量。农产品冷链物流是一个包含了由产地预冷、冷藏贮存、冷藏车运输、冷库贮存、配送、零售、电子商务等一体化的冷链物流产业链。冷链物流体系构建的关键在于"链",需要通过冷链中的各个环节之间相互协调、建立完善信息追溯机制和大力发展第三方监控等措施来保证,生鲜农产品只有在物流的各个环节均保持标准的温控环境,农产品的品质安全才能得到最大保证,从而降低损耗。欧、美、日等发达国家农产品进入冷链系统流通的在90%以上,而我国目前进入冷链系统的果品比重不到10%。即使是使用冷链运输的产品,在从产地到流入集贸市场拆散零卖的过程中冷链也存在中断的现象,并不完整。

3. 第三方冷链物流占比较低

目前,我国的第三方物流还主要是以提供货物代理、库存管理、搬运和定向运输等业务为主,很少有物流企业能够提供全面、综合、集成的冷链物流服务。多数生产厂家只能是自行经营冷链物流,或是部分或区域性的外包。其中企业自营冷链物流占到了物流总量的80%,只有20%的物流通过第三方来实现。

(二)果品冷链物流专业人才、法律法规和标准体系缺乏

1. 果品冷链物流产业训练有素的专业人才缺乏

我国果品冷链物流产业缺少操作人员与技术人员、维护工程师、农业专家以及物流运输监管人员等训练有素的专业人才,严重影响了冷链物流企业的发展,同时也严重阻碍了农产品冷链物流现代化的发展进程。

2. 我国冷链物流缺乏健全的法律法规和标准体系

到目前为止，我国在冷链物流上尚无一个统一的可供参考与执行并具有广泛约束力的标准，例如在冷链能损与效率、作业操作规范、食品卫生安全、温度控制、管理要求、设备标准、运营流程等方面都没有明确和统一的规定，从而制约了我国冷链物流业的健康发展。

十、果品采后商品化处理和加工能力低

我国果品采后商品化处理和加工是产业化链条中最薄弱的环节，采后增值率低，果树产业的整体效益没有得到充分发挥。

（一）果品采后商品化处理率低

果树先进生产国的果实都是经过机械清洗、打蜡、分级和包装后再投放市场，采收商品化处理率高达 90% 以上；而我国经过商品化处理的果品占比很低，例如苹果的商品化处理率约 20%，柑橘约 22%，龙眼和梨仅为 5% 和 1% 左右。

（二）果品加工比例低、产品品种单一

我国果品的加工量、加工技术水平、加工品质量和加工产品的多样性与发达国家相比还有很大差距。

1. 果品加工量小且占比低

例如柑橘的加工比例远低于世界 35% 的平均水平，更低于巴西的 80% 和美国的 70%；苹果加工比例为 10%，比美国、法国和英国等国低 20 个百分点；干果的加工率为 11% 左右；葡萄的加工比例约 25%，其中酿酒葡萄占比 15%、制干葡萄占比 10%。

2. 果品加工产品品种单一

苹果除浓缩汁外，鲜榨汁、果汁饮料、果酒和果醋等其他加工品尚未形成较大规模；葡萄加工品以葡萄酒和葡萄干为主，其他加工品较少；柑橘以橙汁为主，NFC 鲜榨果汁（非浓缩还原汁）等高档加工品少。

十一、果业产业化和组织化程度低

改革开放以来，我国果树产业的快速增长主要是依靠种植面积的增长实现的，粗放的经营方式并没有带来相应的规模效益。

（一）新型经营主体缺乏且带动能力弱

我国果树经营主体是以家庭为单位的个体，规模小，95% 的果园规模在 0.33 hm² 以下，投入不足，农户年龄偏大，受教育程度较低，缺乏组织性，小生产与大市场矛盾突出，从根本上制约了标准化生产技术的推广和实施，也增加了公共服务体系的服务难度。龙头企业和农民合作经济组织规模小、实力不足、发挥作用小，规模化生产和集约化程度低，抵御市场风险和自然灾害的能力差，商品和品牌意识不强，果品的品牌化率低，对果品采后的商品化处理、市场运作等不够重视，导致市场竞争能力不强。目前果业专业合作社主要是企业及大

户主导型、乡村组织主导型的合作社，果农自主型合作社较少，企业及大户主导型、乡村组织主导型的合作社与果农之间缺乏有效的联结机制，多以商品为纽带进行合作，尚未形成真正的利益共同体，利益分配关系不稳定，导致契约风险高，果农利益难以保证，对果农吸引力不强，贸工农一体化的道路还很漫长。果农自主型合作社实力弱、组织松散、辐射面窄，专业合作社对果品营销环节的带动作用小，贡献率不高。

（二）市场销售网络不健全且现代营销手段缺乏

果树种植户多，果品经销商、专业销售人员、市场人员太少；坐等收购商上门的多，主动出去跑市场的少；传统的地头批发、市场销售模式多，农超对接、电子商务等新型模式少。市场营销单位不遵守市场游戏规则，无序竞争、竞相压价，扰乱市场秩序。

十二、果业技术推广体系急需完善和创新

（一）急需建立适合国情的果业技术推广体系

现阶段我国基层农技推广队伍缺乏稳定充足的经费来源，人员稳定性差、专业素质不高，已严重不适应我国果业高质量发展的要求，严重影响了果树新品种、新技术和新产品的推广应用，急需采取创新措施，建立完善的适合我国国情的农技推广队伍。

（二）果业公共服务体系和能力亟待完善和加强

一是果品质量检测、监管和保障体系不健全，尚未建立和形成基于产业链、供应链管理的质量保障体系，也未建立起从田间到餐桌的质量追溯制度。二是信息体系不健全，缺乏远期市场价格发现机制和权威市场信息披露机制，信息滞后、不对称或失真，缺乏方便快捷的咨询服务网络等。三是职业化的经营管理人才和专业化的技术人才缺乏，尤其缺乏有技术、懂经营、会管理的综合型人才，产业技术升级缓慢，技术推广周期长。

第二节　我国果业高质量发展的战略思考与建议

为了实现我国果业高质量发展，做强我国果业，提高国际竞争力，实现产业升级，必须以习近平新时代中国特色社会主义思想为指导，立足新发展阶段，贯彻"创新、协调、绿色、开放、共享"新发展理念，按照"面向世界农业科技前沿、面向国家重大需求、面向现代农业建设主战场、面向人民生命健康"要求，围绕"推进农业高水平科技自立自强、支撑乡村全面振兴"核心使命，支撑"果树上山"政策落实落地，走"一新"驱动、"两优"先行、"三产"融合、"四品"提升、"五减"支撑、"六化"同步的果业高质量发展之路，以品种培优、品质提升、品牌打造和标准化生产为重点，实施创新驱动，充分发挥国家果树战略科技力量作用，发挥新型举国体制的优势，组织实施重点科研任务，加快科技攻关突破，培育并转化一批果树突破性或重大新品种，研发并推广和转化一批绿色、节本、轻简、优质、

高效生产新技术、新装备和新产品，实行标准化生产，打造出知名品牌，尽快实现品种国产化、苗木无毒化、果品安全化、销售品牌化、供应周年化和生产机械化，更好地推动果业高质量发展，构建完善的现代果业体系，推动实现果业5.0，更好地满足人民日益增长的美好生活需要，促进农民增收、农业增效，实现果树生产大国向产业强国的转变。

一、实施创新驱动战略，加快实现果业科技攻关的突破

（一）加大果业研发经费投入强度

2021年我国研发经费投入强度创新高，全社会研究与试验发展（R&D）经费与国内生产总值（GDP）之比为2.44%，已接近经济发展与合作组织（OECD）国家疫情前的平均水平；但农业研发经费投入强度远低于全国研发经费投入强度，农业研究与试验发展经费与农业总产值之比仅为0.83%；而果业研发经费投入强度更低，果业研究与试验发展经费仅占果业总产值的0.4%，不到农业研发经费投入强度的一半，仅为我国研发经费投入强度的1/6，差距巨大。因此，需要大幅度提高果业研发经费投入强度，充分发挥科技创新的关键变量作用和支撑引领作用，创新驱动果业转型升级，满足人民日益增长的美好生活需要和优美生态环境需要。

（二）提升种质资源保护水平和利用质量

1. 加强国外资源交流引进

建立与国外种质资源强国长期、稳定的交流与合作机制，设立种质资源引进中转基地，畅通种质资源引进通道，提升国外果树种质资源数量（卢新雄等，2021）；开展世界范围内果树起源中心和多样性中心考察，重点收集国外野生果树种质和特异地方资源，丰富果树资源遗传多样性。

2. 摸清国内资源家底

利用现代技术手段，如无人机、GPS定位等，开展我国果树资源起源中心与多样性分布区实地考察，重点收集野生资源及种下类型，增加野生果树资源的原位保存点；重点在我国西部乡村、城郊等地区，抢救性收集地方濒危品种资源，入国家圃异位保存。明确我国果树种质资源分布状态及多样性水平，提出保护建议和措施。

3. 完善资源保存体系

完善果树资源超低温保存、试管苗种质保存技术体系，建立种质资源超低温保存库、试管苗保存库，扩大果树种质资源离体保存的比例；研究和完善野生果树资源种子保存技术体系，提升种子保存的数量和质量，实现野生果树资源种子保存全覆盖。科学规范圃地管理模式，采用射频识别采集品种信息；稳定提升无病毒保存资源数量，实现果树种质资源的高水平保护。

4. 深化资源精准鉴定

利用高通量、高灵敏度的测序及靶向代谢物检测等技术手段，使果树资源精准鉴定先进化、便利化、自动化。针对提升果实品质、提高抗逆性、增强生态适应性等果业主战场需求，聚焦目标性状，开展精准鉴定，为果树产业的可持续发展提供优良的基因资源（刘旭

等，2018）。

5. 加强果树种质创新

利用精准鉴定筛选的优异资源，聚焦抗盐碱、抗旱、抗贫瘠、品质、轻简化栽培等产业需求，开展果树种质创制研究，构建规模化、智能化果树种质创制技术体系。聚合目标性状基因，丰富遗传基础，创制核心育种材料，为我国培育具有突破性果树新品种提供"中国芯"。

6. 完善共享服务体系

加强重要目标性状与综合性状协调表达及其遗传基础研究，完善核心种质库建设；建立资源圃与共享平台的良好链接，及时更新数据，建立资源需求征集通道及机制，强化种质资源在解决国家重大需求问题的支撑作用，加强田间展示与信息和实物共享，为科研、教学、生产提供便捷服务，实现资源的高质量利用。

（三）培育具有自主知识产权的突破性或重大果树品种

1. 加强生物育种技术创新和高价值专利创造

以分子标记辅助选择技术、转基因技术、基因编辑和全基因组选择等为代表的生物育种技术，是发展现代果树种业、保障国家食物安全的重要支撑。

（1）挖掘果树功能基因，构建分子设计育种技术体系。组装全基因组并注释，以果树的果实着色、果实风味（味道和香气）、果肉褐变、果肉质地、果实种子有无、果实自疏、果实大小、抗病虫、抗寒、抗旱、耐盐碱、抗重茬、矮化、枝条开张、短枝型、肥料高效利用等目标性状为研究对象，将目标性状、遗传规律与重测序技术相结合，对目标性状进行基因定位，挖掘关键基因，解析目标性状形成和调控的分子机制，研发出具有自主知识产权的果树分子标记辅助选择、果树全基因组选择、果树转基因和果树基因编辑等生物育种核心技术，创造出高价值专利，构建出果树的分子设计育种技术体系，显著提升育种效率。

（2）强化果树智能育种研究。智能育种（Smart breeding）是以农作物基因型、表型、环境、遗传资源（如品种系谱信息）等大数据为核心基础，通过人工生物智能技术，在实验室设计培育出一种适合于特定地理区域和环境的新品种（应继峰等，2020）。而传统上的大田仅仅作为品种测试和验证的场所，从而节省了大量的人力、物力、财力、环境压力等资源。智能育种技术体系深度融合了生命科学、信息科学和遗传育种科学，是依托多层面生物技术和信息技术，跨学科、多交叉的一种育种方式，应用基于基因型大数据、表型大数据和环境大数据建立的基因型-表型环境模型，智能设计适合特定环境的杂交组合并对杂交后代的适应性、产量、品质等性状进行计算机模拟，模拟在不同环境条件下的表现和稳定性；通过智能育种技术，可以实现对单个个体在同一世代进行大规模、多位点的精准基因组编辑，同时创造多个优异等位基因；在全基因组水平上对已知的不同位点等位基因的最佳组合进行多基因与多性状的聚合，实现智能、高效、定向培育新品种，进而培育出突破性或重大果树品种。

2. 构建现代果树育种技术体系，筑牢做强果业"芯片"

加快构建生产者、经销商与消费者三方参与的现代果树育种技术体系，明确育种目标，列出对照品种清单，实行新型举国体制，培育出综合性状超主栽品种或市场竞争力强的突破性或重大品种，实现对国外品种的替代乃至超越，显著提高我国果树生产中自主知识产权品种的占有比例，筑牢做强果业"芯片"，有效避免我国果树种业的卡脖子风险（王海波等，2022）。

（1）育种目标。①苹果：培育的品种应具备矮化、短枝型或枝条开张，果实自疏或小果型免疏果，果实免套袋，肥水利用率高，抗轮纹病、腐烂病、炭疽病、斑点落叶病、白粉病和火疫病等主要病害，抗蚜虫、二斑叶螨、山楂叶螨和桃小食心虫等主要害虫，抗寒、旱等主要非生物胁迫，果实耐贮运，货架期长，鲜果周年供应，果实香味浓郁，含糖量高（可溶性固形物含量≥14%），酸甜适口，味道好，果肉脆，汁多，不褐变，果面光洁度好，无采前落果等特性；培育的砧木品种应具备高亲和性，广适性（适于不同生态区和土壤条件），易繁殖，使接穗品种矮化或枝条开张，肥水资源高效利用，耐瘠薄土壤，抗火疫病、疫腐病和苹果绵蚜等主要病虫害，抗旱、寒、涝、盐碱等非生物胁迫，抗重茬，提升果实品质等特性。②梨：培育的品种应具备矮化、短枝型或枝条开张，果实自疏或小果型免疏果，果实免套袋，肥水利用率高，抗轮纹病、锈病、黑星病、腐烂病和火疫病等病害，抗蚜虫、害螨和梨茎蜂等害虫，抗寒、旱等非生物胁迫，果实耐贮运，货架期长，鲜果周年供应，果实香味浓郁，含糖量高（可溶性固形物含量≥13%），酸甜适口，味道好，果肉脆且细腻，石细胞少，汁多，不褐变，无采前落果等特性；培育的砧木品种应具备高亲和性，广适性（适于不同生态区和土壤条件），易繁殖，使接穗品种矮化或枝条开张，肥水资源高效利用，耐瘠薄土壤，抗火疫病等主要根系病虫害，抗旱、寒、涝和盐碱等非生物胁迫，抗重茬，提升果实品质等特性。③葡萄：培育的品种应具备不出或少出副梢，新梢生长缓慢，果穗适度松散，少疏或不疏果粒，肥水利用率高，抗霜霉病、白粉病和灰霉病等病害，抗山楂叶螨、二斑叶螨等害虫，抗寒、旱等非生物胁迫，果实耐贮运，货架期长，鲜果周年供应，果实香味浓郁，含糖量高（可溶性固形物含量≥18%），酸甜适口，味道好，果肉脆或多汁，果实不裂果，果实无核，适宜设施栽培（耐弱光、耐高温、耐高湿等，低需冷量和需热量低或多次结果能力强或果实成熟后挂树能力强暨产期调节能力强）等特性；培育的砧木品种应具备高亲和性，广适性（适于不同生态区和土壤条件），易繁殖，使接穗品种矮化或少出副梢、新梢生长缓慢，肥水资源高效利用，耐瘠薄土壤，抗根癌病、根瘤蚜和根结线虫等主要根系病虫害，抗旱、寒、涝、盐碱等非生物胁迫，抗重茬，提升果实品质等特性。④桃：培育的品种应具备矮化、短枝型或枝条开张，果实自疏或小果型免疏果，果实免套袋，肥水利用率高，抗流胶病、细菌性穿孔病、白粉病、炭疽病等病害，抗蚜虫、山楂叶螨、二斑叶螨、梨小食心虫等害虫，抗寒、旱等非生物胁迫，果实耐贮运，货架期长（SH肉质，耐贮运性好、货架期长），鲜果周年供应，果实香味浓郁，含糖量高（可溶性固形物含量≥14%），酸甜适口，味道好，果肉脆或细腻、汁多、不褐变，果实不裂果，适宜设施栽培（耐弱光、耐高温、耐高湿等，低需冷量和需热量低或果实成熟后挂树能力强暨产期调节能力强）等特性；培育的砧木品种应具备高亲和性，广适性（适于不同生态区和土壤条件），易繁殖，使接穗品种矮化或枝条开张，肥水资源高效利用，耐瘠薄土壤，抗根癌病、根结线虫等主要根系病虫害，抗旱、寒、涝、盐碱等非生物胁迫，抗重茬，提升果实品质等特性。⑤草莓：培育的品种应具备种子繁殖型，不出或少出匍匐茎，果实花序着果数适宜，少疏或不疏果，肥水利用率高，抗白粉病、炭疽病、根腐病、叶斑病、红叶病、疫病、芽枯病、黄萎病和镰孢枯萎病等病害，抗蚜虫、山楂叶螨、二斑叶螨、白粉虱、蓟马和线虫等害虫，抗寒、旱等非生物胁迫，果实耐贮运，货架期长，鲜果周年供应，果实香味浓郁，含糖量高（可溶性固形物含量≥12%），酸甜适口，味道好，果肉细腻多汁，适合设施栽培（耐弱光、耐高温、耐高湿等，花芽分化快，休眠浅或无休眠）等特性。⑥李：培育的品种应具备矮化、短枝型或枝条开张，开花晚、避开晚霜，肥水利用率高，抗流胶病、细菌性穿孔病、白粉病和缩叶病等病害，抗蚜虫、山楂叶螨、二斑叶螨、食心虫等害虫，抗寒、旱等非生物胁迫，果实耐贮运，货架期长，鲜果周年供应，果实香味浓郁，含糖量高（可溶性固形物含量≥18%），酸甜适口，味道好，果肉脆或细腻，汁多，不褐变等特性；培育的砧木品种应具备高亲和性，广适性（适于不同生态区和土壤条件），易繁殖，使接穗品种矮化或枝条开张，肥水资源高效利用，耐瘠薄土壤，抗根癌病、根结线虫等主要根系病虫害，抗旱、寒、涝、盐碱等非生物胁迫，抗重茬，提升果实品质等特性。⑦柑橘：培育的品种应具备易剥皮，无核，有香味，高糖，风味浓，抗柑橘黄龙病、溃疡病等特性；培育的砧木品种应具备抗速衰病、黄龙病、溃疡病、柑橘线虫、裂皮病、星天牛、青枯病、立枯病、脚腐病、火疫病、褐斑病、疫霉病、凋萎病等病虫害，以及抗寒、抗旱、耐盐碱、抗瘠、矮化树冠等特性。⑧香蕉：培育的品种应具备矮秆、果皮厚、果指长、梳形好、单产高、果实品质优、高糖、果肉不易褐化、果肉金黄色至橙黄色、类胡萝卜素和抗性淀粉含量高、抗性强尤其是抗香蕉枯萎病等特性。⑨芒果：培育的品种应具备矮化、易成花、花期耐低温阴雨、丰产稳产、单果重适中（200~750 g）、果实耐贮运、果实香味浓郁、含糖量高（可溶性固形物含量≥15%）、酸甜适口、果肉纤维少、细腻多汁、抗病、抗虫等特性。⑩荔枝：培育的品种应具有早熟、特早熟或晚熟、特晚熟，避开荔枝上市高峰期，延长鲜果供应市场，焦核或无核，可食率高，花芽诱导对低温需求较低，易成花，丰产稳产性好，风味浓，有香味，肉质爽脆，含糖量高（可溶性固形物含量≥18.5%），果形端正，果皮干净，色泽均匀，果实耐贮运，货架期长，不易发生"退糖"现象，不易褐变，抗荔枝霜疫霉病、炭疽病等主要病害，抗荔枝蒂蛀虫、介壳虫等主要虫害，树形矮化、紧凑，修剪量少，适宜机械整形修剪，花量适中，不需要人工疏花疏果，管理轻简等特性；培育的砧木品种应具备广亲和性、适应性强、耐贫瘠、肥水利用率高、矮化、易繁殖、稳定性好等特性。⑪龙眼：培育的品种应具有大果，可食率高，肉质爽脆不流汁，含糖量高（可溶性固形物含量≥20%），丰产稳产，易成花，耐贮运，货架期长，特早熟或特晚熟，抗霜疫霉病、鬼帚病等主要病害，树形矮化，管理轻简等特性；培育的砧木品种应具备广亲和性、适应性强、耐贫瘠、肥水利用率高、矮化、易繁殖、稳定性好等特性。

（2）对标品种。①苹果：主要为富士、千雪、王林、维纳斯黄金、火箭、爱妃等主栽品种和市场竞争力强的品种；M9-T337（荷兰从M9中选出的株系，极矮化，抗根癌病）、G935（美国康奈尔大学用Ottawa 3×Robusta 5杂交育成，矮化，抗白粉病、火疫病和颈腐病，抗重茬）、GM256（吉林省农业科学院果树研究所用海棠果与M系矮化砧木杂交育成，抗寒，矮化）和G65（美国纽约州农业试验站用M27×BeautyCrab杂交育成，极矮化，极抗火疫病，抗疫腐病）等砧木品种。②梨：主要为秋月、玉露香、黄冠、库尔勒香梨等主栽品种和市场竞争力强的品种；OH×F333（美国俄勒冈州立大学用Old Home×Farmingdale杂交育成，半矮化，高抗火疫病）（孟更，2016）等砧木品种。③葡萄：主要为巨峰、阳光玫瑰、夏黑、火焰无核和克瑞森无核等主栽品种和市场竞争力强的品种；101-14、3309C（河岸葡萄与沙地葡萄的杂交后代，抗根瘤蚜，较抗根癌病，较耐寒，较抗根结线虫，其中101-14高抗根结线虫，根系浅，耐湿不耐旱，树势中庸，削弱接穗长势，促进接穗品种早熟，产量低，品质好）、420A、SO4、5BB、5C、8B（河岸葡萄和冬葡萄的杂交后代，抗根瘤蚜，抗根结线虫，其中SO4和5BB高抗根结线虫，抗寒，根系较浅，耐湿不耐旱，嫁接有小脚现象，树势中庸偏旺、促进接穗长势，产量中等或偏高）、99R、110R、140Ru、1103P、225Ru（沙地葡萄和冬葡萄杂交后代，根系分布深，抗旱，耐瘠薄，抗根瘤蚜，其中99R和1103P高抗根结线虫，1103P较耐盐碱，嫁接使接穗品种长势旺，产量高，促进接穗品种晚熟）、41B、333EM、Fercal（耐石灰质土壤，但抗根瘤蚜能力下降）、STR50、STR74（意大利育成的矮化砧木，使接穗品种新梢生长量降低，减少叶幕修剪用工，提高果实品质）、Boner（德国育成，既对根瘤蚜免疫也对根结线虫免疫）等砧木品种（杜远鹏等，2020）。④桃：主要为春雪、锦绣黄桃、中农金辉、中农珍珠、中蟠桃11号、中油蟠7号、映霜红等主栽品种和市场竞争力强的品种；GF677（法国用桃和扁桃杂交育成，耐盐碱、抗旱、抗重茬、抗SO_2污染）、GF43李（欧洲李实生后代，极抗涝）等砧木品种（赵剑波等，2006、2016；徐迎澳等，2021）。⑤草莓：主要为红颜、圣诞红、香野、浆果之星、章姬、甜查理、桃熏、天使8号等主栽品种和市场竞争力强的品种。⑥李：主要为安哥诺、黑宝石、秋姬、国峰、蜂糖李和巫山脆李等主栽品种和市场竞争力强的品种；Pixy（英国东茂林试验站育成，极矮化）、樱桃李29C（美国从樱桃李中选出，抗根结线虫）、无性系M20-3（美国从玛丽李中选出，耐黏壤土）、马里亚纳-4001（美国从马里亚纳李中选出，耐旱、抗根结线虫）等砧木品种。⑦柑橘：主要为W.默科特、克里曼丁、不知火、春见、爱媛28号（红美人）、沃柑、华盛顿脐橙、红肉脐橙等主栽品种和市场竞争力强的品种；香橙砧木、Troyer枳橙、Swingle枳柚、兰卜来檬、Carrizo枳橙、Rangpur枳柚、Benton枳橙和克里迈丁橘等砧木品种。⑧香蕉：主要为粤优抗1号、新北蕉、农科一号等高抗香蕉枯萎病品种，热蕉11号、高把香牙蕉、巴西蕉、广粉1号和中粉1号等质优、高产和营养指标高的新品种，以及中蕉9号（丰产、高抗香蕉枯萎病）、美食蕉、粤蕉等可用于食品加工的新品种和市场竞争力强的品种。⑨芒果：主要为桂热芒82号、热农1号和红玉等主栽品种和市场竞争力强的品种。⑩荔枝：主要为妃子笑、白糖罂、桂味、糯米糍、紫娘喜、无核荔和马贵荔等主栽品种和市场竞争力强的品种；怀枝（禾荔）等砧木品种。⑪龙眼：主要为石硖和储良等主栽品种和市场竞争力强的品种。

（四）研发果业高质量发展关键技术

随着果品供应短缺时代的结束，人们对果品的需求已经发生了质的变化，对果品高品质（安全、营养、健康和功能）、多样化和周年均衡供应的需求不断提高。所以，进入新阶段的我国果业为了满足人们追求生活质量的消费需求，提高果品的经济效益，发展重点是提高果品质量，生产多样化优质果品，实现鲜果周年均衡供应，创知名国际品牌。通过高质量发展重大关键技术的突破，提升我国果树产业的国际竞争力。力争在省力化栽培、土肥水资源高效利用、果实品质调控、病虫害绿色防控、产期调控、绿色保鲜与贮运、果品精深加工、智能化生产、无土栽培等重大关键技术领域取得重大成果和显著效益，使果树产业走上精准化、规模化、专业化、机械化、科技化和环保型的现代果业之路（王海波等，2020、2022）。

1. 研发果树轻简优质高效栽培与非耕地高效利用关键技术

（1）研究果树轻简优质高效栽培与非耕地高效利用理论。以轻简宜机、优质高效为目标，主要开展果树砧穗互作、无性繁殖、光合生理与调控、矿质营养吸收运转分配与需求、水分吸收运转分配与需求、土壤-植物-微生物互作、盐渍化与酸化土壤修复、土壤有机质提升与培肥、水肥耦合和利用效率、光合产物运输与代谢、花芽分化与产量形成、品质发育与调控、果实成熟生理与调控、休眠生理与调控、果树与环境互作、连作障碍、无土栽培等优质高效栽培和非耕地高效利用理论研究，为果树轻简优质高效栽培和非耕地高效利用关键技术和产品的研发奠定理论基础。

（2）研发果树优质高效栽培与非耕地高效利用关键技术和产品。①大苗培育技术研发与产品研制。筛选确定适宜的砧穗组合，研发砧木组培和扦插快繁等砧木无性繁殖、枝条促发、控旺促花等大苗繁育技术，研制促根剂、发枝剂、促花剂、育苗基质和育苗容器等大苗繁育器具和产品，培育出高质量大苗。②轻简宜机整形修剪技术研发和产品研制。研发2D平面树形等高光效省力化宜机树形与模式化修剪、机械修剪和化学修剪等配套轻简化修剪技术，研制仿形式冬剪机、仿形式夏剪机和智能化修剪机器人、拉枝器具和环境友好型新梢生长促控剂等配套整形修剪设备、器具和产品，降低生产管理成本、提高生产效率。③土壤改良与培肥技术研发和产品研制。研发盐碱地改良、酸化与盐渍化土壤生态修复和土壤污染治理等土壤改良技术以及果园生草、枝叶粉碎发酵还田、土壤覆盖和有机肥施用等土壤培肥技术，研制土壤结构改良剂、生物可降解地膜、具有促进枝叶发酵或改良盐碱地功能的微生物菌剂和深松气爆改土机等土壤改良与培肥产品与设备，改善土壤理化性质，提高土壤有机质。④肥水高效利用技术和产品研制。构建涵盖不同产区、不同栽培模式、不同品种的测土配方施肥模型，实现因地因模式因品种精准确定肥料配方。研发果树"5416"测土配方施肥、精准施肥、有机无机微生物肥配施等肥料高效利用技术，研制控释肥料、果树同步全营养配方肥、叶面肥、微生物菌剂、微生物肥和施肥机等肥料高效利用产品和设备，提高肥料利用效率，实现化肥减施。建立节水地面灌溉、微灌和喷灌的需水量预报模型，进行果树最佳灌溉时间和灌溉量的确定和预测预报方法研究，研发适合我国国情的土壤墒情诊断技术，实现精准灌溉。研发节水灌溉的水肥耦合技术与设备，主栽品种的非充分灌溉和调亏灌溉技术，微灌、喷灌和低压输水管网系统的智能化设计软件等，提高水分利用效率，实现高效节水。⑤花果高效管理技术和产品研制。研发高效疏花疏果技术、花果穗整形、果实套袋技术、果实无袋栽培、营养导向型功能果品生产等花果高效管理技术，研制疏花疏果机、疏花疏果剂、花果穗整形器具、专用果袋和功能叶面肥等花果高效管理设备、器具和产品，提高花果管理效率，提升果实品质。⑥果实产期调控技术与产品研制。研发物理或化学休眠调控、果实成熟调控、叶片抗衰老等产期调控技术，研制促进或推迟休眠解除及休眠逆转的休眠调控设备和产品、促进或推迟果实成熟的果实熟期调控设备和产品、延缓叶片衰老的设备和产品等果实产期调控设备与产品，灵活调控果实产期，实现鲜果周年生产与供应。⑦环境调控技术研发与产品研制。制定温、光、水、气等环境因子的调控标准，研制自动卷膜机和自动卷帘机等温度控制系统与设备、排湿和加湿机等湿度控制系统与设备、植物生长灯等光照控制系统与设备温度、二氧化碳施肥机等气体控制系统与设备等环境因子的调控技术和设备，实现环境的高效和精准调控，为果树创造最为适宜的生长发育环境。⑧非耕地高效利用技术研发与产品研制。研发容器栽培、基质栽培、无土栽培等非耕地高效利用技术，研制栽培容器、栽培基质、无土栽培营养液、营养液循环系统与设备、水肥一体机等产品与设备，构建非耕地高效利用技术体系，实现非耕地的高效利用，避免与良田争地。⑨防灾减灾技术研发和产品研制。开展风、雪、雹、涝、旱、低温、高温和沙尘暴等自然灾害的预测、预报研究，以及防灾、减灾技术的研发和设备与产品的研制，提高果树生产的抗逆能力。例如中国农业科学院果树研究所研发出了抗冻效果良好的抗冻剂，有限减轻或避免了葡萄、桃等果树的晚霜危害。⑩复合种养技术研究。研究利用不同动植物之间和不同生物之间的互作规律,种养结合,变废为宝,实现自然资源多级转化和多层利用。⑪环境友好型果树化控技术研发与产品研制。研制开发高效、低毒、环境友好型植物生长调节剂,如脱落酸、聚天门冬氨酸、壳聚糖、石灰氮、调环酸钙等及其施用技术,对植物的生长、花芽分化、开花、果实成熟、衰老、休眠,以及果实和枝叶的脱落等进行调控。

2. 研发果业绿色发展关键技术

(1) 研究果业绿色发展理论。①果树绿色生产:以绿色生产为目标,解析果树有害生物的成灾与演变机制、果树有害生物抗性基因挖掘及调控、果树有害生物分子靶标挖掘、果树-有害生物-环境互作机理、拮抗微生物抑菌机制、果树抗病虫基因挖掘和抗病虫机制等,为果树绿色生产技术的研发提供理论支撑。②果品质量安全控制:主要解析果品污染来源、污染物的迁移转化和蓄积代谢规律以及危害形成和毒性作用机制,植物生长调节剂和农药等投入品对果品质量的影响规律和作用机制,为果品质量安全控制技术的研发提供理论依据。

(2) 研发果业绿色发展关键技术和产品。控制果业生产的外源污染和果业自身污染,解决农药、重金属残留超标和有毒有害物质问题。主要包括加强从农药、肥料的科学应用到土壤、水源、生态的环境控制及种植制度改进等一系列重大关键技术研究。①果树病虫害绿色防控:研发生态、生物、物理等绿色防控关键技术和高效低毒化学农药与生物源农药、信息素和天敌等绿色防控产品,集成构建果树病虫绿色高效防控技术体系。②果树无病毒种苗繁育:结合高通量测序和生物信息学技术,明确我国主要果树的病毒种类与分布。研发灵敏、稳定、高效的病毒检测技术和配套产品,创新果树病毒高效脱除技术,改进无病毒种苗繁育关键技术,构建规范化的无病毒种苗培育技术体系。③果品质量安全智能快速检测:研制覆盖主要危害因子的抗体识别库。研发复杂基质样品前处理技术、果品主要危害因子免疫快速检测技术、高灵敏高通量多目标物同时检测技术、便携式智能化快速检测技术和产品等,构建高通量筛查-关键控制点确认-全程质量控制-快速监测的质量安全保障体系。④果品质量安全风险评估与控制:开展果品质量安全风险评估关键技术研究,研发敏感生物标志物高效甄别识别技术。研究危害因子多过程协同作用机制,研发生物毒素、重金属、持久性有机污染物等脱毒减毒技术。构建全时空溯源信息数据库和全方位质量安全防控技术。

3. 研发果品贮运与加工关键技术

(1) 研究果品贮运与加工理论。主要解析果实采后衰老过程中品质变化与调控的生理和分子机制、贮运环境与果实代谢互作机制、果实采后病原菌侵染的病理与分子机制、果实采后拮抗微生物抑菌机制、加工过程对果品营养成分和功能物质以及真菌毒素等危害物产生的作用机制、特色果品特征性营养功能成分的鉴定与产生规律,为果品绿色贮运与加工技术的研发奠定理论基础。

(2) 研发果品贮运与加工关键技术和产品。①果品采后保鲜与贮运:研发高效节能冷链与采后品质控制技术装备与材料、真菌毒素精准防控、采后病害绿色防控、绿色保鲜等绿色减损关键技术以及果品流通全程跟踪与追溯体系,构建果品采后绿色保鲜与贮运技术体系。②果品加工与营养健康食品制造:开展传统果品加工品如葡萄干、柿饼等工业化关键技术研究,研发传统加工果品的高效加工工艺、贮运技术和设备;突破果品资源梯次加工技术、发酵与酶催化技术、高值化利用技术、功能因子稳态化技术、功能成分高效制备等重大关键技术;研发功能性水果加工新产品、新食品原料和营养健康食品。③果品营养品质评价与功能成分挖掘:开展果品营养品质评价、分等分级、新三品一标全程质量控制、标准体系、智能化监测技术研发;开展果品功能成分检测分析及开发利用研究。

4. 研发果业机械化、智能化生产关键技术和装备

加强果树机械化生产配套机械设备及农艺措施研究;综合运用现代农业科学技术、计算机技术和材料科学等,建立技术密集型的工程化、自动化果树生产体系,实现人工创造环境、全过程自动化,发展果树工厂化生产;加强农业资源、生产资料、技术和产品市场、政策、气象等各方面专题性或综合性的农业数据库组建和研究,建立和开发果树产业信息网络系统、信息监测与速报系统和专家决策支持系统,推动物联网、大数据、人工智能、区块链等信息技术与果业深度融合,加快生产经营和管理服务数字化改造,实现果树产业的网络化、智能化,以及农业资源共享,提高资源的利用率和农业生产效益,提升我国果树产业的国际竞争力。

(1)研发果园机械化生产技术与装备:农机农艺有机融合是实现果树机械化生产的内在要求和必然选择,不仅关系到关键环节机械化的突破和先进适用农业技术的推广普及应用,也影响农机化的发展速度和质量。只有二者相互协调、彼此交叉、有机结合,才能真正实现果树生产的机械化和现代化。发展我国果树机械化生产技术,要基于我国果树产业发展现状,坚持果树和机械相结合的基本原则,系统全面地开展研究工作。一方面将机械适应性作为果树育种和栽培技术研究的重要目标和考核指标,加快适于果园全程机械化生产配套农艺措施的研究。基于我国果树产业特点,加快果树从种植到收获全程机械化生产过程中果园专用机械设备的研发,开发多功能、经济型机械装备与设施如将精量喷雾技术、防飘技术、自动对靶技术、农药直接注入和自清洗技术、机电一体化技术等综合运用研发低量、精喷洒和低污染的植保机械。另一方面加强农艺农机技术集成,针对重点薄弱环节,制定和完善不同区域果树主产区机械化生产技术的路线、模式和规范。最后借助计算机辅助决策技术、信息技术、自动化与智能控制技术等高新技术,实现农艺农机的有机融合,加快推动果树生产的规模化、专业化、标准化和信息化。

(2)研发果树工厂化生产技术与装备:加强节能型日光温室和大型温室微气候与生态环境研究,制定我国温室等栽培设施的区域布局规划,并针对区域特点研究相应温室的结构形式和基本配置,以最大限度节约能源,降低温室运行成本,同时还需加强温室建筑材料和节能与能源多元化利用技术研究。加强自动控制技术与装备的研究。一是加强研究果树对环境(如光照、温度、湿度、CO_2浓度等)变化的反应,并建立其相应的定量数学模型,通过定量数学模型,进一步制定设施环境最有效的控制管理策略或方案;二是加强果树生长环境的机器识别与诊断研究,分为温室环境和土壤环境两大部分,其中温室环境信息主要包括温度、湿度、光照和CO_2浓度等的最高、最低值及其控制,而土壤环境信息,特别是无土栽培的pH值、电导率、基质温度、土壤湿度等的采集与控制;三是加强果树生长状态的机器识别与诊断研究,通过机器判别果树生长的优劣、是否有病虫害、是否需求灌溉、施肥等;四是加强作物模拟技术的研究及果树生长要求的定量研究及检测,它是实现定量化和自动化控制管理的关键技术;五是加强机器自动判别选择运行的最优化条件研究,自动化判别,使工作状态处于最佳,满足果树农艺上的要求,要实现机器的自动判别,需加强专家智能决策技术和机器视觉技术等高新技术的研究。加强设施农业配套机械设备的研究与开发。

(3)研发农业信息化技术与系统:重视信息技术对传统农业进行根本性技术改造的良好前景并积极应用。以"3S"技术为基础的"精准农业",正在美国、加拿大、英国、法国、澳大利亚等发达国家迅速扩大应用,并被认为是一项将改变21世纪农业面貌的关键技术。

加强果树信息网络体系集成技术研究，主要包括果业基础信息系统、自然资源环境和社会经济条件系统、市场信息系统（主要包括果品和生产资料的供求信息等）、科技信息系统（主要包括新品种、新技术、新产品、新装备等信息）、信息网络集成技术（数据库、网络应用程序等）。加强果业智能决策技术研究，在现有果业专家系统的基础上，与决策支持系统相结合，通过果业信息网络实现果业的智能决策，主要包括果业专家系统技术、果业决策支持系统技术（果业信息数据库、决策模型库、友好人机界面技术的标准和实现技术）、神经网络系统在果业智能决策中实现技术、果业智能在线决策系统的集成技术。加强果业系统数字模拟技术研究，数字化经济是21世纪发展趋势，数字果业模拟系统将可以实现目前现实世界无法对果业开展的实验，系统的建立将为果业发展的宏观决策进行动态模拟，主要包括果业自然环境的数字化及其数据组织技术（数据结构、数据库）、果业生产和发展的社会经济信息的数字化技术（世界果业、国家和地区水平的数据库）、果树生长过程的数字模拟技术、果业数字神经网络建模技术（数字化果业基础的集成和反馈模拟的机制）、果业宏观发展的数字模拟综合集成系统。加强果业遥感信息采集分析技术的研究，可为果业发展决策、果业灾情监测、资源环境状态预测提供快速有效的信息，主要包括全国果业资源遥感动态监测系统与时间序列数据库、果情遥感信息综合分析系统、遥感果树监测与诊断应用基础研究、果业灾情监测预报系统技术等。加强精准农业关键技术研究及其相关产品的研发，精准农业的主要作用是降低施肥量，减少环境污染。通过引进国外主要设备，结合国情对配套的硬件和软件进行研究开发与集成组装，逐步建立起适合于我国国情的"精准农业"示范工程体系。我国果树生产与国外有许多不同，不能照搬国外技术，必须开发适合我国国情的精准农业技术。在引进国外先进技术的同时，需对各种传感器和自动测试仪进行重点开发，同时研究3S集成技术，研究产量分布图自动生成系统、处方图读入系统、智能化诊断系统、自动选择调控化肥配比和农药用量及喷水量的监控系统等。

二、优化果树区域布局，优化树种与品种结构

稳定果树种植总面积，合理控制产业发展规模，到2025年水果种植面积稳定在1.5亿亩以上、产量2.0亿t以上。适当调减大宗果树面积、增加特色果树和优新果树品种面积。坚持"适地适栽"、适度发展，巩固提升优势产区，控制次优势区种植规模，引导非优势区退出果树生产，防止同质化低水平重复发展。按照多样化、专用化、优质化、鲜果周年均衡供应的市场要求，调整树种和品种结构，积极发展独特树种、特异品种、特殊品质和特定区域的产品，促进差异化发展。

（一）优化果树优势区域发展布局

中国土地资源短缺，坚持"上山（坡）下滩""林果结合"和充分利用"四荒"资源的基本要求，按照资源禀赋优、产业基础好、出口潜力大和比较效益高的原则优化果树优势区域发展布局，避免同质化低水平重复发展（邓秀新，2017；束怀瑞，2012、2013）。

1. 苹果

引导区域布局向渤海湾优势区、黄土高原优势区、西南冷凉高地产区和新疆特色产区集中（"十四五"全国种植业发展规划，2021）。

2. 柑橘

引导区域布局由东南沿海地区向中部和西部地区转移，主要向长江上中游柑橘带、赣南－湘南－桂北柑橘带、浙－闽－粤柑橘带、鄂西－湘西柑橘带、西江流域柑橘带等优势区和特色区集中；长江上中游柑橘带积极发展树体适时覆膜栽培模式，浙－闽－粤柑橘带积极发展设施栽培模式（"十四五"全国种植业发展规划，2021）。

3. 梨

引导区域布局向华北白梨产区、西北白梨产区、长江中下游砂梨产区、特色梨区（辽宁鞍山和辽阳南果梨区、新疆库尔勒和阿克苏香梨区、云南泸西和安宁红梨区和胶东半岛西洋梨区）集中[全国梨重点区域发展规划（2009—2015）]。

4. 葡萄

引导区域布局向西北和新疆及黄土高原干旱半干旱优势区、华北及环渤海湾优势区、秦岭和淮河以南亚热带避雨栽培区、云南干热河谷及川西优质特色区、东北冷凉山葡萄特色区、湖南怀化刺葡萄特色区、广西和华南一年多收避雨栽培区集中；葡萄设施栽培面积占全国总面积的40%以上（刘凤之，2021；王海波，2020）。

5. 桃

引导区域布局向华北及黄淮优势区、长江下游高效区、黄土高原优势区、西南高地特色区集中（王力荣，2021）。

6. 草莓

引导区域布局向山东、江苏、辽宁、安徽、河南和云南等优势区和特色区集中。

7. 香蕉

引导区域布局向海南－雷州半岛、粤西－桂南、珠三角－粤东－闽南和桂西南－滇南等优势区和特色区集中[主要热带作物区域布局规划（2007—2015）]。

8. 芒果

引导区域布局向海南—雷州半岛优势区、右江河谷优势区、滇西南—滇南—滇中元江流域优势区、金沙江干热河谷优势区集中。

9. 荔枝

引导区域布局向粤桂优势区、闽南优势区和琼中优势区集中。

10. 龙眼

引导区域布局向海南－粤西南－桂南－滇南优势区、桂中－粤中－闽南优势区、闽中－闽东－泸州优势区集中。

（二）优化果树树种和品种结构

按照多样化、专用化、优质化、鲜果周年均衡供应的市场要求，调整树种和品种结构，积极发展独特树种、品种、特殊品质和特定区域的产品，促进差异化发展。

1. 优化果树树种结构

适当调减大宗果树种植面积，增加特色果树和优异果树品种种植面积，充分利用野生资源、特色资源和传统老味道品种。苹果、梨、葡萄、桃、草莓、柑橘、香蕉、芒果、荔枝、龙眼和菠萝等大宗果品的产量总量处于供过于求的局面，需适当核减种植面积、控产提质，采取优势产业带（最适生态带）的产业化经营模式，例如，苹果种植面积稳定在 2 000 万亩左右、亩产 2 t 左右，葡萄种植面积稳定在 900 万亩左右、亩产 1.5 t 左右。蓝莓、树莓、西梅（欧洲李）、山楂、果桑、蓝靛果、莲雾、杨桃、释迦、榴莲、木通等优质特色水果的产量总量处于供不应求的局面，需根据市场需求，适当提高其发展比重，采取县域规模发展模式，以产地（基地、点）和精品（高档、绿色、有机）为主。

2. 优化果树品种结构

（1）苹果。渤海湾优势区，推广优质抗逆新品种及砧穗组合；黄土高原优势区，推广晚花品种及抗旱矮化砧木品种；黄河故道和秦岭北麓传统产区，以早中熟新品种和多元化加工品种为主优化品种结构；西南冷凉高地产区，发展早中熟品种，推广多抗砧木品种；新疆特色产区，发展多抗、耐盐碱砧木品种，优化早中晚熟品种搭配。

（2）柑橘。晚熟柑橘（1月及之后上市）产量占比达到35%左右。长江上中游柑橘带，合理配置不同熟期品种；赣南－湘南－桂北柑橘带，加快推进特色差异化品种发展；浙闽粤柑橘带，围绕高品质高端果品，以早熟品种为主开展促成栽培；鄂西－湘西柑橘带，提升温州蜜柑等宽皮柑橘生产机械化水平，稳定发展柑橘罐头加工；西江流域柑橘带，发展早熟和晚熟宽皮柑橘，实现错峰上市。

（3）梨。合理搭配早、中、晚熟品种结构，稳定白梨、砂梨、新疆梨、秋子梨等传统优势品种生产，因地制宜发展西洋梨等特色品种。华北白梨区适当压减鸭梨、酥梨和雪花梨，发展黄金梨、京白梨、红宵梨等特色品种，实现早、中、晚熟品种合理搭配；西北白梨区加快新品种更新换代，确定合理的品种结构；长江中下游砂梨区压缩、改造老劣中熟品种，积极发展早、中熟品种，增加早熟梨的比例。

（4）葡萄。适应市场需求，着重发展无核、优质、抗病和耐贮运品种；适应产区特点，重点推广抗寒、抗旱、耐盐碱、抗根瘤蚜等多抗、矮化、耐瘠薄砧木品种。鲜食葡萄早、中、晚熟品种比例达到3:3:4，鲜食、制干和酿酒用葡萄种植结构为7:1:2。

（5）桃。自主选育的优质、特色、省力化桃品种占生产栽培品种的80%以上，品种结构向黄肉桃、红肉桃、油桃、蟠桃、油蟠桃、小果型等优质化、多样化、营养化方向调整。华北及黄淮优势区可全面发展，其中环渤海湾以设施促早栽培提质增效为主；西南高地特色区适当提高早熟普通桃和蟠桃比例，低纬度地区控制盲目规模化生产，以发展特色品种为主；黄土高原优势区适当提高油桃和油蟠桃比例；长江下游高效区提高优质早熟蟠桃比例。

（6）草莓。适应市场和生产需求，着重发展抗病、优质、耐贮运、省力化品种。草莓生产中自主知识产权品种的占有比例翻一番。

（7）香蕉。海南－雷州半岛优势区，以生产春夏蕉（3—6月）为主，以巴西、威廉斯、巴贝多等高产优质品种为主，适当发展抗病品种宝岛蕉；粤西－桂南优势区，以生产夏秋蕉（8—11月）为主，以巴西、威廉斯等高产优质品种为主；珠三角－粤东－闽南优势区，以生产冬春蕉（12—翌年3月）为主，以巴西、威廉斯、漳蕉8号等高产优质品种为主，适当发展抗病品种宝岛蕉；桂西南－滇南优势区，以生产秋冬蕉（11—翌年2月）为主，以巴西、威廉斯等高产优质品种为主，加强山地香蕉发展。

（8）芒果。海南－雷州半岛优势区，以优质早熟、极早熟鲜食品种为主；右江河谷优势区，以加工型品种和优质中熟鲜食品种为主；滇西南－滇南－滇中元江流域优势区，以加工品种和优质中迟熟鲜果品种为主；金沙江干热河谷优势区，以晚熟、特晚熟优质鲜果品种为主。

（9）荔枝。粤桂优势区，粤桂西南部早熟品种优势区重点发展三月红、白糖罂、白蜡、黑叶、妃子笑、双肩玉荷包等早熟优良品种；粤中－桂南中熟品种优势区重点发展三月红、水东黑叶、妃子笑、状元红等早中熟优良品种，糯米糍、桂味、尚书怀、雪怀子、新兴香荔、无核荔枝、鸡嘴荔、灵山香荔、钦州红荔、沙头荔、江口荔等中熟优良品种；粤东中晚熟品种优势区重点发展黑叶、怀枝等晚熟优良品种；闽南优势区，重点发展兰竹和黑叶等中晚熟优良品种和元红等晚熟优良品种，延长我国荔枝的供货期；琼中优势区，重点发展妃子笑等早熟优良品种。

（10）龙眼。海南－粤西南－桂南－滇南早熟优势区，选育推广更早熟优良品种，提高早熟优良品种比例；桂中－粤中－闽南中熟优势区，是我国龙眼生产的主体，发展石硖、储良等中熟优良品种；闽中－闽东－泸州晚熟优势区，加大立冬本、松风本、东宝9号等晚熟龙眼品种比例，对中熟品种进行更新改造。

三、推进果业一二三产融合，实现果业产业化开发

果业三产融合指的是以第一产业——果树生产业为依托，以农民及相关生产经营组织为主体，通过高新技术对果业的渗透、三次产业间的联动与延伸、体制机制的创新等多种方式，将资金、技术、人力及其他资源进行跨产业集约化配置，将果业生产、加工、销售、休闲果业及其他服务业有机整合，形成较为完整的产业链条，带来果业生产方式和组织方式的深刻变革，实现果业三次产业协同发展。果业三产融合立足于果业资源，目的是通过第一产业各子产业间联合及第一产业向第二、第三产业延伸，实现果业内部及与第二、第三产业之间的融合渗透，推动果业链条的延伸和果业多功能性不断延展，促进果农增收，激发农村发展的新活力。一产指"果树生产行业"，始终围绕果业为核心发展各类相关产业，坚持以果业发展作为优先方向，坚持果业的主体地位不动摇。二产是"果品贮运加工业"，是以果品为原料催生出贮藏保鲜、冷链物流、加工和销售等环节，进行工业生产活动的总和。三产是"果业市场服务业"，即延伸产业链，拓展果业功能和提升果业附加值，如果业观光、科普教育、品牌展示、文化传承等。

（一）培育壮大新型果业经营主体和龙头企业，做优第一产业

通过资金扶持、政策扶持、培养人才、跟踪服务等手段，创造有利环境，培育壮大一批专业大户、家庭农场、合作社和病虫害统防统治、肥料统施统配、农机服务等社会化服务组织等新型经营主体和龙头企业，引导和推动土地有序流转，发展多种形式的适度规模经营，提高果业生产的集约化和专业化水平；鼓励和引导新型果业经营主体和龙头企业与果农三者之间建立利益共享、风险共担的新型关系，提高果农的组织化程度，解决小农户与大市场之间的矛盾。

1. 培育壮大新型果业经营主体和龙头企业

（1）强化果业新型经营主体和龙头企业带头人的培训。对专业大户、家庭农场经营者、合作社带头人和社会化服务组织负责人等果业新型经营主体带头人和龙头企业负责人进行培训，提高其综合素质和职业能力；并对新型果业经营主体带头人和龙头企业负责人加强规范管理、资金支持、政策扶持、跟踪服务，支持其发展多种形式的适度规模经营，发挥新型果业经营主体带头人和龙头企业负责人引领现代果业发展的主力军作用。

（2）加强现代青年农场主的培养。对中等教育及以上学历的返乡下乡创业青年、中高等院校毕业生、退役士兵以及农村务农青年等加强培训指导、创业孵化、认定管理、资金支

持、政策扶持，吸引年轻人务农（果）创业，提高其创业兴业能力。

（3）强化农村实用人才带头人的培训。对产业发展带头人和大学生村官等农村实用人才和带头人进行培训，以现代农业和新农村发展的先进典型村为依托，通过专家授课、现场教学、交流研讨，不断提高农村带头人的增收致富本领和示范带动能力。

2. 建立并完善利益联结机制，解决小农户与大市场的矛盾

鼓励农民建立合作社等多种经济组织，通过担保贷款、分散经营、统一管理与销售的形式，把农民组织起来，提高果农的组织化程度；充分发挥协会作用，引导农户、小企业主等合股、合伙等多种合作形式，创新经营机制，发展规模化生产；促进企业之间的强强联合，组建企业联盟，在自产自销、代购代销的基础上，组建专业营销模式，建立起完善的市场销售网络；推动果业新型经营主体与小农户建立优势互补、分工合作、风险共担、利益共享的联结机制，推行保底分红、股份合作、利润返还等方式，实现抱团发展；鼓励龙头企业与科研单位、新型果业经营主体建立长期的合作关系，形成"政府＋科研院所＋龙头企业＋新型果业经营主体＋果农"的政、产、学、研、用模式，实现产、供、销一体化，改进果品分级标准，提高包装及装潢档次，实现果品预冷和冷链运输，在立足国内水果市场需求的基础上，积极组织外销，逐步走向国际市场，拓宽销售渠道，解决小农户与大市场之间的矛盾。

（二）做强果品贮运加工业，提升产业融合发展带动能力

1. 大力支持发展果品贮运保鲜和冷链物流业

以果品的贮运保鲜设施建设为重点，扩大果品贮运保鲜补助政策实施区域及资金规模。鼓励各地根据果业生产实际，加强贮运保鲜各环节设施的优化配套，推进贮运保鲜全链条水平提升，加快果品冷链物流发展，实现生产、贮藏保鲜、流通、消费有效衔接。

2. 全面提升果品加工业整体水平

利用我国丰富的果树资源，培育果品加工产业集群，研制生产一批营养、安全、美味、健康、方便、实惠的食品和饮品以及饰品等多元化加工产品。加强与健康、养生、养老、旅游等产业融合对接，开发功能性及特殊人群相关的药品、营养品、保健品、化妆品、减肥品等特色产品。加快新型非热加工、新型杀菌、高效分离、绿色节能干燥和传统食品工业化关键技术升级与集成应用，开展酶工程、细胞工程、发酵工程及蛋白质工程等生物制造技术研究与装备研发，开展信息化、智能化、成套化、大型化精深加工装备研制，逐步实现关键精深加工装备国产化。

3. 努力推动果品及加工副产物的综合利用

重点开展果实种子和皮渣等副产物梯次加工和全值高值利用，建立副产物综合利用技术体系，研制一批新技术、新产品、新设备。坚持资源化、减量化、可循环发展方向，促进综合利用企业与农民合作社等新型经营主体有机结合，调整果业主体生产方式，使副产物更加符合循环利用要求和加工标准；鼓励中小企业建立副产物收集、处理和运输的绿色通道，实现加工副产物的有效供应。

（三）开发果业新功能、发展新产业新业态，做活第三产业

1. 开发果树产业新功能，因地制宜发展新产业新业态

重点是围绕拓展果业多种功能，推进果业与休闲旅游、教育文化、健康养生等深度融合，立足资源特色，在经济发达地区和城郊，因地制宜建设以果树为核心的田园综合体、特色小镇和美丽乡村等，发展观光休闲果业、体验果业、创意果业等新产业新业态，挖掘果业外部增收潜力。选育适合于观光休闲果业基地种植条件的特色优质果树新品种，研发配套栽培技术，适合于民俗手工艺品制作的特色加工利用技术和设备，适用于不同规模经营主体的废弃物无害化处理技术和设备，围绕农村电商、餐饮、娱乐等新业态开发特色适用的果业信息化新技术，研发农业农村大数据收集整理挖掘和云平台技术，为果业新产业新业态的发展提供技术支撑。

2. 建立产学研协同科技创新联合体，打造一批科技创新引领示范村（镇）

按照质量兴农、绿色兴农、效益优先的要求，聚焦区域优势果品和果业多功能性，以产学研协同、一体化攻关的科技创新联合体为单元，围绕主导品种、主推技术和配套机具等系统集成和生态环境养护修复、休闲果业、生态观光果业技术集成与示范，推广应用节本降耗、提质增效、绿色生产和循环利用等技术模式，打造一批与当地果业资源禀赋和发展主流方向深度融合的创新驱动增长点，推动形成一批综合竞争力显著、质量效益同步提升、生态环境优美、产业功能多元、文化内涵丰富、农民收入明显增加、科技支撑保障有力的科技引领示范村（镇）。

（四）推进市场化运营，打造果业知名品牌

因地制宜发展订单生产，示范推广"按图索果"等模式。稳步推进果品产地专业市场体系建设，深入推进"互联网+"果品出村进城工程，创新销售模式，拓展销售渠道，发展电子商务、农超对接、精品园艺、旅游观光采摘、体验式消费等多种新型的营销模式，实现果品优质优价，促进果农增产增收。依托产业联盟、行业协会和龙头企业，在果树优势产区创建地域特色突出、产品特性鲜明的区域公用品牌和特色产品品牌，支持企业打造有影响力、竞争力的知名品牌，提高产业经济效益。

四、规范果树良种苗木繁育体系建设

（一）建立优质健康果树苗木认证生产体系

优质健康果树苗木认证生产体系主要由健康优系资源圃、原原种资源圃、原种资源圃、无病毒母本园和苗木繁育场 5 部分构成，采用逐级扩繁的方法生产优质健康苗木，可以有效控制各级资源的安全性（不被再侵染），保障苗木繁育的经济性和规范性，同时结合区块链技术，可以实现苗木繁育的有效溯源。

1. 健康优系资源圃

农业农村部投资建设，由农业农村部认证的具有资质的科研机构进行管理。首先将收集的优良栽培和砧木品种（品系）进行已知病毒和重大嫁接传播真菌病害以及检疫性病虫害的

鉴定和脱毒处理，确保品种（品系）的纯正度和无检疫性病虫害，然后将无已知病毒和重大嫁接传播真菌病害及检疫性病虫害的品种（品系）的详细参数递交至农业农村部的专门机构获得国家注册备案，建立健康优系资源圃。健康优系保存于防虫网室，每个优系保存2株，每年对所有植株进行已知病毒检测。

2. 原原种资源圃

农业农村部投资建设，由农业农村部认证的具有资质的科研机构进行管理。根据果树生产对优良栽培和砧木品种（品系）的需求，从健康优系资源圃获得种条进行繁育，每个优系保存2株，保存于防虫网室。每年对20%植株进行全部已知病毒检测，对所有植株进行重要检疫性病毒检测。

3. 原种资源圃

农业农村部投资建设，由农业农村部认证的具有资质的科研机构进行管理。一般情况下，原种资源圃、原原种资源圃和健康优系资源圃由具有资质的同一科研机构进行管理。根据苗木繁育企业（户）的需要，从原原种资源圃获得种条繁育，每个优系保存2株，保存于防虫网室，并根据苗木繁育商对建立无病毒采穗圃规模的需求，从原种资源圃保存植株上采种条和芽进行母本树繁育。健康优系资源圃、原原种资源圃和原种资源圃的防虫网室必须按照如下标准进行建设和操作：双层防虫网和双层保护门，人员出入过程中严格禁止两层门同时打开；网室内和周围地面铺设80 cm厚石子，外围设置50 cm深排水沟，严格禁止地面径流的进入和可能导致的污染，在必要情况下，定植的花盆要垫高到水泥墩上；土壤要进行热力消毒，灌溉水要保证没有病原线虫等。

4. 无病毒母本园

由农业农村部认证的具有资质的科研机构或苗木繁育企业建设并管理。由农业农村部指派的各类科研人员，对母本园周围环境、土壤和水等资源进行勘测，在确保无侵染媒介的地区建立母本采穗圃，用于苗木繁育所需的砧木和品种接穗等的繁育，要由农业农村部指定的资质人员定期对母本园环境和母本树等进行检测，并详细统计和记录（精确到每一植株）种条的数量和质量，然后跟踪到苗木繁育基地，进行详细数量统计（每株苗木要回溯到具体的母本树编号）和质量控制，然后对生产的每株苗木借助区块链技术发放身份证，以便于未来在生产中发现问题后能精确回溯到母本树植株—原种资源圃植株—原原种资源圃植株，进行及时和正确的处理。无病毒母本园必须按照如下标准进行建设和管理：远离商品园，保证周围没有相关的传毒昆虫介体；土壤进行病原线虫等检测，保证没有传毒线虫；周围设置排水沟，保证没有外来的地面径流；母本树必须为经过农业农村部指定资质机构检测的无病毒资源或由相关资质机构提供的无病毒优系资源母本树；砧木和接穗资源生产过程中必须由农业农村部指定的资质机构进行定期检测，并监督各项管理措施和记录合格砧、穗资源的采集数量及母本植株号码。

5. 苗木繁育基地

由农业农村部或各省区市农业主管部门认定的具有资质的苗木繁育企业（户）建设并运营。必须确保苗木的繁育质量，在农业农村部指定的资质人员监督下精确统计合格苗木的数量及其砧木和品种接穗的来源（精确到每株母本树），获得农业农村部或各省区市农业主管部门发放的身份证，上市销售。

（二）组建国家果树种苗科技创新联盟

以夯实果业高质量发展的基础为目标，依托中国农业科学院，本着资源整合、优势互补和协同发展的原则，整合优质健康果树苗木认证生产体系的相关科研机构和企业，以企业为主体，组建政、产、学、研、用深度融合的国家果树种苗科技创新联盟，针对性开展资源保护利用、良种选育、砧穗组合筛选、病毒脱除、组培和扦插等无性快繁、嫁接苗繁育、带分枝大苗繁育、营养钵育苗、苗木质量标准制定与检测等关键技术的创新与集成，研发出一批具有自主知识产权、对果树种苗产业具有重大影响的关键技术和产品，构建出果树优质健康种苗繁育技术体系，制定出果树优质健康种苗标准化生产技术规程，为果树优质健康种苗的繁育提供技术支撑，进而为果业的可持续发展奠定基础。果树种苗科技创新经费来自国家、省、市、县等各级财政拨款和创新联盟自筹。借鉴发达国家经验，果树种苗生产企业抽出销售额的10%作为联盟活动资金，此资金主要用于联盟发展所需要的财力支持，主要用于果树种苗的科技创新、苗木标准化生产技术规程推广、可追溯制度的建立与维护、联盟运转、种苗质量监测、广告宣传和经验交流等费用支出。

（三）规范果树品种知识产权管理和品种登记备案制度

1. 规范品种知识产权管理

品种是决定果品市场竞争力的关键因素。果树新品种培育周期长、成本高，加快推动《中华人民共和国种子法》的修订并落实，切实加强国内外新品种的知识产权保护，做到有法必依，执法必严，充分保障果树植物新品种所有权人的合法权益，进而调动果树新品种培育的积极性。

2. 严格品种登记备案制度

修订并规范果树新品种登记备案制度。一方面，严格品种称谓规定、杜绝品种名称混乱和夸大行为；另一方面，严格果树新品种的登记备案审核，以某产区主栽品种或市场竞争力强的新品种为对照，制定苹果、梨、葡萄、桃、柑橘、香蕉、芒果、荔枝和龙眼等主要果树各产区的对照品种清单，果实品质显著优于某产区对照品种或果实品质相当但产量显著高于某产区对照品种或产量品质与某产区对照品种相当但对某一重要病虫害抗性显著优于该产区对照品种的拟登记备案新品种方可通过新品种登记备案，防止出现品种登记备案泛滥现象的发生，推动突破性或重大果树新品种的育成，实现对国外品种的替代乃至超越，有效解决我国果树种业的卡脖子问题。

（四）严格果树种苗生产和市场监管

制（修）订果树种苗生产和经营法规，完善果树种苗生产和经营管理办法或条例，农业农村部或各省区市果业主管部门严格按照《中华人民共和国种子法》等法规和各省区市果树种苗生产和经营管理办法或条例，对提交申请的果树种苗生产和经营单位的资质进行审核，主要包括苗木繁育圃情况、苗木繁育技术水平、品种接穗和砧木来源、资金实力、售后服务、固定经营场所等，符合条件的才能颁发《果树种苗生产许可证》和《果树种苗经营许可证》，否则不得生产、经营果树种苗，按标准筛选一批生产规模大、资金实力雄厚、技术力量强、设施设备完善的果树种苗生产企业或合作社进行果树种苗的生产经营。对生产经营果树种苗的单位，除实行许可证管理外，所售种苗还要有育苗企业的出圃合格证复印件、植物检疫证和种苗身份证等手续，实现果树种苗的可追溯，保证种苗质量和纯度，控制检疫性病虫害的蔓延扩散。种苗身份证信息应当与实际相符，主要包括生产和经营许可证及植物检疫证编号、品种接穗和砧木来源与名称、种苗产地、种苗质量指标、检疫性病虫害情况、种苗出圃日期、生产或经营单位名称与地址等关键信息，为防止信息篡改，种苗身份证最好采用区块链技术生成。为防止种苗企业受利益驱使而不遵守程序，应建立果树种苗定期抽检的长效机制，主要抽检内容包括果树品种知识产权情况、销售的果树种苗是否有身份证、果树种苗生产者和经营者及使用者档案、果树种苗质量情况等。加强果树种苗市场管理，开展种苗生产和经营执法检查，对现有种苗生产和经营单位进行清查整顿，坚决取缔不符合条件的种苗生产和经营单位的资格。

（五）培育和壮大育繁推一体化、产学研相融合的新型果树种苗生产经营主体

国家、省、市和县等各级财政积极筹集资金，同时鼓励银行和金融机构加大对带动作用强、竞争力和市场潜力大的苗木生产经营龙头企业或合作社的支持力度。积极倡导担保和再担保机构在风险可控的前提下，大力开发支持苗木生产经营龙头企业或合作社的贷款担保业务品种，例如将植物新品种权等知识产权纳入担保范围，提高苗木生产经营龙头企业或合作社的融资能力。各级政府出台相关政策，促进科研单位与企业紧密合作，提高企业或合作社的科技创新能力。通过系列政策和措施的出台实施，培育和壮大一批品种培育和种苗繁育与推广一体化、产学研深度融合的龙头企业或合作社等新型果树种苗生产经营主体，增强我国果树优质健康种苗的供应能力，有效推进我国果树种苗产业的规模化、专业化和标准化发展。

五、加强自然灾害和病虫害等突发事件预警，提高防灾减灾与抗风险能力

（一）加强自然灾害预警，提高科学防灾减灾能力

霜冻、干旱、冰雹、台风、湿涝等发生频率明显增加，必需加强自然灾害等突发事件的预警和应急机制建设，实现生物避灾、技术减灾、工程抗灾的三结合，做到灾前预警、灾后快速反应，全面提高我国果树产业防灾减灾抗风险能力，坚持"主动避灾、有效防灾、积极救灾"的指导原则，做到"防在灾害前面、救在第一时间、抗在关键时点"，降低极端天气变化、突发事件和重大病虫害对果树生产的不利影响，最大限度地减少灾害损失。

1. 构建自然灾害的预警体系，提高灾害预警能力

完善与气象、应急、水利等部门信息共享机制，开展定期会商，准确研判灾情趋势。利用大数据、卫星遥感和人工智能等科技手段，构建实时动态监测预警体系，提高灾害预报预警能力。

2. 加强自然灾害防御和应对能力建设，提高防灾减灾能力

加大对果园的基础设施基金投入，完善相关设施设备，夯实预防异常天气的基础设施。

开展果业灾害发生规律研究，研发应急性技术措施和防治设备，搞好防灾减灾技术储备和培训。建立健全政府储备和市场储备相结合的果业救灾物资储备体系，科学确定储备种类和规模，制定分区域、分树种、分灾种防范预案和技术意见，研发和推广防灾减灾、稳产增产关键技术措施，做到有效防灾。加强灾害应急处置能力建设，及时调剂调运救灾物资和技术力量，搞好生产自救，促进灾后恢复生产，做到科学抗灾。因地制宜调整种植结构，推广抗逆性强的果树品种，做到主动避灾。

3. 开辟政策性果树保险险种，合理规避果农损失

加强开展政策性果树保险研究，开辟相关险种，合理规避由于气象灾害给果农造成的损失，有效转移果业生产中的潜在风险。建设果业保险数据信息服务平台，开展果业生产风险监测、灾损评估，辅助核验受灾情况，创新果业保险查勘定损和承保理赔模式，提高定损效率和理赔准确性。

（二）加强重大病虫疫情预警，提高病虫害防控能力

1. 构建重大病虫疫情监测体系，提高病虫害预警能力

在重大病虫害源头区、迁飞过渡区、常年重发区加密布设监测站点，增配自动化、智能化监测设施设备，完善信息平台，提升病虫监测预警能力。

2. 对重要病虫害实施"统防统治"，提高防治效果

对重大病虫的重点区域，坚持分类指导、分区施策、联防联控，大力推进统防统治，适时组织应急防治，坚决遏制迁飞性、流行性重大病虫暴发成灾危害，保障果树生产安全。

3. 加强种苗病虫害检疫工作，遏制检疫性病虫害扩展蔓延

苹果蠹蛾、火疫病、柑橘黄龙病、柑橘小实蝇、香蕉枯萎病以及葡萄根瘤蚜等检疫病虫害正在对我国果树造成巨大危害，如果不重视检疫，对重大病虫害缺乏强有力的监测监控，将对我国果树产业造成毁灭性打击。各级政府必须从战略上给予高度重视，建立非疫区，切实抓好苗木产地检疫、调入检疫和调出检疫工作，建立重大检疫性有害生物入侵的快速反应机制，强化重大果树检疫病虫害的阻截防控，遏制检疫性病虫害的扩展蔓延，保障果树产业的有序发展。

六、加快果树科技成果的示范推广与转移转化，提高果业科技贡献率

（一）整合科研、推广等多方力量，建成适合国情的技术推广服务体系

以乡村振兴重点任务为核心，加强农业科技社会化服务体系建设，大力整合现代农业产业技术体系、农技推广体系、农业科技创新联盟、现代农业产业科技创新中心、农业农村部重点实验室学科群等已有研究团队和平台，依据果业全产业链的技术需求，加强果业生产一线的科技力量，完善农业技术推广机构，注重发挥企业作用，积极扶持发展农村各类专业技术协会和合作社及民营企业进行农技推广服务，形成适合我国国情的推广队伍多元化、技术服务社会化、推广形式多样化的农业技术推广服务体系，深入推行科技特派员制度。加强核心技术创新成果的提炼总结和示范宣传，加强职业农民、农村干部和新型经营主体的生产、经营和创业技能培训，提高各类参与主体的科技文化水平和生产实践技能，调动共同参与乡

村振兴的积极性，培养创新意识和合作精神，培育一批名副其实的乡村振兴实施和参与主体，加快果树新品种、新装备、新产品、新技术和新模式等科技成果的进村入户，切实提高科技在果树产业和农村经济增长中的贡献率。建立公共资讯平台和专业咨询系统，健全市场信息服务体系，建立国家级的果业信息网，为果业提供全方位的信息服务，提高科技成果的推广转化效率。

（二）强化制度创新、激发创新创业活力，推动科技成果集成熟化和推广转化

推进科研机构和科技人员分类评价机制改革，核心是把科技与产业的关联度、科技自身的创新度、科技对产业的贡献度作为评价标准。完善协同创新机制，做强国家农业科技创新联盟，着力解决农业基础性、区域性和行业性重大关键问题。探索科技与人才、金融、资本等要素资源结合新机制，推进建设现代农业产业科技创新中心，打造区域农业经济增长极。建立以增加知识价值为导向的分配机制，让科技人员"名利双收"，激发科技人员面向市场的创新活力。以兼职取酬、股权期权等多种形式，鼓励农业科研人员在企业和科研院校之间兼职兼薪、顺畅流动。加快科技成果的集成配套、熟化应用，解决单一成果、单项技术用不了、用不好的问题。促进公益性推广机构与经营性服务组织融合发展，激发农技人员推广活力。搭建科技成果转化交易平台，打通成果供给与产业应用的通道。建立健全科技成果评估机制，准确评价市场价值和应用前景，提高科技成果的供给质量和转化效率［乡村振兴科技支撑行动实施方案（2018—2022）］。

（三）建设果树高标准示范基地，强化技术集成熟化与推广转化

坚持市场需求和产业问题导向，坚持生产、生活和生态"三生共赢"的基本导向，以"科研单位+地方政府+龙头企业+基层农户+国外专家"五位一体协同的"五五"成果转化模式为指导，坚持生态区域代表性、地方政府积极性、科技示范辐射性和乡村振兴带动性的原则，在全国各果树主产区加快布局建设高标准示范基地，使其成为连接科技与果树生产的纽带，成为果树生产科技推广的示范基地和技术培训基地，着力加强重大科技成果的集成熟化和示范推广与转化应用，重点转化一批经济性状突出、发展潜力大的果树突破性或重大新品种，转化一批技术含量高、市场前景好的新肥料、新农药以及农业机械等重大新产品（装备），推广一批绿色高效的果树优质栽培、水土资源高效利用、化肥农药等投入品减量高效施用、果树重大病虫害绿色防控、果园机械化生产、修剪枝条等农业废弃物高值利用、果品贮运和加工、非耕地高效利用等可持续发展关键技术和模式，强有力支撑果业提质增效和农民持续增收，基本满足乡村振兴和农业农村现代化对果树新品种、新装备、新产品、新技术和新模式等科技成果有效供给的需求。

七、成立国家果树科技创新联盟，为果业高质量发展提供强有力支撑

为深入贯彻习近平新时代中国特色社会主义思想，全面深化农业科技体制机制改革，着力构建产学研深度融合的农业科技创新体系，农业科研机构、涉农高校和相关企业等联合建立"国家果树科技创新联盟"，面向果业全局性重大战略难题、区域性果业发展重大关键问题和现代果业重大瓶颈问题开展协同创新，为实现农业农村现代化和乡村全面振兴提供强有

力的科技支撑［乡村振兴科技支撑行动实施方案（2018—2022）］。

（一）国家果树科技创新联盟的主要职责

（1）开展果树领域重大问题调研，提出发展咨询报告。
（2）组织果树联盟成员面向果树领域重大问题开展协同攻关。
（3）组织果树联盟成员承担国家、部门和地方等各类科技计划。
（4）组织果树联盟成员共同推动科技成果产业化，促进产业高质量发展。
（5）协调果树联盟成员间的职能分工，与其他组织开展协同创新、成果转化等工作。

（二）国家果树科技创新联盟的组织机构

联盟实行领导小组领导下的理事会制度。理事会是联盟的最高决策机构，每年至少召开一次全体会议，讨论和决定联盟重大事项。理事会下设秘书处，秘书处为联盟常设执行机构。根据需要，设立学术委员会和评估委员会，分别负责重大事项咨询、学术工作指导和联盟工作评价、任务成果评估等工作。

1. 理事会的主要职责

制定和修改联盟章程；选举和任免理事长，并对常务副理事长、副理事长、秘书长等重要人事任免提名进行表决、通过；审定联盟发展规划、年度工作计划、年度工作报告和批准年度财务预算、年终财务决算；协调成员单位关系，组织策划、承担和实施重大科技任务，督促和检查成员单位任务项目进度；向政府部门反映行业问题和提出发展建议；组织联盟成员参加国内外重要学术交流活动；审定成员单位利益分配和知识产权共享方案；审议并决策联盟其他重大事项。

2. 秘书处的主要职责

具体执行联盟理事会的各项决议，组织联盟的各项活动；负责联盟理事会及其他重大会议的筹备和召开；组织起草联盟年度工作报告，组织重大科技计划和任务的实施管理工作；组织起草年度财务预、决算报告；负责受理加入联盟的申请，对申请单位资格进行初步审查；依据联盟有关制度规定提议除名违规成员及受理成员退出联盟的申请；向理事会提出议事提案；按照联盟内部管理制度的要求负责联盟日常管理；负责联盟理事会交办的其他事项。

3. 学术委员会的主要职责

负责提出联盟战略发展的重大建议；参与联盟重大科技任务的设计、论证、监督、评审；参与其他业务性工作的指导建议。

4. 评估委员会的主要职责

对联盟的重大战略决策及其相关工作进行预评估；对联盟形成的创新机制和协同效应进行专门评估；对联盟框架下各专业、产业和区域联盟的科技创新成果和成效进行专业评估。

（三）国家果树科技创新联盟的成员

1. 国家果树科技创新联盟的成员

凡承认本章程，认同并履行联盟相应定位、职责及义务分工的农业科研院所、涉农高校、管理部门和相关企业，均可申请成为联盟成员。但必须具备下列条件：农业科研院所和涉农高校成员必须是经国家及省级、地市级政府相关部门批准成立的独立法人农业科研、教学机构；企业成员必须是国家及省级、地市级认定的龙头企业；成员单位具有承担科技创新工作任务的基本条件；遵守国家法律法规，具有强烈社会责任感和团队协作精神，并自愿共享相关科技资源和平台、基地等设施设备；认同并履行第十四条规定的各级农业科研机构定位、职责。

2. 国家果树科技创新联盟成员的定位、职责

（1）国家级农业科研机构。主要定位在农业科技创新领域的上中游，着重开展农业科技领域的前沿基础理论研究、全局性及共性关键技术研究，为创新链中下游提供理论、方法、技术支撑。

（2）省级农业科研机构。主要定位在农业科技创新领域的中下游，着重开展本行政区域内农业科技领域关键共性技术的研发和集成创新工作，通过成果转化为创新链下游提供产品。

（3）地市级农业科研机构。主要定位在农业科技创新领域的下游，参与区域性农业科技创新工作，着重开展技术、产品的中试、熟化、示范以及技术推广和培训服务工作，为整个创新链的发展提供优质服务。

（4）涉农高校。主要定位在农业科技创新领域的前沿研究、基础研究及人才培养等环节，着重开展农业科技与教育、农业科研与人才培养深度融合工作，为实施果树联盟发展提供基础性保障和人才资源支撑。

（5）相关企业。主要定位在农业科技创新领域的创新决策、研发投入和转化应用等环节，着力开展创新领域各类资源要素的集成，并与其他成员单位合作开展关键共性技术研发，共享创新成果。

3. 国家果树科技创新联盟成员的权利

在联盟内地位平等，有选举权和被选举权；对联盟的各项事宜有知情权、监督权和表决权；有按照章程规定的职责定位参加联盟相关活动，承担联盟相关研究任务的权利；享受合作项目所取得的知识产权权益，其比例将根据成员单位在合作项目中的工作量及贡献大小等决定，另文约定；享受平等的联盟优惠政策以及信息共享服务；享有加入或退出联盟的自由。

4. 国家果树科技创新联盟成员的义务

遵守国家法律、法规，遵守职业道德规范；遵守联盟章程，履行联盟规定，执行联盟决议，保守联盟秘密，维护联盟权益；积极参加联盟各项活动，努力为联盟发展作贡献；共享各类科技资源和科技平台、试验基地等；主动合作，磋商交流，开放发展。

5. 各专业、产业和区域联盟的创建与管理

鼓励联盟成员面向果业领域各类需求组建专业、产业和区域联盟，并持续探索稳定的协同创新机制；各联盟成员需严格按照联盟工作相关要求开展创建与管理工作；各专业、产业和区域联盟必须参加第三方专业评估，农业农村部依据评估结果对各专业、产业和区域联盟进行认定与淘汰。

（四）国家果树科技创新联盟的重大任务

鼓励联盟承担各有关部门下达的农业科技计划及科研任务。根据需要，可在联盟秘书处办公室设立第三方机构，具体负责重大科技任务的组织、实施与管理。重大科技任务首先按照学科领域进行遴选命题，并依据命题研究内容进行任务分解。择优选择联盟成员单位的相关核心学科团队进行分段组合和综合集成，最终形成国家重大科技任务的联合执行团队。学科团队是重大任务组织实施的基本单元。

1. 构建果树产业的技术开发平台，推动产业的协同创新

以市场需求为导向，集成和共享优势科技资源，建立专业联合实验室，加强联盟单位间的分工协作，打造核心研发团队，主要针对突破性或重大品种选育、果业高质量发展关键技术研发等重要任务开展协同创新，突破果业发展的关键共性技术问题，构建果业绿色高质量发展技术体系。

2. 构建果业的技术服务体系，推动技术的示范与推广

（1）建立果业的主推技术体系。积极开展果树各产区主栽品种和主推技术的遴选以及团体标准的制定，编制果树各产区生产指导意见，为果树的绿色增产增效提供技术支撑。

（2）开展果业技术人才的技术培训，加强企业品牌建设。积极开展新品种和新技术的培训、观摩、指导，培养技术能手和职业经理人，形成一批果业的新型技术人才，为产业升级提供人才保障；加强企业品牌建设工作，积极开展产品展示和推广等活动，培育知名企业品牌。

（3）推动果树主产区的专业化服务体系建设。通过果树脱毒健康种苗基地建设、专业化配套农机作业服务和生产配套专业农资服务，建立果树主产区的特色专业化服务体系，形成主产区果树生产的物质支撑体系，为我国果树产业的规模化、标准化发展奠定基础。

3. 搭建全国果业的合作交流平台

联盟鼓励构建果业技术创新联合团队，实现果业研发资源的整合，加强各地专业化服务体系的联合和协作，形成覆盖全国、相互配合、互通有无的"中国果树生产专业技术服务联合体"。联盟将组织各方力量，挖掘果树产业文化，推进果树与休闲农业、康养农业、创意农业的有机结合，形成各有特色的优质果树产业"一二三产"融合发展模式，探索果树产业新业态。

参考文献

曹玉芬, 张绍玲, 2020. 中国梨遗传资源 [M]. 北京：中国农业出版社.
柴菊华, 1996. 苹果和梨砧木对火疫病的抗性研究 [J]. 山西果树 (2):56.
陈耀庭, 戴俊玉, 管曦, 2015. 不同流通模式下农产品流通效率比较研究 [J]. 农业经济问题, 36(3):68–74,11.
邓秀新, 钟彩虹, 王力荣, 等, 2019. 果树育种 40 年回顾与展望 [J]. 果树学报, 36(4):514–520.
邓秀新, 2017. 园艺作物产业可持续发展战略研究 [M]. 北京：科学出版社, 22.
杜远鹏, 高振, 翟衡, 2020. 葡萄砧木研发与应用前景 [J]. 落叶果树, 52(6):4–7.
李育农, 2001. 苹果属植物种质资源研究 [M]. 北京：中国农业出版社.
刘凤之, 王海波, 胡成志, 2021. 我国主要果树产业现状及"十四五"发展对策 [J]. 中国果树 (1):1–5.
孟更, 2016. 梨砧木云南榅桲离体植株再生及 OHF333 的遗传转化 [D]. 杨凌：西北农林科技大学.
农业农村部市场预警专家委员会, 2020. 中国农业展望报告 (2020—2029)[M]. 北京：中国农业科学技术出版社, 111.
彭海, 方治伟, 李论, 等, 2020.《植物品种鉴定—MNP 标记法》(GB/T 38551-2020)[S]. 中华人民共和国国家

市场监督管理总局, 发布日期:2020-03-06.

全国梨重点区域发展规划 (2009-2015)[EB].https://max.book118.com/html/2021/0304/8034111134003054.shtm

"十四五"全国农业机械化发展规划. 农机发〔2021〕2 号 [EB].http://www.moa.gov.cn/govpublic/NYJXHGLS/202201/t20220105_6386316.htm?spm=C73544894212.P59511941341.0.0

"十四五"全国种植业发展规划. 农农发〔2021〕11 号 [EB]. http://www.moa.gov.cn/govpublic/ ZZYGLS/202201/P020220118337002501073.pdf.

束怀瑞,2013. 果树产业可持续发展战略研究 [M]. 济南：山东科技出版社,3.

束怀瑞,2012. 中国果树产业可持续发展战略研究 [J]. 落叶果树,44(1):1-4.

汪景彦,2018. 西北黄土高原等果区晚霜冻危害及灾后恢复措施 [J]. 中国果树 (4):1-3.

王大江, Bus Vincent G M, 王昆, 等, 2018. 美国苹果砧木育种历史、现状及其商业化砧木特性 [J]. 中国果树, 6: 107-110, 113.

王大江, Bus Vincent G M, 王昆, 等, 2019. 新西兰苹果生产现状和新品种简介 [J]. 中国果树, 3: 113-116.

王海波, 刘凤之, 王孝娣, 等,2013. 我国果园机械研发与应用概述 [J]. 果树学报,30(1):165-170.

王海波, 刘凤之, 2020. 中国设施葡萄栽培理论与实践 [M]. 北京：中国农业出版社.

王海波, 杨振锋, 丛佩华, 等,2022. 我国果业重大使命和"十四五"重点任务 [J]. 中国果树 (4):1-5.

王力荣, 吴金龙, 2021. 中国果树种质资源研究与新品种选育 70 年 [J]. 园艺学报, 48 (4): 749-758.

王力荣, 2021. 我国桃产业现状与发展建议 [J]. 中国果树 (10):1-5.

王巍, 高铁彬, 宣景宏,2011. 辽宁省果树种苗繁育体系建设的思考 [J]. 园艺与种苗 (4):69-73.

乡村振兴科技支撑行动实施方案 (2018—2022)[EB]. http://www.moa.gov.cn/gk/ghjh_1/201809/t20180930_6159733.htm.

徐迎澳, 肖元松, 宁斯逸, 等,2021. 桃砧木耐涝性研究进展 [J]. 落叶果树,53(6):38-43.

应继锋, 刘定富, 赵健,2020. 第 5 代 (5G) 作物育种技术体系 [J]. 中国种业 (10):1-3.

张金梅, 闫文君, 李雪, 等, 2017. 桃花粉低温和超低温保存方法比较研究 [J]. 植物遗传资源学报, 18(4): 670-675.

赵剑波, 郭继英, 姜全, 等,2016. 桃抗重茬砧木 GF677 组培快繁技术 [J]. 江苏农业科学,44(5):60-61,68.

赵剑波, 姜全, 郭继英, 等,2006. 桃砧木 GF677 的研究进展 [J]. 河北果树 (2):1-2,6.

主要热带作物区域布局规划 (2007—2015)[EB].http://www.moa.gov.cn/nybgb/2007/djiuq/201806/t20180614_6152037.htm.

ZHANG J M, XIN X, YIN G K, et al., 2014. In vitro conservation and cryopreservation in National Genebank of China[J]. Acta Horticulturae, 1039: 309-318.